肉羊高效生产理论与实践

陈晓勇　敦伟涛　孙洪新　著

中国农业大学出版社

·北京·

内 容 简 介

全书包括宏观肉羊产业、肉羊繁殖性状分子遗传机制研究、肉羊品种资源与高效繁殖技术研究、肉羊高效生产与经营管理四部分内容，第一章宏观肉羊产业，主要包括我国肉羊产业现状分析、发展对策、文献计量分析，以及河北省肉羊产业宏观分析；第二章肉羊繁殖性状分子遗传机制研究，主要包括研究进展、分子生物学技术研究、肉羊经济性状细胞核内染色体主效基因和细胞核外线粒体基因遗传效应研究；第三章肉羊品种资源与高效繁殖技术研究，主要包括研究进展、地方品种肉羊资源特性、肉羊杂交生产技术、高效频密繁殖技术以及体外胚胎生产技术等方面的基础理论研究和技术集成；第四章肉羊高效生产与经营管理，主要是从肉羊生产技术和管理措施等方面论述如何提高肉羊生产效益。

图书在版编目（CIP）数据

肉羊高效生产理论与实践/陈晓勇，敦伟涛，孙洪新著.—北京：中国农业大学出版社，2018.10

ISBN 978-7-5655-2091-4

Ⅰ.①肉… Ⅱ.①陈… ②敦… ③孙… Ⅲ.①肉用羊-饲养管理 Ⅳ.①S826.9

中国版本图书馆 CIP 数据核字（2018）第 189977 号

书　　　名	肉羊高效生产理论与实践
作　　　者	陈晓勇　敦伟涛　孙洪新　著

策划编辑	张　玉	责任编辑	张　玉
封面设计	郑　川		
出版发行	中国农业大学出版社		
社　　址	北京市海淀区圆明园西路 2 号	邮政编码	100193
电　　话	发行部 010-62818525,8625	读者服务部	010-62732336
	编辑部 010-62732617,2618	出 版 部	010-62733440
网　　址	http://www.cau.edu.cn/caup	E-mail	cbsszs @ cau.edu.cn
经　　销	新华书店		
印　　刷	涿州市星河印刷有限公司		
版　　次	2018 年 10 月第 1 版　2018 年 10 月第 1 次印刷		
规　　格	787×1 092　16 开本　17.75 印张　440 千字		
定　　价	56.00 元		

图书如有质量问题本社发行部负责调换

序

河北省畜牧兽医研究所羊遗传繁育及高效养殖研究团队，多年来一直致力于肉羊高效生产关键技术研究、集成与推广。

该团队历经十多年的研究，取得了"肉用绵羊培育关键技术研究""羔羊肉生产配套技术研究""绵羊多胎基因标记及在肉羊育种中的应用""肉用绵羊培育关键技术示范与应用""分子标记与频密繁殖提高绵羊产羔数技术""河北小尾寒羊种质资源保护与特异性状选育开发利用"等 10 余项科研成果，获省部级科研奖励 7 项，撰写了百余篇论文。

该团队在对肉羊经济性状遗传机制、肉羊品种资源评价、高效繁殖技术方面开展基础研究的同时，对现有成型技术进行集成，并在生产中广泛推广应用，取得了显著的经济效益、生态效益和社会效益；此外，针对我国和河北省肉羊产业现状、技术水平和发展趋势进行了分析，提出了对策与建议。

《肉羊高效生产理论与实践》是该团队"十一五"和"十二五"期间对肉羊开展的科学研究与技术推广工作的系统总结，在肉羊高效生产经营与管理方面也进行了论述。

希望该著作的出版能为我国从事肉羊科研、教学、推广、生产等不同环节的从业者提供参考和借鉴。

中国农业大学教授　贾志海

2018 年 9 月

前　言

　　肉羊生产主要涉及品种资源利用、种羊选育、高效繁殖、阶段化饲养、育肥等技术环节以及生产经营管理方面,从生产流程上看,品种资源利用是前提,繁育是关键,育肥生产是手段,经营管理是保障;从肉羊产业上看,经济背景和行业形势是前提,生产技术是关键,市场需求是牵引,资金、人力、科技是重要因素;从科技转化链条上看,试验研究是基础,成果转化是关键,技术推广是路径,产业增效和从业者增收是目的。

　　"十一五"和"十二五"期间,河北省畜牧兽医研究所主持河北省科技厅、河北省畜牧兽医局等12项科研项目,针对我国肉羊产业特点和技术水平以及产业化发展趋势,主要在肉羊功能基因与经济性状关系、肉羊品种资源及高效利用、胚胎生物技术、繁殖调控技术、肉羊高效生产等方面开展了基础研究、技术集成和推广工作,历经十年的攻关研究,取得了"肉用绵羊培育关键技术研究""羔羊肉生产配套技术研究""绵羊多胎基因标记及在肉羊育种中的应用""肉用绵羊培育关键技术示范与应用""分子标记与频密繁殖提高绵羊产羔数技术"等10项国内领先水平的科研成果,获省部级科研奖励7项,撰写一百余篇论文。在十年的项目实施过程中,取得了显著的经济效益、社会效益和生态效益。

　　为了与同行专家以及从事肉羊生产相关工作的教育、科技、生产和管理人员进行交流,推动肉羊产业发展,我们将有代表性的论文编辑成册,定名为《肉羊高效生产理论与实践》,全书包括宏观肉羊产业、肉羊繁殖性状分子遗传机制研究、肉羊品种资源与高效繁殖技术研究、肉羊高效生产与经营管理四个方面内容,第一章宏观肉羊产业,主要包括我国肉羊产业现状分析、发展对策、文献计量分析,以及河北省肉羊产业宏观分析;第二章肉羊繁殖性状分子遗传机制研究,主要包括研究进展、分子生物学技术研究、肉羊经济性状细胞核内染色体主效基因和细胞核外线粒体基因遗传效应研究;第三章肉羊品种资源与高效繁殖技术研究,主要包括研究进展、地方品种肉羊资源特性、肉羊杂交生产技术、高效频密繁殖技术以及体外胚胎生产技术等方面的基础理论研究和技术集成;第四章肉羊高效生产与经营管理,主要是从肉羊生产技术和管理措施等方面论述如何提高肉羊生产效益。本书既有理论创新又有实践总结,既有专项技术又有集成配套技术,既有自然科学又有宏观管理学。本书既是"十一五"和"十二五"期间河北省畜牧兽医研究所肉羊研究和技术推广工作的总结,也有对十年间我国肉羊生产技术和肉羊产业发展的提炼分析。

　　本书适合同行专家以及从事肉羊生产相关工作的教育、科技、生产和管理人员使用。希望本书的出版能够为广大从业者提供参考,同时敬请同行专家批评指正。

著　者

2018 年 2 月

目　录

第1章　宏观肉羊产业

1.1　我国肉羊产业

1.1.1　我国肉羊种业现状及发展对策

2012年2月初中共中央、国务院印发了《关于加快推进农业科技创新持续增强农产品供给保障能力的若干意见》的一号文件,提到加强种业科技创新。纵观我国种业,作物好于动物,在动物种业中,猪鸡好于牛羊,作为从事羊业的科技工作者,深感我国肉羊种业急需加强管理和行业指导,急需创新驱动和科技引领,急需投入支撑和政策引导。本文从品种角度、生产方式、育种模式、育种进展等方面论述了我国肉羊种业现状,从加强品种资源利用和新品种培育管理方面提出了我国肉羊种业发展建议和对策,希望能与广大科技工作者以及从事相关生产方面的人员产生共鸣,为决策者、行业主管部门提供借鉴和参考。

1.1.1.1　我国肉羊种业现状

(1)品种角度——没有形成品种高效利用体系和缺乏高产自主肉羊新品种

①地方种质资源较多,但缺乏世界公认的高产肉羊品种。我国32个省、市、自治区中均有羊的分布,绵羊主要分布在温带、暖温带和寒温带的干旱、半干旱和半湿润地带,西部多于东部,北方多于南方;而山羊则较多分布在干旱贫瘠的山区、荒漠地区和一些高温高湿地区。根据生态经济学原则,结合行政区域,可将我国内地羊的分布划分为八个生态地理区域:东北农区、内蒙古地区、华北农区、西北农牧交错区、新疆牧区、中南农区、西南农区、青藏高原区。每个区域均有一些地方品种,有的种质特性明显,如小尾寒羊、湖羊和济宁青山羊是目前世界上少有的多胎绵羊和山羊品种之一。在中南农区分布着黄淮山羊、马头山羊、雷州山羊、台湾山羊和长江三角洲白山羊等近20个以产肉、优质板皮和笔料毛为特色的优良地方山羊品种。

此外,近几十年来,我国引进了很多肉羊品种,如德国肉用美利奴羊、萨福克羊、无角道赛特羊、德克赛尔羊、夏洛莱羊、杜泊羊、波尔山羊等。经过十几年乃至几十年的适应性饲养,这些品种已经基本适应了我国特有的气候环境条件,在我国宝贵的羊品种资源中占据了不可或缺的地位。

纵观我国各个区域品种资源,羊遗传资源极其丰富,分布较广,但大量的地方品种以毛皮为主,没有优势明显特色鲜明的肉羊品种。目前除了南江黄羊算作自主培育的优秀肉羊品种外,还没有一个公认的肉用绵羊品种。

②地方品种资源利用不合理,没有形成保护和利用并重的格局。虽然地方品种较多,也不乏优势明显特色鲜明的品种,但缺乏有效保护和合理利用的体制,优良基因面临丢失,品种利用缺乏有效指导,如在杂交利用方面,由于地域不同,气候条件不同,杂交利用模式也不同,但现在还没有一个较为客观、标准的杂交利用模式,只是有一些研究报道,在不同的地方开展了一些杂交效果研究,没有形成行业层面的较为统一的杂交利用推广体系,没有统一的技术指导,盲目跟风,导致了优势地方品种资源减少,杂交利用效果不明显,经济效益不显著,制约了肉羊产业发展,同时长期形成的地方特色品种资源面临锐减,丢失的危险。

(2)生产方式——仅靠杂交优势生产肉羊,不能满足市场需求,难以支撑产业发展

①杂交生产肉羊产量低,不能满足市场需求,导致羊肉市场鱼目混珠。由于我国地域辽阔,气候差别很大,生态条件不同,自然资源迥异,目前,还有形成适合不同地域特点的杂交利用体系,缺乏统一规划的繁育体制,导致我国大多数羊肉是一些地方品种以及杂交羊肉,几乎没有专门化肉羊品种的羊肉,这就导致了肉羊生产水平低,产肉量低,品质差。我国的肉羊个体胴体重小,平均胴体重 15 kg,而发达国家均为在 19 kg 以上,如美国达 28 kg,荷兰为 25 kg,丹麦为 22 kg,澳大利亚为 19.4 kg。产肉量低,平均约 8.19 kg,而德国为 15.52 kg,美国为 15.07 kg,法国为 13.6 kg。近几年来,我国羊肉价格不断上涨,供需矛盾持续加大,一方面是由于养殖数量减少,另一方面是由于杂交优势远不如品种优势,仅靠杂交和地方品种很难提升羊肉生产水平,进而导致了羊肉市场混乱,假羊肉充斥市场,无法形成优质优价、羊肉分级销售的市场体系。

②缺乏专门化品种,源头上限制了生产水平,难以支撑产业发展。由于地方品种羊生长速度慢,饲料转化率低,羊肉单产能力低,导致我国的肉羊生产水平低。我国是羊肉生产大国,但并不是加工强国,产品种类少,质量参差不齐,普遍存在肉质较差的问题。而与此同时,随着经济的发展、人们生活水平的提高,低品质的鲜肉制品将无法满足人们的要求,各种鲜、嫩羔羊肉越来越受到广大消费者的青睐,而目前这些优质、高档羊肉 90% 都依靠进口。因此,由于品种问题,限制了肉羊生产水平,无法支撑产业化发展。

(3)育种模式——以农业大专院校和科研院所为主,没有形成产业化育种模式

①育种投入以科研项目形式为主,育种主体以科研单位为主。目前,主要以科研项目形式开展育种工作,科研项目都有周期,一般 3～5 年,育种实施主体大多是大专院校和科研院所。实际上,由于育种工作是个周期长,见效慢,很少有人愿意承担育种项目,即使承担了此类项目,也是以项目为依托,开展阶段性工作,项目期限结束,结题鉴定之后束之高阁,如果没有持续项目支撑,育种工作无法开展,因此仅仅停留在科研层面。

②缺乏持续投入保障机制,没有形成产业化育种模式。由于育种主体是科研单位,育种工作前期要靠投入,没有稳定持续的投入机制,品种还没有形成时,很难进入市场,只有稳定持续的资金保障才能育成新品种,在新品种形成前无法进入产业阶段,因此也很难发挥品种优势,导致育种只是停留在科研层面,没有进入产业阶段,很难培育形成新品种。

（4）育种进展——各地涌现肉羊新品种雏形

近年来，一些科研单位在各地开展了肉羊新品种培育工作，大多处于起步阶段，没有形成品种规模。在甘肃，赵有璋、姚军等分别以小尾寒羊和蒙古羊为母本，无角陶赛特和波德代为父本，采用简单杂交育种级进至 F2 和 F3 代，形成了一定数量的育种杂交基础群，并采用滩羊、小尾寒羊、无角陶赛特进行三元杂交，以多胎、提高肉品质为目标。

在新疆生产建设兵团，刘守仁采用 Romolly Hills 与中国美利奴多胎品系杂交，在 F1 代利用多胎基因标记方法，剔除未携带多胎基因个体，用杂合子横交，再进行标记选择纯合子为理想型个体，育种目标为肉毛兼用美利奴；另一个方案是用萨福克与湖羊杂交，级进至 F2 代，以标记选择手段选留理想型个体，育种目标是多胎、生长速度和增重快。

在北京，贾志海等采用小尾寒羊为母本，以无角陶赛特为父本进行杂交，F1 代母羊与夏洛莱公羊交配，F2 代经选种选配横交固定，育种目标是多胎性、肉用性能和早期生长发育快。

在山东，王金文等利用杜泊羊与地方品种小尾寒羊杂交，采用常规育种技术和 FecB 分子遗传标记辅助选择，组建理想型育种群。通过选种选配、横交固定和扩繁推广，目标是培育鲁西黑头肉羊多胎品系。

在河北，敦伟涛等以小尾寒羊为母本，与杜泊公羊为父本进行杂交，以骨形态发生蛋白受体 IB（BMPR-IB）基因作为多胎候选基因，运用分子标记辅助选择技术，对杂交后代进行基因型分析，根据杂交后代基因型和体尺外貌进行选种和选配，综合杂交后代繁殖性能和产肉性能确定适宜的横交模式，进行横交固定，对横交后代继续利用多胎基因标记技术进行选种和选配，利用超数排卵—胚胎移植（MOET）、幼羔体外胚胎移植（JIVET）技术作为扩繁手段对优秀群体进行扩繁，目标是培育形成肉用性能和繁殖性能兼顾的肉羊新品种。

1.1.1.2　我国肉羊种业发展建议和对策

（1）加强品种资源利用和管理

①地方品种保护和利用并重。我国是种质资源大国，有很多优秀地方品种，近年来，引进了很多品种，由于缺乏统一的规划和指导，盲目地与引入品种杂交改良，有些地方优秀品种面临数量锐减，甚至消失的危险，一味地杂交乱配将会导致优秀独特种质资源丢失，因此，应加强地方品种保护，特别是性能独特的品种更应加大保护力度，在杂交利用时应权衡利弊，不要盲目杂交改良，树立保护与利用并重的理念。

②本品种选育和引入品种相结合。本品种选育是维持品种规模、提升品种性能的必要工作，有些地方品种是经过长期选择和特殊的历史时期形成的，如果不进行选育，品种特性将会减弱，因此需要不断提纯、优化、加强选择。虽然一些地方品种肉用性能较差，但有其优点，在对待引入品种时，要树立本品种选育和保护在先，引入品种要适当，选育和引入相结合的观念，自从 20 世纪 90 年代，我国引入了大量肉用品种，但引入后没有长期规划和有效指导，引入的品种大多是与本地品种杂交，而且缺乏有效指导和统一标准，没有利用地方品种与引入品种相结合培育出新品种，当引入品种数量减少和性能下降时，再次花重金购买引入，陷入引入、杂交、衰退、再次引入的怪圈。

③坚持和完善品种登记制度。品种登记制度是品种形成、维持和提高的制度保障，如果没

有品种登记制度,品种问题将无从谈起,品种登记制度与品种鉴定、性能测定是一脉相承的关系,没有品种登记制度,品种鉴定和性能测定将失去了意义。从种质资源角度讲,品种登记制度是维持种质资源多样性、保护优势明显、特色鲜明的地方品种的重要保障;从品种利用方面讲,品种登记制度是本品种选育提高的基础条件;从种质创新领域讲,品种登记制度是新品种培育形成的关键环节。新品种的培育和形成需要进行鉴定和性能测定,同时,新品种的展示和拍卖制度是品种推广的重要途径,因此,应坚持完善和加强管理品种登记、品种鉴定、性能测定等制度,正确引导品种展示和拍卖制度,使其成为品种利用、品种保护和新品种培育的重要制度保障。

(2)大力支持,正确引导,加强新品种培育工作

①育种投入——建立多层次长效育种投入机制。应重视种业工作,从投入方面加大支持力度,在国家层面和省级建立注重基础、稳定支持、择优资助的长效投入机制,如设立种业专项,由于动物育种不同于作物育种,作物可以选择不同地方进行栽培,每年可以进行多个周期,但动物的生产周期较长,而且很难改变,因此动物生产特点决定了育种周期长,转化慢,这也限制了企业等社会力量参与育种工作,因此,需要从投入上加大资助强度。

②育种规划——制定长远育种规划,因地制宜分类育种。从长远角度看,应培育专门化肉羊新品种(系)。我国地域辽阔,各地自然气候条件差别很大,不可能像新西兰、澳大利亚等国那样培育一个全国性的品种。因此,应当根据不同品种对生态经济条件的要求,根据市场的需要和发展趋势,将生态经济条件、市场需要与品种的生物学特性有机结合起来,培育适合各地生态系统、自然资源、气候条件和市场需求不同的肉羊新品种,根据我国原有养羊生产体系的区域性特点,牧区应培育肉毛兼用品种,达到肉好毛优、适应性强的肉羊品种;农区应培育肉用多胎品种,以满足平原、山区和丘陵等生态条件下对肉羊生产的需要。

③育种管理——强化监督,弹性管理,联合育种。目前,育种工作多以项目形式按照立项、检查、结题验收、鉴定等程序进行管理,由于育种工作周期长,在新品种培育初期几乎没有效益,而科研项目的周期一般在3～5年,育种周期往往要长于科研项目周期,这就造成了工作刚刚起步,或者正在进行中,就要忙于结题验收,进而造成实际工作与管理错位,为了应付项目管理只能拼凑甚至编造项目验收报告。因此,建议改变育种项目管理,实行弹性管理。此外,育种主体多是一个单位或者两三个单位,由于同区域气候条件和自然资源相近,育种目标也类似,因此建议在同区域组建大团队进行联合育种,在国内不同区域形成几个联合育种队伍,形成育种—示范—推广体系。

④育种技术——以传统杂交育种为主,现代分子育种为辅,加快形成育种关键技术体系。

a.我国肉羊品种培育的技术原则。确定国外肉羊品种的肉用品质和生长速度与我国地方良种适应性好、繁殖力高、羊肉风味好等优秀性状为育种目标。选择优秀亲本,尽可能达到有效基因的最优配置,保证新品种遗传基础的广泛性和先进性。因地制宜,选择杂交育种路线——简单杂交(二元级进)或复杂杂交(三个以上亲本),以利于新品种种质基础结构的优化重组。运用常规育种方法和现代生物育种技术(如JIVET、MOET、BLUP、MAS等)相结合,加快培育适合我国地域特点的肉羊新品种。

b.我国肉羊新品种培育亲本的选择。适于做培育肉用绵羊品种的父本有:无角陶赛特、夏洛莱、萨福克、德克塞尔、德国美利奴、边区莱斯特、滩羊、多浪羊等;适于做培育肉用绵羊品

种的母本有：东弗里生、罗姆尼、小尾寒羊、湖羊、乌珠穆沁羊、国内培育的细毛羊品种、阿勒泰羊等。适于做培育肉用山羊品种的父本有：波尔山羊、南江黄羊、马头山羊；适于做培育肉用山羊品种的母本有：萨能奶山羊、关中奶山羊、成都麻羊等。

c. 育种模式选择。以简单二元级进杂交，以父本级进至二代以上，选择理想型，或简单二元杂交，正反交至三代以上，选择理想型；三元以上复杂育成杂交，一般轮回三代至四代选择理想型，也可在二代选择理想型；采用四元杂交，先进行二元杂交，然后用其 F1 代相互杂交，再在 F2 代中选择理想型；或采用 F1 代与另一父本分别交叉杂交，所产 F2 代杂交后，在 F3 代中选择理想型后代。

d. 育种目标的确定。育种目标要坚持以产业需求为导向，切实解决科技与生产"两张皮"的问题，目前，肉羊育种目标方面的问题主要是繁殖和肉用性能能否兼顾的问题，在有效利用地方品种和吸收国外优秀资源的同时，如何解决国外品种繁殖性能差的问题是育种者需要考虑的方面。在确定育种指标时，除了生长速度和产肉率等外，是否可以考虑将年产肉量、年产羔率等作为育种指标，这样将更有利于朝着肉用和繁殖性能兼顾的方向发展。此外，肉用性能选择时，除了通过屠宰率测定外，据报道大腿围可以作为一个辅助和间接的肉用体型选择指标。

e. 利用高新技术提高选种效率和新品种培育速度。传统杂交育种选种速度慢，繁殖周期长，群体规模扩大慢，品种形成时间长。随着动物遗传学、分子生物学、繁殖生物技术的发展，逐渐形成了分子遗传标记辅助选择等一些现代辅助选种技术和胚胎工程为主的繁殖生物技术。分子遗传标记辅助选择技术可显著提高特定性状选择的准确性，缩短选种世代间隔，提高选种准确性和效率；以胚胎工程为平台的高新生物技术可大大提高优秀母羊个体繁殖速度和利用效率。因此应建立以传统和现代相结合的繁育关键技术体系，并将上述高新技术应用到育种实践中，将大大提高肉羊选种效率和优秀种羊利用效率，加快核心群扩繁速度。如河北省畜牧兽医研究所和河北农业大学自"十一五"以来将上述高新技术应用到了肉羊新品种培育中，初步获得了显著效果。以国内高繁殖率的小尾寒羊地方品种为母本与国外引进的杜泊肉用品种为父本进行杂交育种，将骨形态发生蛋白受体基因（BMPR-IB）作为多胎标记基因，以杜寒二代公羊与杜寒一代母羊为横交模式，对横交后代利用多胎基因标记选种、选配，以超数排卵—胚胎移植（MOET）、幼羔体外胚胎移植（JIVET）技术作为扩繁手段进行扩繁，目标是培育形成适合农区地域特点的肉用性能和繁殖性能兼顾的独特的肉用绵羊新品种。

肉羊品种一直是影响增产增效，制约产业发展的关键因素，肉羊产业在整个畜牧业中虽然相对薄弱，但不可或缺，肉羊生产是广大农牧区，特别是牧民增加收入的重要途径，羊肉不仅是广大穆斯林民族的必备膳食，也是调节广大汉民膳食结构的重要产品。加快推进我国肉羊种业科技创新，促进肉羊产业健康持续发展，将为调节人们膳食结构，提高人民生活水平发挥重要作用。因此，广大羊业工作者应以中央一号文件为契机，以种业科技创新为动力，以增强优质羊肉产品供给保障能力为目标，以培育自主高产肉羊品种为重点，全面加强我国肉羊种业建设，构建中国特色种业体系。

1.1.2　我国肉羊产业化模式研究

近年来，我国肉羊产业发展迅速，生产水平不断提高，在畜牧业中的地位稳步上升，区域化生产特征明显,产业集中度不断提高,布局不断优化,综合生产能力不断提高。随着《全国节粮型畜牧业发展规划(2011—2020年)》《全国现代农业发展规划(2011—2015年)》等政策的出台,为肉羊业发展提供了良好政策环境。此外,近年来羊肉价格持续攀升,促进了肉羊产业发展,鼓舞了农民养羊积极性,因此,目前我国肉羊业面临政策和市场两方面的利好,但生产规模仍不高,仍以散养为主,生产能力有限,标准化生产水平低,食品安全无保障,仍未形成生产—加工—销售和种养、牧商结合紧密的产业化模式,产业链条有待延伸和拓展。

河北省某公司是集种羊繁育、饲料加工、牧草种植、肉羊屠宰、食品加工、有机肥生产为一体的农业产业化企业,该公司从产业化角度出发,结合本地实际情况,走出了一条"种养结合、牧工结合,公司＋农户,产加销一体化"的肉羊产业路子,为当地肉羊产业发展提供了有益借鉴。

1.1.2.1　我国肉羊产业现状

(1)千家万户式分散饲养,小生产与大市场的矛盾突出

我国当前肉羊养殖的主要模式是农户小规模散养(饲养规模在100只以下),年出栏量占全国80％以上,其中农区一半以上的农户饲养规模在10只以下。这种千家万户式分散饲养,形成了小生产与大市场的矛盾,导致科学养羊无法普及,良繁体系无法建立,产品质量无法保证,产品品牌无法形成,市场竞争力差,利润空间小,农户养殖风险大等问题,但是由于我国人口众多、地理结构不一、自然资源和气候条件各异,这种生产方式将长期存在,因此,如何解决小生产和大市场的矛盾是提高我国肉羊产业化程度的关键所在。

(2)龙头企业偏少,专业化程度较低

产加销一体化的龙头企业偏少偏小,产业带动能力差,导致产业化程度低,利润空间小,多数是小规模散养或舍饲圈养,没有形成适度规模生产,属于自繁自养,利润主要来自销售育肥羊初级产品,没有形成龙头企业带动、养羊户参与产加销一体化的风险共担、利润共享、紧密连接的产业化程度较高的产业模式。

(3)产业化经营水平较低,肉羊养殖利润空间小

肉羊生产虽然有向规模化方向发展的趋势,但发展较缓慢。近年来在各级政府的支持下,虽然建立了一些养殖小区和养殖场,但由于产业仅停留在养殖上,利润空间很小,因此经营效益不好。各地缺乏能够带动养羊户发展的公司与合作社,分散的农户养殖仍然是肉羊生产的主体,即便是一些养羊合作社,基本上是由公司控制,公司与养羊户之间主要体现为买卖关系,缺乏利益共享机制,合作社的作用没有发挥出来,养羊户难以从合作社的发展中得到互助合作的好处,导致养羊户与企业之间缺乏紧密联结,没有形成利益共同体。

1.1.2.2　龙头企业肉羊产业模式解析

如图1-1所示,该公司经营范围涉及种植业、养殖业、饲料加工、畜产品加工等行业,纵观整个产业模式,种植业和饲料加工是前提,养殖是核心,农户肉羊生产是基础,产品加工是关键。

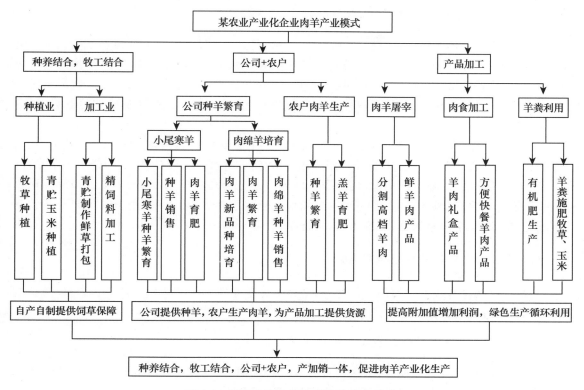

图 1-1　某农业产业化企业肉羊产业模式

(1)种养结合、牧工结合保障安全营养,有效缓解粗饲料单一和供应紧张问题

该公司农场种植的苜蓿、皇竹草、黑麦草等牧草为羊提供优质青绿饲料,青贮玉米用于制作青贮饲料,缓解枯草季节青绿饲料缺乏问题,解决了粗饲料远途购买调运和市场竞争价格高的问题,从市场角度缓解了竞争压力,从饲料营养角度增加了粗饲料的营养含量,从羊群周转和扩大规模生产角度保障了整个公司种羊繁育正常运转。公司的饲料厂保障了种羊繁育饲料需求,同时为农户提供统一饲料。

(2)公司＋农户模式利益联结紧密,有利于标准化生产,提高抗风险能力

公司利用小尾寒羊为母本,国外引进的杜泊为父本,进行杂交育种,并利用高新生物技术加强选育,目的是培育适合农区特点的优质、高产(即"两高一优":产肉量高和繁殖率高、品质优良)的肉羊新品种,目前新品种雏形已经形成。通过优质肉羊新品种培育和小尾寒羊种羊繁育生产优质种羊,提高公司供种能力,为农户提供优质种羊。公司还负责饲料供应、人工授精、技术培训、肉羊收购、屠宰加工和疫病防治,有效保证了生产各个环节安全生产。

农户以借贷、租赁、政府补贴等形式从公司购买种羊,通过农户繁育生产羔羊和育肥羊,公司承诺高于市场价收购农户育肥羊,进行屠宰加工,保障了屠宰加工的货源,建立了公司和农户利益联结、利润共享、风险共担机制,提高了农户肉羊养殖抗风险能力,实现了公司和农户双赢。

（3）产加销一体化延伸产业链，增加附加值，实现绿色生产循环利用

畜牧业的中端是畜牧生产，前端是种植业，后端是产品加工，形成了种植—养殖—加工链条，通过加工增加附加值，带动养殖，进而促进种植业二元结构调整；此外，养殖产生的粪便可将种植和养殖有机结合，减少污染，实现循环利用，绿色生产。该公司拥有屠宰厂、食品加工厂和羊粪处理利用的有机肥厂，可实现种植业和养殖业有机结合，加工业增加附加值的目的，迎合了养殖业发展的方向。

产品加工是整个产业的终端，是利润的集中点，通过市场开拓、网络营销、专营等形式提高产品市场需求，进而拉动产品加工，带动肉羊生产和肉羊增效，促进农民增收和公司种羊繁育，提高产业运转速度，缩短生产周期，促进资金回笼。通过公司种羊繁育、肉羊育肥和标准化生产示范，带动农户肉羊标准化生产。利用羊粪生产有机肥，增加收入；利用羊粪施肥农场牧草和青贮玉米，减少了环境污染，变废为宝，实现绿色生产。

1.1.2.3 我国肉羊产业模式启示

产业化经营是畜牧业发展的必由之路，通过对龙头企业肉羊产业模式的分析，可以总结出以下影响实现产业化的因素。

（1）因地制宜、科学布局是实现产业化的前提

根据本地自然资源、气候条件、区位优势和地理结构，因地制宜发展养羊，进而确定主要产业结构，在具备产业基础上科学谋划、合理布局，进行产业化生产。

（2）丰富的饲草资源和养羊习惯是实现产业化的基础

拥有天然的丰富饲草资源和农副产品粗饲料资源是发展规模化肉羊产业的重要前提，而当地有农户养羊的传统和习惯是发展公司＋农户产业模式的基础。

（3）产品加工引领、龙头企业示范、典型农户带动是实现产业化的关键

产品加工是肉羊产业链的末端，也是附加值最高的部分，同时还是最能引领产业发展的环节；龙头企业是产业发展的支柱，集信息、科技、养殖、加工、营销等服务于一身，市场判断能力和抗风险能力强；典型农户是效益好、规模适当的与公司联系紧密的养殖户，这样的农户带动作用最强。扶持基础好、示范作用强、带动性广的龙头企业，树立好典型农户，鼓励其大力发展肉羊养殖，发挥其样板示范、辐射带动作用。通过龙头企业引领带动作用促进种羊繁育和商品肉羊生产，同时，种羊繁育场为农户提供种羊，农户为产品加工企业提供商品羊货源，进而形成种羊、商品羊和羊肉产品良性循环。

（4）完善产业链、搞好配套服务、建立物流网络是实现产业化的重要环节

产业化需要专业化、系列化、全程化的社会服务，涉及多个行业、多个工种、多个部门，从产业前端、中端、末端以及相关配套环节完善产业链，组建多层次、多形式的科技、资金、市场、运输、信息、生产资料等服务组织，建立现代物流网络，拓宽服务范围，提高服务质量，搞好配套服务才能促进产业生产更好发展。

（5）依靠科技进步、搞好产品研发是实现产业化的动力

依靠大专院校和科研院所，将科技与产业紧密结合，注重引入先进技术，开发适销对路的产品，建立高效的市场营销网络，增加产品市场竞争力，打造优势名牌产品，才能提高利润，拉动产业链条前端环节，促进产业发展。

（6）提高认识、更新观念、领导重视、政策支持是实现产业化的保证

要提高认识，更新观念，用市场化的思维办企业，做好产业规划，与行政主管部门多沟通、多协调、多汇报，使领导重视，出台相关扶持政策，及时解决产业化发展中的各种矛盾和问题。

1.1.3　基于文献计量学的我国肉羊研究

自 20 世纪末以来，我国肉羊业经历了一些起伏，在 21 世纪初，炒种促进了繁殖技术的开发和应用，2007 年以来，我国羊肉价格一路高升，肉羊产业得到了较大的发展。文献计量法是一种以各种文献外部特征为研究对象的量化分析方法，是图书馆学、情报学的特殊研究方法，主要用于科学文献的研究，是评价科学研究成果的重要方法，通过引文分析可以了解学科发展和特定领域研究动态。本文从文献计量学的角度，分析了我国2001—2010 年《中国学术期刊网络出版总库》收录的有关肉羊方面的文献，从文献发表年代、文献作者、产出单位及地域分布、研究内容、研究资助基金等方面进行了统计和分析，目的是梳理我国肉羊方面的文献，并为政策制定、科学研究、产业发展提供数据参考。

1.1.3.1　文献收集与方法

（1）资料来源

以《中国学术期刊网络出版总库》为检索对象，以主题"肉羊"为条件进行检索，检索时间为2001—2010 年。

（2）检索方法与分析内容

将检索到的文献进行整理汇总，采用文献计量学方法，以载文量、被引频次和篇均被引频次为分析指标，对文献的年度分布、产出单位及区域、来源期刊、研究方向、研究资助基金等方面进行了统计与分析研究。

1.1.3.2　结果与分析

（1）年度分布

年度分布情况见表 1-1。通过检索、整理共得到 2001—2010 年中文期刊发表有关肉羊研

究报道文献 2 223 篇,年均发文量为 222.3 篇。从发刊量和载文量来看,自 2001—2009 年发刊量总体处于上升趋势,载文量在 2005 年和 2006 年有所下降,随后逐渐上升。十年间刊均载文量小幅波动状态,均在 2.0 篇以上,其中 2004 年达到最高(3.23 篇)。总被引频次分布类似于正态分布,其中 2004 年达到峰值(331 次)。

表 1-1 　2001—2010 年肉羊中文文献年度统计

年份	发刊量	载文量	刊均载文量	总被引频次	篇均被引频次
2001	55	111	2.02	174	1.57
2002	61	174	2.85	332	1.91
2003	98	260	2.65	298	1.15
2004	82	265	3.23	331	1.25
2005	88	181	2.06	277	1.53
2006	96	193	2.01	247	1.28
2007	99	255	2.58	213	0.84
2008	94	275	2.93	187	0.68
2009	101	246	2.44	111	0.45
2010	98	263	2.68	29	0.11

（2）产出单位及区域

①主要产出单位。对有作者的肉羊文献（566 篇）进行分析,按第一作者单位划分（表 1-2）,其中高校 293 篇,占 51.77%,总被引频次为 811 次,科研院所 163 篇,占 28.80%,总被引频次为 428 次,其他单位主要是一些畜牧行政主管和技术推广部门（共 110 篇）,占 19.43%,总被引频次为 42 次。从统计结果看,从事肉羊研究的主要是高校和科研院所,其中发表文献数量最多的是中国农业大学（45 篇）,发表的文献总被引频次最多的是甘肃农业大学（166 次）,文献篇均被引频次最高的是南京农业大学（5.83 次）,发表的文献总被引频次最少的为 0,可见不同单位的研究水平和学术地位差距很大。

表 1-2 　肉羊中文文献产出单位分布

主要产出单位	文章数量	总被引频次	篇均被引频次
中国农业大学	45	98	2.18
西北农林科技大学	36	70	1.94
内蒙古农业大学	34	81	2.38
甘肃农业大学	33	166	5.03
中国农业科学院兰州畜牧兽药研究所	25	116	4.64
华中农业大学	24	9	0.38
宁夏农林科学院畜牧兽医研究所	23	62	2.70
山东省胶州市畜牧局	22	1	0.045
河北农业大学	18	40	2.22

续表 1-2

主要产出单位	文章数量	总被引频次	篇均被引频次
宁夏大学	17	27	1.59
甘肃省畜牧兽医技术推广总站	16	17	1.06
山东省农业科学院畜牧兽医研究所	16	30	1.88
山西农业大学	14	33	2.36
重庆市万州区响水中学	14	1	0.07
南京农业大学	12	70	5.83
青海省海北州畜牧兽医科学研究所	12	2	0.17
石河子大学	11	34	3.09
湖北省襄阳市襄阳区畜牧局	10	2	0.20
辽宁省风沙地改良利用研究所	10	3	0.30
中国农业科学院北京畜牧兽医研究	10	25	2.50
北京市畜牧兽医总站	10	5	0.50
吉林省农业科学院畜牧科学分院	10	14	1.40
青海省畜牧兽医总站	9	12	1.33
沈阳农业大学	9	47	5.22
青海省畜牧兽医科学院	9	7	0.78
内蒙古农牧业科学院畜牧研究所	9	14	1.56
东北农业大学	9	48	5.33
北京农学院	8	33	4.13
山西省农业科学院畜牧兽医研究所	8	37	4.63
扬州大学	8	18	2.25
青海省家畜改良中心	8	0	0
湖北省农业科学院畜牧兽医研究所	8	13	1.63
内蒙古赤峰市畜牧兽医科学研究所	8	4	0.50
黑龙江省八一农垦大学	8	10	1.25
新疆畜牧科学院	8	18	2.25
江苏省沛县多种经营管理局	7	0	0
黑龙江省大山种羊场	7	4	0.57
辽宁省畜牧兽医科学研究所	7	83	11.86
山西省畜牧兽医学会	7	0	0
山东农业大学	7	27	3.86

②主要产出区域。通过对发表有关肉羊文献的作者所在省份进行统计分析（表1-3），文章涉及 16 个省、直辖市、自治区，其中甘肃省文章数量（74 篇）和总被引频次（299 次）均为最高，其次是北京（73 篇和 161 次），辽宁省篇均被引频次最高，达 5.06 次。说明这些地区的研究水平和参考价值较高，文章产出区域大多为北方地区，这与我国肉羊数量分布相符。

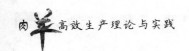

表 1-3　肉羊研究中文文献产出区域分布

省份	文章数量	总被引频次	篇均被引频次	省份	文章数量	总被引频次	篇均被引频次
北京	73	161	2.21	山西	29	70	2.41
陕西	36	70	1.94	重庆	14	1	0.07
内蒙古	51	99	1.94	青海	38	21	0.55
甘肃	74	299	4.04	新疆	19	52	2.74
湖北	42	24	0.57	辽宁	17	86	5.06
宁夏	40	89	2.23	吉林	19	61	3.21
山东	45	58	1.29	江苏	27	88	3.26
黑龙江	24	62	2.58	河北	18	40	2.22

（3）期刊来源分布

统计所有文献的来源期刊，并参考《2011年北京大学中文期刊核心目录》，分为核心期刊和非核心期刊（由于篇幅所限，肉羊文献数量较少的非核心期刊未被列出）两大类，结果见表1-4和表1-5。核心期刊34种，共刊登有关肉羊文献192篇，其中《黑龙江畜牧兽医》载文量最多（42篇），《甘肃农业大学学报》篇均被引频次最高（15.00次）。非核心期刊中《中国草食动物》载文量（142篇）和总被引频次（479次）均最高，《辽宁畜牧兽医》篇均被引频次均最高（6.44次）。

表 1-4　肉羊研究中文文献核心期刊分布

期刊名称	载文量	总被引频次	篇均被引频次
黑龙江畜牧兽医	42	80	1.90
中国畜牧杂志	35	101	2.89
畜牧与兽医	20	39	1.95
中国畜牧兽医	30	48	1.60
安徽农业大学学报	1	4	4.00
安徽农业科学	9	31	3.44
草地学报	1	0	0
草业科学	3	6	2.00
草业学报	2	0	0
动物医学进展	1	0	0
动物营养学报	2	6	3.0
甘肃农业大学学报	1	15	15.00
广东农业科学	1	0	0
贵州农业科学	2	1	0.50
湖北农业科学	4	2	0.50

续表 1-4

期刊名称	载文量	总被引频次	篇均被引频次
华北农学报	1	3	3.00
江苏农业科学	3	9	3.00
江苏农业学报	2	17	8.50
农业生物技术学报	1	0	0
生态学报	1	0	0
生物技术通讯	1	0	0
饲料工业	2	0	0
饲料研究	6	15	2.50
西北农林科技大学学报（自然科学版）	2	2	1.00
西北农业学报	2	7	3.50
新疆农业大学学报	1	0	0
新疆农业科学	1	0	0
畜牧兽医学报	2	5	2.50
扬州大学学报	2	0	0
遗传	2	16	8.00
中国农学通报	2	15	7.50
中国农业大学学报	2	1	0.50
中国农业科学	3	44	14.67
中国生态农业学报	2	10	5.00

表 1-5　肉羊研究中文文献非核心期刊分布

期刊名称	载文量	总被引频次	篇均被引频次
中国草食动物	142	479	3.37
农村养殖技术	123	29	0.24
养殖技术顾问	72	9	0.13
中国畜禽种业	52	6	0.12
畜牧与饲料科学	49	64	1.31
当代畜牧	58	24	0.41
北方牧业	52	4	0.08
当代畜禽养殖业	49	16	0.33
中国牧业通讯	43	14	0.33
养殖与饲料	47	12	0.26
畜牧兽医杂志	45	66	1.47

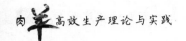

续表 1-5

期刊名称	载文量	总被引频次	篇均被引频次
畜牧兽医科技信息	34	4	0.12
青海畜牧兽医杂志	30	14	0.47
农村科技	39	1	0.03
家畜生态学报	15	30	2.00
吉林畜牧兽医	30	19	0.63
黑龙江动物繁殖	20	11	0.55
河北畜牧兽医	15	13	0.87
动物科学与动物医学	5	21	4.2
草食家畜	24	31	1.29
安徽农学通报	4	16	4.00
广东畜牧兽医科技	4	11	2.75
湖北畜牧兽医	17	14	0.82
广西农业生物科学	2	5	2.50
家畜生态	6	12	2.00
江西畜牧兽医杂志	8	20	2.50
辽宁畜牧兽医	9	58	6.44
内蒙古畜牧科学	9	30	3.33
宁夏农林科技	14	14	1.00
上海畜牧兽医通讯	11	15	1.36
四川畜牧兽医	29	25	0.86

（4）研究方向

从检索到的文献看，文章类型主要涉及试验研究、综述专论、短评报道，研究内容方面主要分为宏观发展、资讯报道、生产及养殖技术、饲料与营养、品种及遗传繁育、疫病防治、产品加工共六个方面，其中宏观发展和资讯报道 545 篇，生产及养殖技术 594 篇，饲料与营养 102 篇，品种及遗传繁育 512 篇，疫病防治 120 篇，产品加工 18 篇，其他包括纪实报道、媒体宣传等共304 篇。可见，在生产及养殖技术方面文献数量最多，其次是宏观发展和咨询报道，产品加工较少，这与我国羊产品加工水平落后的现状一致。

（5）研究资助基金

统计有基金项目资助的文献（138 篇），国际、国家级项目类别有 15 类，共 91 篇，占65.9％，其中最多的是国家科技支撑计划（23 篇），省级项目类别有 24 类，共 47 篇，占 34.1％，以科技攻关项目居多。见表 1-6。

表 1-6　肉羊文献所受基金资助统计

资助等级	资助项目名称	文献数量
国家级	国家科技支撑计划	23
	国家自然科学基金	14
	国家高技术研究发展计划（863 计划）	13
	国家科技攻关计划	11
	机械制造系统工程国家重点实验室	9
	教育部科学技术研究项目	4
	国家星火计划	4
	农业部跨越计划项目	3
	社会公益研究专项计划	3
	农业部"948"项目	2
	中国博士后科学基金	1
	高等学校骨干教师资助计划	1
	农业科技成果转化资金	1
	联合国开发计划署基金	1
	澳大利亚国际农业研究中心基金	1
省级	江苏省农业三项工程项目	5
	山东省农业良种产业化	4
	陕西省科技攻关计划	4
	甘肃省自然科学基金	3
	河北省科技攻关计划	3
	甘肃省科技攻关计划	3
	青海省科技攻关计划	2
	吉林省科技发展计划基金	2
	云南省科技攻关计划	2
	重庆市科技攻关计划	2
	河南省自然科学基金	2
	新疆维吾尔自治区科技攻关计划	2
	河南省教委自然科学基金	2
	海南省自然科学基金	1
	安徽省教育厅科研基金	1
	宁夏回族自治区科技攻关计划	1
	黑龙江省科技攻关计划	1
	河南省科技攻关计划	1
	山东省优秀中青年科学家科研奖励	1
	陕西省软科学研究计划	1
	宁夏自然科学基金	1
	内蒙古自治区科技攻关计划	1
	河北省自然科学基金	1
	天津市科技攻关计划	1

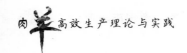

1.1.3.3　小结

（1）自2001—2009年发刊量总体处于上升趋势,载文量在2005年和2006年有所下降,随后逐渐上升。十年间刊均载文量小幅波动状态,2004年达到最高（3.23篇）,总被引频次分布类似于正态分布,其中2004年达到峰值（331次）。

（2）十年间我国从事肉羊研究的主要是高校和科研院所,文章产出区域大多为北方地区,不同单位的研究水平和学术地位差距很大,其中研究水平和学术地位较高的是中国农业大学和南京农业大学。

（3）我国有关肉羊方面的文献主要刊登在畜牧兽医类期刊,其中非核心期刊种类繁多,除畜牧兽医类期刊外还有一些农村科技方面的杂志。研究内容方面主要分为宏观发展、资讯报道、生产及养殖技术、饲料与营养、品种及遗传繁育、疫病防治、产品加工等几个方面,部分文献受到国际、国家和省、市的基金项目支持。

1.1.4　我国农区肉羊发展关键因素及发展趋势

自20世纪90年代以来,我国从国外引进了很多优良品种,肉羊业也经历了引种、炒种的过程,近几年经过炒种热之后的肉羊业回归到生产的轨道上来,制约我国肉羊业的因素逐渐凸显,目前,炒种时迅猛增多的种羊场有的倒闭,有的转产,有的开始走产业化的道路,因此,解决制约产业发展的关键问题成为发展我国肉羊业的首要问题,特别是近几年广大农区肉羊业低迷的状况,使得我们不得不深思我国肉羊业发展的新路子。以下笔者针对当前影响农区肉羊业发展的关键因素及其发展对策做一阐述。

1.1.4.1　影响我国农区肉羊业发展的关键因素

（1）品种的选择

目前,我国各地饲养的绵、山羊品种,多数存在个体小,生长速度慢,产肉量低等缺点,我国先后从国外引进了部分优良品种,但由于种羊价格、气候条件等方面的因素,再加上快速扩繁技术跟不上,可利用的种羊数有限,根本满足不了我国绵、山羊改良的需要,从引进的肉羊情况看,因缺乏科学的饲养管理和科学的育种规划,造成羊的种用价值下降,达不到种用标准,使得引进的优良品种没有得到很好的利用。这就导致了肉羊生长慢,饲料报酬低,出栏少,饲养成本高,效益低下。

（2）羊群的繁殖

繁殖是生产的关键环节,直接决定养殖场（户）的羊只产出的数量和质量,因此繁殖管理对于养羊生产来说至关重要,是决定养殖成败的关键因素,对于自繁自养的养殖场（户）,做好繁殖管理是成功的前提,有了优秀的品种,做好繁殖管理,使所养成年母羊均正常繁殖,生产出健康、量多的羔羊,对于整体养殖效益就有了基本保证,很多养殖场（户）就是败在繁殖环节,该正常繁殖的母羊没有做到产羔,使得饲养成本提高,繁殖率低下。

（3）饲养方式

我国广大农区地理条件和生态条件不太一样，但也有共同的特点，那就是农区有丰富的粗饲料，而这些粗饲料大多不计成本或者成本很低，而且没有草场，因此农区饲养方式主要是舍饲或者半舍饲。

有条件的地方可以半舍饲，春夏秋季节放牧加补饲，冬季舍饲，实际上我国广大农区采用的大多是这种饲养方式，有些地方到了冬季也是放牧加补饲，这种方式可以大大减少饲养成本，放牧加舍饲对于农户自繁自养是可行的。如果是规模羊场大多是全舍饲，这无疑是导致规模羊场饲养成本过高，效益低下的重要原因之一。

对于育肥场来说，效益可能要比自群自养的规模场要好些，因为育肥出栏快，不用承担母羊周年饲养成本，无论是羔羊育肥还是架子羊育肥，都可以实现短期集中饲养，集中出栏，收回成本，据了解，河北省唐县是比较大的羊集散地，每年秋季开始从内蒙古买进蒙古羊，农户集中舍饲 3～5 个月短期育肥，可以实现不错的效益。

（4）养殖规模

饲养规模也是影响经济效益的一个因素，从规模化羊场的经验来看，饲养规模是影响效益的不容忽视的原因之一，饲养规模加大，成本就会相应提高，如人工费，水电费，而且还要配备相应的后勤保障等设施，无疑增加开支。对于规模自繁自养的羊场来说，母羊饲养规模要适度，根据当地饲草储量，羊的繁殖水平，市场价格等因素，选择一定适合的规模。对于育肥规模场和农户来说，规模效益是放大的，有些农户每年秋季买进几百只羊，进行秋冬季育肥，到年底可以收到较好的效益。

（5）防疫保健

防疫水平是影响养殖效益的重要因素，相对于猪鸡来说，羊常规防疫相对简单些，但不可忽视重要的疾病的预防和免疫。由于有些疾病特别是传染病，只有做好防疫才能减少损失，有些传染病爆发很突然，来势凶猛，有些甚至来不及诊断和治疗，就会造成羊只死亡。因此有些传染病如羊痘、传染性胸膜肺炎、三联四防、口蹄疫等疫苗一定要按时做好，定期驱虫，这些工作是提高养殖效益的保障性工作。

综上所述，我国农区肉羊发展要考虑五个方面因素：品种是前提，繁殖是关键，饲养方式是重要环节，养殖规模是重要因素，防疫保健是重要保障。抓好以上五方面工作，才有可能实现肉羊业快速、稳定、持续、健康发展。

1.1.4.2 我国农区肉羊业发展对策

（1）利用杂交，提高良种化程度

品种是制约肉羊产业的首要因素，要想提高经济效益，在生产过程中要保证繁殖率和生长速度，即多产快长。因此要选择一个好的品种，目前我国还没有真正的专门化肉用羊品种，品种的选择对于肉羊生产至关重要，品种是制约经济效益的先决条件，没有好的品种不会有好的效益，目前适合肉用的羊品种有很多，如前些年引进国外品种，夏洛莱，波尔山羊，陶赛特，德克赛尔,杜泊,萨福克等,这些羊品种的共同特点是体躯大,后驱丰满,肉用性能好,但这些羊一般造价比较高,而且繁殖力比较低,一年一胎,每胎1~2个。而我国农区地域辽阔,生态条件各异,经过长期的自然选择和人工培育形成了很多地方品种,这些羊的特点是耐粗饲,适应性强,繁殖率高,如小尾寒羊,马头山羊,南江黄羊等,但这些羊肉用性能方面不如国外的纯种肉羊,因此可以利用本地羊品种与国外纯种肉羊杂交,从不同地区的杂交模式试验结果看,这些杂交羊从体型,肉用性能等方面都好于本地羊。适合作为我国现阶段发展肉羊业可利用的品种。如杜泊、德克赛尔与小尾寒羊杂交,德克赛尔、萨福克、陶赛特与滩羊杂交,波尔山羊与南江黄羊杂交,南江黄羊与地方山羊杂交等,试验表明效果较好。因此现阶段发展肉羊适宜利用杂交优势,发展杂交品系提高种用优势。

(2)强化管理,提高繁殖效率

繁殖是群体饲养的关键环节,如果保证不了繁殖率,那么就会大大降低效益,因此繁殖管理决定肉羊自繁自养效益的关键。无论是规模养殖还是农户分散饲养,首先要保证所养成年母羊必须正常发情配种,能够产羔,有些养殖场(户),只有60%~70%的成年母羊正常产羔,因此要想实现所有母羊均产羔,那么对于规模养殖来说就需要加强繁殖管理,对所养成年母羊做好繁殖记录,做到实时监测,对没有正常发情的羊进行检查,有些羊产后不发情,有些羊到了成年不发情,所以这就需要做到对所有母羊进行跟踪,对那些不能正常繁殖的母羊进行排查,检查不孕原因,进行人为干预繁殖,如果还不能实现繁育,就要淘汰。因此,在对待繁殖管理上要遵循一个原则就是母羊宁可少,不可滥竽充数。规模羊场必须到所有成年母羊都有繁殖记录,发现不能正常繁殖的羊及时解决,否则淘汰或短期育肥。这是减少饲养成本的方法之一。

总之,做好繁殖管理要有精品意识,很多养殖效益不好的羊场(户),很多原因是繁殖率上不去,导致产羔少,出肉少,饲养成本高。

(3)异地育肥,肉羊生产专业化程度提高

由于禁牧制度的实施,舍饲养羊成本提高,自繁自养规模羊场不景气,部分省市近年来出现了异地育肥新模式,如河北省部分育肥羊集中的区域,每年从内蒙古等地购买羔羊或架子羊到农区进行集中短期强度育肥,每只育肥羊净利润在50~120元,因此,这就出现了种羊繁育、异地育肥、屠宰加工专业化程度逐渐提高。由于舍饲成本高,利润低下,通过牧繁农育的模式可以减轻农区饲养繁育成本,利用农区饲草优势,因此牧繁农育这种肉羊生产新模式是值得提倡和推广的。

(4)整合资源,提升产业化水平

目前,国内的肉羊产业化程度并不是很高,特别是羊肉的深加工落后于世界先进国家,国外肉羊产业发达的国家羊肉是分等级的,不同部位的羊肉不同价,另外分割后的肉进行深加工,提高羊肉的附加值。目前我国由于饮食习惯等原因,还没有形成不同羊肉不同价的市场价格机制,造成高档肉没有价格优势。

由于当前我国的肉羊产业化不高,特别是广大的农区,很多都是散在的养殖户,羊只的购进,饲养和出售均没有统一管理,没有形成规模,走公司+农户的形式发展肉羊产业是个可行的路子,这样就能够提高产业化程度,带动产业发展,具体地讲就是公司负责产品的销售,农户负责饲养,而且公司会为农户做一些担保,如收购羊不会低于市场价,这样会降低农户养殖风险,通过公司养殖终端的屠宰深加工获得高的利润,通过公司提升产业链末端附加值来提高养殖利润,然后公司农户共享,即利润共享,风险共担。

品牌战略是未来肉羊产业发展的趋势,通过公司的运作将农户饲养的羊屠宰后形成品牌,这样在市场上将会提高竞争力。

1.1.5　从 2012 年全国农区羊业发展论坛看我国肉羊产业

2012 年 6 月 15～17 日,国家现代肉羊产业技术体系、河北省畜牧兽医学会、中国畜牧兽医学会养羊学分会等单位在河北省石家庄共同主办了全国农区羊业发展论坛,参加本次论坛的代表有院士、高校专家教授、肉羊产业技术体系专家、试验站站长、规模羊场场长等 300 多名代表。本次论坛是在我国羊肉价格持续高涨、肉羊产业发展势头向好的形势下召开的一次专门针对农区羊业发展的会议,此次论坛既是产业论坛,又是发展峰会。站在新的时间节点,回首我国肉羊近十年来的发展历程,经历了炒种过后的低迷、市场需求向好和如今的强劲发展势头。本文总结和回顾了我国近十年肉羊产业发展历程,梳理和分析了最近出现的新动态,并针对我国肉羊产业面临的问题和今后发展提出了建议。

1.1.5.1　我国肉羊产业发展十年回顾

(1)从肉羊炒种回归到产业市场基本面

20 世纪 90 年代我国引进了一些肉羊品种,兴起了一场以买种—扩繁—卖种为主要链条的炒种浪潮,导致种羊市场价格远远高于其本身价值,自 2003 年之后,炒种热逐渐消退,种羊场逐渐减少,肉羊产业逐渐回归到市场基本面。

(2)持续高涨的羊肉价格拉动产业发展

2003—2006 年,肉羊生产较低迷,养羊积极性不高。自 2007 年以来,我国羊肉价格进入高增长阶段,价格持续攀升,2007 年 1 月带骨羊肉为 20.62 元/kg,2012 年 1 月达到 48.96 元/kg,短短五年时间羊肉价格几乎翻倍。此外从羊肉市场来看,我国总体羊肉供不应求,羊肉市场需求很大,成为主要肉类价格最高的食品。因此,持续高涨的羊肉价格刺激了养羊积极性,拉动了产业发展。

1.1.5.2　我国肉羊产业新动态

(1)持续高涨的羊肉价格调动农民养羊积极性

从 2012 年全国农区羊业发展论坛来看,目前农民养羊积极性很高,从河北省参加羊业论坛的情况来看,参加这次会议的养殖场较多,也有一些准备养羊正在建场的来参加会议,主要由于近几年持续高涨的羊肉调动了农民养羊的积极性。

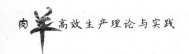

（2）种源不足或将成为肉羊产业发展的限制因素

由于前些年的种羊炒种过后，种羊场锐减，规模自繁自养场基本处于亏损状态，肉羊育肥成为肉羊产业新亮点，农区肉羊育肥较为红火，导致种羊缺乏，再加上新的资本涌入肉羊养殖行业，需要种羊繁殖，因此种源不足势头逐渐显现，如果缺乏种羊繁育和引导，如火如荼的肉羊生产将面临种源不足的问题，种源缺乏可能会成为肉羊产业发展的瓶颈因素。

（3）牧繁农育、异地育肥模式成为肉羊生产新亮点

农区舍饲条件下种羊繁育利润空间小，而羔羊育肥饲料报酬高、周期短、利润空间大逐渐成为农区肉羊生产新的利润增长点，出现了专业育肥户、村、区，农区羔羊供不应求，因此逐渐出现了异地羔羊育肥，牧区、半牧区繁育羔羊，农区羔羊育肥的牧繁农育模式应运而生。

1.1.5.3　我国肉羊产业面临的问题及发展建议

（1）优质高产专门化肉羊品种缺乏，应加强肉羊种业工作

缺乏专门化品种一直是制约肉羊产业发展的关键因素，尽管近些年从国外引入了大量肉羊品种，但存在繁殖率低的问题，杂交利用体系不健全，没有形成因地制宜的杂交利用模式，从国家战略和长远角度出发，应培育我国自主知识产权适合我国不同地域特点的肉羊品种。

①保护与利用并重，地方品种选育与新品种培育结合，加强品种资源利用和管理。应加强地方品种保护，特别是性能独特的品种更应加大保护力度，在杂交利用时应权衡利弊，不要盲目杂交改良，树立保护与利用并重的理念。树立本品种选育和保护在先，引入品种要适当，选育和引入相结合的观念，避免陷入引入、衰退、再次引入的怪圈。坚持完善和加强管理品种登记、品种鉴定、性能测定等制度，正确引导品种展示和拍卖制度，使其成为品种利用、品种保护和新品种培育的重要制度保障。

②大力支持，正确引导，加强新品种培育工作。从育种投入上，建立多层次长效育种投入机制；从育种规划上，制定长远育种规划，因地制宜分类育种；从育种管理上，强化监督，弹性管理，联合育种；从育种技术上，建立以传统杂交育种为主，现代分子育种为辅的育种关键技术体系。

（2）肉羊舍饲养殖仍未过关，应加强肉羊生产引导

尽管舍饲养羊提出有十多年的时间，但从实际看，农区舍饲养羊仍未过关，特别是规模自繁自养场基本处于亏损状态，在农牧交错带和农区，农户小规模半舍饲半放牧好于规模全舍饲羊场，因此从整个肉羊生产阶段和链条来看，建议分阶段和产区进行肉羊产业规划和引导。

①牧区利用草场，放牧养殖，进行自繁自养。严格管理，制定适宜的载畜量，实施以草定畜，合理利用草场，放牧饲养，进行自繁自养，增加牧民收入，也可为广大农区提供育肥羔羊，从一定程度上弥补农区种羊不足的问题，同时也可减少草场压力，实现草原肉羊生产可持续良性循环。

②农牧交错带，利用区域和自然资源优势，进行半放牧半舍饲种羊生产。农牧交错带可以利用山区和草场放牧，也可利用农区的粗饲料资源进行舍饲，特别是农户小规模实施半放牧半

舍饲,进行肉羊自繁自养容易盈利,一方面可以为农区生产种羊,另一方面可以利用自留羔羊育肥。

③农区利用丰富的粗饲料资源,进行全舍饲商品羊快速育肥生产。近几年,由于规模自繁自养场成本高,盈利空间小,逐渐兴起了异地羔羊快速育肥的新模式,从一定程度上保障了羊肉市场供应,也带动了农民养羊积极性,促进了商品羊生产,如在河北省唐县和青龙等县,逐渐形成了以肉羊育肥、屠宰加工分工明确、产业化程度较高的商品肉羊生产势头。

通过实施分阶段和分区域生产,可实现利润合理分配、生产有序布局、产业分工明确,一定程度上避免草场过度放牧,农区种羊缺乏,实现均衡生产,解决规模舍饲羊场亏损局面。

(3)龙头企业偏少,产业化程度较低,应重点扶持龙头企业,发挥示范引领作用

在肉羊行业中,产业化龙头企业偏少,导致产业化程度低,利润空间小,因此,应重点树立和扶持基础好、示范作用强、产业化程度高、带动性广的产业化企业,发挥其样板示范、辐射带动作用。通过龙头企业引领带动作用促进种羊繁育和商品肉羊生产,同时,种羊繁育场为商品肉羊场提供种羊,商品肉羊场又为产品加工企业提供货源,进而形成种羊、商品羊和羊肉产品良性循环。

①重点扶持重点种羊场,发挥其保种、供种作用。我国是种质资源大国,有很多优秀地方品种,近年来,引进了很多品种,由于缺乏统一的规划和指导,盲目地与引入品种杂交改良,有些地方优秀品种面临数量锐减,甚至消失的危险;种羊在肉羊生产中发挥关键作用,在肉羊不景气时,种羊场大量锐减,而肉羊生产红火时,种羊会出现一时短缺,为了保护优秀的地方品种资源和维持种羊供给能力,建议每个省重点扶持1~2个保种场,1~2个种羊场,使其在地方品种资源保护和种羊供种方面发挥支撑和引领作用。

②重点扶持牧工商、产加销一体化的龙头企业。羊肉加工是整个产业链条的末端,也是利润的主要环节,我国羊肉分割和产品加工方面落后于发达国家,因此,在羊肉分割和深加工方面应加大科技攻关力度,研发高端羊肉产品,增加附加值,提升利润空间,建议重点扶持牧工商、产加销一体化的重点龙头企业,每个省扶持1~2家重点肉食加工企业,发挥其引领、示范、带动和辐射作用,促进肉羊增效、农牧民增收。

1.2　河北省肉羊产业

1.2.1　河北省"十二五"时期养羊业发展建议

根据河北省委、省政府在全省组织开展"我为'十二五'献一计活动"精神,结合河北省羊业发展现状,笔者从六个方面提出了我省养羊产业在"十二五"时期发展的建议,现总结如下:

1.2.1.1　立足省情、依靠科技、加大投入,加强科技创新能力建设

养羊业在提高人民生活水平、扩大农村就业、增加农民收入、振兴农村经济等方面发挥了

重要作用。近年来随着高新生物技术的迅猛发展,生物技术在养羊业发展中的作用越来越明显,已经形成了一些新兴学科如分子生物技术与育种、动物分子营养、动物繁殖生物技术、基因工程与分子诊断等,高新生物技术将在遗传改良、品种培育、提高繁殖力、疫苗的研发与应用、产品质量等方面发挥重要作用。

"十二五"时期要发挥科技创新在养羊业中的比重,加大科技投入,大力推进科技自主创新,培育具有重大应用价值和自主知识产权的科技成果,提高科技创新成果的贡献率。目前,饲养方式由放牧向舍饲的转变给农区养羊业带来了不小的冲击,因此,只有依靠科技创新、加大科技投入和科技成果转化力度,才能为河北省养羊业又好又快发展提供有力支持。

1.2.1.2 加快科研成果转化,促进先进技术集成和应用技术推广

(1)完善科研成果转化平台,促进先进技术集成、示范和推广

要加强技术研发和集成,加强优良品种培育,加大先进技术成果的转化和应用。目前,每年国家和省科技部门均有专项科研经费,也有大量科研人员从事科学研究、产品研发和技术推广工作,但很多科研项目结题鉴定后束之高阁,科研成果得不到有效转化,新技术得不到大面积推广,科研和生产脱节现象严重,科研有一套人马,而生产有另一套人马,目前现状是大部分科研人员坐在办公室和实验室搞科研,而这部分人具有较高的专业知识,拥有丰富的信息资源,但缺乏生产一线的经验,缺乏发现问题的机会,而从事养羊生产的人大多文化知识偏低,多数是农民,而从事技术的人员也多数是农民,最近几年有大量专业的毕业生走向社会,但这些高校毕业生大多从事一些市场工作,如兽药和饲料的销售工作,而真正从事养羊生产一线的科技人员素质较低,将科研部门的优势与生产单位的优势有效结合是解决科研成果转化,将先进技术转化为现实生产力的重要途径。

(2)加大应用技术推广力度,提高养羊生产科技含量

目前,养羊生产实践中技术含量仍有待提高,基层生产单位的管理和技术应用仍存在不科学的方面,因此建议以开发应用先进适用技术为重点增强养羊业科技支撑能力,着力抓好技术推广和农民培训关键环节。科技推广要加强基层公共服务机构能力建设,引导行业技术协会等社会力量承担公益性技术推广服务项目,形成各种社会力量广泛参与的推广新格局。以养羊能手、农村经纪人和专业合作社负责人为重点,加快从业人员培训和实用人才培养,加强技术推广普及工作,努力克服从业劳动力素质结构性下降对科技应用的不利影响。

1.2.1.3 依托国家农业产业技术体系,构建河北省羊业产业技术体系

当前我省羊业产业体系还不健全,羊业优质品率不高。"十二五"时期,要以市场需求为导向、科技创新为手段、质量效益为目标,调整优化产业结构,着力构建养羊产业体系。

(1)发挥科研院所和大专院校人才优势,建立科技人才流动、交流机制

2008 年国家开始建立现代农业产业技术体系,从各地高等院校和科研院所选派首席科学家、岗位专家,选择有实力的生产单位作为试验站点,目前,按畜种均已建立了产业技术

体系,因此,建议应以产业技术体系为依托,开展一些实质性的工作,建立首席科学家、岗位专家和试验站的长效交流机制,制定相关政策,促进我省养羊产业科学、有效、持续发展做出应有贡献。

(2)利用区域优势和科研站点,建立河北省产业技术体系

有效统筹省内高校和科研院所力量,构建河北省养羊产业技术体系,有效整合省内科技人才,建立一支研究、开发、推广的队伍,根据河北省地域特点、养羊业分布开展工作,建立产业内部交流长效机制,将科研单位的智力资源和实用技术带到生产单位,切实将先进技术转化为现实生产力。

1.2.1.4　建立促进专业人才向基层流动机制,培养用得上、留得住的实用人才

(1)制定专业人才基层就业激励政策

由于行业特点,很多年轻的从业人员不愿意在基层从事技术工作,宁愿改行也要留在城市,目前,很多中小型的养羊场缺乏技术人才,有很多养羊场无法招聘到能够拿得起来的专业技术人才。培养用得上、留得住的实用人才是解决生产单位缺乏人才的重要途径,近几年有大批高校毕业生进入社会,而这些专业人才大部分没有从事畜牧生产,多数在做流转、市场营销工作,如果将这些年轻的有专业背景的人才充实到养羊生产一线,将会对促进我省羊业发展具有重大推动作用。因此建议在"十二五"时期行业行政主管部门联合财政部门出台一些激励高校毕业生基层就业的政策,让他们能够在基层一线没有后顾之忧,安心发挥专业特长。

(2)培养本土化实用人才

目前很多养羊场的技术人员学历较低,只具有中专或大专学历,甚至没有学历。这些人一般具备较丰富的工作经验,但理论知识薄弱,"拔高能力"有限,因此建议开展非脱产学习来提升本土化技术人员的素质,比如行政主管部门采用财政补贴形式选派一部分在岗技术人员到高校进行培训,进而达到提升养羊行业的科技含量,提高经济效益。

1.2.1.5　培育特色优势产业链,加强产品安全管理

(1)加快形成布局合理、优势明显、特色鲜明的产业带

加大对优势产业和优势区域的扶持力度,引导资金、技术、人才、管理等生产要素向优势产区集中,加快形成优势突出和特色鲜明的产业带,依据我省的地理资源建立如太行山区山羊产业带和燕山山区绒山羊产业带,按照产业基础建立唐县肉羊集散地和东南部平原农区肉羊产业带。

(2)强化产品质量安全管理,提高产品质量

要继续加大力度加强产品安全管理,继续完善市场准入制度和羊肉安全追溯体系,建立市场监管、流通检查队伍,形成一套针对各类羊产品安全的快速检测技术体系,支持绿色和有机

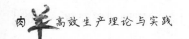

羊肉产品企业发展,加快良种开发和推广应用,提高羊肉、毛绒、皮革等产品优质品率。

1.2.1.6 扶持培育重点龙头企业,增加产品附加值,提高产业化水平

产业化是现代畜牧业发展的有效途径和必然趋势,只有提升产业化水平才能促进养羊产业发展,实现产业化首先要有龙头企业,要有分工,分工越精细,说明产业化程度越高。目前来讲,单胃动物如猪、鸡产业化程度比较高,制种、繁育、商品生产、屠宰加工、市场销售体系较完善,而养羊业整个产业链条不够紧密,规模小,集约化程度低,自 2007 年以来羊肉市场紧俏,羊肉价格上扬,带动了肉羊产业的发展,肉羊生产已经成为养羊产业中一个效益比较好的链条,在部分区域如河北唐县已经形成了产业化程度比较高的肉羊产业集散地。

建议在"十二五"时期,在饲料、兽药、生物制品、流通、产品加工等环节培育重点龙头企业,特别要培育羊业产业化龙头企业,通过龙头企业辐射周边地区,带动产业发展,提升产业化水平,促进河北省羊业健康、高效、持续发展。

1.2.2 河北省肉羊产业现状及发展对策建议

近年来,我国肉羊产业发展迅速,生产水平不断提高,在畜牧业中的地位稳步上升,区域化生产特征明显,产业集中度不断提高,布局不断优化,综合生产能力不断提高。随着《全国节粮型畜牧业发展规划(2011—2020 年)》《全国现代农业发展规划(2011—2015 年)》等政策的出台,为肉羊业发展提供了良好政策环境。此外,近年来羊肉价格持续攀升,促进了肉羊产业发展,鼓舞了农民养羊积极性,因此,目前我国肉羊业面临政策和市场两方面的利好,但生产规模仍不高,仍以散养为主,生产能力有限,标准化生产水平低,食品安全无保障,仍未形成生产——加工——销售和种养、牧商结合紧密的产业化模式,产业链条有待延伸和拓展。羊业在节粮型畜牧业中占有重要地位,羊肉在居民的膳食结构中也是不可或缺的食品。站在国家政策形势和河北省情的角度,根据河北省地理位置和区域布局,加快推进肉羊区域生产,促进肉羊产业健康持续发展,增强羊肉供给能力对于保障市场供应,稳定羊肉价格,调节膳食结构,带动节粮畜牧业发展,调整畜牧产业结构,提高人民生活水平,保障粮食安全具有长远和现实意义。

1.2.2.1 河北省肉羊生产概况

河北省处于华北平原,环京津,气候条件优越,自然资源丰富,区位优势明显,主要包括太行山和燕山山脉以及东南部平原农区,总面积为 18.77 km²,其中山地占总面积的 37.4%、坝上高原 12.97%、丘陵 4.83%、平原 30.49%、盆地 12.10%、湖泊洼淀 2.12%,从地理结构上看,山地和坝上高原适合放牧和半放牧养羊,平原有丰富的饲料资源,适合舍饲养羊,因此河北省具备了养羊的自然条件。

(1)河北省近三年肉羊生产现状

表 1-7 显示年出栏 99 只以下的羊场户数量呈下降趋势,但年出栏 100 只以上羊场户数量逐渐增多,说明养羊规模化程度在稳步提高。

表 1-7　2009—2011 年河北省规模羊场养殖情况表　　　　　　个

年份	年出栏不同规模羊场户数				
	1～29 只	30～99 只	100～499 只	500～999 只	1000 只以上
2011	702 096	113 711	11 069	952	646
2010	748 517	114 439	10 501	932	588
2009	778 290	120 155	9 232	780	523

　　表 1-8 显示近三年我省羊存栏总量基本稳定,山羊存栏少于绵羊,2011 年底,全省存栏羊 1457.2 万只,同比增长 3.5%,出栏 2050.27 万只,同比降低 4.3%,年饲养量基本持平,存栏增加、出栏减少,表明养羊规模在增加。

表 1-8　2009—2011 年河北省羊存栏及出栏情况表　　　　　　万只

年份	存栏			出栏		
	山羊	绵羊	羊存栏总量	山羊	绵羊	羊出栏总量
2011	467.5	989.7	1 457.2	657.1	1 393.6	2 050.7
2010	462.2	946.4	1 408.6	703.4	1 440.1	2 143.5
2009	551.4	1013.7	1 565.1	806.5	1 252.6	2 059.1

　　表 1-9 显示我省羊肉产量占猪、牛、羊、禽等主要肉类总量基本在 7% 左右,2011 年羊肉产量同比减少3.1%,这与出栏量减少一致。

表 1-9　2009—2011 年河北省羊肉产量情况表

年份	山羊肉 （万 t）	绵羊肉 （万 t）	羊肉产量 （万 t）	肉类总产量 （万 t）	羊肉占肉类 比例（%）
2011	10.9	17.5	28.4	418.2	6.79
2010	11.6	17.7	29.3	416.74	7.03
2009	12.61	15.41	28.02	426.62	6.57

注:肉类总产量包括猪、牛、羊和禽肉。

（2）我省肉羊生产新动态

　　①持续高涨的羊肉价格调动农民养羊积极性。2012 全国农区羊业发展论坛暨河北省畜牧业协会羊业分会成立大会于 2012 年 6 月 15～17 日举行,参加论坛的河北羊场有 70 家,筹建羊场 3 家,来自生产一线和养羊的农民占到参会的一半左右,农民养羊积极性很高。据统计部门数据显示,2011 年底,全省存栏羊 1 457.2 万只,同比增长 3.5%,出栏 2 050.27 万只,同比降低 4.3%,年饲养量基本持平,存栏增加、出栏减少,说明养羊积极性提高,惜售心理增强,多数基础母羊留作种用,为扩大再生产打下基础。

　　②种源不足或将成为肉羊产业发展的限制因素。由于前些年的种羊炒种过后,种羊场锐减,规模自繁自养场基本处于亏损状态,肉羊育肥成为肉羊产业新亮点,农区肉羊育肥较为红火,导致种羊缺乏,再加上新的资本涌入肉羊养殖行业,需要种羊繁殖,因此种源不足势头逐渐显现,如果缺乏种羊繁育和引导,如火如荼的肉羊生产将面临种源不足的问题,种源缺乏可能

会成为肉羊产业发展的瓶颈因素。

③牧繁农育、异地育肥模式成为肉羊生产新亮点。农区舍饲条件下种羊繁育利润空间小，而羔羊育肥饲料报酬高、周期短、利润空间大逐渐成为农区肉羊生产新的利润增长点，出现了专业育肥户、村、区，农区羔羊供不应求，逐渐出现了以河北省唐县为典型代表的异地羔羊育肥，牧区、半牧区繁育羔羊，农区羔羊育肥的牧繁农育模式。

④不同形式的产业化模式不断涌现。近年来，河北省出现了一些肉羊产业化模式。一是"以肉羊屠宰加工企业为龙头，以社会化服务体系为保证，带动区域养羊业及相关产业共同发展"的产业化模式。典型代表是河北省唐县。二是"合作社带动"模式。典型代表是卢龙县东亮肉羊养殖专业合作社养殖场带动合作社。三是"种羊场＋农户、互利共赢、滚动发展"的产业化生产模式。典型代表是永清县百日肥羔羊养殖专业合作社。四是"以牧草种植、农作物秸秆加工、颗粒饲料加工、肉羊养殖、生物有机肥料羊粪加工、屠宰分割及熟食制品深加工"六位一体，带动农户共同发展的河北连生农业开发公司的模式。

（3）面临的问题

①千家万户式分散饲养，小生产与大市场的矛盾突出。我国（省）当前肉羊养殖的主要模式是农户小规模散养（饲养规模在 100 只以下），年出栏量占全国 80％以上，其中农区一半以上的农户饲养规模在 10 只以下。这种千家万户式分散饲养，形成了小生产与大市场的矛盾。这种生产方式导致科学养羊无法普及，良繁体系无法建立，产品质量无法保证，产品品牌无法形成，市场竞争力差，利润空间较小，农户养殖风险大等问题，但是由于我国人口众多、地理结构不一、自然资源和气候条件各异，这种生产方式将长期存在，因此，如何解决小生产和大市场的矛盾是提高我国（省）肉羊产业化程度的关键所在。

②肉羊良种繁育体系急需加强、舍饲养殖技术有待提高。缺乏专门化品种一直是制约肉羊产业发展的关键因素，尽管近些年从国外引入了大量肉羊品种，但存在繁殖率低的问题，杂交利用体系不健全，没有形成因地制宜的杂交利用模式。尽管舍饲养羊提出有十多年的时间，但从实际看，农区舍饲养羊仍未过关，特别是规模自繁自养场基本处于亏损状态，在农牧交错带和农区，农户小规模半舍饲半放牧好于规模全舍饲羊场。

③产业化经营水平较低，肉羊养殖利润空间小。肉羊生产虽然有向规模化方向发展的趋势，但发展较缓慢。近年来在各级政府的支持下，虽然建立了一些养殖小区和养殖场，但由于产业仅停留在养殖上，利润空间很小，因此经营效益不好。各地缺乏能够带动养羊户发展的公司与合作社，分散的农户养殖仍然是肉羊生产的主体，即便是一些养羊合作社，基本上是由公司控制，公司与养羊户之间主要体现为买卖关系，缺乏利益共享机制。产加销一体化的龙头企业偏少，导致产业化程度低，利润空间小。多数是小规模散养或舍饲圈养，没有形成适度规模生产，属于自繁自养，利润主要来自销售育肥羊，没有形成龙头企业带动、养羊户参与产加销一体化的风险共担、利润共享、紧密联接的产业化程度较高的态势。

1.2.2.2　对策建议

（1）加大科技投入，加强肉羊种业工作

纵观我国种业，作物好于动物，在动物种业中，猪鸡好于牛羊，缺乏专门化品种一直是制约肉羊产业发展的关键因素,尽管近些年从国外引入了大量肉羊品种,但存在繁殖率低的问题,杂交利用体系不健全,没有形成因地制宜的杂交利用模式。目前肉羊种业急需加强管理和行业指导,急需创新驱动和科技引领,急需投入支撑和政策引导。因此应从加强品种资源利用和新品种培育管理方面加强肉羊种业工作。

①加强品种资源利用和管理。

a. 地方品种保护和利用并重。我国是种质资源大国,有很多优秀地方品种,近年来,引进了很多品种,由于缺乏统一的规划和指导,盲目地与引入品种杂交改良,有些地方优秀品种面临数量锐减,甚至消失的危险,一味地杂交乱配将会导致优秀独特种质资源丢失,因此,应加强地方品种保护,特别是性能独特的品种更应加大保护力度,在杂交利用时应权衡利弊,不要盲目杂交改良,树立保护与利用并重的理念。

b. 本品种选育和引入品种相结合。本品种选育是维持品种规模、提升品种性能的必要工作,有些地方品种是经过长期选择和特殊的历史时期形成的,如果不进行选育,品种特性将会减弱,因此需要不断提纯、优化、加强选择。虽然一些地方品种肉用性能较差,但有其优点,在对待引入品种时,要树立本品种选育和保护在先,引入品种要适当,选育和引入相结合的观念,自从20世纪90年代,我国引入了大量肉用品种,但引入后没有长期规划和有效指导,引入的品种大多是与本地品种杂交,而且缺乏有效指导和统一标准,没有利用地方品种与引入品种相结合培育出新品种,当引入品种数量减少和性能下降时,再次花重金购买引入,陷入引入、杂交、衰退,再次引入的怪圈。

c. 坚持和完善品种登记制度。品种登记制度是品种形成、维持和提高的制度保障,如果没有品种登记制度,品种问题将无从谈起,品种登记制度与品种鉴定、性能测定是一脉相承的关系,没有品种登记制度,品种鉴定和性能测定将失去了意义。从种质资源角度讲,品种登记制度是维持种质资源多样性、保护优势明显、特色鲜明的地方品种的重要保障;从品种利用方面讲,品种登记制度是本品种选育提高的基础条件;从种质创新领域讲,品种登记制度是新品种培育形成的关键环节。新品种的培育和形成需要进行鉴定和性能测定,同时,新品种的展示和拍卖制度是品种推广的重要途径,因此,应坚持完善和加强管理品种登记、品种鉴定、性能测定等制度,正确引导品种展示和拍卖制度,使其成为品种利用、品种保护和新品种培育的重要制度保障。

②大力支持,正确引导,加强新品种培育工作。

a. 育种投入——建立多层次长效育种投入机制。应重视种业工作,从投入方面加大支持力度,在国家层面和省级建立注重基础、稳定支持、择优资助的长效投入机制,如设立种业专项,由于动物育种不同于作物育种,作物可以选择不同地方进行栽培,每年可以进行多个周期,但动物的生产周期较长,而且很难改变,因此动物生产特点决定了育种周期长,转化慢,这也限制了企业等社会力量参与育种工作,因此,需要从投入上加大资助强度。

b. 育种规划——制定长远育种规划,因地制宜分类育种。从长远角度看,应培育专门化肉羊新品种(系)。我国地域辽阔,各地自然气候条件差别很大,不可能像新西兰、澳大利亚等国那样培育一个全国性的品种。因此,应当根据不同品种对生态经济条件的要求,根据市场的需要和发展趋势,将生态经济条件、市场需要与品种的生物学特性有机结合起来,培育适合各地生态系统、自然资源、气候条件和市场需求不同的肉羊新品种,根据我国原有养羊生产体系的区域性特点,牧区应培育肉毛兼用品种,达到肉好毛优、适应性强的肉羊品种;农区应培育肉用多胎品种,以满足平原、山区和丘陵等生态条件下对肉羊生产的需要。

c. 育种管理——强化监督,弹性管理,联合育种。目前,育种工作多以项目形式按照立项、检查、结题验收、鉴定等程序进行管理,由于育种工作周期长,在新品种培育初期几乎没有效益,而科研项目的周期一般在三到五年,育种周期往往要长于科研项目周期,这就造成了工作刚刚起步,或者正在进行中,就要忙于结题验收,进而造成实际工作与管理错位,为了应付项目管理只能拼凑甚至编造项目验收报告。因此,建议改变育种项目管理,实行弹性管理。此外,育种主体多是一个单位或者两三个单位,由于同区域气候条件和自然资源相近,育种目标也类似,因此建议在同区域组建大团队进行联合育种,在国内不同区域形成几个联合育种队伍,形成育种—示范—推广体系。

d. 育种技术——以传统杂交育种为主,现代分子育种为辅,加快形成育种关键技术体系。

确定国外肉羊品种的肉用品质和生长速度与我国地方良种适应性好、繁殖力高、羊肉风味好等优秀性状为育种目标。选择优秀亲本,尽可能达到有效基因的最优配置,保证新品种遗传基础的广泛性和先进性。因地制宜,选择杂交育种路线——简单杂交(二元级进)或复杂杂交(三个以上亲本),以利于新品种种质基础结构的优化重组。运用常规育种方法和现代生物育种技术(如 JIVET、MOET、BLUP、MAS 等)相结合,加快培育适合我国地域特点的肉羊新品种。

适于做培育肉用绵羊品种的父本有:无角陶赛特、夏洛莱、萨福克、德克塞尔、德国美利奴、边区莱斯特、滩羊、多浪羊等;适于做培育肉用绵羊品种的母本有:东弗里生、罗姆尼、小尾寒羊、湖羊、乌珠穆沁羊、国内培育的细毛羊品种、阿勒泰羊等。适于做培育肉用山羊品种的父本有;波尔山羊、南江黄羊、马头山羊;适于做培育肉用山羊品种的母本有:萨能奶山羊、关中奶山羊、成都麻羊等。

育种目标要坚持以产业需求为导向,切实解决科技与生产“两张皮”的问题,目前,肉羊育种目标方面的问题主要是繁殖和肉用性能能否兼顾的问题,在有效利用地方品种和吸收国外优秀资源的同时,如何解决国外品种繁殖性能差的问题是育种者需要考虑的方面。在确定育种指标时,除了生长速度和产肉率等外,是否可以考虑将年产肉量、年产羔率等作为育种指标,这样将更有利于朝着肉用和繁殖性能兼顾的方向发展。此外,肉用性能选择时,除了通过屠宰率测定外,据报道大腿围可以作为一个辅助和间接的肉用体型选择指标。

传统杂交育种选种速度慢,繁殖周期长,群体规模扩大慢,品种形成时间长。随着动物遗传学、分子生物学、繁殖生物技术的发展,逐渐形成了分子遗传标记辅助选择等一些现代辅助选种技术和胚胎工程为主的繁殖生物技术。分子遗传标记辅助选择技术可显著提高特定性状选择的准确性,缩短选种世代间隔,提高选种准确性和效率;以胚胎工程为平台的高新生物技术可大大提高优秀母羊个体繁殖速度和利用效率。因此应建立以传统和现代相结合的繁育关键技术体系,并将上述高新技术应用到育种实践中,将大大提高肉羊选种效率和优秀种羊利用效率,加快核心群扩繁速度。如河北省畜牧兽医研究所和河北农业大学自“十一五”以来将上述高新技术应用到了肉羊新品种培育中,初步获得了显著效果。以国内高繁殖率的小尾寒羊地方品种为母本与国外引进的杜泊肉用品种为父本进行杂交育种,将骨形态发生蛋白受体基因(BMPR-IB)作为多胎标记基因,以杜寒二代公羊与杜寒一代母羊为横交模式,对横交后代利用多胎基因标记选种、选配,以超数排卵—胚胎移植(MOET)、幼羔体外胚胎移植(JIVET)技术作为扩繁手段进行扩繁,目标是培育形成适合农区地域特点的肉用性能和繁殖性能兼顾的独特的肉用绵羊新品种。

肉羊品种一直是影响增产增效,制约产业发展的关键因素,肉羊产业在整个畜牧业中虽然相对薄弱,但不可或缺,肉羊生产是广大农牧区,特别是牧民增加收入的重要途径,羊肉不仅是广大穆斯林民族的必备膳食,也是调节广大汉民膳食结构的重要产品。加快推进我国肉羊种业科技创新,促进肉羊产业健康持续发展,将为调节人们膳食结构,提高人民生活水平发挥重要作用。

(2)政策引导,实施阶段性和区域化生产

从整个肉羊生产阶段和链条来看,建议分阶段和区域进行肉羊产业规划和引导。

①坝上地区利用草场,放牧养殖,进行自繁自养 。严格管理,制定适宜的载畜量,实施以草定畜,合理利用草场,放牧饲养,进行自繁自养,增加牧民收入,也可为广大农区提供育肥羔羊,从一定程度上弥补农区种羊不足,同时也可减少草场压力,实现草原肉羊生产可持续良性循环。

②农牧交错带,利用区域和自然资源优势,进行半放牧半舍饲生产 。在太行山和燕山山前农牧交错带可以利用山区和草场放牧,也可利用农区的粗饲料资源进行舍饲,特别是农户小规模实施半放牧半舍饲,进行肉羊自繁自养容易盈利,一方面可以为农区生产育肥羊,另一方面可以利用自留羔羊繁育。

③农区利用丰富的粗饲料资源,进行全舍饲商品羊快速育肥生产。在东南部平原农区,由于规模自繁自养场成本高,营利空间小,逐渐兴起了异地羔羊快速育肥的新模式,从一定程度上保障了羊肉市场供应,也带动了农民养羊积极性,促进了商品羊生产,如在河北省唐县和青龙等县,逐渐形成了以肉羊育肥、屠宰加工分工明确、产业化程度较高的商品肉羊生产势头。

通过实施分阶段和分区域生产,可实现利润合理分配、生产有序布局、产业分工明确,一定程度上避免草场过度放牧,农区种羊缺乏,实现均衡生产,解决规模舍饲羊场亏损局面。

(3)加快形成布局合理、优势突出、特色鲜明的肉羊产业带

①加快形成肉羊产业带。依据我省地理位置和资源优势建立太行山山羊产业带和燕山山区绒山羊产业带,按照产业基础建立唐县肉羊集散地和东南部平原农区肉羊产业带。加大对优势产业和优势区域的扶持力度,引导资金、技术、人才、管理等生产要素向优势产区集中,加快形成优势突出、特色鲜明的产业带。

②培育壮大肉羊优势产区。按照行政区划设立邯郸、廊坊、沧州、保定、张家口、秦皇岛六大肉羊优势产区。上述六个区域自然资源条件好,有山区和平原,每个产区均有龙头企业,产业化程度较高,另外,廊坊、沧州、保定、张家口均环绕京津,产品销售有区位优势。

(4)扶持重点龙头企业,发挥示范引领作用,提高肉羊产业化程度

在肉羊行业中,产业化龙头企业偏少,导致产业化程度低,利润空间小,因此,应重点树立和扶持基础好、示范作用强、产业化程度高、带动性广的产业化企业,发挥其样板示范、辐射带动作用。通过龙头企业引领带动作用促进种羊繁育和商品肉羊生产,同时,种羊繁育场为商品肉羊场提供种羊,商品肉羊场又为产品加工企业提供货源,进而形成种羊、商品羊和羊肉产品

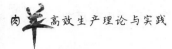

良性循环。

①重点扶持重点种羊场,发挥其保种、供种作用。近年来,引进了很多品种,由于缺乏统一的规划和指导,盲目地与引入品种杂交改良,有些地方优秀品种面临数量锐减,甚至消失的危险;种羊在肉羊生产中发挥关键作用,在肉羊不景气时,种羊场大量锐减,而肉羊生产红火时,种羊会出现一时短缺,为了保护优秀的地方品种资源和维持种羊供给能力,建议重点扶持1～2个保种场,1～2个种羊场,使其在地方品种资源保护和种羊供种方面发挥支撑和保障作用。

②重点扶持牧工商、产加销一体化的龙头企业。产业化是现代畜牧业发展的有效途径和必然趋势,只有提高产业化程度才能促进肉羊产业的发展,实现产业化首先要有龙头企业,要有分工,分工越精细,说明产业化程度越高。羊肉加工是整个产业链条的末端,也是利润的主要环节,我国羊肉分割和产品加工方面落后于发达国家,因此,在羊肉分割和深加工方面应加大科技攻关力度,研发高端羊肉产品,增加附加值,提升利润空间,应重点扶持牧工商、产加销一体化的重点龙头企业,扶持2～3家重点肉食加工企业,发挥其引领、示范、带动和辐射作用,促进肉羊增效、农牧民增收。

站在新的发展阶段,处在新的政策环境,面临新的市场机遇,促进肉羊产业发展持续增强羊肉产量保障供给能力,一是加大科技投入,坚持保护与利用并重,培育为主,引进为辅,全面加强种业工作;二是政策引导,加快形成我省肉羊生产优势产区和特色鲜明的产业带,实施阶段化和区域性生产,实现利润合理分配、生产有序布局、产业分工明确,全年均衡生产的肉羊产业模式;三是扶持重点龙头企业,发挥其供种、保种,示范引领、辐射带动作用,提高产业化程度,促进肉羊产业健康持续发展。

1.2.3 河北省唐县肉羊产业模式

自 2014 年春季,由于存栏量持续增加,供大于求,活羊价格下滑,我国肉羊产业一路走低,种羊场和自繁自养场处于亏损状态,但河北省唐县的肉羊产业却相对平稳,具有育肥羊来源相对固定、育肥技术成熟、羊肉市场稳定等特点。经过调研走访,现将唐县肉羊产业模式总结如下:

1.2.3.1 唐县羊业概况

河北省唐县地处太行山脉东麓,位于东经 114°27′～115°03′,北纬 38°37′～39°09′,东南临华北大平原,县城距北京 190 km,距天津 240 km。该县养羊历史悠久,肉羊产业已成为该县畜牧业发展的支柱产业,占畜牧业总产值的 65％ 以上。全县常年肉羊存栏 90 多万只,年出栏 200 多万只,羊肉产量 2.5 万 t。饲养规模在千只以上的场(区)30 多家,养羊专业村 50 多个,养羊专业户 3 120 个。规模羊场年出栏肉羊 80 多万只,占全县总出栏的 43％。经过二十余年的发展,目前,该县已成为华北地区的肉羊集散地。

1.2.3.2 肉羊异地育肥

肉羊异地育肥是该县的主要生产方式,体重 20 kg 左右的羔羊经过 120 天的育肥期,出栏体重可以达到 50～60 kg,平均日增重为 300 g,胴体重达到 28～30 kg,屠宰率为 53.5％。

（1）育肥羊的来源

育肥羊主要来自两个区域，一是东北地区，二是张家口，包括尚义县和张北县。东北地区的羊多为杂交羊，生长快、饲料报酬高、出栏体重大（50～60 kg）、胴体重 28～30 kg。适应环境能力差，对饲料要求高。尚义的羊适应力强，饲料报酬高，饲养期较短，但出栏体重较小（50 kg），如果体重过大，脂肪太多。张北的羊适应性强，生长速度快，但出栏体重小，大约 50 kg，尾巴大，瘦肉率低。

（2）育肥期饲养管理

育肥期大约 120 天，分为育肥前期、育肥中期和育肥后期。育肥精料主要由浓缩料、玉米组成，粗饲料主要是混合草粉，包括花生秧、红薯秧、杂草等。

①育肥前期（0～20 天）。外地购入的羊进入羊舍后，供应充足的饮水，前两天喂给易消化的干草或草粉，不给精料或者给少量精料，进行剪毛和注射疫苗等准备工作。第 3 天注射小反刍兽疫疫苗，第 6 天拌料驱虫，第 9 天皮下注射羊痘，第 10～13 天拌料健胃，第 15 天左右第一次剪毛，剪毛的同时注射伊维菌素和三联四防疫苗，第 20 天注射口蹄疫苗。在这个阶段主要是让羊适应强度育肥的日粮、环境以及管理。总的原则是为中后期强度逐渐加大做好准备。日粮搭配上主要是由商品化的浓缩料和玉米组成，精料由 40% 浓缩料，60% 玉米组成，精料每天喂量逐渐由 200 g/只增加到 500 g/只。粗饲料每天喂量 300～400 g，从第 18 天开始添加少量育肥中期精料。育肥前期主要是适应性饲养，勤观察，勤打扫。

②育肥中期（21～80 天）。育肥中期日粮搭配上逐渐提高能量饲料比例，在育肥开始后 40 天左右第二次拌料驱虫健胃，精料组成调整为 30% 浓缩料，70% 玉米，精料每天喂量逐渐由 500 g/只逐渐增加到 1 400 g/只。粗饲料每天喂量 400～600 g，保证充足清洁的饮水。第 50～55 天第二次剪毛，同时注射伊维菌素。每天坚持打扫羊圈，观察羊群状态，减少惊吓、抓羊等应激。这个阶段主要是育肥增重的重要时期，要视羊采食、被毛情况、精神状态、增重上膘情况，决定调整精料的比例，如果增重较快，粪便正常，可以正常调整精料能量比例，提高玉米比例。观察羊群的采食和健康状况，防止瘤胃积食、瘤胃酸中毒、蹄病（拐腿）和肠毒血症等的发生。

③育肥后期（81～120 天）。育肥后期是增重较快时期，继续提高能量饲料比例，精料投喂量逐渐加大，育肥后期精料组成为 20% 浓缩料，80% 玉米，喂量逐渐由 1 400 g/只逐渐增加到 1 500 g/只，粗饲料每天喂量 300～400 g。第 90～95 天第三次剪毛，在育肥后期最后几天要观察羊的采食情况，由于精料比例加大以及采食量增多，可能会出现拉稀现象，观察羊群采食和健康状态，防治痛风和尿结石的发生。同时，也要留意市场行情，如价格合适，羊体重达到 45～55 kg，即可出栏。

育肥后期能量饲料比例增加，在夏季，由于气温高，天气热，要注意防暑降温，一般喂羊的时间也要根据气候变化做一定的调整，当进入伏天时，趁早晨凉快的时候喂，下午晚一些喂，天气太热，羊吃东西也少，专业化育肥群体比较大，要注意圈舍饲养密度。

1.2.3.3　产加销一体促进产业化

目前该县有几个规模较大的屠宰场，育肥出栏的羊直接进入屠宰场，没有贩运环节，屠宰之后胴体、羊蹄、羊头、上水、下水直接出售,分别进入不同渠道销售,就地变现,这就是产业化的特征,分工细化。主推的鲜羊肉、羊肉坯、羊肉卷、羊排等 27 个品种,主要销往北京、上海、广州等全国 10 多个省市。同时也拉长了产业链条,美依迪的羊绒、惠琳食品的肠衣还远销日本、意大利等国家。引导农民闯市场,积极引导龙头企业、农村能人领办农村合作经济组织,广泛开展产前、产中、产后服务,有效提高农民进入市场的组织化程度,促进肉羊产业化经营。目前,该县涉及肉羊产业的农民专业合作社超 100 家。健全网络拓市场,鼓励社会资本投资建设大型综合市场,支持有条件的乡镇加快专业批发市场建设,形成综合与专业相配套的市场网络体系,已建成肉羊交易市场 9 个,肉羊产品销售网点达 160 多个,羊肉年产量达到 2.5 万 t。

1.2.3.4 启示

(1)产品加工引领、快速育肥支撑、培育市场环境是实现产业化的关键

产品加工是肉羊产业链的末端,是附加值最高的部分,同时也是最能引领产业发展的环节,只有通过羊肉产品才能更好促进肉羊生产。快速育肥饲料报酬高、周期短、利润空间大,进而成为羊肉生产的主要方式。培育市场环境是一个产业发展壮大的必由之路,只有市场才能从根本上带动一个产业。

(2)完善产业链、搞好配套服务、建立物流网络是实现产业化的重要环节

产业化需要专业化、系列化、全程化的社会服务,涉及多个行业、多个工种、多个部门,从产业前端、中端、末端以及相关配套环节完善产业链,组建多层次、多形式的科技、资金、市场、运输、信息、生产资料等服务组织,建立现代物流网络,拓宽服务范围,提高服务质量,搞好配套服务才能促进产业更好发展。

第2章 肉羊繁殖性状分子遗传机制研究

2.1 研究进展

繁殖性状是肉羊生产中重要的经济性状之一,开展繁殖性状遗传机制研究有助于深入认识繁殖性状遗传机理,为提高繁殖性能提供理论基础,为选种、育种和繁殖技术提供理论支撑,有利于农牧民增收,肉羊产业增效。真核生物存在两个遗传系统,一个在细胞核内,即核内染色体基因,一个在细胞质内,即核外线粒体基因,二者各自合成一些蛋白质,共同调控遗传物质对性状的表达。本节主要从繁殖性状核主效基因及候选基因、线粒体基因遗传效应、营养与基因对繁殖性能的影响等方面论述了肉羊繁殖性状遗传机制。

2.1.1 绵羊繁殖性状相关基因的研究进展

近年来,如何有效提高绵羊的繁殖力已成为国内外关注的研究课题之一。由于绵羊繁殖力属低遗传力性状,通过世代间选择增量十分有限,因此利用分子遗传标记,筛选对绵羊多胎性状具有显著效应的主基因,成为提高绵羊繁殖力的重要手段。本文就国内外影响绵羊繁殖性能的相关基因的研究情况加以综述。

2.1.1.1 国外影响绵羊繁殖性状的主基因研究

在国外,Bodin 等(1998)在 Booroola 美利奴羊中首次发现了能增加排卵数和产羔率的主基因,即 *Fec B* 基因。之后,又陆续发现了许多新基因。根据现有的文献资料,可将其分为三部分,一部分突变位点已经确定,并进行了 DNA 检测,另一部分基因已经确定其遗传方式,但突变位点尚没有确定,还有一类,新发现的基因虽已公认为主基因,但遗传方式不清楚。

(1)已知突变的基因

①*BMPR-IB* 基因。*BMPR-IB* 基因编码一个转移生长因子 β 亚基($TGF\beta$)受体家族成员,$TGF\beta$ 受体存在于许多类型的细胞中,是调节生长和分化的多功能蛋白,与定位于卵母细胞上的生长因子、$GDF9$、$GDF9\ b$ 共同影响着繁殖性状。Wilson T 等(2001)报道,*BMPR-IB* 基因可以在卵巢中表达,原位杂交将 *BMPR-IB* 基因特异性定位于卵母细胞,其 m RNA 编码的 *BMP* II 型受体分布于卵巢。*BMPR-IB* 基因的编码区为 1 509 bp,5′非翻译区为 473 bp,3′非翻译区为 211 bp。*BMPR-IB* 的所有氨基酸序列在不同品种中都是高度保守的,在人

和羊上有 98.4％的同源性,并且该突变位点与携带 *Fec B* 基因绵羊的高产表型存在强相关性。

Boorola 基因(*Fec B*)是常染体上主要对排卵率具有加性效应的基因。1 个拷贝基因增加卵数 1.5 枚,2 个拷贝基因增加排卵数 3.0 枚。由于排卵率的增加,产羔数分别增加 1.0和 1.5 枚。业已证明,绵羊 6 号常染色体上的 *Fec B* 基因发生突变后,在卵母细胞和颗粒细胞中表达骨形态发生蛋白 IB 受体。正常情况下该受体能够与其配体充分接触,而 *BMPR-IB* 基因编码区发生的 A746 G 突变造成该受体部分失活,影响了与之识别的配体 *GDF-5* 和*BMP-4* 对类固醇生成作用的反应,结果使携带 *Fec B* 基因母羊的颗粒细胞分化加快,进而使卵泡成熟速加 排卵数增加。体外培养观察也表明,卵巢的颗粒细胞对 *BMPR-IB* 配体*GDF-5* 和 *BMP-4* 类固醇的生成具有抑制作用,导致 *FecBFec B* 母羊的卵巢颗粒细胞对其敏感性远远低于 Fec＋Fec＋母羊。相关分析表明:*BMPR-IB* 基因的该处的突变与 *Fec B* 基因的行为完全一致,从而证明了 *BMPRIB* 基因是控制 Boroola Merino 羊高繁殖率的主效基因。Mulsant 等(2001)研究也证实 *BMPR-IB* 基因突变后导致大量小的有腔卵泡早熟,排卵数增加。

BMPR-IB 基因产物广泛分布于卵巢、睾丸、子宫以及前列腺,并且在脑、骨骼和肾脏中也有部分分布。研究表明,该基因影响产羔数、体重、胎畜体长。BB、B＋与＋＋胎儿相比,在大多数妊娠年龄,其平均产羔数较多($P<0.01$),体重较轻($P<0.01$),胎畜体长($P<0.01$)。

尽管 20 多年来对 *Fec B* 基因进行了深入研究,但目前该基因至今仍然没有得到精确定位。许多学者业已证明 *BMPR-IB* 基因几乎和 *Fec B* 基因处于同一位置,且 *BMPR-IB* 基因对排卵率及产羔数的效应和 *Fec B* 基因对排卵的贡献率完全一致,但由于是通过候选基因法对 *BMPR-IB* 基因进行研究的,并且已经证明 *Fec B* 基因呈孟德尔连锁不平衡遗传模式,因此还不能肯定 *BMPR-IB* 基因就是 *Fec B* 基因。

②BMP15 基因。*BMP15* 基因位于绵羊 X 染色体上,于 1991 年首先在 Romney 羊上发现。*BMP15* 基因的 2 个外显子全长 1 179 bp 被 1 个长 5.4 kb 的内含子分开,编码 393 个氨基酸残基的前蛋白,其成熟活性肽为 125 个氨基酸。该基因突变能增加排卵数约 1.0 个,但纯合母羊有发育不完全的斑纹状卵巢,不能排卵,表现不育,命名为 *Inverdale* 基因(*Fec X*)。因 *BMP15* 基因位于 X 染色体上,公羊只能有 1 个拷贝的基因,可以传给下代母羊,但不能传给公羊。Galloway 等发现在 inverdale 羊卵母细胞中表达的骨形态发生蛋白 15(*BMP15*)有 1个点突变。迄今,已在 Romney 羊、Belclare 羊和 Cambridge 羊中发现了 4 个不同,并对产羔数产生明显遗传效应的等位基因 (*Fec XI*,*Fec XH*,*Fec XG*,*Fec XB*),但这些绵羊群体*BM P15* 的 4 个突变点都具有相同的表型。*Fec XH* 携带者编码区的第 67 个碱基由 C 突变成T,使第 23 个氨基酸残基处的谷氨酸变成终止密码子。编码肽链提前终止,导致 *Fec XH* 纯合子个体的 *BMP15* 完全失去生物学功能。*Fec XI* 携带者在第 92 个碱基处发生 T→A 突变,导致在高度保守蛋白质区内的第 31 个氨基酸残基由缬氨酸替换成天冬氨酸。虽然 V31 D 氨基酸突变没有改变 *BMP15* 蛋白的整体结构,但这一突变可能破坏了第一个指状结构末端的反向平行 β 链。各物种 TGFβ 超家族的其他成员的第 31 个氨基酸都是疏水氨基酸,或者是缬氨酸、亮氨酸、异亮氨酸。推测可能是因为氨基酸的变化阻断了 *BMP15* 形成二聚体,从而使FecXI 纯合子母羊的 BMP15 生物活性受到干扰。Galloway(2000)为了进一步验证上述结论,

在卵泡发育早期将 *Fec XI*/*BMP15* 基因完全剔除,结果颗粒细胞停止分化,卵泡也不再发育。

大量研究已确定 *BMP15* 为一个影响排卵率的关键基因,*BMP15* 突变的发现为研究基因调控卵泡发育和排卵,提供了一个关键而有效的途径。*BMP15* 是一种在卵巢表达的卵母细胞衍生因子,在正常情况下主要和卵巢自身产生的 GDF9 协调作用于卵泡以自分泌或旁分泌的形式影响优势卵泡的选择和闭锁卵泡的形成,*BMP15* 可以通过和卵泡抑素的结合调节自身的生物活性;另外,在某些物种的垂体和睾丸中也发现有 *GDF9* 和少量的 *BMP15* 表达,表明这些生长因子在调节垂体和睾丸的功能方面具有潜在作用。

③GDF9 基因。除 *BMP15* 突变外,在 Cambridge 和 Belclare 品种中还存在一个 *GDF9* 突变(*Fec GH*)。与 *BMP15* 不同的是 *GDF9* 是位于 5 号染色体上的常染色体基因,全长约 2.5 kb,其中包括 2 个外显子和 1 个内含子。外显子 1 长 397 bp,编码 1～134 氨基酸,外显子 2 长 968 bp,编码 135～456 氨基酸,内含子长 1 126 bp。*GDF9* 是由卵母细胞分泌的一种生长因子,对卵泡的生长分化起重要调节作用,其 mRNA 在绵羊卵泡发育的各个阶段都有表达,卵泡进入生长阶段后,能维持卵泡的正常生长和卵母细胞的发育,在后期可以促进黄体的形成。*GDF9* 突变与 *BMP15* 突变表型相似,杂合母羊排卵率增加,但纯合时母羊卵母细胞可发育到正常大小,但卵巢表面呈"斑纹"状,上皮颗粒脱落,有丝分裂不能完成,并且卵泡周围的颗粒细胞表现异常状态,而导致不育(Hanrahan et al,2004)。此外,*GDF9* 突变对排卵率的影响要大于 *BMP15*。*Fec GH* 的 1 个拷贝可使 Cambridge 和 Belclare 羊的排卵率增加 1.4 个。

(2)遗传方式已知的基因

①*Woodlands* 基因。*Woodlands* 基因(*Fec X2*)是 Davis 等(1984)在研究高产 Coopworth 羊时发现的。*Woodlands* 基因与 X 染色体连锁,对产羔数具有加性效应,单拷贝基因能增加排卵数 0.4 个。*Woodlands* 基因不遵循孟德尔遗传规律,为母本"印迹"基因,即只有从父代遗传得到该基因的母羊后代才可以表现出高排卵性状。另外,只有当携带该基因公羊的母代是隐性携带者时,该公羊的后代母羊才可以表达该基因。因此,该基因在多数情况下并不表达,如子代的这一基因是从母亲遗传得到或是从携带父亲(为表达母羊的子代)得到的都不表达性状。该基因也是迄今第一个被发现的位于 X 染色体上,且增加排卵数的印迹基因。*Woodlands* 基因不同于 *BMP15* 基因,该基因的纯合母羊有正常功能的卵巢,具体的作用机制还有待于进一步研究,由于母本"印记"基因的隐性表达,纯合母羊可能与杂合母羊具有相同的排卵率。

②*Thoka* 基因。*Thoka* 基因是 1985 年在 Icelandic 羊上发现并分离得到的对多胎性状具有一定调控作用的主基因,其作用机制与 Booroola 基因相似。1985 年,Jonmundsson 首次报道该基因的存在及其遗传效应。据统计几乎所有 Icelandic 高产母羊都来自只高产 Tahoka 母羊的后代。对冰岛东南部两个多胎群体研究发现,一个群体中正常(即非携带者)母羊的平均排卵数为 1.59 个,而携带该基因的母羊平均排卵数为 2.1 个($P<0.01$);而在另外一个群体中携带者和非携带者平均排卵数分别为 3.4 个和 2.2 个;在杂合子羊中遗传效应明显,1 个拷贝的基因可以使窝产羔数增加 0.64 只,使排卵数增加 1.21 个或更多。对假定杂合型母羊进行 DNA 检测,结果表明该突变既不是常染色体 Booroola 羊的 *BMPR-IB* 突变也不是与 X 染色体连锁 Inverdale 的 *BMP15* 突变。

③*Lacaune* 基因。*Lacaune* 基因最早是由 Bodin 等于 1998 年首次报道的。该基因可能是控制法国 Lacaune 肉用绵羊多胎性状的主基因,根据法国 Lacaune 肉羊商业性选育资料,某些绵羊具有较多的产羔数,并具有较高的遗传力,表明可能存在可分离的主基因。以后的后裔测定表明 1 个拷贝常染色体基因能增加排卵数约 1.0 个,对推测的杂合母羊和纯合母羊比较,发现这个基因和 *Booroola* 基因具有相似的遗传方式都对排卵产生加性效应,但 DNA 检测显示 Lacaune 羊不存在 Booroola 羊的 *BMPR-IB* 突变,自从 *Lacaune* 基因被定位于 11 号染色体之后,在 Lacaune 基因周围已鉴定出 10 个标记。

(3)推定的多胎基因

①*Olkuska* 基因。Martyniuk 和 Radomsa 根据排卵记录确定波兰高产的 Olkuska 羊基因型,推测在 Olkuska 羊中存在多胎主基因杂合型母羊和纯合型母羊的区分标准为:杂合型母羊排卵率至少有 1 个大于等于 3;纯合型母羊排卵率至少有 1 个大于等于 5。他们估计 1 个拷贝的这种推测的主基因能增加排卵数 1 个,对高产 Olkuska 羊进行 DNA 检测,发现该基因既不是常染色体 Booroola 羊的 *BMPR-IB* 突变也不是与 X 染色体连锁 Inverdale 羊的 *BMP15* 突变,Olkuska 羊是一种频临灭绝的高产绵羊品种,由于现存量少,群体数量的不足,影响了对该基因遗传方式进行深入研究的进程。

② *Belle-Ile* 基因。据 Malhe 和 Le Chere(1,998)报道法国 Belle-Ile 羊排卵数平均 2.5 个,产羔数 2.2 个,最高产羔记录可达 7 个,这种高排卵率具有很高的遗传效应,因此推测 Belle-Ile 羊存在可以分离的高产主基因,该基因在后代中的分离规律与孟德尔遗传规律一致,然而遗憾的是,Belle-Ile 羊和 Olkuska 羊一样面临灭绝的危险,群体数量有限,不足以确定这种基因对排卵率的影响以及其遗传方式。

③*NZ Longwool* 基因 。*NZ Longwool* 基因是由 Davis 等 2003 年在 Romey、Pereedale 和 Border Le-ice-ster 与 Romey 杂交羊的 4 个工厂化羊群中发现的。DNA 检测发现,这 4 个羊群都不存在 Booroola 羊的 *BMPR-IB* 基因突变,其中一个群体的 Border Le-icester 与 Romey 杂交后代中检测到了 Inverdale 羊的 *BMP15* 基因突变(但这不能代表这些群体的所有高产羊),但这并不能完全解释这个群体所有高产羊的原因,系谱记录显示任何一个群体都没有母本印记 *Woodlands* 基因(*Fec X2*)的掺入,该群体中个别种公羊女儿的平均排卵率高达 3.2 个。但还有待于扩大后代检测范围,以阐明其多胎性状的遗传基础。

2.1.1.2 我国绵羊高繁殖力基因研究情况

在国内,有关绵羊高繁殖力基因的研究起步较晚。2003 年以前,对绵羊多胎性能遗传机制的研究主要集中在常规的选育和分子标记方面。近五年来,以控制 Booroola Merino 羊多胎性能的 *BMPR-IB* 基因、影响 Invedale 和 Hanna 羊排卵数的 *BMP15* 基因以及 GDF9 作为候选基因,从分子水平上对我国绵羊的多胎机制进行了研究并取得了一些成果。王根林等(2003)经 DNA 分析发现我国湖羊和小尾寒羊存在 *Fec B* 突变,新疆细毛羊没有这种突变。王启贵等(2003)经 DNA 分析发现我国湖羊存在 *Fec B* 突变。柳淑芳等(2003)经 DNA 分析发现我国小尾寒羊存在 *Fec B* 多胎突变,滩羊没有这种突变。储明星等(2005)的研究结果表明:高繁殖力的小尾寒羊和湖羊在 *BMPR-IB* 基因编码序列第 746 位碱基处发生了与 Booroola Merino 绵羊相同的突变(A746 G),而低繁殖力的陶赛特和萨福克绵羊则没有发生这种突变。BMPR-IB 基因型在几个绵羊品种之间的分布以及各种基因型绵羊的实际产羔情况两方面的研究结果强烈证明 BMPR-IB 基因是影响小尾寒羊和湖羊高繁殖力的一个主效基因。柳淑芳等研究表明小尾寒羊没有发生 BMP15 基因的 V31 D 和 Q23 Ter 突变。储明星等的研究结果发现 GDF9 基因的 1 个突变与小尾寒羊高繁殖力相关联；小尾寒羊、湖羊、陶赛特和萨福克绵羊也没有发生 BMP15 基因的 V31 D 和 Q23 T 突变。管峰等(2005)以绵羊 GDF9 基因 Fec GH 突变和 BMP15 基因的 Fec XH 和 Fec XG 突变为候选基因,采用 PCR-RFLP 方法研究其在湖羊、夏洛莱、陶赛特、萨福克、中国美利奴肉用多胎品系、中国美利奴羊和罗姆尼羊 7 个品种中的多态性。结果发现,在湖羊群体中存 GDF9 基因(Fec GH)突变和 BMP15 基因的 Fec XH 和 Fec XG 突变,但发生率极低,而其他品种中则没有发现 GDF9 和 BMP15 基因的相应突变。除上述研究外,在国内还将和繁殖性能有关的一些基因作为影响绵羊高繁殖力的候选基因进行了研究。

(1)雌激素受体(ESR)基因

雌激素受体(estrogen receptor,ESR)是核受体超家族的一员,是一种与特定激素应答 DNA 元件(EstrogenResponse Elements,ERE)相结合的激活转录因子,广泛存在于各种动物体内,参与雌性脊椎动物性腺组织基因表达与调控。结合了配体的 ESR 与雌激素应答元件相互作用,可以改变受激素调控基因的转录,进一步影响第二性征、繁殖周期、生殖力、妊娠维持从而影响胚胎发育和系统分化,进而影响家畜的繁殖性能及其他生产性能。研究发现,ESR 敲除的小鼠发生不能排卵,LH 调节紊乱,子宫对雌激素不敏感的现象,表明 ESR 在繁殖中起着重要作用。储明星等(2005)将雌激素受体基因作为候选基因利用 PCR-SSCP 技术对高繁殖力绵羊品种(小尾寒羊、湖羊、德国肉用美利奴羊)和低繁殖力绵羊品种进行研究。结果表明:小尾寒羊、湖羊和德国肉用美利奴羊中存在 3 种基因型(AA、BB、AB),而在陶赛特羊和萨福克羊中只存在两种基因型(AA、AB)。测序结果表明:BB 型和 AA 型相比在外显子 1 第 363 位发生 1 处碱基突变(C→G)。AB 基因型和 BB 基因型小尾寒羊产羔数比 AA 基因型分别多 0.51 只(P<0.05)和 0.7 只(P<0.05)。研究结果表明:ESR 基因可能是控制小尾寒羊多胎性能的一个主效基因或与之存在紧密的遗传连锁。

(2)抑制素(INH)基因

抑制素(inhibin,INH)是一种由性腺分泌的二聚糖蛋白,目前已鉴别出两种抑制素,具有共同的 α 亚基和不同的 β 亚基(βA 和 βB)。其中绵羊抑制素 α 亚基(inhibinα,INHα)基因已被定位到染色体 2 q41→q43,抑制素 β(inhibinβ,INHβ)基因已被定位到染色体 4 q26,研究发现二者对绵羊产羔数有显著影响。周文然等(2007)采用 PCR-SSCP 技术研究 INHα 基因对小尾寒羊高繁殖力的影响,结果在 INHα 基因 5′调控区发现 1 处碱基突变(316 C→T),只在高繁殖力的小尾寒羊中发现突变纯合基因型 BB,突变纯合型(BB)和突变杂合型(AB)小尾寒羊平均产羔数分别比野生型(AA)多 1.45 只(P<0.01)和 0.90 只(P<0.01);在 INHA 基因外显子 1 中发现 1 处碱基突变(877 T→C),也只在高繁殖力的小尾寒羊中发现突变纯合基因型 DD,突变纯合型(DD)和突变杂合型(CD)小尾寒羊平均产羔数分别比野生型(CC)多 1.32 只(P<0.01)和 0.77 只(P<0.01)。研究结果初步表明,INHα 基因可能是影响小尾寒羊高繁殖力的一个主效基因或是与之存在紧密遗传连锁的一个分子标记,可以用于对绵羊产羔数

的辅助选择。庄海滨等(2007)设计 7 对引物,采用 PCR-SSCP 技术检测抑制 βA 亚基基因在高繁殖力绵羊品种(小尾寒羊和湖羊)和低繁殖力绵羊品种(陶赛特羊、德克塞尔和德国肉用美利奴羊)中的单核苷酸多态性,同时研究该基因对小尾寒羊产羔数的影响。研究结果初步表明,检测的 $INHB\alpha$ 基因位点对小尾寒羊高繁殖力没有显著影响。由于检测的样本数较少,所获得的结论只是初步,还需进一步研究。

(3)视黄醇结合蛋白 4(RBP4)基因

视黄醇结合蛋白(retinol binding proteins,RBPs)是动物体内一类将维生素 A 从肝中转运至靶组织以及实现维生素 A 的细胞内转运代谢的特异的运载蛋白,在协助维生素 A 发挥生理功能中起着不可替代的作用。国外研究证明,RBP 四种形式之一的 RBP4 是孕体产生的主要蛋白质之一,RBP4 基因在猪的妊娠关键时期表达,在胚胎发育过程中起着重要作用,显著影响猪的产仔数,已被作为猪高产仔数的有力候选基因。

何远清等(2006)以 RBP4 基因为候选基因,采用 PCR-SSCP 技术分析了 RBP4 基因在高繁殖力绵羊品种(小尾寒羊、湖羊)以及低繁殖力绵羊品种(陶赛特羊、萨福克羊)中的单核苷酸多态性,同时研究这个基因对小尾寒羊高繁殖力的影响。结果表明 RBP4 基因扩增片段在 4 个绵羊品种中存在 PCR-SSCP 多态性。BB 基因型只出现在高繁殖力绵羊品种中,而低繁殖力绵羊品种则没有 BB 基因型;AB 基因型频率随着绵羊繁殖力的降低而升高;AA 基因型只出现在小尾寒羊、陶赛特羊中。BB 基因型小尾寒羊产羔数分别比 AA 和 AB 基因型多 0.52只。推测,RBP4 基因可能是控制小尾寒羊多胎性能的一个主效基因或是与之存在紧密遗传连锁的一个标记。

(4)视黄酸受体 γ(RAR G)基因

视黄酸受体 γ(retinoic acid recep-tor-gamma,RARG)是视黄酸受体家族(RAR)的一员。视黄酸受体 γ 基因也是其中研究较多较深入的基因。目前,该基因被定位于绵羊 3 号染色体的长臂。已知视黄酸受体 γ 基因在猪妊娠的关键时期表达,被公认为猪高产仔数的候选基因之一。郭晓红等(2006)以 RARG 基因为候选基因,采用 PCR-SSCP 技术分析了 RARG 基因在高繁殖力绵羊品种(小尾寒羊、湖羊)以及低繁殖力绵羊品种(德克塞尔、陶赛特、萨福克)中的单核苷酸多态性,同时研究这个基因对小尾寒羊高繁殖力的影响。结果表明:RARG 基因引物 1 扩增片段在 5 个绵羊品种中存在 PCR-SSCP 多态性,AA 基因型只出现在湖羊中,AB 和 BB 基因型均出现在 5 个绵羊品种中;BB 基因型小尾寒羊平均产羔数比 AB 基因型多0.41只。RARG 基因引物 2 扩增片段在 5 个绵羊品种中存在 PCR-SSCP 多态性,CC 和 CD基因型均出现在 5 个绵羊品种中,5 个绵羊品种中都没有检测到 DD 基因型;CC 基因型小尾寒羊平均产羔数比 CD 基因型多 0.55 只。

(5)其他基因

此外,影响绵羊高繁的候选基因还有促性腺激素释放激素(GnRH)及其受体(GnRHR)基因、促卵泡素(FSH)及其受体(FSHR)基因、促黄体素(LH)及其受体(LHR)基因、催乳素受体(PRLR)、褪黑素受体(MR)和类胰岛素生长因子(IGF)等基因。我国的科研人员就上述的一些基因进行了初步研究,由于试验样本少,结论不明确,有待于进一步研究。

2.1.2　小尾寒羊多胎性能主效基因及候选基因

小尾寒羊是世界上具有性成熟早、常年发情和多胎特性的高繁殖力绵羊品种之一,其多胎是养羊业研究的热点。2003 年以前,对绵羊多胎性能遗传机制的研究主要集中在常规的选育和分子标记方面。因该性状属于低遗传力数量性状,常规育种所获得的遗传进展甚微。自 2003 年以来以候选基因法从分子水平上对小尾寒羊的多胎机制进行了研究,并取得了一些成果。现已证明,多种基因与小尾寒羊多胎有显著或较显著关联。

2.1.2.1　主效基因

(1)骨形态发生蛋白受体(BMPR-IB)基因

近年来,国外学者利用与 *Fec B* 基因所在的绵羊 6 号染色体区域同线性的人 4 号染色体的测序结果,通过对绵羊包含 *Fec B* 基因在内的 DNA 大片段和重叠群的测序及其与人、小鼠基因组同一连锁群的比较,发现骨形态发生蛋白受体 IB(Bone morphogenetic protein recepter IB,*BMPR-IB*)基因具有影响颗粒细胞分化和卵泡发育、促进排卵数增加的作用。*BMPR-IB* 基因编码区发生的一处突变碱基(A746G),导致了该受体激酶结构域的第 249 位氨基酸由谷氨酰胺突变为精氨酸,造成该受体部分失活,影响了与之识别的配体 *BMP4* 和 *GDF5* 对类固醇生成作用的反应,结果使携带 *FecB* 基因的母羊颗粒细胞加快分化,进而使卵泡成熟加快,排卵数增多。关联分析证明了 *FecB* 基因是由于 *BMPR-IB* 基因突变的结果,此基因是控制布鲁拉美利奴羊高繁殖特性的主效基因。

在国内,柳淑芳等(2003)通过对多个地方品种小尾寒羊的 *BMPR-IB* 基因编码区进行克隆测序,发现该品种在该基因的相应位置上发生了与 Booroola merino 羊相同的 A746G 突变,而针对该突变点进行大规模群体检测发现:在小尾寒羊群体中该点的突变率较高,这是首次以候选基因法对小尾寒羊多胎分子机制进行研究。试验还表明,*BMPR-IB* 基因的 BB 基因型在小尾寒羊群体内为优势基因型,初产和经产小尾寒羊母羊的 BB 基因型比＋＋基因型分别多产 0.97(*P*＜0.05)和 1.5 个羔(*P*＜0.01)。在影响小尾寒羊多羔的各种因素中,排卵数是关键因素。*BMP-IB* 基因的突变,导致大量小的有腔卵泡早熟,排卵数增加,*BMPR-IB* 位点 B 等位基因在小尾寒羊群体内的频率优势反映了其增加排卵数的作用,故可以推测,*BMPR-IB* 基因可能是控制小尾寒羊多胎性的主效基因或是与之存在紧密连锁的标记。此外,储明星等也证明该基因是影响小尾寒羊高繁殖力的一个主效基因,可以用于对小尾寒羊产羔数的辅助标记。对小尾寒羊 *BMPR-IB* 的 Q219 R 突变对不同胎次产羔数的效应进行分析发现 BB 型小尾寒羊的产羔数在第 1 胎要比＋＋型多 0.77 只,在第 2 胎比＋＋型多 1.02 只,BB 型与 B＋母羊型的产羔数,无论第 1 胎还是第 2 胎,均显著高于＋＋型(*P*＜0.01)。小尾寒羊个体中 B 等位基因具有较高的基因频率,是优势等位基因,B 等位基因对产羔数的效应以加性效应为主。

(2)雌激素受(*ESR*)基因

雌激素受体是核受体超家族的一员,是一种与特定激素应答 DNA 元件(ERE)相结合的激活转录因子,广泛存在于各种动物体内,参与雌性脊椎动物性腺的表达与调控,结合了配体的 ESR 与激素应答元件相互作用,可以改变受激素调控基因的转录,进一步影响第二性征、繁殖周期、生殖力、妊娠维持,从而影响胚胎发育和系统分化,进而影响家畜的繁殖性能及其他生产性能。研究发现,ESR 敲除的小鼠发生不能排卵,LH 调节紊乱,子宫对雌激素不敏感的现象,表明 ESR 在繁殖中起着重要作用。储明星等将雌激素受体基因作为候选基因利用 PCR-SSCP 技术对高繁殖力绵羊品种和低繁殖力绵羊品种进行研究,发现在小尾寒羊、湖羊和德国肉用美利奴羊中存在野生纯合基因(AA)、突变杂合基因型(AB)和突变纯合基因型(BB)三种基因型。对其第一外显子部分序列进行单核苷酸多态性分析,结果表明:小尾寒羊的 A 等位基因频率为 0.846,B 等位基因频率为 0.154;BB 型和 AA 型相比在外显子 1 的第 363 位发生了 1 处碱基突变(C→G);AB 基因型和 BB 基因型小尾寒羊产羔数比 AA 基因型分别多 0.51 ($P<0.05$)和 0.7 只($P<0.05$)。由此推断,ESR 基因可能是控制小尾寒羊多胎性能的一个主效基因或与之存在紧密的遗传连锁。

(3)抑制素(INHA)基因

抑制素(inhibin,INH)是一种由性腺分泌的二聚糖蛋白,Mason 等已鉴别出两种抑制素,具有共同的 α 亚基和不同 β 亚基(βA 和 βB)。其中羊抑制素 α 亚基基因被定位到染色体 2 q41-q43,绵羊抑制素基因已被定位到染色体 4 q26,研究发现二者对绵羊产羔数有显著影响。周文然等采(2007)用 PCR-SSCP 技术研究 INHα 基因对小尾寒羊高繁殖力的影响,结果在 5′ 调控区发现了 1 处碱基突变(16 C-T),存在突变纯合基因型(BB 型)和突变杂合型(AB 型)和野生型(AA)3 种基因型,其中 BB 型和 AB 型小尾寒羊平均产羔数分别比 AA 型多 1.45 只($P<0.01$)和 0.90 只($P<0.01$),而在低繁殖力绵羊品种中没有检测到突变纯合基因型;在外显子 1 中发现一处碱基突变(877 T-C),也只在高繁殖力的小尾寒羊中发现突变纯合基因型(DD),突变纯合型(DD)和 突变杂合型(CD)小尾寒羊平均产羔数分别比野生型(CC)多 1.32 只($P<0.01$)和 0.77 只($P<0.01$)。研究结果初步表明,INHα 基因可能是影响小尾寒羊高繁殖力的一个主效基因或是与之存在紧密遗传连锁的一个分子标记,可以用于对绵羊产羔数的辅助选择。庄海滨等(2007)设计 7 对引物,采用 PCR-SSCP 技术检测了抑制素 βA 亚基基因在高、低繁殖力绵羊品种中的单核苷酸多态性及其对小尾寒羊产羔数的影响。初步研究结果表明,检测的 INHβA 基因位点对小尾寒羊高繁殖力没有显著影响。

2.1.2.2 候选基因

(1)骨形态发生蛋白 15(BMP15)基因

骨形态发生蛋白 15 属于转化生长因子 β 超家族的由卵母细胞分泌的一种生长因子。BMP15 通过促进颗粒细胞有丝分裂。抑制促卵泡素受体在颗粒细胞中表达来调节颗粒细胞增殖和分化,在维持哺乳动物生殖中起着关键的调节作用。已知 BMP15 基因位于绵羊 X 染色体上,于 1991 年首先在 Ranney 羊上发现。BMP15 基因的两个外显子全长 1 179 bp,被一个长 5.4 kb 的内含子分开编码 393 个氨基酸残基的前蛋白,其成熟活性肽为 125 个氨基酸。

最近,在绵羊中已识别出 BMP15 基因 7 个不同的突变 FecXI、Feckh、FeXL、FexG(B1)、FexG(B2)FexG(B3)、FeXB(B4)。在已检测的国内外 30 多个绵羊品种都不携带 BMP15 的

FeXI（V31 D）突变。高繁殖力的小尾寒羊和湖羊没有发生 *BMP15* 基因的 FecXH 突变。储明星等报道高繁殖力的小尾寒羊没有发生与 Belclare 绵羊相的 B4 突变 FecX B,但在 *BMP15* 基因编码序列第 718 位碱基处发生了与 Belclare 绵羊和 Cambridge 绵羊相同的 B2 突变；并在小尾寒羊中检测到 AA 和 AB 两种基因型;基因型频率分别为 0.468 和 0.532。杨晶等（2006）以 *BMP15* 为候选基因,根据绵羊 *BMP15* 基因全序列设计了 6 对引物覆盖全部的外显子,采用 PCR-SSCP 方法检测其在小尾寒羊和陶赛特羊中的多态性,结果只有外显子 1 的第 1 对引物扩增片段具有多态性,在 127 只小尾寒羊母羊和 30 只陶赛特母羊中都检测到两种基因型（AA 和 AB）。测序结果表明,AB 基因型和 AA 基因型相比在 cDNA 第 28 bp 处缺失了 3 个碱基（CTT）,小尾寒羊和陶赛特绵羊都发生了与 Belclare、Cambridge、Hanna 和 Inverdale 绵羊相同的 CTT 缺失突变。AB 基因型小尾寒羊平均产羔数比 AA 基因型多 0.20 只,但差异不显著（$P>0.05$）。研究结果显示,*BMP15* 基因的 CTT 缺失突变对小尾寒羊高繁殖力没有显著影响。

（2）生长分化因子 9（*GDF9*）基因

生长分化因子 9（*GDF9*）是第一个被发现由卵母细胞分泌的生长因子,它通过旁分泌方式对卵泡的生长和分化起着重要作用,其 RNA 在绵羊卵泡发育的各个阶段都有表达,卵泡进入生长阶段后,能维持卵泡的正常生长和卵母细胞的发育,在后期可以促进黄体的形成,因此对动物的繁殖也起着重要作用。已知绵羊 *GDF9* 是位于 5 号染色体上的常染色体基因,全长约 2.5 kb,其中包括 2 个外显子和 1 个内含子,外显子 1 长 397 bp,编码 1-134 氨基酸,外显子 2 长 968 bp,编码 135-456 氨基酸,内含子长 1 126 bp。李碧侠等（2006）采用 PCR-SSCP 方法对小尾寒羊、湖羊、萨福克羊和陶赛特羊进行研究,发现在 *GDF9* 基因的外显子 cDNA 第 152 bp 处存在一个 A-G 转换,在湖羊、萨福克和陶赛特羊检测到这个突变,小尾寒羊没有检测到突变。储明星等（2006）以 *GDF9* 基因为候选基因,采用 PCR-RFLP 技术检测 *GDF9* 基因在高繁殖力绵羊品种（小尾寒羊、湖羊）以及低繁殖力绵羊品种（陶赛特羊、特克塞尔羊、德国肉用美利奴羊）中的单核苷酸多态性,结果在 5 个绵羊品种中都没有检测到 *GDF9* 基因的 G8 中的单核苷酸多态性突变（C→T）;但这并不足以代表 *GDF9* 基因与小尾寒羊高繁殖力无关,而应当研究 *GDF9* 基因 DNA 全序列在小尾寒羊中的碱基突变情况,从整体上考虑 *GDF9* 基因与小尾寒羊高繁殖力之间的关系。

（3）视黄醇结合蛋白 4（*RBP4*）基因

视黄醇结合蛋白（RBPS）是动物体内一类将维生素 A 从肝中转运至靶组织以及实现维生素 A 的细胞内转运代谢的特异的运载蛋白,在协助维生素 A 发挥生理功能中起着不可替代的作用。国外研究证明,RBP 四种形式之一的 RBP4 是孕体产生的主要蛋白质之一,在胚胎发育过程中起着重要作用,显著影响猪的产仔数,已被作为猪高产仔数的有力候选基因。何远清等（2006）以 *RBP4* 基因为候选基因,采用 PCR-SSCP 技术检测了该基因在小尾寒羊、湖羊、陶赛特羊以及萨福克羊中的单核苷酸多态性结果表明:*RBP4* 基因扩增片段在 4 个绵羊品种中存在 PCR－SSCP 多态性。BB 基因型只出现在高繁殖力绵羊品种中,而低繁殖力绵羊品种则没有 BB 基因型,AB 基因型频率随绵羊繁殖力的降低而升高。BB 基因型小尾寒羊产羔数分别比 AA 和 AB 基因型多 0.52 只。推测 *RBP4* 基因可能是控制小尾寒羊多胎性能的一个主

效基因或是与之存在紧密遗传连的一个标记。

(4)视黄酸受体 γ(*RARG*)基因

视黄酸受体 γ(*RARG*)是视黄酸受体家家族(MRAR)的一员,视黄酸受体 γ 基因也是其中研究较多较深入的基因。目前,该基因定位于绵羊 3 号染色体的长臂,已知 RARG 基因在猪赶振的关键时期表达,被公认为猪高产仔数的候选基因。郭晓红等(2006)以视黄酸受体 γ 基因为候选基因,设计了 2 对引物采用 PCR-SSCP 技术分析了 *RARG* 基因在小尾寒羊、湖羊、德克塞尔、陶赛特以及萨福克中的单核苷酸多态性,并研究该基因对小尾寒羊高繁殖力的影响。结果表明:*RARG* 基因引物 1 扩增片段在 5 个绵羊品种中,存在 PCR-SSCP 多态性,AA 基因型只出现在湖羊中,AB 和 BB 基因型均出现在 5 个绵羊品种中 BB 基因型小尾寒羊平均产羔数比 AB 基因型多 0.41 只。*RARG* 基因引物 2 扩增片段在 5 个绵羊品种中存在 PCR-SSCP 多态性,CC 和 CD 基因型均出现在 5 个绵羊品种中,5 个绵羊品种中都没有检测到 DD 基因型;CC 基因型小尾寒羊平均产羔数比 CD 基因型多 0.05 只。

(5)催乳(*PRL*)基因

催乳素(prolactin,PRL)是一种单链蛋白激素,主要由垂体前叶的营养细胞分泌。它可直接作用于卵巢颗粒细胞,抑制促卵泡素诱导的颗粒细胞芳香酶失活使雌二醇合成减少,并抑制排卵。Hornan 等研究发现,因 *PRL* 基因失活而不能合成催乳素的纯合子小鼠,由于排卵、受精、着床前的发育和着床缺陷导致无生殖能力。由此推断,催乳素可能与动物的繁殖性能存在一定的关系。

在国内已被作为小尾寒羊高繁殖力的潜在候选基因来研究。王训翠等(2006)采用 PCR 技术扩增出小尾寒羊催乳素基因 5′ 侧翼调控区的 161 bp 大小的片段,经 SSCP 检测到 AA 和 AB 两种基因型,经克隆鉴定并测定核苷酸序列,结果发现催乳素基因扩增片段第 63 处发生了 C→A 单碱基的改变,推断其可能对催乳素基因的转录翻译产生一定的影响,进而影响小尾寒羊高繁殖力。代爵等(2007)设计了 5 对引物,采用 PCR-SSCP 技术检测催乳素基因外显子 1 至外显子 5 在高、低繁殖力绵羊品种中的单核苷酸多态性,同时研究该基因对小尾寒羊高繁殖力的影响,通过克隆测序首次获得了绵羊 *PRL* 基因外显子全序列。试验结果表明,外显子 2 在小尾寒羊、湖羊、陶赛特、德克塞尔和考力代 5 个绵羊品种中均存在单核苷酸多态性,而其他 4 个外显子只在湖羊中存在单核苷酸多态性。研究初步表明,小尾寒羊 *PRL* 基因外显子 2 的 CC 型平均产羔数分别比 CD 型和 DD 型多 0.39 只($P<0.05$)和 0.98 只($P<0.05$),CD 型和 DD 型小尾寒羊平均产羔数差异不显著($P>0.05$)。研究初步表明,*PRL* 基因外显子 2 的 3 种基因型对小尾寒羊产羔数是典型的加性效应,由于本研究检测的品种数和样本数较少,所获得的结论只是初步的,还需增加绵羊品种数、扩大样本数、进行标记与产羔性能关联做深入研究。

(6)催乳素受体(*PRLR*)基因

催乳素(prolactin,PRL)又称促乳素或生乳素,是繁殖成功所必需的垂体前叶肽激素,催乳素受体基因在哺乳动物的乳腺、黄体、卵巢、睾丸、前列腺、肝脏等多种组织中表达,在不同的动物表达的主要靶器官并不一样。国外研究证明,*PRLR* 基因是生长与分化的重要调控基因,可以作为繁殖性状一个强有力的候选基因。牟玉莲等(2006)采用 PCR-SSCP 技术分析了催乳素受体基因在陶赛特羊、萨福克羊、小尾寒羊及萨福克与小尾寒羊母羊 F1 代杂种羊 4 个绵羊群体中的多态性。结果表明:PRLR 基因在 3 对引物扩增片段中均存在 PCR-SSCP 多态性。对于引物 1,4 个绵羊群体均检测到 AA 基因型,AB 基因型只出现在小尾寒羊中,仅在陶赛特羊中检测到 BB 基因型,对于引物 2,4 个绵羊群体均检测到 AA 和 AB 基型,只有萨福克羊没有 BB 型。对于引物 3,4 个绵羊群体均检测到 AA、AB 和 BB 基因型,在 4 个绵羊中,A 等位基因频率均明显高于 B 等位基因频率,对于引物 1 扩增片段,在小尾寒羊和萨福克羊中都没有检测到 BB 基因型,在杂交一代中没有检测到 AB 和 BB 基因型,其原因可能是亲本 B 等位基因频率太低,有关多态性对产羔数的影响尚未见报道。

(7)褪黑激素受体基因

褪黑激素是由松果体和视网膜分泌的一种重要的内分泌激素,它通过与高亲和性 G 蛋白耦联受体结合来调节季节性繁殖哺乳动物的昼夜节律和繁殖变化。褪黑激素受体属于 G 白联受体家族,基本结构由 7 个跨膜区构成,包括 2 个外显子和 1 个内含子,其中外显子 1 编码的范围包括 5′非翻译区和一直到第 1 个细胞内环的编码区,外显子 2 则包括 3′非翻译区及剩余的编码区。目前,在哺乳动物中研究较多的是褪黑激素受体 1A(MTNR-1A)及基因,对其已有广泛而深入的了解。目前,褪黑激素受体 1A 基因定位到绵羊 26 号染色体。研究表明,用 MalI 内切酶对绵羊 MTNR-1A 基因外显子 2 酶切所产生的酶切位点缺失纯合基因与母绵羊季节性不排卵活动有关。

程笃学等(2007)对常年发情的绵羊品种小尾寒羊和季节性发情的绵羊品种陶塞特羊共20 只母羊的褪黑激素受体 1A 基因外显子 2 的 824 bp 扩增产物进行了克隆测序及序列比较分析。结果表明,在常年发情的绵羊品种小尾寒羊和季节性发情的绵羊品种陶赛特羊中发现 MTNR-1A 基因外显子 2 存在 5 个核苷酸变化 C329T、G355T、C566T、C580A 和 A675G 5 个核苷酸变化。这些差异是否与绵羊的繁殖季节性相关还有待于深入研究。近年来,随着对 MEL 特异性抗体研究的深入,也初步对褪黑激素受体 1B(MTNR-1B)及其基因进行了研究,但 MTNR-1B 基因与动物繁殖季节性的关系尚不明晰,有待于进一步研究。建议将 MTNR-1B 作为候选基因来研究我国小尾寒羊的常年发情行为,开展基因态性分析、基因克隆测序等研究。分析该基因在不同绵羊品种间的变异程度,可以初步探明小尾寒羊常年发情的分子遗传机理,为从遗传上人为控制羊的发情提供理论依据。

(8)促性腺激素释放激素(GnRH)及其受体基因(GnRHR)

促性腺激素释放激素(GnRH)是一种 10 肽,是下丘脑-垂体-性腺轴的关键神经内分泌调节子,GnRH 作用的发挥依赖于促性腺激素释放激素受体的存在,GnRHR 是位于促性细胞表面的一种高亲和 G 蛋白耦联受体,GnRH 和 GnRHR 在促性腺细胞表面结合,促进垂体前叶合成和释放 FSH 和 LH。哺乳动物的排卵依赖于 LH 高峰,GnRH 分泌的增加和 GnRHR 数量的增加都会引起 LH 高峰。因此,GnRH 基因和 GnRHR 基因在哺乳动物的繁殖调控中起着重要作用。Montgomery 等通过研究将绵羊的 GnRHR 基因定位到 6 号染色体上。Campion 等获得了绵羊 GnRHR 基因完全的将编码序列,该基因由 3 个外显子和 2 个内含子组成。

刘忠慧等采用 PCR-SSCP 技术,用两对引物分析了 GnRHR 基因外显子 2 和外显子 1 部分序列在小尾寒羊和陶赛特羊中的多态性。结果对于引物1扩增片段,2个绵羊品种均只检测到 AA 基因型;对于引物2扩增片段,2个绵羊品种均检测到了 AA、AB 基因型;小尾寒羊 AA、AB 基因型频率分别为 0.83 和 017,陶赛特羊 AA、AB 基因型频率分别为 0.60 和 0.40。引物2的多态片段测序分析表明,位于 *GNRHR* 基因 cDNA 第 230 处发生了碱基的改变(G→C),该突变导致了氨基酸的改变(甘氨酸→半胱氨酸)。

2.1.2.3 问题与展望

小尾寒羊本身就是多胎品种,多胎基因存在的可能性很大,但位于哪一条染色体上、与什么位点连锁、基因效应如何等一系列问题还有待于进一步研究。随着高密度基因图谱的构建以及功能基因组学研究的深入,对于小尾寒羊高繁殖力有关的遗传标记的认识也会更加深入。深入探讨小尾寒羊多胎性能的分子机制,对于选育和推广小尾寒羊高繁殖力品系具有重要的理论意义和应用价值。

2.1.3 *FecB* 基因对绵羊生产性能影响的研究进展

绵羊属季节性发情一胎单羔动物,无论对于何种用途的羊,人们都希望多胎,以提高繁殖效率,增加经济收入。在世界几百个品种资源库中具有多胎性的品种很少,因此,从 20 世纪中叶人们就开始寻找具有多胎性能的品种,*FecB* 基因是最早在澳大利亚布鲁拉美利奴(Booroola Merino)中发现的多胎主基因,自从发现该基因之后,研究人员开始在世界各地品种羊群体中寻找 *FecB* 基因,并对其多胎性机理以及对产羔性状的影响做了大量研究,但未见从排卵数、产羔数、断奶成活数、断奶体重、精液量、性成熟、繁殖季节、发情周期、妊娠期以及生长发育、羊肉品质、产毛产奶等性能方面系统报道。本文从 *FecB* 基因的发现、作用机理、不同地区和品种中的分布做了简要回顾和总结,重点综述 *FecB* 基因对绵羊繁殖性能、肉用性能以及其他性能影响研究进展,并对该基因的利用提出了建议和展望。

2.1.3.1 绵羊 *FecB* 基因的发现及其分布

FecB 基因(Fecundity Booroola,FecB))最初是 1980 年在布鲁拉美利奴羊群中推测并发现,随后在澳大利亚和新西兰展开了一系列试验研究证实存在主效基因。随着分子生物学技术的发展,1994 年 Montgomery 等研究发现 *FecB* 在布鲁拉美利奴羊第六号染色体上。随后,1995 年他们用定位克隆的方法确定 *FecB* 位于 *SPP1* 和 *EGF* 之间。2001 年,Wilson 等、Souza 等和 Mulsant 等几乎同时发现 *FecB* 基因所在的绵羊 6 号染色体区域同线性的人 4 号染色体 q22～q23 上的骨形态发生蛋白受体 IB(Bone morphogenetic protein receeptor IB,*BMPR-IB*)基因与 Booroola 绵羊的排卵数存在关联。BMPR-IB 编码区序列长度为 1 509 bp,由 10 个外显子组成,编码 502 个氨基酸,是一个转移生长因子 β 亚基(TGFβ 受体家族成员),具有影响颗粒细胞分化和卵泡发育、促进排卵数的作用。*FecB* 突变位点位于编码区第 746 位发生 A→G 的改变,引起第 249 位氨基酸由谷氨酰胺变为精氨酸(Q249 R)。Q249 R 位于 *BMPR-IB* 的 GS 结构域(1 个富含丝氨酸和甘氨酸的结构域)和 L45 环之间,是 *BMPR-IB* 高度保守的胞内激酶信号区,并证明 249 R 就是 *FecB* 等位基因,即 *FecB* 基因实际为骨形态发生蛋白 IB 受体(*BMPR-IB*)基因。

从世界范围绵羊品种来看，*FecB* 基因分布并不多，Davis 等（2006 年）检测了 21 个高产品种，只有中国的湖羊和寒羊存在 *FecB* 基因突变。亚洲绵羊品种中 *FecB* 基因分布较广泛，包括印度 Garole 羊和 Kendrapada 羊、NARI-Suwarna、中国的湖羊和小尾寒羊、中国美利奴多胎品系、多浪羊、蒙古羊、策勒羊等。在上述品种中还有一些杂交羊，在有些品种（系）或者杂交羊群中 FecB 不是固有的，而是通过杂交导入等方式进入的。在国外品种中 NARI-Suwarna、Garole Kendrapada 中均含有 *FecB* 基因纯合型，突变纯合型（BB）基因型频率为 0.23～0.60，杂合型（B＋）型基因频率为 0.33～0.77，野生纯合型（＋＋）基因型频率为 0～0.11。突变型基因（B）频率为 0.61～0.80，野生型基因（＋）频率为 0.20～0.39。在杂交羊中没有 BB 纯合型基因，即使有 B＋杂合型也是通过杂交将 B 基因导入的（表 2-1）。

表 2-1　国外部分品种 *FecB* 基因分布情况

品种（系）	数量	基因型频率			基因频率		文献来源
		BB	B+	++	B	+	
Garole 羊	22	0.23	0.77	0	0.61	0.39	Polley 等
Kendrapada 羊	46	0.57	0.33	0.11	0.73	0.27	Kumar 等
NARI-Suwarna	5	0.60	0.40	0	0.80	0.20	Ganai 等
（Garole×Malpura）×Malpura	74	0	0.53	0.47	—	—	MISHRA 等
NARI-Suwarna 杂交	62	0	1.00	0	0.50	0.50	Ganai 等
Corriedale×Kashmir valley	41	0	0	1.00	0	1.00	Ganai 等
Local ewes（双胎）	200	0	0	1.00	0	1.00	Ganai 等
Local ewes（非多胎）	46	0	0	1.00	0	1.00	Ganai 等

国内品种小尾寒羊、湖羊、中国美利奴多胎品系、多浪羊、策勒黑羊、洼地绵羊、滩羊等品种中均含有 BB 型，小尾寒羊 BB 基因型频率为 0.254 5～0.548，B＋基因型频率为 0.350 0～0.580 0，＋＋基因型频率为 0.035 0～0.200 9；B 基因频率为 0.526 8～0.747 0，＋基因频率为 0.253 0～0.473 2。湖羊中 BB 基因型频率为 0.840 0～1.000 0，B＋基因型频率为 0～0.118 0，＋＋基因型频率为 0～0.160 0，B 基因频率为 0.920 0～1.000 0，＋基因频率为 0～0.080 0。中国美利奴多胎品系 BB 基因型频率为 0.033 0～0.320 0，B＋基因型频率为 0.225 8～0.700 0，＋＋基因型频率为 0.190 0～0.741 9，B 基因频率为 0.145 9～0.565 0，＋基因频率为 0.435 0～0.854 1。多浪羊中 BB 基因型频率为 0～0.005 0，B＋基因型频率为 0～0.350 0，＋＋基因型频率为 0.650 0～1.000 0，B 基因频率为 0～0.170 0，＋基因频率为 0.830 0～1.000 0。最近研究检测 500 只策勒黑羊 *BMPR-IB* 基因 *FecB* 突变多态性，发现策勒黑羊群体存在 BB 纯合基因型，基因型频率为 0.108 0，B＋基因型频率为 0.442 0，＋＋基因型频率为 0.450 0，B 基因频率为 0.329 0，＋基因频率为 0.671 0。此外，2011 年研究报道在洼地绵羊中也存在 *FecB* 突变，BB 纯合基因型频率为 0.29，B＋基因型频率为 0.560 0，＋＋基因型频率为 0.150 0，B 基因频率为 0.570 0，＋基因频率为 0.430 0。滩羊中 BB 纯合基因型频率为 0～0.100 0，B＋基因型频率为 0.037 7～0.240 0，＋＋基因型频率为 0.660 0～0.962 0，B 基因频率为 0.019 0～0.220 0，＋基因频率为 0.780 0～0.981 0。在蒙古羊、呼伦贝尔羊、内蒙古细毛羊、甘肃阿尔卑斯山细毛羊、德克赛尔、无角陶赛特、萨福克、杜泊等品种中没有发现 *FecB* 突变，在其他品种与小尾寒羊、湖羊等杂交羊群中有杂合型基因存在表 2-2，这主要是由于携带有突变基因的羊导入的结果。

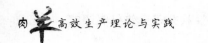

表 2-2 我国引入及地方品种及其杂交羊中 FecB 基因分布情况

品种（系）	数量	基因型频率			基因频率		文献来源
		BB	B+	++	B	+	
小尾寒羊	164	0.537 0	0.396 0	0.067 0	0.735 0	0.265 0	Liu 等（2003）
	12	0.330 0	0.580 0	0.080 0	0.620 0	0.370 0	王根林等（2003）
	93	0.548 0	0.397 0	0.054 0	0.747 0	0.253 0	钟发刚等（2005）
	299	0.541 8	0.364 5	0.093 7	0.724 1	0.275 8	殷子惠等（2006）
	188	0.520 0	0.420 0	0.060 0	0.730 0	0.270 0	Chu 等（2006,2007）
	40	0.475 0	0.350 0	0.175 0	0.650 0	0.350 0	陈勇等（2008）
	98	0.408 0	0.480 0	0.112 0	0.648 0	0.352 0	Yue 等（2011）
	224	0.254 5	0.544 6	0.200 9	0.526 8	0.473 2	樊庆灿等（2011）
	114	0.491 0	0.474 0	0.035 0	0.728 0	0.272 0	孙洪新等（2011）
湖羊	12	1.000 0	0	0	1.000 0	0	王根林等（2003）
	38	0.840 0		0.160 0	0.920 0	0.080 0	王启贵等（2003）
	34	0.882 0	0.118 0	0	0.941 0	0.058 0	闫亚东等（2005）
	32	0.970 0		0.030 0	0.970 0	0.030 0	朱二勇等（2006）
	12	1.000 0	0	0	1.000 0	0	Davis 等（2006）
	305	1.000 0	0	0	1.000 0	0	Guan 等（2006）
中国美利的多胎品系	49	0.120 0	0.510 0	0.270 0	0.480 0	0.520 0	王启贵等（2003）
	40	0.050 0	0.700 0	0.250 0	0.400 0	0.600 0	朱二勇等 2006）
	53	0.320 0	0.490 0	0.190 0	0.565 0	0.435 0	刘凤丽等（2007）
	31	0.033 0	0.225 8	0.741 9	0.145 9	0.854 1	陈勇等（2008）
多浪羊	68	0	0.050 0	0.950 0	0.025 0	0.975 0	陈晓军等（2004）
	77	0	0	1.000 0	0	1.000 0	钟发刚等（2005）
	49	0	0.350 0	0.650 0	0.170 0	0.830 0	史洪才等（2006）
	374	0.005 0	0.254 0	0.741 0	0.132 0	0.868 0	王旭等（2010）
	564	0.005 0	0.146 0	0.849 0	0.078 0	0.922 0	史洪才等（2011）
策勒黑羊	500	0.108 0	0.442 0	0.450 0	0.329	0.671 0	史洪才等（2006）
洼地绵羊	186	0.290 0	0.560 0	0.150 0	0.570 0	0.430 0	任艳玲等（2011）
滩羊	53	0	0.037 7	0.962 0	0.019 0	0.981 0	额尔和花等（2009）
	250	0.100 0	0.240 0	0.660 0	0.220 0	0.780 0	田秀娥等（2009）
蒙古羊	51	0	0	1.000 0	0	1.000 0	刘凤丽等（2007）
	54	0	0	1.000 0	0	1.000 0	田秀娥等（2009）
呼伦贝尔羊	49	0	0	1.000 0	0	1.000 0	刘凤丽等（2007）
内蒙古细毛羊	53	0	0	1.000 0	0	1.000 0	刘凤丽等（2007）
德克赛尔	7	0	0	1.000 0	0	1.000 0	孙洪新等（2011）
甘肃阿尔卑斯山细毛羊	98	0	0	1.000 0	0	1.000 0	Yue 等（2011）
无角陶赛特	12	0	0	1.000 0	0	1.000 0	王生宝等（2009）
萨福克	35	0	0	1.000 0	0	1.000 0	刘猛等（2007）
杜泊	32	0	0	1.000 0	0	1.000 0	王公金等（2007）
杜泊×湖羊	16	0	0.875 0	0.125 0	0.438 0	0.562 0	王公金等（2007）
杜泊×寒羊 F1	70	0	0.871 0	0.129 0	0.436 0	0.564 0	孙洪新等（2011）

续表 2-2

品种（系）	数量	基因型频率			基因频率		文献来源
		BB	B+	++	B	+	
杜泊×寒羊 F2	19	0	0.526 0	0.474 0	0.263 0	0.737 0	孙洪新等（2011）
杜泊×寒羊	28	0	0.786 0	0.214 0	0.393 0	0.607 0	王公金等（2011）
萨×寒杂交	81	0	0.990 0	0.010 0	0.490 0	0.510 0	刘猛等（2009）
陶赛特×小尾寒羊 F2	121	0	0.339 0	0.661 0	0.170 0	0.830 0	Yue 等（2011）
波德代×小尾寒羊 F2	234	0	0.355 0	0.645 0	0.178 0	0.822 0	Yue 等（2011）
波德代×蒙古羊 F2	132	0	0	1.000 0	0	1.000 0	Yue 等（2011）
德克赛尔×寒羊 F1	29	0	0.897 0	0.103 0	0.448 0	0.552 0	孙洪新等（2011）

2.1.3.2　*FecB* 基因对绵羊繁殖性能的影响

自从发现布鲁拉美利奴携带有多胎基因 FecB 之后，很多国家用布鲁拉美利奴与其他品种进行杂交，表 2-3 和表 2-4 分别列举了 FecB 基因型对国外和国内品种绵羊排卵数、产羔数、断奶成活数、断奶重等生产性能影响研究。统计结果表明 FecB 基因能够促进排卵数和增加产羔数，但在一些品种中杂交后代对如断奶成活数和断奶重产生负面影响。

（1）排卵数和产羔数

Daivs 等（1982）以及 Piper 等（1985）证明 *FecB* 基因效应对排卵数是加性的，对产羔数是部分显性的，单拷贝 *FecB* 基因排卵数 1.65 枚，增加产羔数 0.9～1.2 只；两个拷贝平均增加排卵数 2.70～3.00 枚，增加产羔数 1.10～1.70 只。在表型上 Booroola 绵羊 BB 型母羊的平均排卵数为 4.65 枚，显著高于对照组＋＋型母羊的平均排卵数（1.62 枚）。国外品种中，FecB 基因突变纯合型（BB）比野生纯合型（＋＋）排卵数多 2.70～4.21 枚，其中布鲁拉美利奴与选择的罗姆尼羊杂交群排卵数增加效果最明显为 4.21 枚，但产羔数并没有达到最多，这说明排卵数多但不一定就会导致产羔数增加同等幅度，这与环境、饲养方式等有关系；BB 基因型比 B＋型排卵数多 0.34～1.48 枚，B＋型比＋＋型排卵数多 0.55～1.69 枚。FecB 基因突变纯合型（BB）比野生纯合型（＋＋）产羔数多 0.67～1.14 只，B＋型比＋＋型产羔数多 0.48～1.16 只。国内品种中，BB 基因型比＋＋型增加产羔数 0.16（滩羊）～1.89 只（小尾寒羊），B＋型比＋＋型增加产羔数 0.083（滩羊）～1.11 只（小尾寒羊），其中中国美利奴（新疆型）B＋基因型比＋＋型产羔数少 0.10，BB 型比＋＋型产羔数少 0.43 只，这可能与配种、饲养管理、环境等因素有关。

最近的一些研究发现我国的洼地绵羊、多浪羊、策勒黑羊存在 *FecB* 基因，史洪才等（2012）研究表明 BMPR-IB 基因 *FecB* 突变显著影响了策勒黑羊的产羔数，是策勒黑羊多胎性能的主效基因之一，认为策勒黑羊和 Booroola 羊、小尾寒羊和湖羊的作用机制相似。任艳玲等（2011）利用 PCR-RFLP 方法和克隆测序验证，检测到洼地绵羊中存在与 Booroola Merino 羊同样的 *FecB* 基因突变；通过与产羔数的相关性分析，*FecB* 基因对洼地绵羊产羔数具有显著的加性效应，提示 *FecB* 基因可能是洼地绵羊多羔性能的主效基因之一。史洪才等首次在新疆多浪羊群体中发现了 *FecB* 突变 BB 基因型公、母羊个体（1 只公羊和 2 只母羊），BB、B＋和＋＋基因型频率分别为 0.005，0.146 和 0.849。B＋型多浪羊产羔数均值比＋＋型多 0.51 只（$P<0.01$），BB 型多浪羊产羔数与 B＋和＋＋型差异不显著。多浪羊群

体在 $FecB$ 位点上处于 Hard-Weinberg 平衡状态,表明在该位点上没有受到选择的影响,揭示多浪羊多羔产生的机理可能与布鲁拉美利奴和小尾寒羊相同。

表 2-3　$FecB$ 基因对国外品种绵羊杂交后代繁殖性能的影响

基因型比较	品种	数量	排卵数(枚)	产羔数(只)	断奶成活数(只)	断奶重(kg)	国家	文献来源
BB vs B+	BM×Rom(1.5~2.5 岁)	146	+1.48				新西兰	Montgomery 等(1985)
	BM×Rom(7~9 月龄)	118	+0.34				新西兰	Montgomery 等(1985)
BB vs++	BM×SB F2 代和回交群	59	+2.70				英国	Boulton 等(1995)
	Afec-Awassi	1 242		+0.64			以色列	Gootwine 等(2008)
	BM×M 回交	328	+2.80	+0.81	-0.09	-2.60	澳大利亚	Walkden-Brow 等(2007)
	BM×SR 回交	1 584	+4.21	+0.67			新西兰	Farquhar 等(2006)
	Garole×Deccani 回交	1 560		+0.72	+0.45	+1.90	印度	Nimbkar 等(2007)
	Garole×Malpura 杂交	73		+1.14		+2.30	印度	Kumar 等(2008)
B+ vs++	BM×Rom(7~9 月龄)	209	+0.55				新西兰	Montgomery 等(1985)
	BM×M 回交	283	+1.24	+0.69			新西兰	Davis 等(1982)
	BM×兰布莱	93	+1.18	+0.51	+0.18		美国	Schulze 等(2003)
	BM×兰布莱及其回交	278	+1.69	+0.70	+0.29	-2.70	美国	Southey 等(2002)
	BM×德克赛尔回交	590	+1.48	+0.73			荷兰	Nienwhof 等(1998)
	BM×AM 回交	686	+1.19	+0.89	+0.58	+8.40	法国	Teyssier 等(1998)
	BM×陶赛特	236	+0.91				澳大利亚	Fogarty 等(1995)
	BM×陶赛特	965	+1.15	+0.79	+0.02	-1.30	澳大利亚	Fogarty 和 Hall(1995)
	BM×阿瓦西回交	269	+1.30	+0.74			以色列	Gootwine 等(1995)
	BM×Rom, BM×Perendale	925		+1.16	+0.36	+0.40	新西兰	Meyer 等(1994)
	BM×陶赛特	443	+1.15	+0.48	-0.32	-6.5	澳大利亚	Fogarty 等(1992)
	Garole×Malpura	153		+0.70	+0.60	+2.3	印度	Mishra 等(1982)
	Garole×Deccani 回交	2 143		+0.54	+0.41	+0.70	印度	Nimbkar 等(2007)
	Garole×Deccani	2 815		+0.49	+0.09		印度	Nimbkar 等(2006)
	Garole×Malpura 回交	140		+0.70		+3.4	印度	Kumar 等(2008)

注:BM 为布鲁拉美利奴(Booroola Merino);SR 为选育的罗姆尼(Selected Ronney);M 为美利奴;Rom 为罗姆尼(Romney);AM 为阿尔勒美利奴(Arles Merino)

(2)羔羊成活率和断奶重、生长发育性能

从文献报道统计结果看,$FecB$ 基因对羔羊断奶成活数(BB vs++:-0.09~+0.45 只;B+ vs++:-0.32~0.60只)和断奶体重(BB vs++:-2.6~2.3 kg;B+ vs++:-2.7~+8.4 kg)正向作用不如对排卵数和产羔数、断奶重,而且基因型之间的差异不大。由此推断,$FecB$ 对排卵数和产羔数的作用与对后代成活数、断奶重相反。这说明 $FecB$ 基因对受精和胚胎发育有影响,有报道称这种影响(B+:9.4%,++:6.7%,$P<0.05$)小于受精后 21 天的胚胎死亡率。排卵数越多的羊其胚胎成活率越低,Southey 等报道携带 $FecB$ 基因的母羊有 15%~19%的胚胎死亡。研究报道随着排卵数的增加妊娠母羊比例降低,不能妊娠的母羊比例与 $FecB$ 基因突变基因型有关(BB:16.4%,B+:7.6%,++:4.1%)。初生重是影响成活率的一个重要

因素,在高强度生产体系和寒冷天气时产羔,一胎多羔的初生重较低,会影响成活率。此外除了受孕率低外,体内营养供应和子宫环境也会影响成活率。$FecB$ 基因型也会影响初生重,报道发现 BB 和 B+基因型母羊生出的羔羊初生重低于++型,另有报道称 $FecB$ 基因型对后代初生重没有影响。

关于携带有 FecB 基因的母羊其后代生长发育方面报道不一,有的认为 $FecB$ 基因不影响后代生长发育速度,但有些研究发现有差异,Visscher 等(2000)报道含有 $FecB$ 基因的母羊后代羔羊生长速度比不含 $FecB$ 母羊后代慢,而且同样的增重需要更多的能量和蛋白质。

(3)对精液量、性成熟、繁殖季节、发情周期、妊娠期的影响

在布鲁拉美利奴杂交母羊中,B+型母羊提前达到性成熟的比例比++型多 9%,而且在第一年秋季每只母羊多 0.18 个繁殖周期,但也有研究报道在周岁以上的母羊繁殖季节时间没有区别,而且不影响阿尔勒美利奴性成熟时间,但孙洪新等(2011)报道在杜寒(杜泊♂×小尾寒羊♀)、德寒(德克赛尔♂×小尾寒羊♀)杂交羊及其横交后代中不同基因型发情季节略有不同,还有研究报道布鲁拉美利奴杂交母羊羔羊达到性成熟时间比芬兰绵羊晚 3 周,另有研究报道含有布鲁拉美利奴血液或 $FecB$ 基因羊群发情周期有一些区别,但产后发情时间间隔没有区别。Fogarty 等报道与布鲁拉莱斯特公羊杂交的美利奴母羊妊娠期要比那些后代羔羊初生重轻的与莱斯特公羊杂交的母羊长 1 天。有报道发现布鲁拉美利奴公羊精子产量比兰布莱和 columbia 公羊高,但青年布鲁拉美利奴羊中睾丸生长没有增加。

2.1.3.3　$FecB$ 基因对绵羊肉用性能的影响

与其他美利奴品系相比,布鲁拉美利奴与美利奴杂交后代羔羊胴体脂肪含量多 13%,皮下脂肪多 15%,骨重少 6%,但在布鲁拉美利奴不同基因型(BB,B+,++)后代公羊中没有差异。很多研究报道在很多杂交品种比较中,布鲁拉美利奴后代含有较多的脂肪。在胴体眼肌面积和肌肉颜色方面没有区别。在德克赛尔杂交群中,含有 $FecB$ 的羔羊皮厚度和眼肌面积受到影响,而且也影响肉色,但含有 $FecB$ 的公羔羊眼肌面积和生长速度慢。布鲁拉美利奴公羊杂交后代肌内脂肪和大理石花纹都比保加利亚毛用羊少。Mezoszentgyorgyi 等报道布鲁拉美利奴羔羊肉的饱和脂肪酸含量高于萨福克羔羊。

2.1.3.4　$FecB$ 基因对绵羊其他生产性能的影响

一些报道认为在 B+和++型的布鲁拉美利奴羊毛产量和质量方面没有区别,但也有一些相反报道。成年布鲁拉杂交羊的污毛量较低,净毛率、羊毛密度和羊毛细度等级显著提高。布鲁拉美利奴与阿瓦西杂交母羊比阿瓦西产奶量减少 50%,但在不同基因型母羊(B+和++)没有区别。

表 2-4 *FecB* 基因对我国绵羊产羔数的影响

基因型比较	品种	数量	产羔数(只)	国家	文献来源
BB vs++	小尾寒羊	110	+1.40	中国	Chu 等(2007)
	小尾寒羊	114	+1.61	中国	孙洪新等(2011)
	小尾寒羊	153	+0.85	中国	樊庆灿等(2011)
	小尾寒羊	68	+1.21	中国	田秀娥等(2009)
	小尾寒羊	38	+1.89	中国	陈勇等(2008)
	小尾寒羊	37	+0.56	中国	朱二勇等(2006)
	小尾寒羊(初产)	91	+0.97	中国	柳淑芳等(2003)
	小尾寒羊(经产)	240	+1.5	中国	柳淑芳等(2003)
	中国肉用美利奴	37	+1.61	中国	Guan 等(2007)
	策勒黑羊	354	+0.60	中国	史洪才等(2012)
	中国美利奴(新疆型)	30	−0.43	中国	陈勇等(2008)
	多浪羊	135	+0.43	中国	史洪才等(2011)
	洼地绵羊	186	+0.85	中国	任艳玲等(2011)
	滩羊	272	+0.16	中国	田秀娥等(2009)
	中国美利奴多胎型	40	+1.40	中国	朱二勇等(2006)
B+ vs++	小尾寒羊	90	+1.11	中国	Chu 等(2007)
	小尾寒羊	114	+0.89	中国	孙洪新等(2011)
	小尾寒羊	153	+0.65	中国	樊庆灿等(2011)
	小尾寒羊	68	+0.67	中国	田秀娥等(2009)
	小尾寒羊	38	+0.92	中国	陈勇等(2008)
	小尾寒羊	37	+0.51	中国	朱二勇等(2006)
	小尾寒羊(初产)	91	+0.55	中国	柳淑芳等(2003)
	小尾寒羊(经产)	240	+0.88	中国	柳淑芳等(2003)
	中国肉用美利奴	26	+1.11	中国	Guan 等(2007)
	策勒黑羊	354	+0.55	中国	史洪才等(2012)
	多浪羊	135	+0.51	中国	史洪才等(2011)
	洼地绵羊	186	+0.53	中国	任艳玲等(2011)
	滩羊	272	+0.08	中国	田秀娥等(2009)
	中国美利奴(新疆型)	30	−0.10	中国	陈勇等(2008)
	中国美利奴多胎型	40	+0.51	中国	朱二勇等(2006)

2.1.3.5 *FecB* 基因利用及展望

增加产羔率是提高繁殖效率的重要方式,因此自从发现布鲁拉美利奴羊含有多胎基因以来,世界很多国家相继开展了寻找 *FecB* 基因的工作,自 2000 年之后我国陆续对地方品种及引进的绵羊品种开展 *FecB* 基因相关研究,已在多个地方品种中发现含有 *FecB* 突变基因。*FecB* 基因主要应用在育种领域,培育新品种以及开展经济杂交工作中。各国利用布鲁拉美利奴羊进行杂交的目的就是获得更多的羊肉产量。经济杂交一般采用三元杂交或双杂交模式首先利用布鲁拉美利奴与其他品种杂交,获得含有 *FecB* 基因的杂交母羊(产羔率高、性成熟早、泌乳力强),再用生长速度快的终端作父本杂交。近几年来,一些科研机构将 *FecB* 基因标记技术应用到育种领域,将 *FecB* 基因通过分子标记选择技术导入到新培育品种(系)。如在河北陈晓勇等(2012),在山东王金文等(2011)均在培育新品种过程中将 *FecB* 基因作为多胎候选基因应用到育种实践中,提高了育种群母羊产羔数。

FecB 作为第一个发现的突变具有增加排卵数的多胎候选基因,人们对这个基因的认识和了解程度最深,相信,随着分子育种技术的发展,*FecB* 基因将与其他多胎候选基因在提高我国羊繁殖率及育种工作中发挥更大作用。

2.1.4　哺乳动物线粒体基因组转录及其调控机制

线粒体是有氧氧化的重要场所,细胞很多重要的功能如丙酮酸和脂肪酸氧化、氮代谢、亚铁血红素合成等都在线粒体中进行,位于线粒体细胞膜内侧的电子传递链(electron transfer chain,ETC)和氧化磷酸化(oxidative phosphorylation,OXPHOS)体系以 ATP 形式为细胞提供能量。在线粒体转录过程中,除了必要的转录装置成分调控转录外,一些核受体如类固醇激素受体、视黄素受体、雌激素受体等也参与线粒体基因转录调控。mtDNA 表达调控异常会导致人类线粒体疾病。线粒体基因表达及其调控成为近年来的研究热点,也取得了很多新发现,本文总结了近年来线粒体基因转录调控的研究进展。

2.1.4.1　哺乳动物 mtDNA(mitochondrial DNA)结构及其转录

(1)哺乳动物 mtDNA 结构

哺乳动物 mtDNA 是大约 16.5 kb 的环状双链结构,编码 37 个基因:13 个 OXPHOS 复合物亚基,2 个 rRNA(12S rRNA 和 16S rRNA),以及 22 个 tRNA。线粒体基因组编码电子传递链(ETC)重要蛋白质复合物 I、III、IV、V,复合物 II 亚基由核基因组编码。根据氯化铯密度不同,线粒体 DNA 分为重链(H)和轻链(L),其中的基因分布很不对称,H 链包含 12 个 mRNA,2 个 rRNA 和 14 个 tRNA 等大多数基因,而轻链只包含复合物 I ND6 亚基和 8 个 tRNA 基因。另外还有一段调控 mtDNA 转录和复制的非编码区(NCR),通常称 D-loop,包含两条链的转录启动子和 H 链复制起始(OH)。

(2)哺乳动物 mtDNA 转录

线粒体 H 链包含两个转录启动子 HSP1 和 HSP2,HSP1 和 HSP2 位于 D-loop 区相隔 100 bp 左右,而且方向相同(图 2-1)。HSP1 位于 tRAN Phe 基因上游 16bp 处,从 HSP1 开始的转录在 16S rRNA 下游终止,产生 tRNA Val、tRAN Phe 和 2 个 rRNAs(12SrRNA 和

16SrRNA)。HSP2 靠近 12S rRNA 基因的 5′端，从 HSP2 处开始的转录产生 2 个 rRNAs（12S rRNA 和 16S rRNA）、12 个 mRNA 和 13 个 tRNAs。哺乳动物所有类型细胞 mtDNA 转录装置主要包含三种蛋白质：线粒体 RNA 聚合酶（mitochondrial RNA polymerase，POL-RMT）、线粒体转录因子 A（mitochondrial transcription factor A，TFAM）和线粒体转录因子 B2（mitochondrial transcription factor B2，TFB2M）。线粒体转录从 D-loop 区 HSP1、HSP2 和 LSP 双向开始，TFAM 先结合到启动子上游，从 HSP1 开始的转录起始在 tRNALeu（UUR）处终止，但从 HSP2 处开始的转录绕整个 mtDNA 一周。从 LSP 开始的转录也几乎绕整个环状结构一周，只编码一个蛋白（ND6）和一个 tRNA。

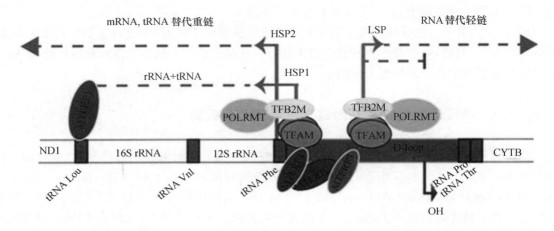

图 2-1　mtDNA 转录起始装置

研究报道转录装置的蛋白因子都要参与转录起始，在体外条件下 TFAM 存在时，从 HSP1 和 LSP 起始的转录增加，当 TFAM 较少时，从 LSP 处开始的转录比 HSP1 的转录更容易被激活。由于从 LSP 开始的转录为 mtDNA 复制做准备，因此认为 TFAM 会根据 TFAM 与 mtDNA 的比例分别调节复制和转录。从 HSP1 启动子起始的转录速度比从 HSP2 启动子的高 50 倍，进而产生大量 rRNA。TFB2M 与 TFAM 的羧基末端尾部结合聚集到启动子区域，为 TFAM 与 POLRMT 起连接桥梁作用。从 HSP1 启动子转录终止需要线粒体转录终止因子 1（mTERF1）特异性地结合到 tRNA Leu（UUR）28 bp 的地方，引起在 tRNAleu（UUR）处结束，进而导致 DNA 螺旋松开和碱基摆动。在 tRNA Phe 上游富含 A/T 称为 H2 的区域是其终止区域。

2.1.4.2　转录调节（元件）因子及其功能

（1）线粒体转录因子 A（TFAM）及其功能

线粒体转录因子 A（mitochondrial transcription factor A，TFAM）是在 mtDNA 转录、复制和包装等过程中起多种作用的蛋白质，属于以结合、弯曲、缠绕和伸展为特征的高迁移蛋白家族（high mobility group，HMG），分子量为 25kDa，包含两段由 27 个氨基酸残基隔开的 HMG 区域，随后是 25 个残基的羧基末端尾巴。在 mtDNA 转录起始过程中，TFAM 通过伸展和扭曲非特异性地作用于 mtDNA 螺旋进而使启动子暴露给其他转录因子。一些研究证实 TFAM 在体外和体内都能对 mtDNA 转录起调节作用。体外突变研究发现体外条件下没有羧基末端的 TFAM 也能与 DNA 结合,但转录活性降低。TFAM 在启动子附近的特定位置以二聚体形式与 HSP 和 LSP 特异序列结合。最近发现人体细胞中 TFAM 能诱导 DNA 与螺旋反方向弯曲。此外,最新发现羧基末端区域使启动子 DNA 弯曲度增加对 TFAM 特异性激活启动子具有重要作用。切除老鼠 TFAM 由于 mtDNA 损耗会导致胚胎致命性损伤,而适度增加 TFAM 水平会提高 mtDNA 转录水平,但过量的 TFAM 表达会对 mtDNA 转录和复制起抑制作用,可能是由于被 TFAM 包裹的越多,mtDNA 越不容易接近其他转录因子,相应降低转录速度,因此,TFAM 水平可能是依据细胞特定代谢情况来调节 mtDNA 包装和转录活性的。一些研究发现小鼠某些组织线粒体转录存在能够增加转录本稳定性或者减少转录终止的补偿机制。此外,TFAM 蛋白对 mtDNA 拷贝数量具有调控作用。

（2）RNA 聚合酶（POLRMT）

RNA 聚合酶最先在酵母中发现（称为 Rpo41）,后来在人类细胞中发现,由 1230 个氨基酸残基组成,其中 N-末端包含 41 个氨基酸长度的信号肽,C-末端（第 520-1230 氨基酸残基）包含一系列保守结构域,在噬菌体 RNA 聚合酶也有这些保守序列。此外,N-末端还有一段延伸的未知功能区域,去除酵母 RNA 聚合酶的 N-末端 185 个氨基酸会使线粒体基因组稳定性降低进而导致损伤。N-末端延伸部分还包含两段 35 个氨基酸长度的五肽重复蛋白（pentatricopeptide repeat,PPR）,对线粒体和叶绿体 RNA 加工有重要作用。研究发现必须有 TFAM、TFB1M 和 TFB1M 二者之一参与下,人类细胞中的 POLRMT 才能与启动子作用进而启动转录。

（3）线粒体转录因子 B1 和 B2（TFB1M 和 TFB2M）

线粒体转录因子 B1 和 B2（mitochondrial transcription factors B1,B2,缩写为 TFB1M、TFB2M 或者 mtTFB1,mtTFB2）是调控哺乳动物线粒体基因表达调控的重要因子,二者都是核基因编码并运转到线粒体的蛋白质,其表达受核转录因子,如过氧化物体增殖活化受体 γ 辅活化因子 1（Peroxisome proliferatoractivated receptor (PPAR)-γ coactivator α,PGC-1α）、核呼吸因子 1 和 2（nuclear respiratory factors,NRF-1,NRF-2）等严格调控。TFB1M 和 TFB2M 与线粒体 RNA 聚合酶（POLRMT）形成二聚体,而且研究发现 TFB1M 和 TFB2M 都能够通过 TFAM 羧基末端尾巴与其相互作用。

研究发现 TFB1M 和 TFB2M 均具有甲基转移酶的作用。敲除心脏特异性 Tfb1m 小鼠体内 TFB1M 不仅具有甲基化转移酶的作用,而且对小鼠线粒体核糖体组装和和发育能力具有重要作用。此外,Cotney 等发现 TFB1M 沉默会引起 12SrRNA 水平降低,证实了 TFB1M 在线粒体翻译中具有调节 rRNA 稳定性的作用。研究发现 mtDNA 转录水平升高与 TFB2M 表达过度相关,破坏 RNA 甲基化转移酶区域没有影响线粒体功能,模拟人 mtDNA 转录体系体外试验发现 TFB2M 活性比 TFB1M 至少高出两个数量级,RNA 干扰敲除果蝇 TFB2M 导致特定线粒体 RNA 转录本减少 2~8 倍,相反,同样方法敲除 TFB1M 特定线粒体 RNA 转录本没有改变,但蛋白质合成也减少了,通过这些研究,可以推断 TFB2M 是高等真核生物线粒体转录重要的调控因子,而 TFB1M 主要具有 rRNA 甲基化作用,负责调控翻译。

此外,一些研究认为 TFB1M 是一个作用很多的 mtDNA 转录激活剂,另外 Metodiev 等(2009)认为 TFB1M 和 TFB2M 对线粒体发生具有重要作用。

(4)线粒体转录终止因子(MTERF)家族及其功能

线粒体转录终止因子 MTERF(mitochondrial transcription termination factor,MTERF)是一类由核基因编码转运到线粒体与 mtDNA 特异性结合的单体蛋白,分子量约 40kDa,在线粒体转录、复制和翻译中发挥调控作用,在脊椎动物中发现四个 MTERF 家族成员,分别命名为 MTERF1、MTERF2、MTERF3、MTERF4。其中 MTERF1、MTERF2 只在脊椎动物中发现,而 MTERF3、MTERF4 在蠕虫和昆虫也存在,这些家族成员都比较保守,研究证实MTERF 富含亮氨酸拉链样的结构,而且具有与 DNA 结合的能力。但最近有人利用晶体结构发现 MTERF 包含三个由环状结构隔开的 α 螺旋结构,这与亮氨酸拉链模型矛盾。

①线粒体转录终止因子 1。MTERF1 是在人线粒体中发现的 MTERF 家族第一个转录因子,MTERF1 与通常称为转录终止区域(transcription termination region,TERM)的 16SrRNA 下游的 tRNA Leu(UUR)基因 3′端 8 bp 的区域结合,进而引起 HSP1 开始的转录终止,tRNA Leu(UUR)基因 A3243G 位点突变会引起线粒体脑肌病伴高乳酸血症和卒中样发作综合征(mitochondrial encephalopathy,lactic acidosis and stroke-like episodes syndrome,MELAS),并能够降低 MTERF1 体外结合能力,但体内结合力不会降低,不会影响体外rRNA/mRNA 转录的比例。

除了具有转录终止作用外,有人提出这样一个模型,就是 MTERF1 同时与 HSP1 和TERM 结合,产生 mtDNA-loop,后者能够促进转录反复进行。最近发现单个 mTERF1 分子与终止位点和 HSP1 位点同时结合形成一个 rDNA 环,进而认为 mTERF1 也参与 mtDNA 转录起始。此外,研究证实 mTERF1 调节 rDNA 环有助于促进转录因子循环利用,进而提高转录速度。MTERF1 还能够通过与 D-loop 的 OL、ND1 和附近的 IQM tRNA 基因簇等位置结合来调控 mtDNA 复制。

②线粒体转录终止因子 2。线粒体转录终止因子 2(MTERF2)是最早在人类细胞中发现定位于线粒体的多肽,是与 MTERF1 一样在脊椎动物中具有专一性,研究发现其对调节细胞周期、肌肉和脑具有重要作用。此外,MTERF2 正向调节线粒体转录。敲除 Mterf2 的小鼠除心脏外其他所有组织都表现线粒体数量增加,这可能是作为一种补偿机制来抵消 OXPHOS障碍。此外,在敲除 Mterf2 的小鼠肌肉组织中还发现包括 MTERF1、MTERF3 和 MTERF4在内的与 mtDNA 转录有关的 mRNAs 水平增加。体内共免疫沉淀分析在 mtDNA 存在时,MTERF2、MTERF1、MTERF3 蛋白间接相互作用。通过敲除 MTERF2 小鼠模型说明其在mtDNA 转录中并不是必需的,但在应激状态下具有调节线粒体转录功能。

③线粒体转录终止因子 3。敲除线粒体转录终止因子 3(MTERF3)的同源物 Mterf3 的小鼠胚胎发育延迟并死于 8.5 天左右,心脏和骨骼肌表现出短寿以及与线粒体呼吸链障碍症状一致的心肌症,OXPHOS 活性和呼吸链蛋白水平降低,而且在心脏包括启动子附近的基因转录积累,这说明 MTERF3 对 RNA 加工具有重要作用,染色质免疫沉淀分析显示 MTERF3 调节转录起始。而且在体内对线粒体转录具有负调控作用。在小鼠试验中,去除 mTERF2 和mTERF3 后,氧化磷酸化能力都下降,研究发现去除 mTERF2 后线粒体 mRNA 水平下降。而相反,去除 mTERF3 mtDNA 转录会增加。因此推测,mTERF2 可能在 mtDNA 转录中起

正调控作用,而 mTERF3 具有抑制作用。

④线粒体转录终止因子 4。线粒体转录终止因子 4(MTERF)是通过系统发生方法鉴定发现的,脊椎动物不仅有 Mterf4,而且蠕虫和昆虫也含有 Mterf4。体外 RNA 免疫沉淀分析发现 MTERF4 容易与 16S rRNA、12S rRNA、7S rRNA 交联,质谱分析和排阻色谱法分析揭示 MTERF4 还与线粒体 RNA 甲基转移酶(NSUN4)作用形成二聚体,并与核糖体大亚基一起迁移,说明 MTERF4 通过与 NSUN4 结合,然后与核糖体大亚基调节线粒体基因表达。

(5)核受体家族类固醇激素/甲状腺素及其在线粒体转录中的调控功能

除线粒体转录装置成分外,还有一些线粒体中的核受体如类固醇激素受体、甲状腺素受体、雌激素受体、类固醇-甲状腺受体超家族的核受体类视黄素受体 X-α(retinoid receptor x-al-pha,RXRα)等也直接参与 mtDNA 转录调控,通过作为配体来激活他们的受体而发挥作用,具体是通过与一些激素反应元件(hormone responsive element,HRE)的启动子区域较短序列相互作用,进而改变核受体构象。

①类固醇激素受体及其调控功能。当紧张或者逃生时,肾上腺皮质激素分泌增加,能量消耗和代谢速度加快,进而需要线粒体形成、mtDNA 转录加快,以保证特殊生理需要。海拉细胞、老鼠肝脏和脑等组织中含有肾上腺皮质激素受体。在线粒体基因组中发现了六个假定的肾上腺皮质激素反应元件(glucocorticoid response elements,GRE)序列,分别为 GREa、GREb、GREI、GREII、GREIII 和 GREIV,GREa 和 GREb 定位于 D-loop 区,GREI、GREII 和 GREIII 定位于 COXI 基因,GREIV 定位于 COXIII 基因。电泳迁移率实验(electrophoretic mobility shift assay,EMSA)证实老鼠线粒体基因中激素反应(GR)能够与六个 GRE 特异结合,这些研究说明肾上腺皮质激素不是通过核基因组间接发挥调控作用,而是与 mtDNA 直接作用引起 mtDNA 转录的速度增加。此外,给老鼠处理肾上腺皮质激素类似物地塞米松后,在 TFAM 的参与下,其骨骼肌内线粒体编码的细胞色素 C 氧化酶亚基 COXI、COXII 以及 12SrRNA 的转录增加。

②甲状腺素受体及其调控功能。甲状腺素三碘甲状腺氨酸 T3 能促进氧消耗、氧化磷酸化作用以及线粒体蛋白质合成,甲状腺机能亢进与肝、心和骨骼肌等一些组织呼吸酶活性增加有关,甲状腺机能减退的动物肝和脑组织中氧消耗和线粒体活性降低,此外,T3 处理能够改善甲状腺机能减退的老鼠缺乏线粒体。一些研究报道了甲状腺素能够通过细胞核而促进 mtD-NA 转录增加,新的研究发现线粒体内有甲状腺受体(thyroid receptors,TR),包括由 c-erbAα 和 c-erbAβ 编码主要定位于核内的 TRα 和 TRβ,TRα 两个缩短的形式 TRα2 43kDa(p43)和 28 kDa(p28)定位于线粒体基质中,TREs 存在于线粒体 12S rRNA 和 D-loop 区,EMSA 分析证实 TRα2 能够特异性地与这些区域结合,研究还发现 T3 能够与线粒体 p43 特异性结合,p43 能够与老鼠线粒体 12S rRNA、16S rRNA 和 D-loop 区中的四个 T3 反应元件序列特异性结合,转录试验证实了 T3 与 mtDNA 结合后激活转录。可见,甲状腺素是通过与核基因和线粒体基因作用而促进线粒体基因表达和线粒体形成。

(6)其他调控因子

富含亮氨酸三角状五肽重复蛋白(leucine-rich pentatricopeptide repeat containing,LRP-PRC)也称为 LRP130,属于五肽重复蛋白(PPR)家族,主要作用是调控 mtDNA 转录,参与

RNA 代谢。LRPPRC 突变会引起细胞色素氧化酶活性降低的法国加拿大型 Leigh 综合征 (LSFC)。最近报道 LRPPRC 影响线粒体 mRNA 稳定性，缺少 LRPPRC 会使 mRNA 多聚腺苷酸化丧失和 mtDNA 表达异常。此外，LRPPRC 不足的细胞会出现 mRNA 和 tRNA 表达降低，而且氧消耗减少，但 rRNA 没有受到影响。

2.1.4.3 展望

线粒体对于细胞生物活性维持、核基因表达、细胞周期、凋亡等具有重要作用，mtDNA 转录调控因子包括核基因编码蛋白和线粒体转录自身元件，这些调控因子是协调核与线粒体基因表达的纽带，是核质互作的重要桥梁。深入研究线粒体基因组表达及其调控机制，对于研究其遗传效应、核质互作具有重要意义。另外，线粒体突变率较高，造成基因表达异常，诱发多种线粒体疾病，因此，了解线粒体基因转录及其调控机制，对于人类线粒体医学领域也具有重要意义。相信，随着现代动物遗传学和分子生物学技术的发展，线粒体基因转录及其调控机制将会更加清楚，同时这方面的研究也会促进细胞遗传学、分子遗传学等学科理论体系的发展。

2.1.5 畜禽经济性状核外遗传效应研究进展

真核生物存在两个遗传系统，一个在细胞核内，一个在细胞质内，形成了细胞核和细胞质对性状遗传的相互作用。核外遗传也称细胞质遗传，是指细胞核染色体以外的遗传物质的结构、功能及遗传信息传递的体系，细胞核染色体以外的遗传物质主要指细胞质中细胞器（线粒体、叶绿体）内的遗传物质，目前，细胞内发现的含有核外遗传物质的细胞器官有线粒体（存在于真核生物）、叶绿体（仅存在于植物）和具有核外基因组特性的质粒（存在于原核生物）以及与细胞共生、寄生的病毒、细菌等。线粒体是所有真核动物细胞中进行呼吸作用、能量转换的半自主性（本身含有遗传表达系统，不过某些功能等必须依赖于核基因的）细胞器，被誉为真核细胞的"动力工厂"，机体内 90% 以上的能量都是由线粒体内膜呼吸链复合体氧化磷酸化合成的 ATP 提供。线粒体的功能涉及 ATP 产生、脂肪酸代谢、三羧酸循环、电子传递和氧化磷酸化过程。线粒体 DNA（mitochondrial DNA，mtDNA）是动物体内唯一长期、稳定存在的核外基因组。mtDNA 在细胞内以多拷贝形式存在，平均可达数百个拷贝，肝脏细胞可达数千个拷贝，因此，动物线粒体基因的影响广泛。

根据已发表的线粒体基因组全序列分析表明，脊椎动物线粒体基因组（mitochondrial genome）为环状双链结构，长度在 16.5Kb 左右，物理结构包括编码区和非编码区。非编码区（non-coding region）又称取代环（displacement loop，D-loop），是线粒体基因组复制和转录的控制区（control region）；编码区共编码 37 个基因，包括 13 条多肽，22 个 tRNA 基因和 2 个 rRNA 基因。tRNA 基因和 rRNA 基因全部用于转运和合成线粒体编码的多肽，线粒体编码的 13 个多肽也全部是线粒体内膜呼吸链复合体的亚基，参与氧化磷酸化过程。动物线粒体基因组因其在世代间没有基因重组、呈现严格母系遗传、拷贝数高等特点被广泛用于动物起源进化、物种鉴定、疾病诊断、衰老以及动物经济性状的核外基因效应研究。

2.1.5.1 牛 mtDNA 突变与产奶、肉用性状

20 世纪 80 年代就发现奶牛生产性状存在细胞质遗传效应，后来又发现线粒体基因变异

与产奶量、屠宰性状存在一定关联。1998 年 Mannen 等报道线粒体影响最长肌面积（LMA）（$P<0.05$）和牛肉大理石花纹评分。随后 2003 年他们又揭示 G2233A 变异影响最长肌面积和牛肉大理石花纹评分，进而表明该位点可以作为评定肉质的候选位点。2003 年 Oh 等分析了韩国 Hnawoo 牛线粒体 D-loop 区变异影响牛肉大理石花纹评分，169 和 16402 位点替换显著影响背膘厚。可见 D-loop 区的点变异影响经济性状，同时该区域的多态性也为细胞质遗传变异和其他经济性状、母体效应分析提供了借鉴。2005 年他们研究结果表明 COI、COⅡ、COⅢ变异影响 Hnawoo 牛生长体重性状。Biase 等利用 PCR-RFLP 方法发现 tRNA Asn G→T SNP 对于 120 日龄和 210 日龄 nelore 牛母源估计育种值体重和 210、365、455 日龄动物本身育种值体重有重要关联，说明 mtDNA 多态性是数量性状遗传变异的一个原因。最近 Qin 等发现 ATPase6/8 基因多态性与产奶量有关。2008 年报道了中国六个品种（南阳，佳县，秦川，中国荷斯坦，安格斯，晋南）牛 mtDNA ND5 基因多态性，结果发现 ND5 基因多态性与南阳牛生长相关。此外还发现 mtDNA 多态性与产犊率有关联。2009 年研究报道在云南驴中 Cytb 基因 AA 基因型尻宽比 BB 型大 1.6 cm（$P<0.05$），而对德州驴体高影响显著（$P<0.05$）。通过文献报道，可见 mtDNA 突变影响牛经济性状，可以作为分子标记。

2.1.5.2　mtDNA 多态性与猪的产仔性状

猪上关于核外遗传效应研究报道源于太湖猪，由于太湖猪高产仔性状引起了人们的注意，文献报道太湖猪与欧系猪正反交产仔数不同，进而认定了核外遗传效应的存在。在猪的研究中，Wu 等发现猪的耳面积大小与 mtDNA D-loop 单倍型相关，赵兴波等发现太湖猪具有独特的 mtDNA D-loop 单倍型和 ATPase6 基因的突变型；Yen 等研究发现猪 mtDNA D-loop 单倍型与 21 日龄断奶体重紧密关联；Fernández 等发现猪 COIII 基因的 C9104T 突变和 Cytb 基因 A715G 突变与背最长肌的脂肪和蛋白含量紧密相关。

2.1.5.3　mtDNA 与鸡产蛋、饲料报酬、屠宰性能

1998 年 Li 发现 mtDNA 突变与白来航鸡早期生长激素、成熟体重以及蛋比重有关。侯玲灵（2012）采用直接测序结合酶切的方法对烟酰胺腺嘌呤二核苷酸脱氢酶亚基 1（ND1）、烟酰胺腺嘌呤二核苷酸脱氢酶亚基 2（ND2）基因在品种间的遗传变异进行了研究，结果表明：ND1 4589A>G 与固始鸡 F2 代腹脂、腹脂率和盲肠长度等屠宰性状、生长性状及血清生化指标均产生了显著的关联，ND2 5703A>T 和 ND2 5727T>G 与胸肌脂肪含量等脂肪性状、生长性状、屠宰指标、血清生化指标均产生了显著的关联。可见线粒体 ND1 和 ND2 基因与鸡能量代谢的性状相关，例如屠宰性状、脂肪性状等。

2.1.5.4　羊的核外遗传效应

有关羊细胞质遗传效应报道不一，有些研究利用模型估计细胞质遗传效应认为贡献较小，如一些研究认为细胞质效应对萨福克羔羊生长发育性状、塔尔基羊、哥伦比亚羊、兰不莱羊、波利佩初生重、断奶重、产毛重和产羔数等性状影响较小。T. C. Pritchard 等应用动物模型研究了 8 周龄威尔士羊体重、扫描体重（平均 152 天）、超声波扫描肌肉和脂肪厚度的细胞质效应，结果发现细胞质效应对 8 周龄体重和肌肉深度影响不大，对扫描体重和脂肪厚度的表型方差

贡献率为 1%～2%。研究证实线粒体基因遗传变异是影响初生重性状的原因之一,此外他们还报道 mtDNA 中烟酰胺腺嘌呤二核苷酸(NADH)脱氢酶亚基 5(ND5)通过线粒体呼吸代谢影响羔羊生长性状。在羊上关于细胞质遗传效应报道多数是通过遗传评估方法研究,多数文献认为细胞质遗传效应对育种值的作用可以忽略,绵、山羊线粒体基因组遗传变异较多,但关于 mtDNA 多态性与经济性状关联分析报道不多。2012 年研究报道 Afec-Assaf 羊线粒体基因变异与生产性状的关系,结果表明母羊寿命、羔羊围产期成活率、初生重和 150 日龄平均日增重等性状与线粒体单倍型无关联性,而不同线粒体单倍型的母羊繁殖力性状差异显著,说明线粒体基因变异与繁殖力具有相关性。羊按用途分肉用羊、毛绒用羊、奶用羊、裘皮用羊等,有些地方品种羊繁殖性能较好,如小尾寒羊、湖羊属多胎品种,而引进的一些肉用羊繁殖率较低,但产肉性能好于地方品种,这些品种之间差别显著的性状是否存在核外遗传效应还未见报道。

2.1.5.5　存在问题和展望

线粒体作为具有独立遗传物质的细胞器,在遗传、细胞功能方面发挥重要作用,目前,多数是运用育种值估计和关联分析方法研究核外遗传效应,从基因组角度研究线粒体遗传变异与畜禽经济性状表型关联分析对于建立新的核外遗传分子标记和品种选育具有实际应用价值,同时对于核外遗传学具有重要的理论和科学意义,但如何验证核外遗传效应还需要深入研究。

2.1.6　营养与基因相互作用对绵羊繁殖性能的影响

绵羊的繁殖力受遗传、营养、年龄及其他外界环境(如光照、温度)等因素的综合影响,其中基因起主要作用,决定生产潜能,而饲料中的营养物质则可挖掘和限制其繁殖性能。饲料中营养物质可以通过对激素、酶等各种代谢调控物质的活性及其总量水平的调控影响基因表达的效果,而基因亦可调控动物对饲料营养的利用效率,进而影响繁殖性能。可以说,在动物的生命过程中,始终存在着遗传(基因)和营养的相互作用。本文就营养和基因及其互作对绵羊繁殖性能的影响加以简单综述。

2.1.6.1　营养对绵羊繁殖性能的影响

营养物质对绵羊正常的生理机能是必需的,营养不均衡时,繁殖性能首先受到影响。营养物质摄入不足或比例失调,会造成母羊初情期延迟,排卵率和受胎率降低,胚胎或胎儿死亡。母羊产后为了满足泌乳、子宫恢复、维持体况以及重新恢复生殖机能,对营养的需求较为迫切,此时营养供给不足,会造成产后至发情间隔时间延长,出现营养性乏情。公羊营养不良,可使睾丸发育不良,表现睾丸体积小,精子数量少,精子生成迟缓。而营养过剩也会使生育力下降,导致营养性不育。

(1)碳水化合物

研究表明,在母羊发情前后提高日粮能量水平,可增加排卵率,但如果母羊增重过快或消耗的能量过多会使受胎间隔延长。为了提高繁殖性能,可以对产后母羊供应较高的能量,以避免失重过多,但能量的供应要逐渐增加,以免造成肥胖。

（2）蛋白质

蛋白质缺乏可以引起母羊初情期排卵延迟，空怀期延长。日粮中蛋白质的含量与初情的年龄呈正相关，饲草质量不好或过量饲喂粗饲料，会导致蛋白质摄入不足使初情期延迟。提高蛋白质摄入量可以提高排卵率，而蛋白质水平过高，对生育力也会产生不良影响。饲喂高蛋白饲料会造成瘤胃中氨的含量增高，对胚胎产生毒害作用，还可能对繁殖力产生其他不良影响。公羊蛋白质不足，会造成精子生成发生障碍，精子数和精液量减少，影响繁殖性能。

（3）维生素

维生素 A 缺乏，公、母羊的初情期延迟，母羊流产或少产，胎衣不下，卵巢机能减退。公羊性欲降低，睾丸萎缩，曲精细管中精子的数量减少。维生素 D 缺乏易引起发情延迟。维生素 E 缺乏会引起公羊精子生成减少、畸形。

（4）矿物质

矿物质缺乏或平衡失调能引起羊不育。钙、磷、钠盐不足或钙磷比例失调，会造成精子数和精液量降低，精子活动差。磷参与能量代谢及骨骼的发育和产乳，因此与繁殖的关系密切。硒缺乏主要引起生育力降低。碘可通过甲状腺素的合成而影响羊的繁殖。

2.1.6.2　基因对绵羊繁殖性能的影响

绵羊的高繁殖力受多个基因影响，是多个基因共同表达与相互作用的综合结果。随着分子生物学的迅速发展和各种分子标记（如 RFLP、RAPD、SSCP 等）技术的日趋成熟和应用，有关绵羊繁殖性状基因的研究也取得较大了进展，找到并定位了调控绵羊排卵率乃至产羔数的主效基因或候选基因。在绵羊上研究比较深入的有 *BMPR-IB* 和 *BMP* 15 基因等。

（1）*BMPR-IB* 基因

研究发现 *FecB* 基因是 Booroola 羊多胎性能的一个主效基因，目前，位于绵羊的 6 号染色体上，呈单基因遗传，对排卵数呈加性效应。每一个 *FecB* 基因平均增加排卵数 1.5～1.65 个，增加产羔数 0.9～1.2 个；两个拷贝平均增加排卵数 2.7～3.0 个，增加产羔数 1.1～1.7 个。2001 年，Souza 和 Mulsant 等研究发现 *FecB* 基因突变的实质是骨骼形态蛋白 IB 型受体（*BMPR-IB*）基因突变。该基因发生突变后，在卵母细胞和颗粒细胞中表达骨形态发生蛋白 IB 受体。正常情况下，该受体能够与其配体充分接触。而 *BMPR-IB* 基因编码区发生的 A746G 碱基突变导致第 249 位的谷氨酸突变为精氨酸（Q→R），突变引起蛋白结构变化，造成该受体部分失活，影响了与之识别的配体 GDF-5 和 BMP-4 对类固醇生成作用的反应，结果使携带 *FecB* 基因母羊的颗粒细胞分化加快，进而使卵泡成熟速度加快，排卵数增加。体外培养观察也表明，卵巢的颗粒细胞对 *BMPR-IB* 配体 GDF-5 和 BMP-4 类固醇的生成具有抑制作用，导致 FecBFecB 母羊的卵巢颗粒细胞对其敏感性远远低于 Fec＋Fec＋母羊。相关分析表明：*BMPR-IB* 基因的该处的突变与 *FecB* 基因的行为完全一致，从而证明了 *BMPR-IB* 基因是控制 Booroola Merino 羊高繁殖率的主效基因。

在国内，王根林等通过 DNA 分析，首先发现我国小尾寒羊和湖羊存在 Boorooola 羊

（FecB）多胎基因。柳淑芳（2003）等首先以控制 Booroola Merino 羊多胎性能的 *BMPR-IB* 基因，从分子水平上对小尾寒羊的多胎机制进行了研究，结果发现该品种在这个基因的相应位置上发生了与 Booroola Merino 羊相同的突变（A746G），且针对该突变点进行大规模群体检测时，发现该基因的 BB 基因型在小尾寒羊群体内为优势基因型，且小尾寒羊初产和经产母羊的 BB 基因型比＋＋基因型分别多产 0.97 羔（P＜0.05）和 1.5 羔（P＜0101）。王启贵（2005）研究了湖羊、中国美利奴单胎品系和中国美利奴肉用和毛用多胎品系中 BMPR-IB 基因的变异与绵羊多产性状之间的关系，结果表明，等位基因型频率在各品种（系）间差异极显著＜0.001），*BMPR-IB* A746G 位点的变异明显影响绵羊的产羔数，可见，*BMPR-IB* 基因型可以很好地预测母羊的产羔数。

（2）*BMP*15 基因

*BMP*15 基因位于绵羊 X 染色体上，是 Davis 于 1991 年最早在 Romney 羊上发现的。*BMP*15 基因的 2 个外显子全长 1 179 bp，编码 393 个氨基酸残基的前蛋白，其成熟活性肽为 125 个氨基酸。该基因突变能增加排卵数约 1.0 个，但纯合母羊有发育不完全的斑纹状卵巢，不能排卵，表现不育，命名为 *Inverdale* 基因（FecX）。迄今，已在 Romney 羊、Belclare 羊和 Cambridge 羊中发现了 4 个不同并对产羔数具有明显遗传效应的等位基因，分别命名为 FecXI、FecXH、FecXG 和 FecXB。

FecXH 携带者编码区的第 67 个碱基由 C 突变成 T，使第 23 个氨基酸残基处的谷氨酸变成终止密码子。编码肽链提前终止，导致 FecXH 纯合子个体的 *BMP*15 完全失去生物学功能。FecXI 携带者在第 92 个碱基处发生 T→A 突变，导致在高度保守蛋白质区内的第 31 个氨基酸残基由缬氨酸替换成天冬氨酸。尽管 V31D 氨基酸突变没有改变 BMP15 蛋白的整体结构，但这一突变可能破坏了第一个指状结构末端的反向平行 β 链。推测可能是因为氨基酸的变化阻断了 *BMP*15 形成二聚体，从而使 *FecXI* 纯合子母羊的 *BMP*15 生物活性受到干扰。Galloway（2000）在卵泡发育早期将 *FecXI/BMP*15 基因完全剔除，结果颗粒细胞停止分化，卵泡也不再发育，进一步验证了上述结论。

Hanrahan 等（2004）研究 *BMP*15 基因对 Belclare 绵羊和 Cambridge 绵羊高繁殖力影响时，发现 *BMP*15 基因编码第 718 处碱基突变（C→T）使肽链编码区 239 位氨基酸由谷氨酰胺变成了终止子，即 FecXG 突变又称 B2 突变，该突变可能导致了 *BMP*15 功能彻底丧失；Belclare 绵羊的 *BMP*15 基因编码区 1100 处的碱基突变（G→T），导致了编码区 367 号氨基酸残基丝氨酸改变为异亮氨酸，即 FecXB 突变又称 B4 突变，对绵羊高繁殖力影响显著；另 *BMP*15 基因核苷酸 28~30 位的碱基 CTT 缺失，导致编码第 10 号氨基酸残基亮氨酸缺失，形成 B1 突变体，该突变没有改变 *BMP*15 的功能；*BMP*15 基因核苷酸 747 位的碱基 T 突变为 C，未引起 249 号氨基酸残基脯氨酸的改变，形成 B3 突变体，该突变也没有改变 *BMP*15 的功能。Belclare 绵羊的 B2 突变纯合子和 B4 突变纯合子都是不育的，B2 和 B4 两者同时突变形成的杂合子（B2B4）也是不育的；Cambridge 绵羊的 B2 突变纯合子也是不育的；当 *BMP*15 基因突变为杂合子时，Belclare 绵羊和 Cambridge 绵羊排卵数都增加。在国内，储明星等（2005）发现在小尾寒羊 *BMP*15 基因编码序列第 718 位碱基处发生了 B2 突变，同时存在突变杂合基因型（AB）和野生纯合基因型（AA）两种基因型，且 AB 基因型比 AA 基因型平均产羔数多 0.62 只（P＜0.01），说明 *BMP*15 B2 突变对小尾寒羊高繁殖力的影响十分显著。

2.1.6.3　营养与基因互作对绵羊繁殖性能的影响

营养素的摄入水平可以控制个体基因的表型表达,营养水平是基因多态性功能实现的重要保证。通过日粮配比来控制和繁殖有关基因的表达,可以有效提高动物生长繁殖性能。吴蓉蓉等(2009)以文昌鸡为试验素材,研究了高中低能量水平和 *NPY* 基因型与文昌鸡繁殖性能的关系,对开产性状分析发现:AA 基因型鸡在高能组开产体重比低能组极显著提高,BB 基因型鸡开产日龄高能组比低能组提早 6.41 天,AB 基因型鸡开产性状各能量组差异不显著。对开产性状效应分析为能量基因型互作＞能量＞基因型,能量与 *NPY* 基因型互作效应对开产体重影响极显著。推测对不同的 *NPY* 基因型个体施加不同的能量水平,可以显著影响开产日龄和开产体重。

笔者试验研究了不同营养水平和 *BMPR-IB* 基因相互作用对母羊繁殖性能的影响研究(结果未发表),不同基因型和营养水平对母羊同期发情、超数排卵和胚胎移植效果试验表明 BB 型、B＋型和＋＋型受体羊的平均黄体数分别为 2.64、1.63 和 1.33,BB 型显著高于 B＋型和＋＋型;＋＋型、B＋型、BB 型供体母羊的平均可用胚胎数分别为 3.91、6.5 和 8.71 枚;其中 B＋和 BB 型,显著高于＋＋型。按不同营养水平统计,低营养水平(体况差)羊只获可用胚胎数为 2 枚,中上等营养(膘情)分别为 6.36 和 6.83 枚,显著高于体况差组。移植 40 天后妊娠率检测表明各基因型均以中下膘情易发情并受孕。

基因与营养间的相互反应非常复杂,动物采食后,营养物质进入体内会进行不计其数的新陈代谢反应,其中也包括多种方式的基因反应,从而影响着基因的变异和基因表达水平的改变。同时,由于动物基因本身的不同以及基因激活和调控上存在的差异,导致对营养也有不同的要求。随着分子生物学技术的日渐成熟,并向整个生物领域的快速渗透,营养学自身的发展需要从细胞分子水平阐明营养物质或生物活性物质调控机体营养分配与代谢的途径及机理。有关营养素与基因互作对繁殖性能的影响会逐渐成为研究的热点,为阐明营养素调控繁殖性能基因表达及对表型的影响的机理提供理论基础和依据,以最大限度地实现绵羊繁殖遗传潜力。

2.2　试验研究

2.2.1　分子生物学技术研究

2.2.1.1　不同血液保存方式和提取方法对绵羊 DNA 制备效果的影响

动物细胞中 DNA 包含全部遗传信息,分为核 DNA(nDNA)和线粒体 DNA(mtDNA),动物分子遗传及育种技术主要以生物大分子 DNA、RNA 等为材料,因此,DNA 制备对于分子生物学尤为关键,决定后续试验的成败。PCR 技术是当今生命科学研究与应用领域使用最为广泛和重要的技术,目前,已形成了以 PCR 技术为基础的一系列分子诊断技术,很多试验均要通过 PCR 技术获得目的基因片段进行研究。本文利用不同方法获得的 DNA 为模板,通过核基因和线粒体基因扩增效果,分析了不同血液保存方式和 DNA 提取方法对 DNA 制备效果的影响。

(1)材料与方法

①血液采集。用 EDTA 作为抗凝剂,颈静脉采集绵羊血液,放入冰盒,带回实验室。

②血液处理方法。冷冻全血解冻:将采集的血液放入 −20℃ 冷冻保存数月或数年,期间经过融化-冷冻反复数次。新鲜血液冷藏:将采集的血液放入 4℃ 保存 24 h 或 1 周。

③DNA 提取。

a.酚氯仿法。将冷冻全血迅速溶解,摇匀,取 700 μL 血样于 1.5 mL 离心管中,加入等量的 PBS 摇匀静置5～10 min,6 000 r/min 离心 10 min,弃上清液;再加 700 μL 血样,加入等量的 PBS 充分摇动,洗涤沉淀,静置 5～10 min,6 000 r/min 离心 10 min,弃上清液,留白细胞沉淀;加入 STE(10 mmol/Tris-Cl,0.1 mmol/LNaCl,1mmol/L EDTA,pH8.0),500 μL,蛋白酶 K(10 mg/mL)20 μL,10% SDS 25 μL,轻轻摇匀,55℃ 水浴过夜;加入等体积苯酚,摇 10 min,12 000 r 离心 8 min,去上清液,转管;重复上一步,取上清液转管;加入等体积苯酚:氯仿(1:1)抽提,摇 10 min,12 000 r/min 转离心 8 min,取上清液,转管;加入等体积氯仿:异戊醇(24:1),摇 10 min,12 000 r/min 离心 8 min,取上清液,转管;加入 1/5 体积的醋酸钠和 2 倍体积的无水乙醇(−20℃),水平旋转 50 圈,可见白色絮状沉淀,置于 −20℃ 平衡 1 h,然后 12 000 r/min 离心,弃上清液;加入 4℃ 预冷的 70% 乙醇(1 mL)洗 DNA,12 000 r/min 离心 5 min,小心弃上清液,反复冲洗 2～3 次,将离心管倒置在滤纸上让乙醇流尽,按沉淀块大小加 TE 放置 24 h(4℃),−20℃ 保存。

b.试剂盒法。向 2 mL 离心管中加入 200 μL 样本(当血液样本量小于 200 μL 时,加入 Buffer GR,补足至 200 μL),向以上溶液中加入 20 μL Protease,混匀;加入 200 μL Buffer GL,颠倒混匀 15 次,剧烈震荡至少 1 min;56℃ 孵育 10 min,其间颠倒混匀数次;加入 200 μL 无水乙醇,颠倒混匀 10 次,剧烈震荡。短暂离心,使管壁和壁盖上的液体集中到管底;将步骤 5 所得溶液全部加入已装入收集管(Collection Tube)的吸附柱(Spin Column DM)中,若一次不能加完溶液,可分多次转入,10 000 r/min 离心 1 min,倒掉收集管中的废液,将吸附柱重新放回收集管中;向吸附柱中加入 500 μL Buffer GW1(使用前检查是否加入无水乙醇),10 000 r/min 离心 1 min,倒掉收集管中的废液,将吸附柱重新放回收集管中;向吸附柱中加入 500 μL Buffer GW2(使用前检查是否加入无水乙醇),10 000 r/min 离心 1 min,倒掉收集管中的废液,将吸附柱重新放回收集管中;10 000 r/min 离心 2 min,倒掉收集管中的废液。将吸附柱置于室温数分钟,以彻底晾干;将吸附柱置于一个新的离心管中,向吸附柱的中间部位悬空加入 100 μL Buffer GE 或灭菌水,室温放置 2～5 min,10 000 r/min 离心 1 min,收集 DNA 溶液,−20℃ 保存 DNA。

④DNA 浓度测定。用酶标仪测定 DNA 浓度和纯度,纯度判断方法:如果 260 nm/280 nm 值大于 1.8 则有 RNA 杂质污染,小于 1.6 则有蛋白污染,介于 1.6～1.8 之间说明 DNA 纯度较高,并且越接近 1.8 越好。

（2）结果

①不同处理方式和提取方法对 DNA 浓度和纯度的影响。利用酶标仪检测 DNA 浓度和纯度,如表 2-5 所示,Ⅰ组冷冻全血酚氯仿提取的 DNA 浓度为 122.86 ng/ μL,纯度不如Ⅲ组和Ⅳ组,需要血液量 1 400 μL,Ⅲ组为新鲜全血冷藏 24 h 用试剂盒提取的 DNA,浓度较高,纯度较高,Ⅳ组为新鲜全血 4℃冷藏 1 周用试剂盒提取的 DNA,浓度低于Ⅲ组,Ⅱ组为冷冻全血解冻后用试剂盒提取的 DNA,浓度低于其他三组,纯度较低。用试剂盒提取用血量较少,只需200 μL。

表 2-5　不同处理方式和提取方法对 DNA 浓度和纯度的影响

组别	样本数	DNA 浓度（ng/μL）	纯度	血液量（μL）
Ⅰ组	24	122.86	2.2	1400
Ⅱ组	10	38.83	1.4	200
Ⅲ组	48	229.15	1.8	200
Ⅳ组	124	58.24	1.8	200

注:Ⅰ组为冷冻全血酚氯仿提取;Ⅱ组为冷冻全血试剂盒方法提取;Ⅲ组为新鲜全血冷藏 24 h 试剂盒提取;Ⅳ组为新鲜全血冷藏 1 周试剂盒提取。

②不同处理方式和提取方法对核基因 PCR 效果的影响。利用不同处理方式和提取方法得到的 DNA 为模板,扩增骨形态发生蛋白受体 IB（BMPR-IB）基因,目的条带为 140 bp,上游引物:5′-GTCGCTATGGGGAAGTTTGGATG-3′L,下游引物:5′L-CAAGATGTTTTCAT-GCCTCATCAACACGGTC-3′L。图 2-2 显示各个泳道扩增结果目的条带较均一,说明四种血液处理方式和两种提取方法对核基因 PCR 效果较好。

③不同处理方式和提取方法对线粒体基因 PCR 效果的影响。利用不同处理方式和提取方法得到的 DNA 为模板,扩增线粒体基因（509 bp～1 778 bp）,目的条带为 1 270 bp,上游引物:5′-TGCTTAGCCCTAAACACAAATAA-3′,下游引物:5′-AAACTTGTGCGAGGAGAAAA-3′,图 2-3 显示各个泳道扩增结果目的条带较均一,说明四种血液处理方式和两种提取方法对线粒体基因 PCR 影响没有区别。

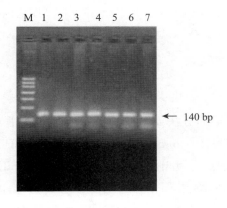

图 2-2　不同血液处理方式和方法
提取的 DNA 扩增 BMPR-IB 结果

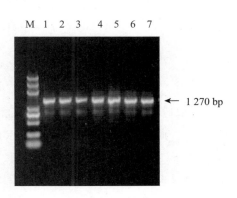

图 2-3　不同血液处理方式和
提取方法 DNA 扩增 mtDNA 结果

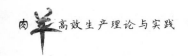

（3）结论

从 DNA 提取浓度和纯度看，从绵羊血液中提取 DNA，新鲜血液效果好于冷冻血。三种血液保存方式提取的 DNA 对核基因和线粒体基因影响效果不明显，试剂盒方法提取的 DNA 纯度高于酚氯仿法获得的 DNA，两种方法提取的 DNA 不影响后续 PCR 试验。

综上，绵羊血液以 4℃冷藏保存时间以不超过一周为宜，酚氯仿法提取 DNA 烦琐，浓度较高；试剂盒提取方法简便、快速，需要血液量较少，适合采集少量血液样本分析。

2.2.1.2 等位基因特异性 PCR 技术在绵羊基因 SNP 分型中的建立

等位基因特异性扩增（allele-specific PCR，AS-PCR）是以 Taq DNA 聚合酶缺少 3′-5′外切酶活性，不能修复扩增时引物 3′末端单个碱基的错配为基础，引物的 3′端核苷酸与位点等位基因互补时，则继续扩增；当引物 3′端核苷酸与位点等位基因错配时，则扩增停止或者是效率严重下降。该技术最早由 Newton 等于 1989 年建立并用于检测人的抗胰岛素基因缺陷。每个 SNP 位点的检测，需要根据位点等位基因的组成设计特异性引物，在其下游设计一条普通引物。PCR 产物在琼脂糖凝胶检测，根据 DNA 条带的有无和大小来确定 SNP 基因型，直接达到区分突变型与野生型的目的，其优点是简便、快速、费用低。随着分子生物学技术的发展，在使用三条引物的基础上，AS-PCR 衍生出了四引物等位基因特异性 PCR，又称四引物扩增受阻突变体系 PCR（Tetra-primer ARMS PCR）技术，即每个 SNP 位点 2 个延伸方向相反的内侧引物和 2 个外侧引物，4 个引物在一个 PCR 反应中进行扩增。通过电泳条带的数量即可判定基因型，该方法较三引物特异性 PCR 更为简便。

在绵羊基因的分子诊断方面，目前通常采用 PCR-RFLP 的方法，即通过 PCR 扩增包含多态位点的 DNA 片段，利用核酸限制性内切酶识别该突变位点的特点，通过 PCR 产物纯化、酶切获得基因型。这种方法需要使用核酸限制性内切酶或基因芯片等特殊材料，增加了检测成本和操作步骤。利用 AS-PCR 方法可直接通过 PCR 扩增获得基因型，是一种快速、简便、高效的分子诊断方法。本文在绵羊核基因（骨形态发生蛋白受体 1B 基因）和线粒体基因（rRNA 和 tRNA）SNP 分型中建立了 AS-PCR 技术体系，并获得了较好预期效果。

（1）材料与方法

1）DNA 提取。总 DNA 来自小尾寒羊血液，提取的方法如下：①向 1.5 mL 离心管（EP 管）中加入 200 μL 血样。加入 500 μL SNET（1%SDS，400 mmol/L NaCl，5 mmol/L EDTA，20 mmol/L Tris-Cl pH 8.0），混匀。②向以上溶液中加入蛋白酶 K 至终浓度 100 ng/mL，混匀。③55℃孵育 4 h。④加入等体积的 Tris-饱和酚，缓慢颠倒离心管数次，12 000g 离心 10 min。⑤取水相于新的 EP 管中，加入等体积氯仿/异戊醇（24∶1），震荡摇匀 10 min，12 000g 离心 10 min。⑥取水相于新的 EP 管中，加入 1/10 体积的 3 mmol/L NaAc 及 2.5 倍

体积的无水乙醇,摇匀,−20℃静置 30 min,12 000g 离心 10 min。⑦去水相,干燥后用适量的超纯水溶解,获得 DNA 提取液用于下一步的 PCR 扩增。取 0.8 g 总 DNA,再加入 2 μL 的 6×Loading Buffer,使用 1.0%琼脂糖凝胶电泳进行检测,120 V 电泳 20 min,用凝胶成像系统检测结果。

2)AS-PCR 方法鉴定 BMPR1B 基因型。使用 Primer premier version 5 设计引物,引物如下:

公共正向引物:5′-GTCGCTATGGGGAAGTTTGGATG-3′;

突变型反向引物(突变型 G):5′-TTCATGCCTCATCAACACCGTCC-3′;

野生型反向引物(野生型 A):5′-TTCATGCCTCATCAACACCGTCT-3′。扩增片段长度为 131 bp。PCR 反应体系:ddH2O μL 11.1 μL,10× PCR buffer1.5 μL,dNTP(10 mmol/L)0.5 μL,正向引物(10 mmol/L)0.4 μL,反向引物 primer(10 mmol/L)0.4 μL,Taq DNA Polymerase(5 U/μL)0.1 μL,DNA 1 μL。95℃预变性 5 min;循环条件(95℃变性 30 s,65℃退火 30 s,72℃延伸 30 s),35 个循环;72℃延伸 7 min;4℃保存。PCR 扩增后,PCR 产物用 2%琼脂糖凝胶电泳检测。如果只有第一组扩增产物检测出 131bp 目的条带,待测绵羊的基因型为++,即为野生型纯合体;如果只有第二组扩增产物检测出 131bp 目的条带,待测绵羊的基因型为 BB,即为突变型纯合体;如果两组扩增产物均能检测出 131bp 目的条带,则待测绵羊的基因型为 B+,即为杂合体。

3)四引物 AS-PCR 对线粒体基因组 SNP 分型。根据线粒体基因 16Sr RNA(T1112C)和 tRNA-His(C11606T)位点设计特异性引物,每个位点设计四条引物,产物片段大小控制在 150~700 bp。每个 SNP 位点设计 2 条与变异位点碱基配对且延伸方向相反的内侧引物和 2 个方向相反的外引物,同时在内引物 3′端第 3 位碱基引入错配以增加扩增特异性,错配原则是 G→T,A→C(表 2-6,斜体字母代表错配碱基)。针对线粒体基因 T1112C 和 C11606T 每个 SNP 设计四条引物,产物片段大小控制在 150~600 bp。PCR 产物用 2%琼脂糖凝胶电泳检测。

表 2-6　四引物扩增受阻突变体系 PCR 检测 SNP 所用引物

变异位点	变异位置	引物名称	引物序列(5′- 3′)	长度*(bp)	退火温度
T1112C	16SRNA	F870	GAGTGCTTAGTTGAATCAGGC		53℃
		F1090w	TGAACTATACCTAGCCCAACAT	569	
		R1132m	TTTAAACTGGAGAGTGGGGGG	349 w / 263 m	
		R1438	TCGTTAGGCATGTCACCTCTA		
C11606T	tRNA-His	F11419	CGAGGTAAACATACTCACCACA		51℃
		F11583w	TGGATCTAATAATAGAAGACTCTC	572	
		R11631m	ATACTTTTTCGGTAAATAAGAAG *ATA*	408 w / 213 m	
		R11990	GCTGAGTGATAGTTTGAGGGTT		

* w 为野生型,m 为突变型。

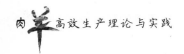

（2）结果

①AS-PCR 对绵羊核基因 *BMPR1B* SNP 分型效果。如图 2-4 所示,1w-5w 为公共正向引物与野生型反向引物的检测结果,1m-5m 为公共正向引物与突变型反向引物的检测结果;AS-PCR 结果表明样品 1 基因型为 B+,样品 2 和 3 基因型为 BB,样品 4 和 5 基因型为＋＋。结果表明每个样品使用两次扩增即可判定基因型,减少了限制性内切酶的使用,简便快速。

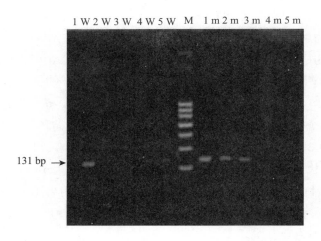

图 2-4　BMPR1B A746G 位点的 AS-PCR 基因型检测结果

M：DM0601 DNA ladder marker

②AS-PCR 对绵羊线粒体基因 SNP 分型效果。由于不同 SNP 引物组合扩增效率不同,因此 PCR 反应体系和退火温度均需要摸索,具体方法是每组引物均要先梯度 PCR 摸索最佳退火温度,然后根据退火温度调整四条引物在 PCR 体系中的用量。梯度 PCR 体系均为 H_2O 9.9 μL,1.5 μL 10×ESTaq buffer(含 Mg^{2+}),0.5 μL(10 mM)dNTP,上游外引物(F 外)0.5 μL,上游内引物(F 内)0.5 μL,下游内引物(R 内)0.5 μL,下游外引物(R 外)0.5 μL(浓度均为 10pM),ESTaq 酶 0.1 μL(5U/μL),模板 DNA 1 μL(30~50 ng)。

如图 2-5 所示,梯度 PCR 后,T1112C 位点扩增效果较好,因此就使用该体系,即 F 外:F 内:R 内:R 外为 1:1:1:1,体系为 H_2O 9.9 μL,buffer 1.5 μL,dNTP0.5 μL,F 外 0.5 μL,F 内 0.5 μL,R 内 0.5 μL,R 外 0.5 μL,ESTaq 酶 0.1 μL,模板 DNA1 μL。而 C11606T 位点扩增效果不好,野生型条带较浅,因此增加 F 内引物浓度,调整为 0.8 μL,其他引物不变,电泳效果较好,因此 C11606T 位点体系为 F 外:F 内:R 内:R 外为 5:8:5:5,体系为 H_2O 9.6 μL,buffer 1.5 μL,dNTP0.5 μL,F 外 0.5 μL,F 内 0.8 μL,R 内 0.5 μL,R 外 0.5 μL,ESTaq 酶 0.1 μL,模板 DNA1 μL。从图 2-5 中可以看出,每个个体均可扩增出外引物产物,被外引物扩增的条带在每一个样品中均出现,可有效地降低非特异 PCR 产物的扩增和引物二聚体的形成。由于线粒体基因组在遗传时不发生重组,一般不会出现杂合子,即使在少数情况下出现三条带,说明是异质型,因此,不论是野生型还是突变型均只有两条带。T1112C 位点检测中,从图 A 可以看出每个个体均能扩增出 569 bp 最长片段的外引物产物,扩增出 349 bp 的片段为 TT 野生型,扩增出 263 bp 的片段为 CC 突变型,在所检测的 20 个中没有异质型。

C11606T 位点检测中，从图 B 可以看出所有个体均能扩增出 572 bp 最长片段的外引物产物，扩增出 408 bp 的片段为 CC 野生型，扩增出 213 bp 的片段为 TT 野生型，在所检测的 20 个体中没有异质型。结果表明四引物等位基因特异性 PCR 技术可以用于线粒体基因组 SNP 分型。

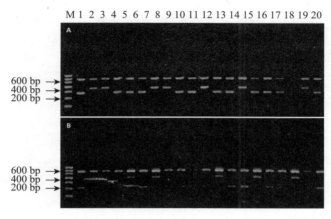

图 2-5　T1112C 和 C11606T 位点四引物 AS－PCR 分型电泳结果

A：T1112C；B：C11606T；M：DNA Marker I

（3）讨论

本研究通过 PCR 扩增绵羊 *BMPR1 B* 基因突变位点 A746 G 在内的 DNA 片段，设计三条引物，公共正向引物，野生型反向引物和突变型反向引物。每个样品使用公共正向引物－野生型反向引物和公共正向引物-突变型反向引物分别扩增，根据两次扩增产物电泳条带的有无即可判定基因型，该方法可有效对 *BMPR1 B* 基因进行分型，避免了传统检测方法中限制性内切酶或基因芯片的使用。

四引物等位基因特异 PCR 方法是将四个引物通过一次 PCR 对基因 SNP 分型，因此引物特异性尤为重要，Ye 等（2001）研究认为，在特异引物 3′端第 2 位加入错配碱基可以获得较好的差异产物，并且要注意碱基错配类型。卫波等（2006）分别在第 2 和第 3 位加入了错配碱基，发现对于不同的 SNP 突变类型，加入错配碱基的位置不同会产生不同的扩增效果。Hou 等（2013）在引物 3′末端第二位加入错配碱基提高了检测效率和准确性。还有报道认为在特异引物第 4 位碱基处引入错配在某些条件下比在第 2 位或第 3 位引入错配的特异性强，发现对于个别引物而言，在第 3 位和第 4 位同时引入 2 个错配碱基比仅在第 2 位或第 3 位引入错配的特异性强。本研究在引物 3′末端的第三位碱基引入一个错配碱基，扩增效果较好。通过研究报道以及本研究发现在特异引物 3′末端引入错配碱基是增加 SNP 分型效率的必要措施。

四条引物在一个管内同时扩增时，会存在扩增效率的问题，即不同片段大小引物扩增效率不同，如果按照四引物同比例进行反应，电泳时不同大小片段清晰度不同，有的甚至没有条带，因此就需要调整引物之间的比例。Ye 等（2001）研究证明在内外引物浓度之比为 10∶1 并且采用"降落"PCR 时的检测灵敏性最高。卜莹等（2004）采用先后分别固定内外引物浓度不变,进行另一种引物浓度优化的方法,把内外引物控制在约 0.6 μmol/L 和 0.4 μmol/L 时得到较满意的特异性条带。另有研究认为内外引物之比为 4∶1 时特异性最好。刘兴顺等(2008)认为内外引物之比为 1 μmol/L 和 0.2 μmol/L(5∶1)时特异性最好,内引物浓度过高就不能很好阻断错配扩增而出现假阳性,浓度过低则条带不清而不能准确判读结果。本研究中 C11606 T 位点的内外引物比例不同,其中 F 内高于其他三个引物,即 F 外∶F 内∶R 内∶R 外为 5∶8∶5∶5,而 T1 112 C 位点的内外引物均为 1∶1,扩增条带清晰,分辨效率较好,这可能与引物的位置和大小等有关,上述研究报道模板均是核基因,而本研究用的是线粒体基因组,但这可能与模板 DNA 关系不大,主要原因可能还是与 SNP 位置、引物长度及引物结构有关。合适的退火温度对 tetra-primer ARMS PCR 很重要,本研究中 T1112 C 位点最佳退火温度是 53℃,而 C11606 T 位点退火温度是 51℃,可见不同引物组合退火温度不同。因此建议最好先进行梯度 PCR,根据结果调整各个引物比例。此外,酶的浓度高低也会影响到扩增的产量和质量,酶浓度过高,非特异性扩增增加,酶浓度过低,则会降低靶序列的扩增量,酶的用量需根据不同的模板分子或引物进行适当调整,在本研究中 15 μL 的 PCR 反应体系中 0.5 U 的酶用量可清晰的判断 SNP 类型。

本研究根据 AS-PCR 原理设计三引物 AS-PCR 和四引物 AS-PCR 方法,分别成功应用于核基因和线粒体 SNP 的检测,为分子诊断技术在绵羊基因检测领域提供了新的思路和方法。

2.2.1.3 基于文献计量的 DNA 条形码技术研究态势分析

2003 年,加拿大科学家 Paul Hebert 等发表了第一批有关生物 DNA 条形码的研究结果,并首先提出使用线粒体基因细胞色素 C 氧化酶(COI)基因片段(一段长约 650 bp 的 DNA 序列)作为动物的 DNA 条形码。此后,在鸟类(Hebert 等,2004)、鱼类(Ward 等,2005)、昆虫(Hajibabaei 等,2006;王剑峰等,2007;Craft 等,2010)、哺乳类(Murphy 等,2013;高玉时等,2007)、两栖类(Che 等,2012;Shen 等 2013)、兽类(何锴等,2013)、浮游和海洋小型底栖动物(李超伦等,2011)等多种动物上进行了验证,同时在植物、微生物等领域陆续得到广泛研究。近几年,DNA 条形码技术在生物系统分类学、生物多样性保护、系统发育进化生态学等方面得到了广泛研究,本文利用文献计量学方法,从研究趋势、研究领域、研究层次、研究机构等方面对国内 DNA 条形码技术研究进行梳理和总结,以期为我国 DNA 条形码技术研究提供参考。

(1)数据来源与方法

本文数据检索于中国知网,检索式:主题=DNA 条形码。检索时间为 2000 年 1 月 1 日到 2014 年 12 月 31 日。检索数据库为期刊、特色期刊、博硕士论文、国内外会议、报纸、年鉴、专利、标准、成果、学术辑刊、商业评论 13 个数据库。

(2)结果与分析

①研究总体趋势。2003 年,加拿大科学家 Hebert 选择 COI 基因片段作为条形码开展动物鉴定的尝试并获得成功,成为 DNA 条形码技术的创立者。因此,自 2003 年开始出现国内研究文献,中国知网期刊、特色期刊、博硕士论文、国内外会议、报纸、年鉴、专利、标准、

成果、学术辑刊、商业评论13个数据库检索显示,2003—2014年十二年间DNA条形码为主题的文献总数为1 000篇,每年文献比例平均为8.3%,2003—2007年,每年文献比例在1%以下,2008年文献比例超过1%,自2011年后增长较快,文献比例在10%以上(表2-7)。可见,十余年间,随着DNA条形码作为物种鉴定技术开始建立,我国DNA条形码研究从无到有,文献增加趋势明显,逐渐成为研究热点。

表2-7　2003—2014年DNA条形码文献年度分布

年份	2003	2004	2005	2006	2007	2008	2009	2010	2011	2012	2013	2014
文献篇数	3	2	1	1	8	16	54	82	138	188	235	272
百分比	0.3%	0.2%	0.1%	0.1%	0.8%	1.6%	5.4%	8.2%	13.8%	18.8%	23.5%	27.2%

2003年,国内有3篇文献报道,分别是1篇科技成果,1篇报纸报道,1篇期刊论文,随后的2004年和2005年均有文献报道,但都是科普类报道,2006年国内数据库中检索到第一篇关于蝗虫分类DNA条形研究报道,发表在《昆虫分类学报》,随后陆续在中药材(陈士林等,2007)、植物(宁淑萍等,2008)、水产(彭居俐等,2009)、鸟类(蔡延森等,2009)、菌类(陈念等,2008)、畜禽(高玉时,2007;屠云洁等2009)等上有研究报道,2011年发文总量突破100篇,目前,DNA条形码技术研究仍处于研究探索阶段。

不同数据文献检索结果统计显示(图2-6),期刊源论文为582篇,博硕论文215篇,国内外会议113篇,专利27个,成果32个,报纸26篇,特色期刊6篇,年鉴5篇,标准、学术辑刊、商业评论三个数据库没有发文。有关DNA条形码主题研究文献呈逐年增加趋势,特别是期刊检索文献增加趋势明显,2008年为11篇,2014年为172篇。自2011年开始有专利文献,自2007年开始有硕博论文,同年有第一篇会议论文报道,表明国内研究紧随国际趋势,2008年以来,有关DNA条形码文献数量增加明显,呈现爆发式增长趋势。

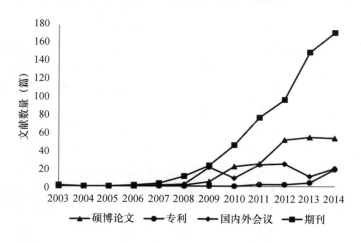

图2-6　不同数据库DNA条形码文献统计结果

②研究领域分布情况　对期刊的文献统计分析,结果研究领域主要分为植物、中药材、水生生物、植物包括灌木、花草、瓜果、蔬菜等,中药材主要包括植物药材和动物药材两大类,水生生物主要包括藻类、海洋浮游动物、水母等;技术进展主要包括研究综述、应用报道、DNA条形

码数据库平台建设等;昆虫主要包括植物病害虫、蚊蝇、蜜蜂等;林木主要是指森林群落系统发育、林木树种鉴别等;啮齿动物主要是指鼠类鉴定;食品检测主要是指食品掺假鉴别;野生动物主要包括小型兽类、鸟类;寄生虫包括线虫、蠕虫等。分析结果显示主要研究领域为中药材、植物、昆虫,文献累计超过60%,其他如水产、菌类、畜禽、水生生物、野生动物、食品检测、啮齿动物、林木等文献均在10%以下,技术进展文献比例为11.17%,且每年均有分布,说明随着研究的深入,相关进展梳理和总结也在及时跟进。其他领域文献比例均在3%以下,随着研究的深入和技术的成熟、体系的建立,其他领域如食品检测、畜禽、林木、寄生虫等方面研究将持续增加。

③研究层次　　对期刊源的文献进行重复和不相关的文献剔除后573篇文献中分别刊载于244种期刊,其中395篇发表在核心期刊上,占总文献比例为68.94%;在244种期刊中核心期刊为118种,比例为48.36%,发表超过5篇的核心期刊18种,共发表文献221篇,占核心期刊发文总量的比例为55.95%。集中度超过5篇的核心期刊主要包含植物分类与保护、园艺、农业科学、动物分类、药学、生物及生物技术等领域,这也说明我国DNA条形码涉及上述领域,与研究领域分布统计一致。

④DNA条形码研究现状　　DNA条形码是一种新型的生物学技术,旨在通过较短的DNA序列,在物种水平上对现存生物类群和未知生物材料进行识别和鉴定。从研究对象上主要分为动物、植物、微生物,最早从动物上兴起,之后在植物和微生物上逐渐展开,目前在动物上比较公认的是使用 *COI* 基因作为常用条形码基因。由于植物的线粒体基因组进化速率慢、遗传分化小,因此 *COI* 不适用于植物。在植物上,研究者对各种DNA条形码片段进行了筛选,候选片段主要有分布在叶绿体基因编码区(*rbcL*、*matK*、*trnL*、*accD*、*rpoC1*、*rpoB*、*ndhJ* 等)和间隔区(*trnH-psbA*、*trnK-rps*16、*rpl*36*-rps*8、*atpB-rbcL*、*ycf*6*-psbM*、*trnV-atpE*、*trnC-ycf*6、*psbM-trnD*、*trnL-F*、*psbK-psbI*、*atpF-atpH* 等)。2009年,国际生命条形码联盟植物工作组初步确定并推荐使用的DNA条形码片段是叶绿体基因片段的 *rbcL* 和 *matK*。此外,在实际应用当中,叶绿体基因间隔区 *trnH-psbA* 及核基因ITS也受到较多的关注。真菌物种分辨率最高的单一DNA片段是 *ITS* 基因,其主要优势在于片段长度合适(约500 bp)、引物通用性强、扩增成功率高,便于高通量测序与分析,而且在GenBank和BOLD等生命条形码数据库中存有较多的DNA片段序列、凭证标本和菌种,便于分析。目前 *ITS* 基因现已广泛应用于外生菌根真菌物种多样性的检测与鉴定。2011年在澳大利亚阿德雷德市举办的第四届国际生命条形码大会上,*ITS* 基因正式被推荐为真菌的首选DNA条形码。

国内DNA条形码技术研究集中度最高的是中药材领域,包括植物药材和动物药材,陈士林等在药用植物DNA条形码研究方面开展了大量工作,建立了 *ITS2* 序列为主体、*psbA-trnH* 序列为辅助的药用植物DNA条形码鉴定体系,多篇相关研究论文发表在有国际影响力的刊物,如 *PNAS*、*Cladistics*、*PLOS One*、*BMC Evol Biol* 等,以及相关著作《中药DNA条形码分子鉴定》,通过对2010版药典中208种中药及其1 000余种混伪品及近缘物种进行DNA条形码鉴定,验证了DNA条形码技术在中药鉴定方面的准确性和稳定性。陈士林课题组联合相关研究者开展动物药材DNA条形码分子鉴定研究,构建了中国动物药材DNA条形码数据库,包含800余种动物药材和大量动物药材混伪品及密切相关物种,可通过中药材DNA条形码鉴定系统(www. tcmbarcode. cn)进行网络访问并实现未知动物样本的DNA条形码鉴定。

目前,植物DNA条形码研究取得了长足发展,植物DNA条形码标准数据库的建立和应用极大地促进了植物分类学、区系地理学、生物多样性调查与评估、生态学和保护生物学等相关学科的发展,在海关、检验检疫和食品安全等领域也具有广泛的应用前景。2009 年,中国科学院昆明植物研究所联合全国相关科研院所和高校,启动了中国维管植物 DNA 条形码的获取和标准数据库的构建工作。在此基础上,2012 年启动了新一代植物志 iFlora 研究计划,该计划的目标是在 5 年内完成中国 80％维管植物属级水平 DNA 条形码标准数据库的构建和基于云服务的物种快速鉴定和信息共享平台,为专家和公众便捷、准确了解和获取植物多样性和遗传信息提供全新的认知手段和平台。

昆虫是动物界的最大类群,DNA 条形码在昆虫学中的应用主要分为鉴定物种、确定虫态关系、发现隐存种与合并异名种、系统发育关系、分析区系组成等分类学,寄生关系、解析食物链、气候变化对昆虫的影响等生态学,以及农业昆虫学、植物检疫、城市昆虫学、法医昆虫学、保护生物学、医学昆虫学等方面。目前条形码数据库中超过 65％的序列都来自昆虫纲,DNA 条形码的发展无疑为昆虫学带来了勃勃生机。但仍存在一些问题和不足,主要表现为假基因、线粒体基因遗传固有风险、COI 基因进化速率的差异、种内差异和种间差异等。

目前 DNA 条形码用于鱼种鉴定刚刚起步,研究缺乏系统性,这种无序研究的状态制约了DNA 条形码的国际化研究进展。

(3)展望

DNA 条形码概念提出后,引起了国内外学者的广泛关注和参与,并在生物多样性、系统分类、群落生态、动植物检疫等方面得到了广泛研究,由于其适用领域广泛,几乎所有生物领域均可涉及,不同生物类群基因组结构、遗传特性等方面差异较大,因此还有很多方面的不统一和争议,但相信这方面的研究将进一步深入,特别是在数据标准化、数据平台建立等方面将有进一步的进展。

2.2.1.4　绵羊 mtDNA COI 基因作为 DNA 条形码鉴定品种和系统进化可行性分析

2003 年,加拿大科学家 Heber 选择动物线粒体细胞色素 C 氧化酶亚基 I(cytochrome Coxidase I,COI)作为条形码开展动物鉴定的尝试并获得成功,成为 DNA 条形码技术的创立者。随着研究逐渐深入,该技术广泛应用于物种鉴定、发现隐存种和研究生物遗传多样性、生物系统进化、分类学、分子诊断、生物保护和开发利用等领域。

目前,DNA 条形码在海洋动物、昆虫、鸟类、中草药等的鉴别方面应用较为普遍,由于畜禽不同品种间通过体型外貌特征等方面较容易分辨,故 DNA 条形码在畜禽中的研究很少,但仍有些学者进行过畜禽 DNA 条形码方面的尝试性分析,如屠云洁(2007),高玉时等(2007,2011)和黄勋和等(2016)在鸡品种鉴别进行过 DNA 条形码可行性研究。徐向明等(2008)对地方品种鸭进行过 DNA 条形码鉴别研究。目前,未见有关 DNA 条形码在绵羊品种鉴别方面的可行性分析。近年来,随着杂交利用和大量外来品种的引入,不同地方品种绵羊均存在较为广泛的血统交流,仅靠外貌特征鉴别不同品种越来越困难,因此,从分子层面寻找可以不依赖外貌特征就能准确鉴别不同品种绵羊的方法,对于品种分类、系统进化及品种保护等方面具有重要应用价值。由于在野生动物上 COI 基因片段(约 650 bp)作为 DNA 条形码基因鉴别不同种属动物应用越来越广泛,因此,本研究拟参照小鼠 COI 基因对应的 DNA 条形码序列片段进行鉴别不同绵羊品种可行性分析,目的是分析 COI 基因作为 DNA 条形码鉴别不同绵羊品种和系统进化分析的可行性。

(1)材料与方法

①样品准备。每个地方绵羊品种血液样品均取自健康的不同母源家系(表2-8)。使用一次性针管从颈静脉采集血液,血液和ACD抗凝剂按6∶1的比例混合后装入采血管中,带回实验室－20°保存。从NCBI网站下载2条绵羊序列作为参照序列:滩羊Genbank登录号KF938336.1(简称:TAN);阿勒泰羊Genbank登录号KF938320.1(简称:ALT)。

表2-8 样本信息

种群	样本数量/只	采集地点	简称
河北小尾寒羊	22	河北沧州、河北高阳	HX
山东小尾寒羊	35	山东梁山	SX
苏尼特羊	32	内蒙古乌拉特中旗	SU
洼地绵羊	20	山东滨州	WA
湖羊	22	河北武安(原产地:浙江)	HU
合计	131		

②基因组DNA提取。提取总DNA参照康为世纪(血液基因组柱式小量提取试剂盒0.1~1 mL)说明书操作。取3 μL提取好的DNA加2 μL 6×Loading Buffer,使用1.0%琼脂糖凝胶电泳进行检测,120 V电泳30 min。然后放入－20℃保存。

③PCR扩增及测序。引物设计参照文献(陈晓勇,2014),COI基因目标序列长度2 034 bp。由上海生工合成。PCR反应体系30 μL:DNA2.4 μL,10×PCR Buffer3 μL,dNTP(10 mmol/L)0.6 μL,上、下游引物(10 mmol/L)各1.2 μL,Taq DNAPolymerase(5 U/μL)0.18 μL,dd H$_2$O 21.42 μL。PCR反应条件:95℃预变性5 min;95℃变性20 s,退火30 s,72℃延伸90 s,35个循环;72℃延伸7 min。将扩增产物使用1.0%的琼脂糖凝胶电泳检测,120 V电泳35 min,使用凝胶成像仪检测结果后,送上海生工进行双向测序。获得DNA序列信息。

④数据分析。利用BioEdit 7.0软件和DNAStar-SeqMan软件对测序获得的序列进行拼接、校对。使用Clustal X软件将拼接好的131条COI基因全序列和小家鼠(Mus musculus)DNA条形码序列进行同源性比对,截取部分片段(58~705 bp)。使用MEGA 6.0软件确定单倍型,统计序列的碱基组成、总变异位点数、转换和颠换、遗传距离等参数,利用MegAlign软件进行序列比对,计算绵羊各种群间的遗传相似性,并且基于Kumar双参数模型进行种内、种间遗传距离及分子系统分析,构建系统发育树。

(2)结果与分析

①COI基因片段的获取及碱基序列组成分析。本研究共获得131个绵羊的COI基因,将测序结果比对拼接后,利用BLAST进行比对网上的绵羊序列,结果表明测序序列准确,可靠。截取与小家鼠COI基因58~705 bp相应片段,即为131只个体的DNA条形码检测序列(以下称:COI基因片段),大小为648 bp。分析序列中的碱基组成,其中A、T、C、G碱基的平均含量分别为26.6%、30.0%、26.4%、17.0%。在密码子不同位置碱基含量方面,G的含量明显低于其他三个碱基;AT含量总和(56.6%)略高于CG含量总和(43.4%),无偏向性。在密码

子的出现频率方面,G 在密码子第一位的出现频率最高,T 在第二位最高,A 在第三位最高(表 2-9)。表明密码子中的碱基具有一定的偏向性。

表 2-9　5 种绵羊的 *COI* 基因片段序列的碱基分布

位置	碱基组成(%)				碱基数
	T(U)	C	A	G	
第一位点 1st	17	26.9	25.5	30.5	216.0
第二位点 2nf	43	28.2	14.8	14.4	216.0
第三位点 3rd	30	24.2	39.4	6.0	216.0
全序列	30.0	26.4	26.6	17.0	648.0

②多态性及单倍型分析。mtDNA *COI* 基因序列截取标准 DNA 条形码检测序列 648 bp,5 个绵羊种群 131 只个体共检测到变异位点 22 个,在总分析位点中占 3.40%,其中包含 12 个单一多态位点,10 个简约性信息位点。在 22 个变异位点中,共出现了 21 次转换和 1 次颠换。山东小尾寒羊的平均核苷酸差异度最大,为 1.849,苏尼特羊的最小,为 0.958(表 2-10)。在 22 个变异位点中,总共包含 19 种单倍型,其中单倍型 1(Hap_1)包括 44 只个体,单倍型 2(Hap_2)包括 63 只个体,单倍型 6(Hap_6)包括 6 只个体,其他 16 个单倍型均有 1 只个体,为单个绵羊种群的特有单倍型。其中,单倍型(Hap_3、Hap_4、Hap_8、Hap_10、Hap_11、Hap_16、Hap_17)是河北小尾寒羊 7 只个体的独立单倍型(表 2-11),但上述单倍型是否为河北小尾寒羊特有单倍型有待于进一步扩大样本分析。

表 2-10　5 个中国地方绵羊群体 *COI* 基因片段遗传多样性参数

种群	样本量	变异位点数	单倍型多样度(Hd±SD)	核苷酸多样度(Pi±SD)	平均核苷酸差异度(K)
HX	20	9	0.797±0.070	0.002 64±0.001 27	1.710
SX	35	10	0.661±0.073	0.003 715±0.001 18	1.849
SU	32	7	0.421±0.098	0.001 48±0.001 01	0.958
WA	20	8	0.600±0.077	0.003 48±0.001 23	1.626
HU	22	9	0.641±0.070	0.002 57±0.001 27	1.662
全群	131	22	0.658±0.030	0.002 55±0.001 33	1.652

表 2-11　5 个绵羊种群 mtDNA *COI* 基因片段变异位点的单倍型及分布

	1 1 1 2 2 3 3 3 3 3 3 4 4 4 4 5 5 6 6 4 4 4 7 6 7 0 2 7 7 9 9 9 1 2 6 8 9 1 9 3 3 0 2 7 7 7 2 7 5 5 8 3 6 8 7 3 2 0 2 3 1 5 6	单倍型分布
Hap_1	T T T C T C G G T A A T G T A C T G T T A T	HX(9),SX(8),SU(5),HU(11),WA(11)
Hap_2	. . . T . . . . C	HX(5),SX(19),SU(24),HU(8),WA(7)
Hap_3	. . . . G	HX(1)
Hap_4	. . . . A . G	HX(1)
Hap_5	. . . . . A . C . . C . . . A	SX(1)

续表 2-11

	1 1 1 2 2 3 3 3 3 3 3 4 4 4 4 4 5 5 6 6	单倍型分布
	4 4 4 7 6 7 0 2 7 7 9 9 9 1 2 6 8 9 1 9 3 3	
	0 2 7 7 7 2 7 5 5 8 3 6 8 7 3 2 0 2 3 1 5 6	
Hap_6	. . . . . . C . . C . . . A . . C C . .	SX(3),SU(2),WA(1)
Hap_7	. . . . . A	HU(1)
Hap_8	. . . . . . G	HX(1)
Hap_9	. . T . . A . . . . C	SX(1)
Hap_10	. . . . A	HX(1)
Hap_11	. . T . . . . . C . . . . C	HX(2)
Hap_12	. . T . . . . . C . C	SU(2)
Hap_13	. C . T . . . . . C	SX(1)
Hap_14	. . C T . . . . . C	SX(1)
Hap_15	. . . T C T	HU(1)
Hap_16	C . . T . . . . . C	HX(1)
Hap_17	. . . . C	HX(1)
Hap_18	. . T . . . . . C . . . . G C	WA(1)
Hap_19	. . T . T . . . . C	SX(1)

③遗传距离分析。利用 MEGA6.0 的 Kimura 双参数模型分析获得 5 个地方绵羊种群遗传距离信息,种间遗传距离在 0.002 2～0.003 1 之间,山东小尾寒羊和苏尼特羊之间最近,为 0.002 2;山东小尾寒羊和河北小尾寒羊之间最远,为 0.003 1。种内遗传距离在 0.001 5～0.002 9 之间,苏尼特羊较近,为 0.001 5;山东小尾寒羊较远,为 0.002 9(表 2-12)。

表 2-12　5 个绵羊种群 Kimura 双参数遗传距离

	HX	SX	SU	WA	HU
HX	0.002 7				
SX	0.003 1	0.002 9			
SU	0.002 6	0.002 2	0.001 5		
WA	0.002 5	0.002 9	0.002 4	0.002 5	
HU	0.002 6	0.002 9	0.002 5	0.002 5	0.002 6

注:对角线为种群内遗传距离,对角线以下为种间遗传距离。

④遗传相似性分析。在 NCBI 上下载两个绵羊品种 mtDNA *COI* 序列,滩羊(Genbank 登录号 KF938336.1);阿勒泰(Genbank 登录号 KF938320.1),同本研究获得的五个地方绵羊群体 mtDNA *COI* 序列,剪切出 DNA 条形码序列后,通过序列比对分析各绵羊种群间的遗传相似性,结果发现,DNA 条形码检测序列在 7 个地方绵羊群体中相似性在 99.1%～100% 之间,其中河北小尾寒羊和洼地绵羊相似性高达 100%,河北小尾寒羊和山东小尾寒羊的相似性为 99.4%(图 2-7)。

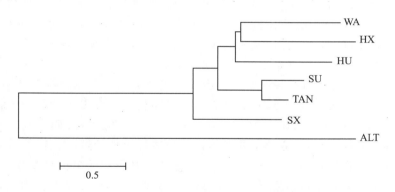

Percent Identity

	1	2	3	4	5	6	7		
1		100.0	99.4	99.5	99.8	99.7	99.2	1	河北小尾寒羊
2	0.0		99.4	99.5	99.8	99.7	99.2	2	洼地绵羊
3	0.6	0.6		99.2	99.2	99.4	99.5	3	山东小尾寒羊
4	0.5	0.5	0.8		99.4	99.8	99.1	4	苏尼特羊
5	0.2	0.2	0.8	0.6		99.5	99.1	5	湖羊
6	0.3	0.3	0.6	0.2	0.5		99.2	6	滩羊（KF938336.1）
7	0.8	0.8	0.5	0.9	0.9	0.8		7	阿勒泰羊（K938320.1）
	1	2	3	4	5	6	7		

（纵轴 Divergence）

图 2-7　七个种群绵羊同源性分析

⑤系统进化分析。利用 MEGA6.0 对七个地方绵羊群体进行分析,采用 Bootstrap 检验重复 1 000 次得到七个地方绵羊群体的 NJ 树,结果如图 2-8,其中洼地绵羊和河北小尾寒羊首先聚在一起,表明两者亲缘关系最近,然后和湖羊聚在一起,再和苏尼特羊、滩羊、山东小尾寒羊聚在一起,这六种地方绵羊先后聚在一起,与阿勒泰羊距离较远,与利用 cytb 基因和 D-loop区分析结果一致,可见,*COI* 基因也可用于绵羊亲缘关系分析。

（系统进化树，分支标签自上而下为 WA、HX、HU、SU、TAN、SX、ALT，比例尺 0.5）

图 2-8　七个种群绵羊系统进化树

（3）讨论

从序列碱基偏向性来看,其中 G 的含量明显低于其他三个碱基,AT 含量总和略高于 CG含量总和(56.6%＞43.4%),这与脊椎动物线粒体 DNA 的特点一致,从密码子的出现频率来看,G 在密码子第一位的出现频率最高,T 在第二位最高,A 在第三位最高。表明密码子中的碱基具有一定的偏向性,密码子的偏好性通常与系统进化、遗传选择相关。物种亲缘关系越近密码子使用模式越相似。

从序列多态性来看,5 个绵羊种群 131 只个体共检测到变异位点 22 个,在总分析位点中占 3.40%,山东小尾寒羊的核苷酸多样度最高,苏尼特羊的最低。在 22 个变异位点中,共包含了 19 种单倍型,全群平均核苷酸差异数 k 为 1.652,单倍型多样性和核苷酸多样性分别为0.658 和 0.002 55。比高杰等研究的单倍型多样性(0.786)和核苷酸多样性(0.004 26)低,这可能与研究的品种有关,本研究均为蒙古系绵羊,其整体的多态性不如不同系绵羊之间多态性丰富。5 个地方绵羊种群间遗传距离,山东小尾寒羊和苏尼特羊之间的遗传距离最近,为

0.002 2,这与山东小尾寒羊的起源有关。元朝初期,大批蒙古羊随蒙古军队南迁至中原一带,迁至山东后,由于当时流行"斗羊",因此逐渐选留腿长、肌肉结实的羊,形成了不同于蒙古羊的新品种,但仍有蒙古羊的血统,故遗传距离很近;山东小尾寒羊和河北小尾寒羊之间最远,为0.003 1,表明这两地的小尾寒羊种群差异较大,这与其外貌特征相差较大一致,初步判断两者是具有不同特性的种群;苏尼特羊种内遗传距离较近,为0.001 5。七个地方绵羊群体的NJ树中,洼地绵羊和河北小尾寒羊首先聚在一起,表明两者亲缘关系最近,然后和湖羊聚在一起,再和苏尼特羊、滩羊、山东小尾寒羊聚在一起。湖羊在历史记载中来源于蒙古羊,与苏尼特羊遗传距离稍远,说明其遗传分化比较明显。上述利用 COI 基因对几个品种的进化分析结果与历史迁徙、种群演化一致,表明 COI 基因可用于品种系统进化分析。

小尾寒羊主要分布在河北黑龙港地区和山东省南部,在大多数文献中人们几乎都是从小尾寒羊主产区山东采集样品研究。本研究中洼地绵羊与河北小尾寒羊遗传距离很近,从地理位置上来看,洼地绵羊主产区位于山东省滨州,与河北小尾寒羊的主产区河北省黑龙港流域相邻。两个绵羊种群的体型外貌特征及生产性能等各方面均比较相似,位于平原而无天然屏障,因此两者有一定的基因交流。孙伟等研究表明,小尾寒羊和洼地绵羊首先聚为一类,而与滩羊、同羊、湖羊的遗传距离逐渐增大。这与本研究中山东境内小尾寒羊与洼地绵羊的遗传距离有较大的差异,这可能与采样地点不同有关系,孙伟研究的洼地绵羊采集于山东东营,而本研究采集于主产区山东滨州;也可能跟采集的样本数有关,本研究采集样本数较少,后续研究应增加样本数量以获得更为精确的数据结果。

应用 DNA 条形码技术进行种属鉴定应当具有足够大的种间及种内遗传距离,并且需满足仅用一对通用引物就可以进行 PCR 扩增。而本研究利用 COI 基因片段分析的种间遗传距离是0.002 2~0.003 1,种内是0.015~0.002 9,研究表明 DNA 条形码对差异较大的品种鉴定具有可行性和有效性,而本研究的不同绵羊种群间遗传距离较近(99.1%~100%),表明本研究的几个品种不适合用 COI 基因(58~705 bp)鉴别。从种群的单倍型及分布特点来看,河北小尾寒羊7只个体有独立单倍型,但每个单倍型只有1只个体,因此有待增加样本量进一步确证是否为该种群特有单倍型。

(4)结论

COI 基因片段(58~705 bp)可用于绵羊系统进化分析,但不适合作为 DNA 条形码序列用于鉴定不同绵羊种群,有待扩大品种数量和群体量进一步验证。

2.2.2 肉羊经济性状染色体主效基因遗传效应研究

2.2.2.1 小尾寒羊 BMPR-IB 基因编码区(CDS)克隆及真核表达载体的构建

国外有关 BMPs 家族作为绵羊繁殖性状主要候选基因的研究表明,BMP 及其受体对于动物繁殖性能的调控,主要在于影响动物卵巢的排卵机能。BMPR-IB 同 BMP 4、BMP 15、GDF 5 对于卵巢的影响主要是抑制卵巢分泌孕酮或者控制卵巢颗粒细胞的分化成熟,从而间接地影响动物的繁殖力。各种影响动物繁殖力的因子中,BMPR-IB 对于动物繁殖力的影响大一些。正常类型的个体中 BMPR-IB 对动物排卵数起抑制作用,而 BMPR-IB 缺失的个体同样也不利于动物繁殖,只有一些特殊突变类型的个体才能够表现出较高的排卵数,如 Booroola 绵羊的 FecBB/FecBB 型个体。研究表明,Booroola 羊的多胎性状主要是由于 BMPR-IB 基因的 A746 G 碱基突变导致了 FecB 表型的出现。国内研究表明,我国小尾寒羊也存在 Boorooola 羊(FecB)多胎基因,有关小尾寒羊的多胎机制研究结果,表明该品种相应位置上发生了与 Booroola Merino 羊相同的突变(A746G);针对该突变点的大规模群体检测,表明该基因的 BB 基因型(突变型)在小尾寒羊群体内为优势基因型;该变异明显影响绵羊的产羔数,BMPR-IB 基因型可以很好地预测母羊的产羔数。本研究旨在克隆突变型小尾寒羊的 BMPR-IB 基因完整编码区序列,并构建具有 EGFP 报告基因的重组真核表达载体 pEGFP-N2-BMPR-IB,为进一步研究 BMPR-IB 基因的功能和转基因优质肉羊品种培育提供基础。

(1)材料方法

①引物设计。根据 GenBank 中绵羊的 BMPR-IB 基因 mRNA 序列(GI:AF357,007),用 Primer Premier 5.0 软件设计用于扩增 BMPR-IB 编码区完整序列的引物,并根据 BMPR-IB 基因编码区和 pEGFP-N$_2$ 质粒多克隆位点的限制性内切酶切位点分析比较结果,导入 BamHI 和 EcoRI 限制性内切酶酶切位点,P1:5′-GGATCCGGATGGCCGGGACCGTGCG-CA-3′(下划线处为 BamHI 酶切位点);P2:5′-GAATTCGTG-CACCAGGAAGAAGAAG-CACACCAC-3′(下划线处为 EcoR I 酶切位点)。

②BMPR-IB 基因 CDS 区的扩增及克隆。在唐县肉羊养殖开发中心,选取选择 BMPR-IB 基因 BB 型(突变型)小尾寒羊进行屠宰,采集卵巢,于液氮保存,带回实验室,用 Trizol 法提取总 RNA,利用全式金公司反转录试剂盒,进行反转录获得 cDNA,进行 PCR 扩增。

PCR 扩增反应体系为 25 µL:其中 buffer:3.0 µL;dNTP:4.0 µL;引物:1.0 µL;LA Taq:0.3 µL(1.5 U);cDNA:1.0 µL;ddH$_2$O:13.7 µL. 扩增产物长度大小为 1,566 bp。

扩增程序为:94℃ 5 min;94℃ 30 S,50℃ 30 S,72℃ 95 S;5 个循环;94℃ 30 S,52℃ 30 S,72℃ 95 S;30 个循环;72℃ 10 min。

用 1.5%琼脂糖凝胶进行电泳检测,凝胶成像系统下,割取目的条带,并用小量胶回收试剂盒回收,与 pEASY™ 载体进行连接。转化 E. coli DH5α 感受态细胞,涂平板 37℃过夜,挑取白色单菌落,在添加氨苄青霉素的液体 LB 培养基中培养 8~12 h,进行克隆 PCR。选择 10 个阳性菌液送北京华大进行测序。

③pEGFP-N$_2$-BMPR-IB 表达载体的构建。对测序正确的阳性克隆在添加氨苄青霉素的液体 LB 培养基中培养 16~20 h,提取质粒 (pEASY™-BMPR-IB),测定浓度。将真核表达质粒载体 pEGFP-N2 转化 E. coli DH5α,筛选阳性克隆,在添加卡那霉素的液体 LB 培养基中培养 16~20 h,提取质粒,测定浓度。

把 pEASY™-BMPR-IB 与 pEGFP-N2 同时经 EcoRI 与 BamHI 双酶切,分别取 pEGFP-N$_2$ 和 pEASY™-BMPR-IB 40 µL,10×M Buffer 12 µL,BamHI 和 EcoRI 各 6 µLddH$_2$O 36 µL,37℃水浴 6h,琼脂糖凝胶电泳酶切产物,胶回收 BMPR-IB 和 pEGFP-N2 骨架片段,用 T4 连接酶进行 16℃过夜连接,转化 E. coliDH5α 感受态细胞,涂具有卡那霉素抗性的 LB 平

板,37℃培养过夜,筛选阳性克隆,摇菌,提取质粒,获得 BMPR-IB 真核表达载体 pEGFP-N₂-BMPR-IB。

(2)结果与分析

①BMPR-IB 基因 RT-PCR。以反转录获得的 cDNA 为模板用 PCR 技术扩增目的基因,PCR 产物经 1.5%琼脂糖凝胶电泳,在 1.5 kb 和 2 kb 之间有特异性条带,与预期条带大小一致(图 2-9)。

②BMPR-IB 基因编码区克隆测序结果。BMPR-IB 基因的 RT-PCR 扩增片段经凝胶回收后,将目的片段克隆入 pEASY™ 载体上,PCR 鉴定后测序。用 DNAMAN6.0 对测序结果与引物设计的源序列进行同源性比对,结果 BMPR-IB 基因扩增片段与引物设计源序列一致。

③重组表达载体的构建及 PCR、酶切鉴定。将酶切后的目的片段与质粒的连接,成功构建的表达载体如图 2-10 所示,图中亮带为重构载体,片段大小为 5.9 kb。随机挑取 10 个克隆进行 PCR 检测,其中 7 个克隆获得预期大小片段。对其中两个阳性克隆菌液进行扩大培养,提取质粒后用 BamHI 和 EcoRI 进行酶切,电泳酶切产物结果产生 1 566 bp 与 4.27 kb 两个片段(图 2-10),表明质粒构建正确。

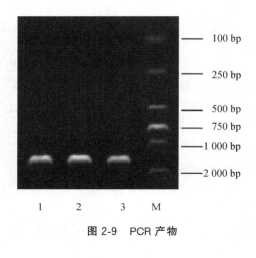

图 2-9　PCR 产物

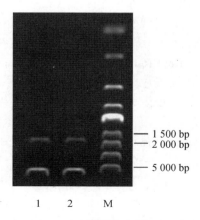

图 2-10　重组载体双酶切电泳

(3)讨论

载体构建是基因工程技术的重要组成部分,外源基因通过合适的载体进入受体细胞后,可以获得大量的基因片段和相应的蛋白质产物,这是后续研究基因及其所编码蛋白质生物学功能的基础。绿色荧光蛋白是一个在完整细胞膜内或组织内监测基因表达和蛋白定位的理想标记,广泛应用于多种生物体。而 pEGFP-N₂ 质粒中的 EGFP 是一种优化的突变型绿色荧光蛋白(green fluorescent protein,GFP),荧光强度较普通 GFP 强 35 倍,极大增强了其作为报告基因的敏感性,可以利用荧光显微镜直观地判断转染效率。该质粒具有多克隆位点,便于目的基因的插入;具有很强的复制能力,可以满足随宿主细胞分裂时跟随胞质遗传给新生的子细胞;含有高效的功能强大的启动子 SV40 和 PCMV,对宿主细胞没有毒性,且容易与目的基因融合，不影响目的基因的结构和功能，有利于筛选目的基因和 GFP 共表达的阳性细胞，从而得到持续表达该目的基因的细胞株。

骨形态发生蛋白受体-IB(Bone Morphogenetic Protein Receptor-IB，*BMPR-IB*)基因属于编码 1 个转移生长因子 β 亚基(TGF-β)受体家族成员，存在于许多细胞类型中，是调节生长和分化的多功能蛋白。研究表明 *BMPR-IB* 基因是控制 Booroola Merino 羊高繁殖率的主效基因，*BMPR-IB* 基因编码区发生的 A746 G 碱基突变导致第 249 位的谷氨酸突变为精氨酸(Q→R)，突变引起蛋白结构变化，造成该受体部分失活，影响了与之识别的配体 GDF-5 和 BMP-4 对类固醇生成作用的反应，结果使携带 FecB 基因母羊的颗粒细胞分化加快，进而使卵泡成熟速度加快，排卵数增加。目前，国内对 *BMPR-IB* 基因的研究多限于基因多态性与产羔数的相关性分析及杂交育种中多胎的辅助选择指标。本研究采用成熟的分子克隆技术，在成功克隆 *BMPR-IB* 基因完整编码区序列的基础上，通过在基因上、下游分别引入酶切位点 *BamHI* 和 *EcoRI*，与 T 载体连接，克隆测序后，经 *BamHI* 和 *EcoRI* 双酶切再与 pEGFP-N2 连接，经 PCR 及酶切后均证实重组真核表达载体 pEGFP-N2-BMPR-IB 的构建成功。本研究成功构建了真核表达载体 pEGFP-N2-BMPR-IB，为进一步研究 *BMPR-IB* 基因的功能和转基因优质肉羊品种培育提供了基础。

2.2.2.2　*BMPR-IB* 基因的克隆及其在绒山羊成纤维细胞中的表达

FecB 基因最早是在澳大利亚 Booroola 羊中发现的一个与高繁殖率相关的主效基因，能显著提高羊的繁殖率。后来的研究证明 *FecB* 基因的本质为骨形态蛋白 I 型受体基因(bone morphogenetic protein receptor-IB，*BMPR-IB*)。*BMPR-IB* 基因属于转移生长因子 β 亚基(TGF-β)受体家族成员，存在于许多细胞类型中，是调节生长和分化的多功能蛋白。该基因编码区由 10 个外显子组成，共 1 509 bp，编码 502 个氨基酸，在生殖器官中，*BMPR-IB* 可能是参与联结前列腺素通路和下游前列腺素作用的平行通路。

2001 年，三个研究小组几乎同时发现在 Booroola 绵羊 *BMPR-IB* 基因编码区第 746 位上发生了 A→G 置换，使受体细胞内激酶区编码蛋白由野生型的谷胺酰氨变为精氨酸(Q249 R)，正是这个突变 (Q249 R)与 Booroola 母羊高繁殖力完全相关。激酶区 3 亚区的突变改变了 Smads 的表达和磷酸化，导致了 Booroola 羊表现出大量小的有腔卵泡早熟和排卵率提高。Mulsant 等(2001)通过研究重组 *GDF5* 和 *BMP4* 在体外对颗粒细胞分化和孕酮分泌的影响，发现 *BMPR-IB* 基因(A746 G)突变减少了小型有腔卵泡的分化活性；*BMP4* 对野生型(＋＋)绵羊颗粒细胞的促分化作用比对突变型(BB)有所增强；BB 型母羊颗粒细胞对 *GDF5* 和 *BMP4* 的敏感性明显低于＋＋型母羊的颗粒细胞。这说明 BB 型母羊的 Q249 R 突变致使 *BMPR-IB* 基因部分失活，对颗粒细胞生成的抑制作用减弱，因此颗粒细胞可进一步分化，排卵卵泡进一步成熟，表现为排卵数的增加，进而提高了绵羊的排卵率和繁殖力。

研究表明，*BMPR-IB* 基因编码区的 A746 G 突变对 Booroola Merino 羊(澳大利亚)、Javanese 绵羊(印度尼西亚)、Garole 绵羊(印度)以及中国的湖羊、小尾寒羊和中国美利奴羊多胎品系等的排卵数或产羔数都有显著影响,该基因作为影响绵羊产羔数的主效基因,可用于对绵羊产羔数的选择。目前,该基因已被用于小尾寒羊、湖羊等品种的纯种选育及其与引进品种杂交种中多胎的辅助选择,如寒泊羊、鲁西黑头杜泊等种群的选育。

除了绵羊,国内还开展了多个山羊品种 BMPR-IB 基因多态性研究,但迄今未见在山羊中存在 BMPR-IB 基因 A746 G 突变的报道。如李丽萍(2007)、储明星(2006)、孟丽娜(2014)、李文杨(2012)等分别对云岭黑山羊、济宁青山羊、河北绒山羊、美姑黑山羊,承德黑山羊和河南槐山羊、崇明白山羊、徐淮山羊、奶山羊、努比山羊、戴云山羊、闽东山羊、福清山羊和南江黄羊等品种的 BMPR-IB 基因多态性进行了检测,均未检测到 A746 G 突变。在转基因方面,于振兴(2012)等获得了转湖羊 FecB 基因的新疆细毛羊阳性细胞株。李新秀等(2010)研究了沉默 BMPR-IB 基因对猪卵巢颗粒细胞凋亡及 BMP 通路上相关基因表达的影响。而有关该基因在山羊细胞中的表达情况未见报道。本研究旨在克隆 BB 型小尾寒羊 BMPR-IB 基因完整编码区序列,构建重组真核表达载体 pEGFP-BMPR-IB,瞬时转染绒山羊成纤维细胞,对其中 BMPR-IB 基因及与繁殖、免疫、生长发育等相关基因表达情况检测,为进一步研究 BMPR-IB 基因的功能和转基因优质肉羊品种培育提供基础。

(1)材料与方法

①试验材料。

a.细胞培养用组织及采样方法　自河北易县绒山羊场采集 7 日龄辽宁绒山羊耳组织。用剃须刀除净耳边缘部耳毛,碘酒、酒精(脱碘)消毒干净后,用消过毒的耳号钳快速剪下耳边缘组织块,在盛有酒精的小烧杯中涮洗 30 s,最后用含双抗(250 U/mL 青霉素和 250 U/mL 链霉素)的无菌生理盐水冲洗 2～3 遍后,将组织块浸泡入装有含双抗的 PBS 溶液 1.5 mL 离心管中,用封口膜封口,4℃保存,3～4 h 送回实验室。

b. 药品试剂。pEGFP-N₂ 质粒为本实验室保存,限制性核酸内切酶购自 TaKaRa 公司,胶回收纯化试剂盒购自上海生工公司,质粒提取试剂盒购自北京天根生化科技有限公司。基因组提取试剂盒和大肠杆菌 DH5 a,购自全式金生物技术有限公司。DMEM/F12 购自 Hyclone,胎牛血清购自 GIBCO 公司,脂质体 Lipofectamine LTX & PLUS Reagent 购自 Invitrogen 公司,细胞培养瓶、6 孔板购自 CORNING 公司。荧光定量用 SYBR Green,购自东洋纺生物科技有限公司。Westen-blot 用抗体分别购自 Eterlife 和 Santa 公司。

②试验方法。a.卵巢组织的采集、RNA 提取及反转录。在唐县肉羊养殖开发中心,选取已知 BMPR-IB 基因型为 BB 型(突变型)的小尾寒羊进行屠宰,采集卵巢,于液氮保存,带回实验室,用 Trizol 法提取总 RNA,利用全式金公司反转录试盒,进行反转录获得 cDNA。

b. BMPR-IB 基因 CDS 区的扩增。根据 GenBank 中公布的序列(GI:AF357007),用 Primer Premier 5.0 软件设计引物,并根据该序列编码区和 pEGFP-N₂ 质粒多克隆位点的限制性内切酶酶切位点分析比对结果,在引物 5′端分别添加 BamHI 和 EcoRI 限制性内切酶酶切位点和保护碱基,用于扩增 BMPR-IB 基因编码区序列,引物序列如下。上游:5′-CGCGGATCCAAACAAgCAAG CCTGTCATAC-3′(下划线处为 BamHI 酶切位点)下游:5′-CCG GAATTCGAGCTTAATGTCCTGGGACTCT-3′(下划线处为 EcoRI 酶切位点)。

PCR 扩增反应体系为 25 μL:其中 buffer:3.0 μL;dNTP:4.0 μL;引物:1.0 μL;LA Taq:0.3 μL (1.5 U);cDNA:1.0 μL;ddH$_2$O:15.7 μL。扩增产物长度大小约为 1 550 bp。

扩增程序为:94℃ 5 min;94℃ 30 s,50℃ 30 s,72℃ 95 s;5 个循环;94℃ 30 s,52℃ 30 s,72℃ 95 s;30 个循环;72℃ 10 min。

用 1.5％琼脂糖凝胶进行电泳检测扩增情况。

c. pEGFP-BMPR-IB 表达载体的构建。分别取 pEGFP-N$_2$ 质粒和上述 PCR 产物各 40 μL,分别加入 10× Buffer 12μL,*Bam*HI 和 *Eco*RI 各 6 μL;dd H$_2$O 36 μL 组成 100 μL 体系,37℃水浴 6 h,进行双酶切。琼脂糖凝胶电泳酶切产物,胶回收 *BMPR-IB* 片段和 pEGFP-N$_2$ 骨架片段,用 T4 连接酶进行 16℃过夜连接,转化 *E.coli* DH5α 感受态细胞,涂具有卡那霉素抗性的 LB 平板,37℃培养过夜,筛选阳性克隆,摇菌,提取质粒,进行酶切和测序鉴定。对双酶切和测序均正确的菌液,进行质粒中提,测定浓度后备用,获得重组真核表达载体命名为 pEGFP-BMPR-IB。

d. 耳组织成纤维细胞的培养。辽宁绒山羊耳组织成纤维细胞的培养采用组织块法进行。具体方法见参考文献(关伟军等,2005)。将绒山羊耳缘组织在无菌条件下用 PBS 洗涤 2~3 次后,用眼科剪刀将组织剪成为 1 mm^3 左右的小块,用黄色灭菌枪头将其放入 25 mL 培养瓶中。按每块间隔 0.3~0.5 cm 放置贴于培养瓶中,倒置在 37℃,5％CO$_2$ 的培养箱中,待组织块周围开始变干(3~4 h)缓慢加入含 15％胎牛血清的 DMEM/F12 培养液浸润组织块后翻转培养瓶,进行过夜培养。培养 6~7 天后,开始有细胞长出,待细胞长成致密单层后,用 0.25％胰酶消化,待大部分细胞变圆时,加培养液终止消化,并反复吹打,只收集脱壁细胞。鉴于成纤维细胞消化脱壁比上皮细胞快,在前 3 代传代经酶消化,待细胞刚变圆即终止消化,可得到纯化的成纤维细胞。细胞生长至 70％~80％汇合状态时即可冷冻保存,以备基因转染使用。

e. 细胞转染。细胞转染利用 Lipofectamine LTX & PLUS Reagent 试剂盒进行。转染前分别将生长状态良好的 G4 代绒山羊耳组织成纤维细胞分别接种到 6 孔板中,密度为 1×10^5/mL 进行常规培养,待细胞长到 70％~80％汇合度时,在脂质体介导下,用重组质粒 pEGFP-BMPR-IB 进行细胞转染。根据转染试剂说明进行转染。取 125 μL 双无细胞培养液,加入 2.5 μg pEGFP-BMPR-IB 质粒,加入 3 μL PLUS,轻轻混匀后备用,另取 125 μL 细胞培养液中稀释 12 μL 脂质体。将上 2 种稀释液轻轻混合后在室温下孵育 5 min 形成复合物(此为 6 孔板每孔用量)。将上述复合物加入 6 孔培养板中,轻轻摇动混匀。在 37℃、5％CO$_2$ 条件下培养 6 h 后,更换为含 10％FBS 的 DMEMF 12 培养液。转染后 12 h 开始,利用倒置荧光显微镜观察 EGFP 表达情况。以未转染的细胞作为空白对照,分别于转染后 48 和 72 h 后,收集细胞,进行 RNA 和蛋白提取。

f. RT-PCR 检测转染山羊细胞中有关基因表达。转染 48 h 后,分别收集试验组和空白组细胞,利用 Trizol 提取总 RNA,按 Revert AidTM First Strand cDNA Synthesis Kit 说明书进行逆转录,以 GAPDH 作为内参对照,利用 Real-time PCR 对 *BMPR-IB* 等基因的表达量进行检测,检测基因及所用引物见表 2-13。

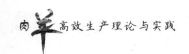

表 2-13　实时荧光定量用引物

基因	序列号	引物序列(5′-3′)	TM 值	片段长度
GAPDH	JF825,527	CAAGTTCCACGGCACAGTCA	59.8℃	118 bp
		CTCAGCACCAGCATCACCC	61.9℃	
BMPR-IB	DQ666,418	CGAATGAAGTTGACATACCAC	67.5℃	232 bp
		TCGTAAGAGGGGTCACTGG	67.3℃	
BMP4	EF632,080	GCTTCCACCACGAAGAACAT	60.12℃	101 bp
		CACCTCATTCTCTGGGATGC	60.62℃	
GDF5	XM_5,688,496	TCCAGACCCTGATGAACTCC	60.05℃	176 bp
		CAGAGGCCAGTGTTGCTACC	60.85℃	
INH	XM_5,692,605	CTGGACTCTTTGGCATCACC	60.66℃	116 bp
		TGTGTGGTTTCTCACGAACG	60.76℃	
IGF-I	D11,378	TCAGCAGTCTTCCAACCCAA	63.7℃	118 bp
		AAGGCGAGCAAGCACAGG	56.8℃	
MHC	AB8,346	GCCAAGGGCAACGCACAGAC	60.1℃	188 bp
		TCCTCGTTCAGGGCGATGTAAT	64.0℃	
IFN	M73,244	CAGTCGCTGTATCCCTTCTC	59.8℃	227 bp
		CGCTTCAACCTCTTCCACA	57.6℃	
PNRP	JF729,302	ATGTGGAGTGACGTGGGC	59.6℃	115 bp
		GAGGTGGATAGCGGTTGC	59.6℃	
TRI4	JF825,527	GTTTCCACAAGAGCCGTAA	55.4℃	198 bp
		TCCTGTTCAGAAGGCGATA	55.4℃	

Real-time PCR 的反应体系为 20 μL，其中 SYBR qPCR Mix 10 μL，上、下游引物各 0.6 μL，ROX 0.4 μL，cDNA 模板 1.0 μL，H_2O 8 μL。Real-time PCR 程序为：95℃ 10 min；95℃ 30 s，60℃ 1 min，40 个循环；95℃ 1 min，55℃ 30 s，95℃ 30 s。自动生成 Ct 值，以 GAPDH 为内参，$2^{-\Delta\Delta Ct}$ 法对结果进行校正，各基因的相对表达量重复 3 次，取平均值。其中 ΔCt_1 = 转染后的 Ct 值－对应内参 Ct 值，ΔCt_2 = 空白组的 Ct 值－对应内参 Ct 值，$\Delta Ct = \Delta Ct_1 - \Delta Ct_2$，$2^{-\Delta\Delta Ct}$ 值为转染后较空白组各基因表达量的倍数。

g. Western-blot 检测山羊细胞中相关基因的表达。转染 72 h 后收集细胞，制备裂解液，4℃离心取上清提取蛋白，测定浓度后进行 Western-blot 方法检测蛋白表达情况。利用 Total Lab Quant 软件，读出样品和内参的灰度值，按蛋白表达量＝目的灰度数值/内参灰度数值，对蛋白表达情况进行分析统计。

（3）数据分析。基因表达试验数据用 Excel 软件和 GraphPad 软件进行分析，每个处理做 3 个重复。$P<0.05$ 为差异显著，$P<0.01$ 为差异及显著。

(2)结果

①BMPR-IB 基因的 RT-PCR。以反转录获得的 cDNA 为模板用 PCR 技术扩增目的基因,PCR 产物经 1.5%琼脂糖凝胶电泳,在 1.5～2 kb 有特异性条带,约 1 550 bp 与预期条带大小一致(图 2-11),条带明亮清晰,可用于后续试验。

②重组表达载体 pEGFP-BMPR-IB 的构建及鉴定。将经 *Bam*HI 和 *Eco*RI 双酶切后的目的片段与 pEGFP-N₂ 线性化片段用 T4 连接酶进行过夜连接后转化培养,随机挑取 10 个克隆进行 PCR 检测,对阳性克隆菌液进行扩大培养,提取质粒后用 *Bam*HI 和 *Eco*RI 进行双酶切,对酶切产物进行电泳结果产生了长约 1.5 kb 和 4.7 kb 的两条带,与预期产生的片段长度一致(图 2-12)。对双酶切正确的质粒样品进行测序,结果发现酶切较短片段长度为 1 550 bp,该片段包含 *BMPR-IB* 基因完整编码区,经 BLAST 比对发现除 A746 G 外,与已知绵羊 *BMPR-IB* 编码区序列一致。表明 *BMPR-IB* 基因已成功克隆入 pEGFP-N₂ 质粒的 MCS 区,pEGFP-BMPR-IB 载体构建成功,重组质粒图谱见图 2-13。

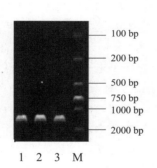

图 2-11　PCR 产物电泳图

(1-3 为 PCR 产物,M 为 DL2000)

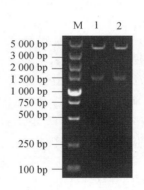

图 2-12　ppEGFP-BMPR-IB 的双酶切鉴定

(1-2 为双酶切产物;M 为 DL5000)

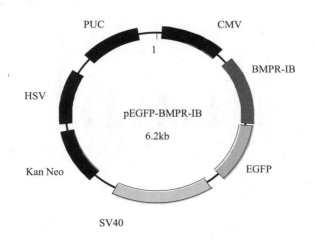

图 2-13　重组 pEGFP-BMPR-IB 质粒图谱

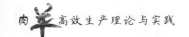
③细胞转染。使用 Lipofectamine LTX & PLUS Reagent 试剂盒进行细胞转染。更换培养液培养 12 h 后,在倒置显微镜下观察,细胞生长状态良好,转染 24 h 后有少量绿色荧光,转染 48 h 后荧光有所增加,转染 72 h 后呈现荧光细胞数最多。表明所克隆基因可以和报告基因融合表达。见图 2-14。

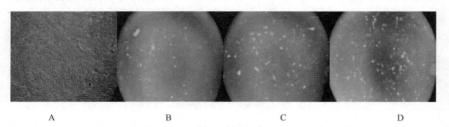

图 2-14　p－EGFP－BMPR－IB 转染山羊成纤维细胞

A.未转染　B.转染 24 h　C.转染 48 h　D.转染 72 h

彩图请扫描二维码查看

④转染 pEGFP-BMPR-IB 山羊成纤维细胞相关基因 mRNA 水平的表达。利用实时荧光定量 PCR 方法对转染 48 h 后辽宁绒山羊成纤维细胞中 *BMPR-IB* 基因的表达量进行检测。以未转染细胞组做为空白对照组,以 GAPDH 作为内参基因。定量结果表明,转染后 *BM-PR-IB* 表达量有所增加。当 Lipofectamine LTX 用量为 12 μL,质粒用量为 2.5 μg,PLUS 用量为 3 μL 时,试验组 *BMPR-IB* mRNA 的表达量显著高于未转染组($P<0.01$)(图 2-15)。

以 *GAPDH* 作为内参基因,利用实时荧光定量方法分别对未转染和 pEGFP-BMPR-IB 质粒瞬时转染辽宁绒山羊成纤维细胞中 *BMP4*、*GDF5*、*INH*、*IGF-I*、*TLR4*、*IFN*、*MHC* 和 *PNRP* 基因的表达情况进行检测,结果转染组 *IGF-I* 基因表达量显著高于空白组($P<$ 0.01);*BMP4* 基因表达量基本无变化($P>0.05$),转染组 *GDF5*、*INH*、*TLR4*、*IFN*、*MHC*、*PNRP* 基因表达量显著低于空白组($P<0.01$)(图 2-15)。

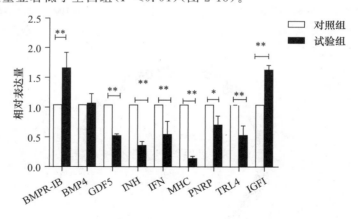

图 2-15　相关基因 mRNA 相对表达量的变化

⑤pEGFP-BMPR-IB 转染山羊成纤维细胞中相关基因蛋白水平的表达。转染 72 h 后分别收集空白对照和转染细胞,提取蛋白后,分别利用 Western-blot 方法对 BMPR-IB、IGF-I、BMP4 和 TLR4 蛋白的表达情况进行检测,结果见图 2-16、图 2-17。

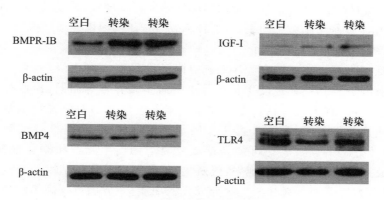

图 2-16　相关蛋白表达情况

由图 2-16、图 2-17 均可以看出，相对于空白对照组，瞬时转染组 BMPR-IB、IGF-I 的表达均有所升高但差异均不显著（$P>0.05$），BMP4 和 TLR4 的表达略有降低，差异也不显著（$P>0.05$）。

综合看，转染组和未转染组 *BMPR-IB*、*IGF-I*、*BMP4* 和 *TLR4* 基因的 mRNA 和蛋白水平表达趋势基本趋于一致。

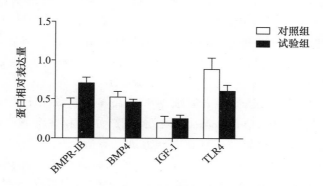

图 2-17　部分蛋白相对表达量的变化

（3）讨论

本研究采用分子克隆技术，通过在上、下游引物两端分别引入酶切位点 *Bam*HI 和 *Eco*RI 以及保护碱基进行扩增，直接对 RT-PCR 产物和 pEGFP-N2 质粒进行 *Bam*HI 和 *Eco*RI 双酶切、回收，用 T4 连接酶进行 16℃过夜连接、转化、克隆、酶切及测序鉴定构建载体，相比于克隆目的基因后，再进行酶切、连接，构建载体省时省力；PCR 扩增和双酶切产物电泳及测序后均证实重组真核表达载体 pEGFP-BMPR-IB 构建成功。

试验过程中利用组织块贴壁法进行辽宁绒山羊耳组织成纤维细胞培养，根据上皮样细胞与成纤维细胞对胰酶消化敏感性的不同，采用低浓度胰蛋白酶作用分离纯化成纤维细胞，经 2～3 次传代得到了高纯度的成纤维细胞，为后续细胞转染研究提供了保障。

试验将成功构建的重组 pEGFP-BMPR-IB 经 Lipofectamine LTX & PLUS 介导瞬时转染绒山羊耳组织成纤维细胞，并分别提取 RNA 和蛋白对 *BMPR-IB* 等基因的表达情况进行了检测,定量和蛋白检测结果均表明 BMPR-IB 表达量有所增加,成功实现了小尾寒 *BMPR-IB*(BB)基因在山羊成纤维细胞中的表达,为转 *BMPR-IB* 基因阳性细胞株和细胞系的建立提供了基础。

应用成纤维细胞进行核移植生产体细胞克隆动物具有许多优势,但克隆中存在孕期流产率高,围产期死亡率高,胎儿过度生长以及出生后生长异常等问题,甚至有些克隆动物在出生后不久死亡,并表现出某些器官发育异常。李世杰(2004)对成纤维细胞克隆新生死亡牛器官中的染色质修饰基因、类胰岛素生长因子系统等 22 个对发育有重要作用的基因表达进行研究,认为它们的异常表达可能是造成克隆动物出生死亡和器官发育异常的原因。瞬时转染过表达 *BMPR-IB* 基因细胞中,繁殖、生长发育以及抗病基因的表达是否也存在异常呢?IGF-I 具有类似于胰岛素样的生物合成代谢功能,一方面可提高组织摄取葡萄糖的能力,另一方面抑制肝糖原的分解并促进肝糖原及肌糖原的合成,同时,IGF-I 本身又是生长激素的介质,具有促进生长的作用。BMP4 除作为形态发生过程的信号因子外,还能促进或维持有关组织的细胞分裂。而 *TLR4* 作为 TLRs 家族成员之一,能够识别革兰氏阴性菌细胞壁成分中的脂多糖和脂磷壁酸,通过信号转导,诱发炎症因子(例如 TNF-α、IL-1、IL-6)与 Type I IFN 的产生。TypeⅠ型 IFN 可以在病毒复制的任何阶段发挥作用,由于其在天然免疫与获得性免疫中抗病毒的活性与调节功能,Ⅰ型 IFN 能够通过调节 NK 细胞、T 细胞等重要的免疫细胞来发挥功能,是连接天然免疫和适应性免疫的桥梁,在抗病毒和其他型的感染与免疫方面具有重要的作用。试验分别对 *BMP4*、*GDF5*、*INH*、*IGF-I*、*TLR4*、*IFN*、*MHC* 和 *PNRP* 等基因的表达量进行检测,发现转染 BMPR-IB 基因后,*IGF-I* 基因表达量显著增加($P<0.01$);*TLR4*、*IFN*、*MHC*、*PNRP*、*GDF5*、*INH* 基因表达量显著降低($P<0.01$),表明 *BMPR-IB* 基因的过表达可上调 *IGF-I* 的表达,下调 *TLR4*、*IFN*、*MHC*、*PNRP*、*GDF5*、*INH* 基因的表达。转染后细胞中生长发育相关 *IGF-I* 表达量的升高、免疫相关的 *TLR4*、*IFN*、*MHC* 和 *PNRP* 基因的表达降低,是否和体细胞克隆转基因羊后代存在的体型大,先天免疫力低,抗病性差存在关联需进一步研究。

基因表达分为转录和翻译两个层面即 mRNA 水平和蛋白水平。试验中因未能找到合适的抗体,只对 *BMPR-IB*、*BMP4*、*IGF-I* 和 *TLR4* 基因的蛋白表达情况进行了检测。真核基因表达的转录和翻译发生的时间和位点存在时空间隔,而转录后,又会有转录后加工,转录产物的降解、翻译、翻译后加工及修饰等几个层面,所以转录水平和翻译水平并不完全一致。本试验中未转染组 *BMPR-IB*、*IGF-I* 和 *TLR4* 基因的 mRNA 和蛋白水平表达趋势趋于一致,而 BMP4 基因 mRNA 和蛋白水平表达的变化刚好相反,可能是由于 BMP4 蛋白的表达还在增加中。

基因的表达受多种因素影响,*BMPR-IB* 基因的过表达,直接或间接通过某个途径导致转基因细胞中 *BMP4*、*GDF5*、*INH*、*IGF-I*、*TLR4*、*IFN*、*MHC* 和 *PNRP* 等基因表达的变化,具体原因还需进一步研究。

(4)结论

成功克隆了小尾寒羊 BB 型 *BMPR-IB*(即 FecB)基因完整编码区,构建了重组表达载体 pEGFP-BMPR-IB,并实现了其在山羊成纤维细胞中的表达,为转 *BMPR-IB* 基因阳性细胞株和细胞系的建立提供了基础;RT-PCR 和 Westen-blot 检测表明,*BMPR-IB* 基因在山羊成纤维细胞中的表达能上调 IGE-I 和下调 *TLR4* 基因的表达,具体原因需进一步研究。

2.2.2.3　不同品种 *BMPR-IB* 基因多态性与产羔数及发情季节的相关性研究

近年来,国外研究发现,控制 Booroola 美利奴羊多胎的主效基因(*FecB* 基因)实质是绵羊骨形态发生蛋白受体 IB 基因(bone morphogenetic p rotein recep tor IB,*BMPR-IB*)编码区 746 位上发生了 A→G 转换,使受体细胞内激酶区编码蛋白由野生型的谷胺酰氨变为 Booroola 多胎羊的精氨酸(Q249 R)。国内的研究表明,多胎品种小尾寒羊在 *BMPR-IB* 基因的相应位置上发生了与 Booroola Merino 羊相同的突变,并推测 *BMPR-IB* 基因与控制小尾寒羊多胎性能的主效基因存在紧密的遗传连锁。而有关该基因在小尾寒羊与国外引入的肉用品种杂交后代中的分布以及对产羔数和杂交后代发情季节的影响还未见详细报道。本研究以 *BMPR-IB* 基因为候选基因,将其作为小尾寒羊繁殖性状辅助选择的分子标记,通过分析该基因在小尾寒羊、杜泊、德克赛尔及其小尾寒羊与杜泊、德克赛尔杂交后代绵羊群体中的基因多态性及其与产羔数和发情季节的关系,为河北肉用绵羊新品种的培育提供理论依据。

(1)材料与方法

①试验羊及血液样品的采集。在河北省涿州连生牧业公司分别颈静脉采集小尾寒羊、杜泊、杜泊和小尾寒羊 F_1、杜泊和小尾寒羊 F_2、德克赛尔与小尾寒羊 F_1 及河北肉用绵羊(杜寒 F_2♂×杜寒 F_1♀横交羊)的血液样品,用 ACD 抗凝(ACD 与血液体积比 1∶6),带回实验室备用。

②DNA 提取。采用常规酚氯仿抽提法从血液中的白细胞提取 DNA。加适量 TE 溶解后,用 1‰琼脂糖凝胶电泳法检测所提取 DNA 的质量,合格后分装,−20℃保存备用。

③BMPR-IB 基因的基因型检测。根据绵羊 BMPR-IB 基因(GenBank Accession No:AF357007、AF298885)序列设计 1 对强制产生限制性酶切位点 Ava(g/gtcc)的引物 BMPR2 IB21 和 BMPR2 IB22 检测 A746 G 位点,预期扩增片段长度 140 bp。引物序列如下:BMPR-IB 上游:5′GTCGCTATGGGGAAGTTTGGATG3;BMPR-IB 下游:5′CAA-GATGTTTTCATGCCTCATCAACACGGTC3′,由大连宝生物工程技术有限公司合成。PCR 反应体系:10×PCR 反应缓冲液 2.5 μL、2.5 mmol dNTP 2.0 μL、引物各 10 pmol、1 U Taq 酶和 50 ng 基因组 DNA,加水至总体积为 25 μL。PCR 反应程序:94℃ 变性 5 min,94℃ 变性 30 s,65℃复性 30 s,72℃延伸 30 s,30 个循环后,72℃延伸 5 min。酶切体系:用 AvaII 限制性核酸内切酶进行酶切,酶切体系为 20 μL,其中扩增产物 5 μL,限制性内切酶10 U,37℃水浴 3 h。酶切反应后,消化液全部加样于 2.5%琼脂糖凝胶上进行电泳,电泳完毕在紫外凝胶成像系统中照相,根据酶切产生的条带确定基因型。

④不同个体基因型的判定。根据酶切后得到不同的条带,可判为不同的基因型。扩增产物为 140 bp,理论上 Avall 限制性核酸内切酶将扩增产物切为 30 bp 和 110 bp,由于 30 bp 很小,一般看不到条带,所以电泳时若有一条 110 bp 的条带为突变纯合型用 BB 表示,两条大小不一的条带(110 bp 和 140 bp)为杂合型用 B+表示,一条 140 bp 的条带为野生纯合型用++表示(图 2-18)。

⑤数据收集与统计分析。对所选个体进行产羔数和发情产羔日期进行统计;用 SPSS 13.0 软件对产羔数进行统计分析,结果用 x±SD 表示。

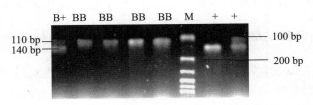

图 2-18　BMPR-IB 基因 PCR-RFLP 检测扩增产物 Ava Ⅱ 酶切结果电泳图

（2）结果与分析

①不同品种绵羊的 *BMPR-IB* 基因多态性和基因型频率分布。分别对小尾寒羊、杜泊和小尾寒羊 F1、杜泊和小尾寒羊 F2、德克赛尔与小尾寒羊 F1 及横交羊的血液样品进行检测,共检测到 BB、B+和++3 种基因型,其基因型及其基因频率分布见表 2-14。除在小尾寒羊和横交羊中检测到 3 种基因型外,在杂交后代中只检出 B+、++两种基因型,德克赛尔、杜泊均为++基因型,各基因型在不同品种间分布极不平衡。在杜寒 F1 中,B 基因和+基因的基因频率分别为 0.436 和 0.564;德寒 F1 中 B 基因和+基因的基因频率分别为 0.448 和 0.552,在杂一代羊中+基因略占优势,在杜寒二代中,B+、++基因型个体数相当,B 基因频率为 0.263,+基因的基因频率为 0.737,+基因占绝对优势。在河北肉用绵羊中样本中,B 基因的基因频率占 0.507,+基因的基因频率为 0.493,二者相当。

表 2-14　*BMPR-IB* 基因在不同绵羊品种内的多态性分布

品种	个体数	基因型频率			基因频率	
		BB	B+	++	B	+
小尾寒羊	114	0.491	0.474	0.035	0.728	0.272
杜泊	8	0	0	1	0	1
德克赛尔	7	0	0	1	0	1
杜寒 F1	70		0.871(61/70)	0.129(9/70)	0.436(61/140)	0.564(79/140)
杜寒 F2	19		0.526(10/19)	0.474(9/19)	0.263(10/38)	0.737(28/38)
德寒 F1	29	0	0.897(26/29)	0.103(3/29)	0.448(26/58)	0.552(32/58)
河北肉用绵羊	71	0.239(17/17)	0.535(38/71)	0.225(16/71)	0.507(72/142)	0.493(70/114)

②不同品种绵羊 *BMPR-IB* 基因多态性对产羔数的影响。由表 2-15 可见,同一品种,不同基因型羊的平均窝产羔数不同,在小尾寒羊中,BB 基因型群体的平均产羔数为 2.61 只,分别比 B+和++基因型群体多 0.72 和 1.61 只,BB 基因型群体的产羔数显著高于 B+（$P<0.05$）和++群体（$P<0.01$）;在德寒一代中 B+基因型个体比++基因型个体总体平均多产 0.58 个羔,差异显著（$P<0.05$）;杜寒一代中,B+基因型总体平均产羔数比++型多 0.63 个,差异极显著（$P<0.01$）。在河北肉用绵羊中,BB 基因型和 B+基因型的产羔数均极显著高于++基因型群体（$P<0.01$）。

表 2-15 不同品种基因型与产羔数的关系

基因型	小尾寒羊	德寒一代	杜寒一代	河北肉羊绵羊
BB	2.61 ± 1.06^{aA}	-	-	2.25 ± 0.50^{aA}
B+	1.89 ± 0.80^{b}	1.58 ± 0.51^{a}	1.63 ± 0.47^{A}	1.53 ± 0.62^{bA}
++	1.00 ± 0.00^{B}	1.00 ± 0.00^{b}	1.00 ± 0.00^{B}	1.13 ± 0.35^{B}

注:同列标不同小写字母表示差异显著($P<0.05$),不同大写字母表示差异极显著($P<0.01$)。

③BMPR-IB 基因多态性对不同品种杂交羊发情季节的影响。由表 2-16 可以看出,基因型不同的同一种群羊只发情月份分布不同。就 B+基因型羊看,基因型为 B+的杜寒一代的发情羊在各月均有分布,表现为常年发情,但在 7~11 月份发情羊相对较多;德寒一代也表现为常年发情,但大部分集中在 7~10 月份发情;B+型横交后代的发情多集中在 7~12 月,表现出一定的季节性。基因型为++型的羊,不论杜寒一代、德寒一代和横交后代,基本表现在 7 月份以后发情。由此推断,实际生产中,随着杂交的深入,部分杂交羊明显表现为季节性发情,可能和品种及个体的基因型有关。由于本研究样本量相对较少,还有待于进一步深入研究。

表 2-16 不同品种和基因型羊发情月份分布

基因型	品种	样本数	1月	2月	3月	4月	5月	6月	7月	8月	9月	10月	11月	12月
B+	德寒一代	19	1			2			5	7		4		
	杜寒一代	36		3	1	1	4	3	6	6	2	5	4	1
	横交羊	18							2	2	4	6	2	2
++	德寒一代	12							1	3	2	3		1
	杜寒一代	16			1				1	2	4	4	3	1
	横交羊	17							2	3	3	6	2	1

(3)讨论

小尾寒羊是世界上具有性成熟早、常年发情和多胎特性的高繁殖力绵羊品种之一,具有极高的繁殖力和常年发情优异特性。本研究分别对小尾寒羊、杜泊和小尾寒羊 F1、杜泊和小尾寒羊 F2、德克赛尔与小尾寒羊 F1 及杜寒 F2♂×杜寒 F1♀横交羊的血液样品进行检测,结果除在小尾寒羊和河北肉用绵羊中检测到 3 种基因型外,在杂交后代中只检出 B+、++两种基因型,而在杜泊和德克赛尔单胎品种中未发现突变个体。BMPR-IB 基因型在几个绵羊品种之间的分布以及各种基因型绵羊的实际产羔情况两方面的研究结果,证明 BMPR-IB 基因是影响小尾寒羊高繁殖力的一个主效基因,可以用于对绵羊产羔数的辅助选择。据报道 BMPR-IB 基因突变通过增加排卵数来增加产羔数,该基因以加性方式发生作用,对胎产羔数呈部分显性效应,每个拷贝的 FecB 基因平均可增加 1 只羔羊。

本研究表明 BB 基因型小尾寒羊的平均产羔数分别比 B+和++基因型群体多 0.72 和 1.61 只,BB 基因型群体的产羔数显著高于 B+,而 B+基因型群体的产羔数显著高于++群体($P<0.05$);德寒一代、杜寒一代中 B+基因型的产羔数比++基因型平均多 0.58 个和

0.63 个羔；在横交羊中，BB 和 B＋基因型的产羔数分别比＋＋基因型群体多产 1.12 和 0.40 个羔。与上述报道基本一致，可以认为 *BMPR-IB* 基因为河北肉用绵羊多产性能的主基因。本研究中，基因型为 B＋型横交羊和基因型为＋＋型的杜寒一代、德寒一代和横交后代，基本在 7 月份以后发情，呈现出一定季节性。表明部分杂交羊表现为季节性发情，可能和品种及个体的基因型有关。由于本研究样本量相对较少，建议进一步进行深入研究。

2.2.2.4 *BMPR-IB* 基因多态性与河北肉用绵羊产羔数及羔羊生长发育的相关性研究

繁殖和生长发育性能是绵羊经济性状的两个重要方面，尤其是产羔数和生长速度是决定养羊业效益的重要因素。近年来，国外研究发现，控制 Booroola 美利奴羊多胎的主效基因（*FecB* 基因）实质是绵羊骨形态发生蛋白受体 IB 基因（bone morphogenetic p rotein recep tor IB, *BMPR-IB*）编码区 746 位上发生了 A→G 转换，使受体细胞内激酶区编码蛋白由野生型的谷氨酰胺变为 Booroola 多胎羊的精氨酸（Q249R）。国内的研究表明，BMPR-IB 的 A746 G 突变在小尾寒羊群体中也有分布。而有关该基因在小尾寒羊与国外引入的肉用品种杂交后代中的分布以及对产羔数和生长发育的影响还未见详细报道。本研究以 *BMPR-IB* 基因为候选基因，将其作为小尾寒羊和正在培育的河北肉用绵羊品种繁殖性状辅助选择的分子标记，通过分析该基因与河北肉用绵羊产羔数及羔羊生长发育的关系，为河北肉用绵羊新品种的培育提供理论依据。

（1）材料与方法

①试验羊及血液样品的采集。在河北省涿州连生牧业公司分别颈静脉采集小尾寒羊、杜泊、德克赛尔及河北肉用绵羊的血液样品，用 ACD 抗凝（ACD 与血液体积比 1：6），带回实验室备用。

②DNA 提取。采用常规酚氯仿抽提法从血液中的白细胞提取 DNA。加适量 TE 溶解后，用 1％琼脂糖凝胶电泳法检测所提取 DNA 的质量，合格后分装，－20℃保存备用。

③BMPR-IB 基因的基因型检测。根据绵羊 BMPR-IB 基因（GenBank Accession No：AF357007、AF298885）序列设计 1 对强制产生限制性酶切位点 AvaII（g/gtcc）的引物，检测 A746 G 位点突变，预期扩增片段长度 140 bp。引物序列如下：BMPR-IB 上游：5′GTCGCTATGGGGAAGTTTGGATG3′；*BMPR-IB* 下游：5′CAAGATGTTTTCATGCCTCAT-CAACACGGTC3′。由大连宝生物工程技术有限公司合成。

PCR 反应体系：10×PCR 反应缓冲液 2.5μL、2.5 mmoldNTP2.0μL、引物各 10 pmol、1 UTaq酶和 50 ng 基因组 DNA，加水至总体积为 25 μL。

PCR 反应程序：94℃ 变性 5 min，94℃ 变性 30 s，65℃复性 30 s，72℃延伸 30 s，30 个循环后，72℃延伸 5 min。

酶切体系：用 AvaII 限制性核酸内切酶进行酶切，酶切体系为 20 μL。其中扩增产物 5 μL，内切酶 Buffer 2.0 μL，限制性内切酶 1 μL（10 U），ddH$_2$O 12 μL，37℃水浴 3 h。酶切反应后，将 20 μL 消化液全部加样于 2.5％琼脂糖凝胶上进行电泳，电泳完毕在紫外凝胶成像系统中照相，根据酶切产生的条带确定基因型。

④不同个体基因型的判定。根据酶切后得到不同的条带，可判为不同的基因型。见图 2-19。

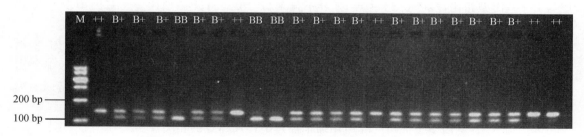

图 2-19　BMPR-IB 基因 PCR 扩增产物 AvaⅡ 酶切电泳结果

⑤数据收集与统计分析。对所选个体进行产羔数和发情产羔日期和 3 月龄羔羊的体尺体重进行统计；用 SPSS 13.0 软件对产羔数和 3 月龄羔羊的体尺体重，进行一维方差分析。

（2）结果与分析

①不同品种的 *BMPR-IB* 基因多态性和基因型频率分布。

表 2-18　BMPR-IB 基因在不同绵羊品种内的多态性分布

品种	样本数	基因型频率			基因频率	
		BB	B+	++	B	+
小尾寒羊	114	0.491	0.474	0.035	0.728	0.272
杜泊	8	0	0	1	0	1
德克赛尔	7	0	0	1	0	1
河北肉用绵羊		0.239	0.535	0.225	0.507	0.493

本研究分别对小尾寒羊、杜泊、德克赛尔及河北肉用绵羊的血液样品进行检测，结果共检测到 3 种基因型，其基因型及其基因频率分布见表 2-18。除在小尾寒羊和河北肉用绵羊中检测到 3 种基因型外，在德克赛尔、杜泊中只检测到为＋＋基因型，各基因型在不同品种间分布极不平衡。统计表明，在小尾寒羊群体中，＋基因的基因频率为 0.272，而 B 基因的基因频率为 0.728，B 基因占绝对优势。在河北肉用绵羊中样本中，B 基因的基因频率为 0.507，＋基因的基因频率为 0.493，二者大致相当。

②BMPR-IB 基因多态性对河北肉羊产羔数的影响。

表 2-19　BMPR-IB 基因型与河北肉用绵羊产羔数的关系

基因型	BB	B+	++
第一胎平均产羔数	2.0±0.00[aA]（62/31）	1.46±0.52[ab]（57/39）	1.0±0.00[bB]（15/15）
总体平均产羔数	2.25±0.50[aA]（108/48）	1.53±0.62[b]（78/51）	1.13±0.35[bB]（27/24）

注：同行肩标不同小写字母表示差异显著（$P<0.05$），不同大写字母表示差异极显著（$P<0.01$）。

由表 2-19 可见，BB 基因型绵羊群体产羔数均高于基因型和＋＋基因型群体，其中 BB 基因型第一胎产羔数比＋＋基因型多 1.0 只，极显著高于＋＋基因型群体（$P<0.01$）；BB 基因

型与B＋基因型相比,多产0.54个羔,差异不显著($P>0.05$);B＋型比＋＋基因型多产0.46个羔,二者之间差异也不显著($P>0.05$)。

BB、B＋和＋＋基因型群体的总体平均产羔数分别为2.25只、1.53只和1.13只,BB型绵羊比B＋和＋＋基因型绵羊总体平均分别多产0.72和1.12个羔,其总体平均产羔数显著高于B＋型($P<0.05$),极显著高于＋＋基因型群体($P<0.01$);B＋基因型绵羊比＋＋基因型绵羊总体平均多产0.4个羔,但二者差异不显著($P>0.05$)。

③BMPR-IB基因多态性与河北肉用绵羊3月龄体尺体重的相关性

表2-20　不同基因型河北肉用绵羊90日龄体尺比较(单位:cm)

基因型	体高	体长	胸围	胸宽	大腿围	腰角宽	管围
B＋	51.11±2.57	59.50±1.87	65.78±4.76	15.89±1.54[b]	34.78±4.57	14.33±0.71[b]	7.00±0.43
＋＋	52.11±4.78	61.44±3.84	65.17±6.20	18.11±1.90[a]	31.44±4.36	16.33±2.59[a]	7.44±0.58

注:同行肩标不同小写字母表示差异显著($P<0.05$)。BB基因型个体少未统计。

由表2-20可见,在90日龄时,＋＋基因型群体的体高、体长、胸宽、腰角宽、管围、胸宽和腰角宽均值均大于B＋基因型群体,其中胸宽和腰角宽显著高于B＋基因型群体($P<0.05$);＋＋基因型群体的大腿围均值低于B＋基因型,但二者差异不显著($P>0.05$)。

（3）讨论

小尾寒羊是我国独特的地方绵羊品种,具有极高的繁殖力和常年发情优异特性。国内对小尾寒羊进行检测发现,在小尾寒羊中存在与Booroola美利奴羊同样的*FecB*基因突变,并认为该基因是小尾寒羊多产性能的主效基因。本研究结果表明,各基因型在不同品种间分布极不平衡,在小尾寒羊群体中,B基因的基因频率为0.728,＋基因的基因频率为0.272,B基因占绝对优势。这与柳淑芳(2003)、闫亚东(2005)等研究结果相一致。

国外研究表明,*BMPR-IB*基因突变通过增加排卵数来增加产羔数,该基因以加性方式发生作用,对胎产羔数呈部分显性效应,每个拷贝的FecB基因平均可增加1只羔羊。根据主基因判断标准,当基因纯合时能增加0.5个排卵数,单拷贝时能增加超过0.2个排卵数。本研究对不同基因型河北肉用绵羊的产羔数进行分析,结果表明BB和B＋基因型群体比＋＋基因型群体第一胎产羔数分别多1.0只和0.46只;BB和B＋基因型群体比＋＋基因型群体总体平均产羔数多1.12只和0.40只,与上述报道基本一致,可以认为*BMPR-IB*基因为河北肉用绵羊多产性能的主基因。

此外,国外报道BB基因型对羔羊早期的生长有不利影响,在妊娠期间,BB、B＋基因型胚胎比＋＋基因型胚胎体重较轻且体长相对较短,在出生后发育相对滞后。本研究发现90日龄时,＋＋基因型群体的体高、体长、胸宽、腰角宽、管围均大于B＋基因型群体,胸宽和腰角宽更是显著高于B＋基因型群体,表明＋＋基因型群体生长较快,与上述报道基本一致。但由于本试验样本数少,对BB基因型羊的体尺数据未进行统计,建议进一步深入研究。

2.2.2.5　*BMPR*-1 *B* 基因在寒泊肉羊世代选育中的遗传变异及与繁殖性状的关联分析

利用候选基因作为分子标记在纯种选育中可提高目标性状生产性能,骨形态发生蛋白受体 1 B 基因(Bone morphogenetic protein receoptor 1 B,*BMPR1 B*)(A746 G)基因是绵羊高繁殖力最为重要的候选基因,选择突变基因型可提高产羔数。从世界范围绵羊品种来看,*FecB* 基因分布并不多,Davis 等(2006)年检测了 21 个高产品种,只有中国的湖羊和寒羊存在 *FecB* 基因突变。亚洲绵羊品种包括印度 Garole 羊和 Kendrapada 羊、NARI-Suwarna、中国的湖羊和小尾寒羊、中国美利奴多胎品系、多浪羊、蒙古羊、策勒羊等。在蒙古羊、呼伦贝尔羊、内蒙古细毛羊、甘肃阿尔卑斯山细毛羊、德克赛尔、无角陶赛特、萨福克、杜泊等品种中没有发现 FecB 突变,在其他品种与小尾寒羊、湖羊等杂交羊群中有杂合型基因存在,可见突变基因可以通过杂交导入。

自 2006 年开始,河北省畜牧兽医研究所与河北农业大学合作,开展肉用绵羊新品种培育工作,以常年发情的双羔小尾寒羊为母本,杜泊绵羊为父本杂交育种,并以 *BMPR-1B*(A746 G)基因作为分子标记,杂交阶段和核心群选育中均选择突变基因型羊留种,目的是提高新品种母羊产羔数。本研究是在前期工作的基础上对 *BMPR-1B* 基因在不同选育世代中遗传变异以及对不同世代繁殖性能的影响进行分析,以期为下一步选育工作提供参考。

(1)材料与方法

①试验动物。寒泊肉羊是在农区舍饲生产条件下培育而成的肉用绵羊新种群,以杜寒二代×杜寒一代为横交固定模式,建立自群繁育群进行封闭选育。本实验选择自群繁育第 1～2 世代寒泊肉羊,选择产羔次数在 3 次以上的母羊统计产羔时间,计算每次产羔间隔,查阅产羔记录和母羊繁殖档案,统计不同世代寒泊肉羊平均产羔数,不同基因型公羊所配母羊产羔数、不同基因型母羊产羔数、不同基因型公羊和母羊配种的产羔数。

②PCR-RFLP 鉴定 *BMPR-1B* 基因型。

a.引物设计。根据绵羊 *BMPR-IB* 基因(GenBank Accession No:AF357007、AF298885)序列设计 1 对强制产生限制性酶切位点 AvaII(g/gtcc)的引物,检测 A746 G 位点突变,预期扩增片段长度 140 bp。

引物序列如下:BMPR-IB 上游:5′GTCGC TATGGGGAAGTTTGGATG3′;BMPR-IB 下游:5′ CAAGATGTTTTCATGCCTCATCAACACGGTC3′。由大连宝生物工程技术有限公司合成。

b. PCR 反应体系。10×PCR 反应缓冲液 2.5 μL、2.5 mmoldNTP2.0 μL、引物各 10 pmol、1 U*Taq* 酶和 50 ng 基因组 DNA,加水至总体积为 25 μL。94℃ 变性 5 min,94℃变性 30 s,65℃ 复性 30 s,72℃ 延伸 30 s,30 个循环后,72℃ 延伸 5 min。2.5% 琼脂糖凝胶 100 V,电泳 40 min,检测扩增产物。电泳完毕在凝胶成像系统中照相,并根据 Marker 计算扩增片段的分子大小。

c.扩增产物的酶切及基因型判定。采用 webcutter 2.0.进行酶切位点分析。最终选用 AvaII 限制性核酸内切酶。酶切体系为 20 μL,其中扩增产物 5μL,Buffer2 μL 限制性内切酶 1μL (10 U),ddH$_2$O 12μL,37℃水浴 3 h。酶切反应后,将 20 μL 消化液全部加样于 2.5%琼脂糖凝胶上进行电泳,电泳完毕在紫外凝胶成像系统中照相,根据酶切产生的条带确定基因型。扩增产物为 140 bp，理论上 AvaⅡ 限制性核酸内切酶将扩增产物切为 30 bp 和 110 bp，由于 30 bp 很小，一般看不到条带，所以电泳时若有一条 110 bp 的条带为突变纯合型用 BB 表示，两条大小不一的条带（110 bp 和 140 bp）为杂合型用 B+ 表示，一条 140 bp 的条带为野生纯合型用 ++ 表示。

③数据分析。采用 Spss17.0 统计分析软件进行均值和方差分析比较。$P > 0.05$ 时差异不显著，$P < 0.05$ 时为差异显著，$P < 0.01$ 时为差异极显著。

（2）结果与分析

①PCR-RFLP 方法判定绵羊 BMPR-1B CA746 G 基因型。结果如图 2-20 所示，根据酶切后得到不同的条带，可判为不同的基因型。若产生 1 条带长度为 140 bp，++ 型；1 条带长度分别为：110 bp 为 BB 型；2 条带长度分别为 110 bp 和 140 bp，则为 B+ 型。结果表明利用 PCR-RFLP 方法可鉴定 BMPR1 B 基因型。

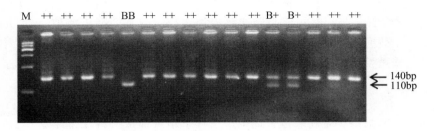

图 2-20 BMPR1 B 基因 A746 G 位点 RFLP-PCR 检测结果

②不同世代 BMPR-1B 基因型和基因频率分布。从表 2-21 可以看出，BMPR－1B 基因突变纯合型 BB 个体从第一世代就开始出现，BB 基因型频率随选育世代增加呈现升高趋势，B+ 和 ++ 基因型相对稳定，从 G1 到 G2 世代，B 基因频率有所增加，相应地 + 基因频率有所减少。表明通过人工选择可以提高特定基因频率和纯合基因型频率。

表 2-21 不同世代 BMPR1 B 基因型和基因频率分布

世代	样本数	基因型频率			基因频率	
		BB	B+	++	B	+
G1	121	0.024 8(3)	0.570 2(69)	0.405 0(49)	0.309 9	0.690 1
G2	152	0.138 2(21)	0.427 6(65)	0.434 2(66)	0.352 0	0.648 0

③不同世代基因型母羊对产羔数的影响。在世代选育中，虽然选择含有 BB 和 B+ 基因的个体留种，但仍会有 ++ 野生纯合型个体出现，在产羔数、产羔间隔数据统计中，选择的个体产羔次数均在 3 次以上，有的个体产羔次数达到 8 次，从表 2-22 结果看，在 G1 世代中，BB 基因型个体比较少，没有达到 3 次产羔数的个体，而到了 G2 世代，出现 BB 纯合型个体，这与基因型频率统计相一致，G1 世代 B+ 基因型个体产羔数高于 ++ 基因型，但差异不显著。G2 世代 BB 基因型个体产羔数达到 3.0，显著大于 B+（1.89）和 ++（1.24）基因型个体（$P < 0.01$）。G1 和 G2 世代不同基因型母羊初产日龄和平均产羔间隔无显著差别（$P > 0.05$）。

表 2-22　基因型对不同世代母羊产羔数影响

世代	基因型	平均产羔数(只)/样本数	初产日龄(d)/样本数	平均产羔间隔(d)/样本数
G1	BB	—	—	—
	B+	1.67 ± 0.58^a/21	403.90 ± 86.09^a/10	291.13 ± 76.23^a/32
	++	1.24 ± 0.27^a/7	519.00 ± 9.90^a/2	269.80 ± 47.56^a/20
G2	BB	3.00 ± 0.5^A/3	413.33 ± 24.00^a/3	316.00 ± 67.88^a/2
	B+	1.89 ± 0.73^B/14	474.84 ± 97.74^a/13	322.58 ± 6929^a/17
	++	1.22 ± 0.38^C/13	490.89 ± 96.79^a/9	294.58 ± 67.70^a/13

注:不同基因型同列数据上标相同小写字母表示差异不显著($P>0.05$),不同大写字母表示差异极显著($P<0.01$)。

（3）讨论与结论

增加产羔率是提高繁殖效率的重要方式,常规育种对于低遗传力的产羔性状选种效果非常有限,本研究在新品种培育过程中,从杂交开始,对所生后代进行基因型鉴定,选择含有 B 基因的 BB 和 B+基因型羊留种,以期提高后代产羔数,在杂交阶段,利用该基因提高产羔数效果比较显著。从本研究结果看,世代选育中,BMPR-1B 基因突变纯合型 BB 个体从第一世代就开始出现,BB 基因型频率随选育世代增加呈现增加趋势。G1 世代 BB 基因型频率为 0.028,G2 世代为 0.1382,达到了地方品种湖羊 BB 基因型频率水平,定向选择可以增加特定基因型频率。BMPR-1B 基因在不同世代选育中对后代产羔数影响显著,在 G2 世代 BB 基因型个体产羔数(3.0)显著大于 B+（1.89）和++（1.24）基因型个体($P<0.01$),这一结果与其他很多研究如地方品种、杂交选育均一致,说明利用该基因在新品种培育中作为分子标记提高产羔数是可行的。

初产日龄是品种早熟的重要特征,产羔间隔影响母羊繁殖利用效率,不同基因型母羊初产日龄和平均产羔间隔并无显著差别,说明 BMPR-1B 基因并不影响初产日龄和产羔间隔,这一结果尚未见报道。BMPR-1B 基因型公羊对所配 G1 和 G2 世代母羊产羔数无显著影响,这表明公羊 BMPR-1B 基因型不影响所配母羊产羔数,产羔数仅与母羊基因型有关,提示在选种时母本一定要选择 BB 基因型留种,但为了增加 BB 基因纯合型后代个体比例,也应选留 BB 基因型公羊。在传统表型选择时,由于单羔出生个体大,生长速度快,仅从生长性状和体貌特征来选择留种时,常常会将多胎性的羊淘汰,这就使后代繁殖性能下降,生长性状和肉用性能改善较繁殖性能容易,利用肉用性能好的公羊与地方品种绵羊杂交,杂交一代生长速度和肉用性能可以得到明显改善,而产羔数随着杂交代数增加会下降,因此在不同性状选育时,繁殖性状选育要优先考虑和选择。

2.2.3　肉羊经济性状线粒体基因遗传效应研究

2.2.3.1　小尾寒羊线粒体基因组遗传变异分析

线粒体 DNA(mitochondrial DNA,mtDNA)是动物细胞的动力工厂,机体内 90% 以上的能量都是由线粒体内膜呼吸链复合体氧化磷酸化合成的 ATP 提供。mtDNA 是动物体内唯一长期、稳定存在的核外基因组,其在世代间没有基因重组,呈现严格母系遗传,mtDNA 在细胞内以多拷贝形式存在,平均可达数百个拷贝,肝脏细胞可达数千个拷贝。因此,动物线粒体基因的影响广泛,同时具有高突变率等特点,其突变速率约为单拷贝核 DNA 的 5~10 倍,因此被广泛用于动物起源进化、物种鉴定、疾病诊断、衰老及动物经济性状的核外基因效应研究。近年来,线粒体基因遗传效应成为分子遗传领域新的热点,尽管从不同研究层面都有 mtDNA 影响农业动物重要经济性状的报道,但长期以来也一直有报道质疑 mtDNA 的核外基因效应。因此,开展系统的线粒体基因组遗传变异是研究线粒体基因效应的前提和基础,并以此为基础验证农业动物重要经济性状核外基因效应是动物遗传育种理论的重要补充和完善。本试验以中国著名多胎地方品种小尾寒羊为研究对象,利用基因组扫描策略、DNA 混池测序技术获得线粒体基因组序列,分析基因组结构特点和变异情况为线粒体基因研究提供基础。

(1)材料与方法

①试验动物与样品采集。53 个不同母源家系 110 只小尾寒羊均由河北连生农业开发有限公司种羊场提供。配制 20 mmol/L EDTA(二钠盐)作为抗凝剂,高压灭菌,在每个样品管(2 mL EP 管)中加入 300 μL 灭菌后的 EDTA,放入离心管盒子待用。采用颈静脉方法用 5 mL 或 10 mL 注射器采集全血(每只羊一个注射器),每个样品采集血液约 1.5 mL 装入备好含有抗凝剂的 2 mL EP 管中,并做好耳标标记,将血液样品置于含有冰盒的保温箱内,待采血结束后带回实验室。

②基因组 DNA 提取。按陈晓勇等(2013)介绍的方法提取总 DNA。取 0.8 g 总 DNA,再加入 2 μL 6×Loading Buffer,使用 1.0%琼脂糖凝胶电泳进行检测,120 V 电泳 20 min,用凝胶成像系统检测结果。

③DNA 混池。利用酶标仪测定每个样品 DNA 浓度,按照每个样品浓度为 100 ng 组成 DNA 池(混合样品数为 15 个),计算每个样品所需体积,将每个样本 DNA 混合在 1 个 EP 管中。

④线粒体全基因组测序。按照分段扩增线粒体基因组的方法,参照 GenBank 中公布的绵羊线粒体基因组序列(登录号:AF010406),使用 Primer Premier 5.0 软件设计覆盖绵羊线粒体基因组序列引物,每段序列长度 1~1.2 kb,相邻片段有 100 bp 左右的重叠区域,引物信息见表 2-23。引物由博迈德技术服务有限公司合成。PCR 反应体系 25 μL:DNA 池 2 μL,10× PCR Buffer 2.5 μL,dNTP(10 mmol/L)0.5 μL,正、反向引物(10 mmol/L)各 1.0 μL,Taq DNA Polymerase(5 U/μL)0.15 μL,ddH$_2$o 17.85 μL。PCR 反应条件:95℃预变性 5 min;95℃变性 20 s,退火 30 s(退火温度见表 2-23),72℃延伸 90 s,35 个循环;72℃延伸 7 min;4℃保存。将 PCR 产物纯化后直接测序,获得 DNA 序列信息。

表 2-23　绵羊线粒体基因组遗传变异分析 PCR 引物信息

引物名称	上游引物(5′→3′)	下游引物(5′→3′)	扩增区域	产物长度(bp)	退火温度(℃)
P1	GTTAATGTAGCTTAAACT-TAAAGC	GAAGGGTATAAAGCAC-CGCC	1—611	612	62
P2	TGCTTAGCCCTAAACA-CAAATAA	AAACTTGTGCGAG-GAGAAAA	509—1 778	1 270	61
P3	TAGGCCTAAAAGCAGC-CATC	TACAACGTTTGGGC-CTTTTC	1 604—2 844	1 261	62

续表 2-23

引物名称	上游引物（5′→3′）	下游引物（5′→3′）	扩增区域	产物长度（bp）	退火温度（℃）
P4	CAACGTTCTAACACTCAT-CATTCC	TCAGTGGGTGCTAAT-CATAACG	2 756—3 987	1 232	62
P5	TACCCCGAAAATGTTGGT-TC	GCCCACCAATCTAGTGAG-GA	3 873—5 103	1 231	57
P6	GAGCCTTCAAAGCCCTA-AGC	TTCAGGTTTCGGTCCGT-TAG	4 976—5 978	1 003	62
P7	TCAAACCCCCTTGTTTG-TATG	GGAGGTTCGATTCCTTC-CTT	5 868—6 898	1 031	62
P8	GCATTTGCATCTA-AACGAGAA	CTGGGTTGTGGTAGAAGT-TGTG	6 754—7 886	1 133	62
P9	CAAGAAGCTATC-CCAGCGTTA	CTTTTGGACAGCCGGAG-TAT	7 709—8 846	1 138	62
P10	TGCCCTCCTAATAACATCT-GG	TCGGTTCATTCGAGTC-CTTT	8 684—9 812	1 129	62
P11	CCACTACCATGAGCCTCA-CA	TCTACATGGGCTTTGG-GAAG	9 688—10 839	1 152	60
P12	TCTCCAGTACTGAGT-TCAACCAA	GCTGCGATGGGTATGGT-TAG	10 708—11 815	1 108	62
P13	ATGCCCCCATGTCTAAT-AGC	GTGGATAATGGAGC-CAGAGC	11 650—12 797	1 148	57
P14	CCTCACCCAAAATGATAT-CAAAA	TTAATGGTATGGGGGATT-GG	12 629—13 730	1 102	60
P15	CCAATCAATAAAGAC-CAACCAG	ATGGAGCTGGGAGAT-CAATG	13 595—14 231	637	60
P16	GTCATCATCATTCTCA-CATGGAATC	CTCCTTCTCTGGTTTA-CAAGACCAG	14 078—15 349	1 272	60
P17	CATCAAAGCAACGGAGCA-TA	GTGGGTGGTTGT-GCTTTCT	15 084—15 587	505	62
P18	TAAGACTCAAG-GAAGAAGCTA	CATTTTCAGTGCCTT-GCTTTA	15 365—39	1 263	55

⑤序列拼接。参考已公开绵羊线粒体全基因组序列,利用 DNAStar 软件中 SeqMan 模块将测序获得的每一段基因序列进行比对、拼接,获得绵羊线粒体全基因组序列。

⑥变异位点分析。测序图谱均用 Chromas 2.22 软件进行碱基人工核查,以胶图文件为准,使用 DNAStar 软件包中 SeqMan 软件(DNASTAR Inc,2007)校对原始序列文件中明显的错误位点。以 GenBank 中公布的绵羊线粒体基因组全序列(登录号:AF 10406.1)为参考序列,将由 18 对不同引物所测定的片段拼接为完整的基因组全序列,并根据测序峰图和序列比对获得遗传变异信息。使用 DNAMAN 7.0 软件选择脊椎动物线粒体密码子对所有位点进行翻译,获取错义突变和非功能性突变。

（2）结果与分析

①线粒体基因组 PCR 扩增。由首尾重叠的 18 对引物扩增线粒体基因组电泳结果见图 2-21。各对引物扩增的目的条带清晰、亮度均一,适合测序,其中第 1、15、17 对引物扩增片段均小于 1 kb,其他对引物扩增片段大小均在 1～1.2 kb。

②小尾寒羊线粒体基因组结构。小尾寒羊线粒体基因组全长 16 617 bp,编码区含有 13个蛋白质基因,22 个 tRNA,2 个 rRNA;非编码区 D-loop 长度为 1 180 bp。tRNA-Gln、tR-

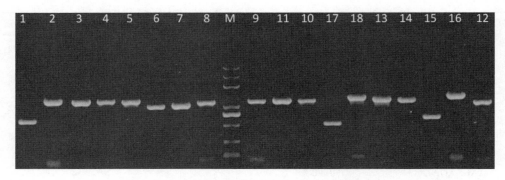

图 2-21　小尾寒羊线粒体基因组 PCR 扩增电泳图

NA-Ala、tRNA-Asn、tRNA-Cys、tRNA-Tyr、tRNA-Ser（UCN）、tRNA-Glu、ND6 位于轻链，其余位于重链。

　　③小尾寒羊线粒体编码区遗传变异情况。编码区变异结果见表 2-24。由表 2-24 可知，在整个多肽编码区除 *ATPase*8 基因无突变外，其余 12 个多肽编码基因均有突变位点，SNP 总数为 83 个，其中错义突变为 19 个，分别为 T3 544 A（*ND1*）、T4 209 C（*ND2*）、C7 501 A（*CO*Ⅱ）、A8 040 G（*ATPase* 6）、G8 265 C（*ATPase* 6）、A9 376 G（*COIII*）、C9 975 T（*ND4 L*）、G10 119 A（*ND4 L*）、G10 938 A（*ND4*）、G11 046 A（*ND4*）、G12 571 C（*ND5*）、G13 041 A（*ND5*）、C13 576 T（*ND6*）、T13 588 C（*ND6*）、C13 777 T（*ND6*）、C13 789 T（*ND6*）、T13 837 C（*ND6*）、T13 855 C（*ND6*）、A13 876 G（*ND6*）。

表 2-24　小尾寒羊线粒体多肽编码区遗传变异

变异基因	变异位点	密码子改变	氨基酸改变	变异基因	变异位点	密码子改变	氨基酸改变
	C2 775 T	AUC→AUU	—	*ND4 L*	C9 997 T	CUA→UUA	—
	C2 967 T	GCC→GCU	—		C9 975 T	CCU→UCU	P→S
	G3 219 A	GGG→GGA	—		G10 119 A	GGU→AGU	G→S
ND1	G3 432 A	GCG→GCA	—	*ND4*	A10 550 G	ACA→ACG	—
	T3 544 A	UCA→ACA	S→T		C10 784 T	UUC→UUU	—
	G3 663 A	UCG→UCA	—		G10 853 A	GCG→GCA	—
	T4 183 C	AAU→AAC	—		G10 938 A	GAC→ACA	D→N
	T4 209 C	AUA→ACA	M→T		G11 024 A	AAG→AAA	—
	C4 216 T	CUC→CUU	—		G11 046 A	GUU→AUU	V→I
	C4 429 T	ACC→ACU	—		A11 318 G	GUA→GUG	—
ND2	T4 444 C	AUU→AUC	—		T11 483 C	CUU→CUC	—
	T4 453 C	UAU→UAC	—		G11 492 A	CUG→CUA	—
	C4 840 T	AAC→AAU	—	*ND5*	C11 783 T	GUC→GUU	—
	C4 916 T	CUA→UUA	—		T11 834 C	CAU→CAC	—
	C4 936 T	AUC→AUU	—		T11 846 C	AAU→AAC	—

续表 2-23

变异基因	变异位点	密码子改变	氨基酸改变	变异基因	变异位点	密码子改变	氨基酸改变
	C5 383 T	ACC→ACU	—		T12 023 C	GUU→GUC	—
	C5 566 T	UUU→UUC	—		T12 287 C	GGU→GGC	—
	T5 785 C	CAU→CAC	—		G12 539 C	CGG→CGC	—
	T5 902 C	AUU→AUC	—		G12 571 C	GGC→GCC	G→A
	C6 268 T	AUC→AUU	—		G13 041 A	GCA→ACA	A→T
CO I	T6 511 C	UUU→UUC	—		G13 097 A	CCG→CCA	—
	A6 556 G	ACA→ACG	—		T13 172 C	CCU→CCC	—
	G6 616 A	CAG→CAA	—		A13 199 G	AUA→AUG	—
	C6 629 T	CUA→UUA	—		T13 436 C	AUU→AUC	—
	T6 673 C	UAU→UAC	—		C13 523 T	UCC→UCU	—
	A6 727 G	GUA→GUG	—	ND6	C13 576 T	CUC→UUC	L→F
	T7 142 C	AUU→AUC	—		T13 588 C	UAC→CAC	Y→H
	C7 217 T	ACC→ACU	—		C13 777 T	CAU→UAU	H→Y
CO II	G7 322 A	GGG→GGA	—		C13 789 T	CAU→UAU	H→Y
	C7 436 T	GAC→GAU	—		T13 837 C	UCA→CCA	S→P
	C7 501 A	CCC→CAC	P→H		T13 855 C	UUC→CUC	F→L
	A7 505 G	UCA→UCG	—		A13 876 G	AUA→GUA	M→V
	T7 984 C	GGU→GGC	—	Cytb	C14 467 T	UAC→UAU	—
	A8 040 G	AAC→AGC	N→S		G14 653 A	UGG→UGA	—
	T8 122 C	AAU→AAC	—	CO III	C8 652 T	AAC→AAU	—
ATPase6	G8 149 A	AUG→AUA	—		T8 898 C	UUU→UUC	—
	T8 257 C	CCU→CCC	—		G9 129 A	GUG→GUA	—
	G8 265 C	GGA→GCA	G→A		A9 189 G	GGA→GGG	—
	C8 377 T	AUU→AUC	—		A9 285 G	UUA→UUG	—
	T8 539 C	GUU→GUC	—		A9 376 G	AUA→GUA	M→V
	G9 604 A	GGG→GGA	—				
ND3	T9 667 C	GAU→GAC	—				
	C9 757 T	UUC→UUU	—				

　　小尾寒羊线粒体编码区多态性结果见表 2-25。编码区共有 95 个变异位点,平均突变率为 0.61%。tRNA 有 4 个突变位点,分别为 tRNA-Tyr(G5,295 A)、tRNA-Lys(T7,720 G)、tRNA-His(C11,607 T)、tRNA-Ser(G11,669 A),突变率 0.26%;rRNA 有 8 个变异位点,突变率 0.32%,其中 12S rRNA 基因有 3 个变异位点,分别为 T281C、C291T、A538G;16S rRNA 基因变异位点有 5 个,包含 A1099T、T1112C、T2200C、C2444T、T2635C;多肽编码区有 83 个变异位点,突变率 0.73%,高于 rRNA 和 tRNA 区域。13 个多肽编码区 SNP 分布情况见表

2-26。整个多肽编码区 SNP 比例为 0.73%。突变率最高的基因是 ND6，SNP 比例为 1.33%，ND1、COⅠ、ND4、ND5、Cytb 基因 SNP 比例小于平均值，而 ND2、COⅡ、ATPase 6、COⅢ、ND3、ND4 L、ND6 基因 SNP 比例高于平均值。此外，错义突变总数为 19 个，比例为 0.17%，其中 COⅠ、ND3 和 Cytb 无错义突变。

表 2-25　小尾寒羊线粒体编码区多态性分布

区域	变异位点（个）	大小（bp）	突变率（%）
rRNA	8	2 533	0.32%
tRNA	4	1 514	0.26%
多肽编码区	83	11 400	0.73%
总计	95	15 447	0.62%

表 2-26　小尾寒羊多肽编码区错义突变频率分布

基因	大小（bp）	错义突变	比例（%）	同义突变	比例（%）	SNP	比例（%）
ND1	955	1	0.10	5	0.52	6	0.63
ND2	1 042	1	0.09	8	0.77	9	0.86
COⅠ	1 545	0	0	11	0.71	11	0.71
COⅡ	684	1	0.15	5	0.73	6	0.88
ATPase6	679	2	0.29	6	0.74	8	1.18
COⅢ	784	1	0.12	5	0.64	6	0.77
ND3	346	0	0	3	0.87	3	0.87
ND4 L	297	2	0.67	1	0.34	3	1.01
ND4	1 378	2	0.15	7	0.51	9	0.65
ND5	1 821	2	0.11	11	0.60	13	0.71
ND6	528	7	1.33	0	0	7	1.33
Cytb	1 140	0	0	2	0.18	2	0.18
总计	11 400	19	0.17	72	0.63	83	0.73

（3）讨论

mtDNA 是哺乳动物细胞中具有双链闭合环状结构约 16.5 kb 的核外遗传物质，编码 37 个基因：13 个氧化磷酸化（OXPHOS）复合物亚基，2 个 rRNA（12 S rRNA 和 16 S rRNA），22 个 tRNA。根据氯化铯密度不同，线粒体 DNA 分为重链（H）和轻链（L），其中的基因分布很不对称，H 链包含 12 个亚基基因，2 个 rRNA 和 14 个 tRNA 等大多数基因，而轻链只包含复合物 ND6 亚基和 8 个 tRNA 基因。另外还有一段调控 mtDNA 转录和复制的非编码区（NCR），通常称取代环（Displacement loop，D-loop）。关于绵羊线粒体基因组变异多数基于起源驯化方面研究，且多数集中在个别基因变异，整个线粒体基因组变异报道不多。Reicher 等（2012）

报道国外品种 Afec-Assaf 羊线粒体基因组有 245 个变异位点位于 10 个多肽基因编码区,包括 *ND1*、*ND2*、*ND4*、*ND5*、*ND6*、*CO*Ⅰ、*CO*Ⅱ、*CO*Ⅲ、*ATP6*、*Cytb*,其中 26 个非同义突变,tR-NA 基因有 8 个变异位点,包括 tRNA-Val、tRNA-Asn、tRNA-Tyr、tRNA-Asp、tRNA-Lys、tRNA-His、tRNA-Ser、tRNA-Leu。本研究中小尾寒羊 mtDNA 的 12 个多肽编码基因包含 83 个变异位点,tRNA 和 rRNA 基因分别包含 4 和 8 个变异位点,其中有一些多肽编码基因与 Reicher 等报道 Afec-Assaf 羊 tRNA 编码基因有相同变异位点,但也有一些不同变异位点,这可能与品种特征有关。由于该研究结果是以 Hiendleder 等(1998)发表的绵羊线粒体基因组序列(GenBank 登录号:AF010 406)为基准,本研究小尾寒羊线粒体基因组在 1 730 处有一插入 C,在 11 710 处缺失 C,因此 1 730 bp 之后的变异位点要比 Afec-Assaf 羊多 1 位,如 T3 544 A(*ND1*)、T4 209 C(*ND2*)、A7501G、A8040G、G8265C、A9376G、G12571C 均为多肽编码区相同变异位点,除 A7 501 G 变异类型不同外,其余变异类型也相同。本研究的小尾寒羊与 Reicher 等报道的 Afec-Assaf 羊线粒体基因组在 tRNA 基因有 3 个相同变异位点:T7 720 G、C11 607 T 和 G11 669 A,此外在 11 710 bp 处均为缺失。

在农业动物育种中,线粒体基因组作为核外遗传物质,其遗传效应对一些性状的贡献不容忽视,深入剖析核外遗传效应对于提高动物遗传评价、育种值估计和杂交改良具有重要理论和实践意义。农业动物核外遗传效应最先于 20 世纪 80 年代在奶牛上发现,后来在太湖猪、肉鸡、绵羊等上陆续发现,如鸡的屠宰性状,奶牛的产奶性状、肥育性状,肉牛的屠宰和肉质性状,太湖猪的产仔性状,绵羊产毛性能等。绵羊核基因与经济性状的研究报道很多,但有关线粒体基因组变异及其与表型关系的研究较少,小尾寒羊线粒体基因组变异分析将为 mtDNA 多态性与经济性状关联分析及核外遗传效应研究提供分子生物学基础。

利用 DNA 池和测序技术是一种快速筛查线粒体基因组遗传变异的方法,虽有很多 DNA 混池文献报道,但有关混池样本数量的研究鲜有报道,DNA 混池数量影响遗传变异分析结果,Kannim 等(2009)研究认为当突变个体在混池测序中低于 5% 时,将无法检测到突变,即当仅有一个突变个体时,混池测序个体不能超过 20 个。此外,经试验验证混池样本数为 15 个可较容易检测变异位点,否则在分析测序结果时,容易将套峰(变异位点)认为是底峰,甚至突变位点不会出现套峰,因此我们选择 15 个样本混为一个池,并将浓度调整为 100 ng/μL,将有利于 PCR 扩增加样操作。

2.2.3.2　小尾寒羊 mtDNA *tRNA-Lys* 基因 T7719G 突变影响产羔数

细胞内线粒体负责电子传递链(electron transport chain,ECT)产生 ATP,ETC 由五个呼吸复合物(mitochondrial respiratory complexes,MRCs)构成,其中复合物Ⅰ、Ⅲ、Ⅳ、Ⅴ由线粒体和核基因编码。复合物Ⅱ完全由核基因编码。线粒体基因组编码 13 个多肽、2 个 rRNAs、22 tRNAs(Anderson et al.,1981)。自从线粒体基因(mtDNA)影响奶牛产奶性状(Bell et al.,1985)报道以来,mtDNA 影响畜禽经济性状被广泛报道,包括猪(Yen et al.,2007)、奶牛(Qin et al.,2012)、肉牛(Zhang et al.,2008;Auricélio et al.,2014)、绵羊(Reicher et al.,2012)、鸡(Lu et al.,2016)。近年来,研究表明产羔数是动物生产和育种非常重要的经济性状之一。大量研究认为 *BMPR-IB* 基因是影响绵羊繁殖力重要的核主效基因。研究发现 Afec-Assaf 羊群 mtDNA 单倍型群效应与产羔数相关,但并未发现与 *BMPR-IB* 基因互作

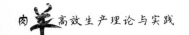

(Reicher et al.,2012)。有关 mtDNA 基因效应的报道很少（Hanford et al.,2003；Van Vleck et al.,2003；Snowder et al.,2004；Van Vleck et al.,2005），因此非常有必要进行研究。本研究以我国高繁品种小尾寒羊为研究对象，对 mtDNA 编码区功能突变与产羔数进行研究，除了对非同义突变和单倍型群之外，对 ETC 包含的 mtDNA 序列、MRC 包含的 mtDNA 序列以及线粒体基因也进行了分析。这种线粒体基因单倍型研究策略是首次用于关联分析。此外，对 *BMPR-IB* 基因效应及与 mtDNA 突变互作也进行了研究。

（1）材料与方法

①试验动物。选择 53 个不同母源家系的小尾寒羊母羊 110 只，共 321 次产羔记录。采用颈静脉方法用 5ml 注射器采集全血。所有试验羊舍饲饲养，记录母羊产羔数，所有母羊 2 月龄时做 *BMPR-IB* 基因型鉴定。

②*BMPR-IB* 基因型鉴定和线粒体编码区基因测序。采用酚氯仿方法提取基因组 DNA。采用 PCR-RFLP 方法鉴别 *BMPR-IB* 基因型。线粒体基因编码区测序扩增按文献报道（陈晓勇，2014）进行。

③单倍型和单倍型群分析。利用所有非同义突变位点构建单倍型和单倍型群，利用 FaBox 在线软件分析单倍型，利用 network 4.6.1.4 软件分析单倍型群。

④关联分析。利用 SAS 9.2 软件建立混合模型，模型包含产羔年份（*ys*）、胎次（*parity*）、公羊（*ram*）、*BMPR-IB* 基因型（*BMPR-IB*）、mtDNA 突变（*mutations*）（包含非同义突变、单倍型和单倍型群）、*BMPR-IB* 与 mtDNA 突变互作（*BMPR-IB ✐mutations*）、多基因效应（*ID*）、永久环境效应（*EP*）、随机效应（*e*）。用家系信息校正多基因效应，永久环境效应用重复测定数据处理。如果互作效应不显著，就将该效应去掉。

$$ls = ys + parity + ram + BMPR\text{-}IB + mutations + BMPR\text{-}IB ✐mutations + ID + EP + e$$

（2）结果

①线粒体编码基因突变。线粒体基因编码区共发现 95 个变异位点，包括 64 个同义突变和 31 个非同义突变（蛋白编码基因有 19 个错义突变位点、rRNAs 8 个突变位点、tRNAs 4 个突变位点）（表 2-27）。

②BMPR-IB 基因型。117 只母羊包含＋＋型 18 只，B＋型 87 只和 BB 型 12 只。

③线粒体基因单倍型和单倍型群对产羔数的遗传效应。31 个非同义突变构成 44 种单倍型，并聚为 4 个单倍型群（图 2-22）。混合模型分析表明单倍型和单倍型群、*BMPR-IB* 基因型与单倍型、单倍型群互作均不影响产羔数（$P > 0.05$），但 *BMPR-IB* 基因影响产羔数（$P < 0.05$）。

表 2-27　编码区非同义突变

基因	突变[a]	密码子改变	氨基酸变化	显著性
ND1	T3543A	UCA→ACA	S→T	ns
ND2	T4208C	AUA→ACA	M→T	ns
COII	C7500A	CCC→CAC	P→H	ns

续表 2-27

基因	突变[a]	密码子改变	氨基酸变化	显著性
ATPase6	A8039G	AAC→AGC	N→S	ns
	G8264C	GGA→GCA	G→A	ns
COIII	A9375G	AUA→GUA	M→V	ns
ND4L	C9974T	CCU→UCU	P→S	ns
	G10118A	GGU→AGU	G→S	ns
ND4	G10937A	GAC→AAC	D→N	ns
	G11045A	GUU→AUU	V→I	ns
ND5	G12571C	GGC→GCC	G→A	ns
	G13041A	GCA→ACA	A→T	ns
ND6	C13576T	CUC→UUC	L→F	ns
	T13588C	UAC→CAC	Y→H	ns
	C13777T	CAU→UAU	H→Y	ns
	C13789T	CAU→UAU	H→Y	ns
	T13837C	UCA→CCA	S→P	ns
	T13855C	UUC→CUC	F→L	ns
	A13876G	AUA→GUA	M→V	ns
12SrRNA	T281C	—	—	ns
	C291T	—	—	ns
	A538G	—	—	ns
16SrRNA	A1099T	—	—	ns
	T1112C	—	—	ns
	T2199A	—	—	ns
	C2443T	—	—	ns
	T2634C	—	—	ns
tRNA-Tyr	G5295A	—	—	ns
tRNA-Lys	T7719G	—	—	*
tRNA-His	C11606T	—	—	ns
tRNA-Ser	G11668A	—	—	ns

[a] 突变位置参照绵羊序列(GenBank：AF010106)；ns 代表差异不显著，* 表示 0.05 水平显著。

④线粒体编码基因错义突变和单倍型对产羔数的遗传效应。蛋白质编码区 19 个错义突变构成 35 个电子传递链的单倍型（H-ETC），其中 MRCⅠ包含的 15 个错义突变构成了 33 种

单倍型（H-MRCⅠ），MRCⅣs、MRCⅤs均含有2个错义突变，分别构成3种单倍型（HMRCⅣs，H-MRCⅤs），此外，单个基因中的错义突变构成的单倍型为H-genes（表2-28）。混合模型分析表明，19个非同义突变、所有单倍型均与产羔数关联不显著（$P>0.05$）。*BMPR-IB*基因与产羔数显著相关（$P<0.05$），但是*BMPR-IB*基因与mtDNA突变互作不显著（$P>0.05$）。

⑤线粒体rRNA基因突变和单倍型对产羔数的影响 *12S rRNA*中的3个突变构成了4种单倍型（H-*12S rRNA*），*16S rRNA*中的5个突变构成了15种单倍型（H-*16S rRNA*）（表2-28）。关联分析结果表明rRNA基因中的突变位点和单倍型均不影响产羔数（$P>0.05$）（表2-27，表2-28）。*BMPR-IB*基因与产羔数显著相关（$P<0.05$），但与*rRNA*突变不相关（$P>0.05$）。

⑥tRNA基因突变和单倍型对产羔数的影响 所有的tRNA基因中共有4个突变位点，其中每个基因只有1个突变位点，因此，无法构成单倍型。*tRNA-Lys*基因中的T7719G突变影响产羔数，G基因型（1.79）比T基因型（1.50）多0.29只（$P<0.05$）。虽然*BMPR-IB*基因与产羔数显著相关（$P<0.05$）（表2-29），但与T7719G无互作（$P>0.05$）。

表 2-28　不同层面上的mtDNA非同义突变构成的单倍型对产羔数的影响

功能单倍型[a]	包含的基因	突变数量	单倍型数量	显著性[b]
H	*ND1*、*ND2*、*ND4L*、*ND4*、*ND5*、*ND6*、*CO Ⅱ*、*CO Ⅲ*、*ATP6*、*12SrRNA*、*16SrRNA*、*tRNA-Tyr*、*tRNA-Lys*、*tRNA-His*、*tRNA-Ser*	31	44	ns
H-ETC	*ND1*、*ND2*、*ND4L*、*ND4*、*ND5*、*ND6*、*CO Ⅱ*、*COⅢ*、*ATP6*	19	35	ns
H-MRCⅠ	*ND1*、*ND2*、*ND4L*、*ND4*、*ND5*、*ND6*	15	33	ns
H-MRCⅣ	*CO Ⅱ*、*COⅢ*	2	3	ns
H-MRCⅤ	*ATP6*	2	3	ns
H-*ND4L*	*ND4L*	2	4	ns
H-*ND4*	*ND4*	2	4	ns
H-*ND5*	*ND5*	2	3	ns
H-*ND6*	*ND*	7	10	ns
H-*ATP6*	*ATP6*	2	3	ns
H-*12SrRNA*	*12SrRNA*	3	4	ns
H-*16SrRNA*	*16SrRNA*	5	15	ns

[a]非同义突变构建的单倍型反映了编码区特性，基于电子传递链构建的单倍型（H-ETC）代表所有ETC包含的mtDNA序列特性，基于MRC构建的单倍型（H-MRC）代表MRC包含的mtDNA序列特性。H-MRC包含三种类型，即MRC-Ⅰ，MRC-Ⅳ，MRC-Ⅴ。最后是基因水平上的单倍型（H-gene），代表每个基因包含的mtDNA序列特性。

[b]利用R语言中的FDR进行多重比较，"ns"代表不显著，"＊"代表0.05水平显著。

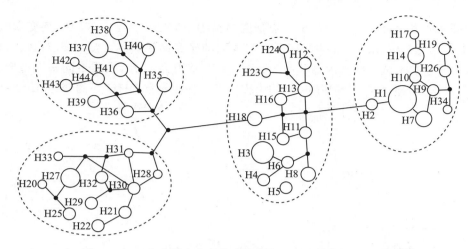

图 2-22　31 个非同义突变构成的不同母源家系单倍型 NJ 树

（3）讨论

人类疾病中,线粒体编码基因突变导致氧化磷酸化复合物改变,因此,mtDNA 影响动物经济性状也正常。本研究中,我们对小尾寒羊 mtDNA 和产羔数相关性进行了研究。为了研究所有 mtDNA 效应,我们提出了影响生物功能的线粒体单倍型策略,包含四个层面的单倍型:首先分析所有非同义突变构成的一般单倍型反应 mtDNA 编码区整体特性;其次,基于 ETC 的单倍型(H-ETC)代表所有包含 mtDNA 序列的 ETC 特性;第三,基于 MRC 的单倍型表明包含 mtDNA 序列的 MRC 特性。H-MRC 包含四种类型,即 MRC-Ⅰ,MRC-Ⅲ,MRC-Ⅳ,MRC-Ⅴ;最后是基因水平上的单倍型(H-gene),代表每个基因包含的 mtDNA 序列特性。

表 2-29　不同 BMPR-IB 基因型对产羔数的影响

基因型	母羊数	胎次	产羔数（平均）[1]
++	18	69	1.4638[a]
B+	87	285	1.7474[b]
BB	12	47	2.1915[c]

[1]平均表示不同基因型绵羊产羔数的算术平均值。利用 FDR 方法进行多重比较,不同上标字母代表 0.05 水平达到显著。

混合线性模型中,非必要因素会影响感兴趣的因子如自由度的估计。因此,基于多种模型和线性混合线性模型变量选择的想法,在关联分析中提出了环境变量选择两步法,为了提高遗传评估的精确性忽略了非显著环境因子。本研究中环境因子包含羔羊出生月份、胎次、配种公羊、我们感兴趣的 BMPR-IB 基因型、mtDNA 突变以及他们之间的互作等遗传因子。我们使用全模型(模型Ⅰ)包含所有环境和遗传因素检验环境因子,结果表明胎次和配种公羊对产羔数影响不显著,因此在最优模型(模型Ⅱ)中将这两个因子排除,用最优模型检验遗传因子的显著性,特别是 mtDNA 突变对产羔数的影响。

很多报道人的 tRNA 突变与很多病理相关,例如,耳聋与 *tRNA-Asp* A7551G 突变相关(Wang et al.,2016)。高血压与 *tRNA-Ile* A4263G 突变相关(Chen et al.,2016),tRNA 突变

可能减少肝癌的发生(Li et al.,2016)。有研究报道绵羊 *tRNA-Asp* A7551G 突变影响 Afec-Assaf 羊的产羔数(Reicher et al.,2012),这与我们的研究结果 *tRNA-Lys* T7719G 与小尾寒羊产羔数显著相关一致。G 基因绵羊产羔数 1.79,T 基因为 1.50,表明不同基因型产羔数相差 0.29 只。此外,预测了 tRNA-Lys 结构中突变 T7719G 导致 DHU 环的变化(图 2-23)。

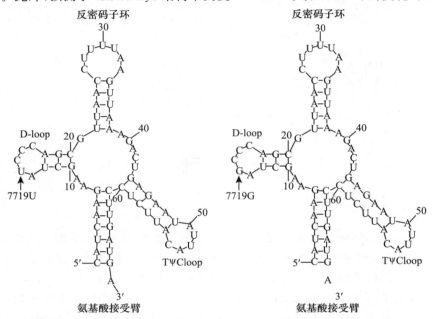

图 2-23　U7719G 突变的 tRNA-Lys 基因二级结构预测图

(4)结论

我们总结了 mtDNA 效应分析程序,首先,扫描母源家系线粒体基因突变,其次,构建单倍型、单倍型群和组合单倍型。最后分析 mtDNA 突变(包括突变、单倍型和单倍型群)与性状关联分析。本研究发现的 T7719G 与产羔数显著相关。对于低遗传力的性状,标记辅助选择有助于提高育种和选择的准确性。此外,应进一步验证 T7719G 是否为绵羊育种的一个遗传标记。

2.2.3.3　肉用绵羊线粒体基因功能变异与产羔数性状关联分析

在动物育种中,线粒体基因(mtDNA)作为核外遗传物质,其遗传效应对经济性状的作用不容忽视,畜禽核外遗传效应最早于 20 世纪 80 年在奶牛产奶性状的研究中提出,之后在猪、鸡、鸭、绵羊等畜种上陆续发现。如鸡的屠宰性状、奶牛的产奶性状、肉牛的生长和肉质性状、猪的繁殖和肉质性状、绵羊的生长性状和繁殖性状等等。尽管 mtDNA 影响农业动物重要经济性状的研究时有报道,但长期以来存在争议。因此,开展系统的线粒体基因组遗传变异研究验证其基因效应是动物遗传育种理论的重要补充和完善。

产羔数是绵羊生产中重要的经济性状之一,长期以来,产羔数性状的研究主要集中在核基因上,线粒体基因变异与产羔数性状存在关联的研究也有报道,但存在较大争议。自 20 世纪 90 年代以来,我国从国外引入了一些肉用绵羊品种,包括杜泊、陶赛特、萨福克等。从基因组角度研究线粒体基因与产羔数性状的关系,将有助于全面认知绵羊产羔数性状的遗传机理。

因此,本研究以杜泊、陶赛特、萨福克三个肉用绵羊品种为研究对象,进行线粒体基因组遗传变异分析,并对线粒体基因功能变异与产羔数性状作关联分析,目的是分析产羔数性状线粒体基因效应。

(1)材料与方法

①试验动物和 DNA 提取。肉用绵羊血液及生产数据来自河北省畜牧良种工作站种羊场。杜泊绵羊共 17 个家系 77 只母羊,共 217 次产羔记录。陶赛特绵羊共 17 个家系 81 只母羊,共 267 次产羔记录。萨福克绵羊共 21 个家系 90 只母羊,共 251 次产羔记录。试验母羊年龄为 4~6 岁,胎次在 3 胎以上。配制 20 mM/L EDTA(二钠盐)作为抗凝剂,高压灭菌,在每个样品管(2 mL EP 管)中加入 300 μL 灭菌后的 EDTA,放入离心管盒子待用。采用颈静脉方法用 5 mL 注射器采集全血(每只羊一个注射器),每个样品采集血液 1.5 mL 左右装入备好含有抗凝剂的 2 mL EP 管中,并做好耳标标记,将血液样品置于含有冰盒的保温箱内,待采血结束后带回实验室。采用酚氯仿方法提取总 DNA。

②线粒体基因组测序。参照绵羊线粒体基因组序列(GenBank:AF010406),使用 Primer premier version 5 设计覆盖绵羊线粒体基因组序列引物,每段序列长度 1~1.2 kb,相邻片段有 100 bp 左右的重叠区域。引物信息如表 2-30。

PCR 反应体系(25 μL):ddH$_2$O 17.85 μL,10 x PCR buffer 2.5 μL,dNTP (10 mmol/L) 0.5 μL,正向引物(10 mmol/L)1.0 μL,正向引物(10 mmol/L)1.0 μL,Taq DNA Polymerase (5 U/μL)0.15 μL,DNA 模板 2 μL。反应条件:95℃预变性 5 min;循环条件 95℃变性 20 s,退火 30 s(退火温度 Tm 见表 2-30),72℃延伸 90 秒,35 个循环,72℃延伸 7 min;4℃保存。将 PCR 产物纯化后直接测序,获得 DNA 序列信息。

参考已公开绵羊线粒体全基因组序列(GenBank:AF010406),利用 DNASTAR 软件中 SeqMan 模块将测序获得的每一段基因序列进行比对、拼接,获得绵羊线粒体全基因组序列。

表 2-30　绵羊线粒体基因组遗传变异分析 PCR 引物信息

引物名称	上游引物(5′→3′)	下游引物 (5′→3′)	扩增区域	产物长度(bp)	退火温度(℃)
P1	GTTAATG-TAGCTTAAACT-TAAAGC	GAAGGGTATA-AAGCACCGCC	1—611	612	62
P2	TGCTTAGCCCTA-AACACAAATAA	AAACTTGT-GCGAGGAGAAAA	509—1 778	1 270	61
P3	TAGGCCTA-AAAGCAGCCATC	TACAACGTTT-GGGCCTTTTC	1 604—2 844	1 261	62
P4	CAACGTTCTAA-CACTCATCAT-TCC	TCAGTGGGT-GCTAATCATA-ACG	2 756—3 987	1 232	62
P5	TAC-CCCGAAAATGT-TGGTTC	GCCCAC-CAATCTAGT-GAGGA	3 873—5 103	1 231	57

续表 2-30

引物名称	上游引物(5′→3′)	下游引物（5′→3′)	扩增区域	产物长度(bp)	退火温度(℃)
P6	GAGCCT-TCAAAGCCCTA-AGC	TTCAGGTTTCG-GTCCGTTAG	4 976—5 978	1 003	62
P7	TCAAACCCCCTT-GTTTGTATG	GGAGGTTCGAT-TCCTTCCTT	5 868—6 898	1 031	62
P8	GCATTTG-CATCTAAAC-GAGAA	CTGGGTTGTGG-TAGAAGTTGTG	6 754—7 886	1 133	62
P9	CAAGAAGC-TATCCCAGCGT-TA	CTTTTGGACAGC-CGGAGTAT	7 709—8 846	1 138	62
P10	TGCCCTCCTA-ATAACATCTGG	TCGGTTCAT-TCGAGTCCTTT	8 684—9 812	1 129	62
P11	CCACTACCAT-GAGCCTCACA	TCTACAT-GGGCTTTGG-GAAG	9 688—10 839	1 152	60
P12	TCTCCAGTACT-GAGTTCAACCAA	GCTGCGATGGG-TATGGTTAG	10 708—11 815	1 108	62
P13	ATGCCCCCAT-GTCTAATAGC	GTGGATAATG-GAGCCAGAGC	11 650—12 797	1 148	57
P14	CCTCAC-CCAAAAT-GATATCAAAA	TTAATGGTAT-GGGGGATTGG	12 629—13 730	1 102	60
P15	CCAATCAATA-AAGACCAACCAG	ATGGAGCTGG-GAGATCAATG	13 595—14 231	637	60
P16	GTCATCATCAT-TCTCACATG-GAATC	CTCCTTCTCTG-GTTTACAAGAC-CAG	14 078—15 349	1 272	60
P17	CATCAAAG-CAACGGAGCATA	GTGGGTGGTT-GTGCTTTTCT	15 084—15 587	505	62
P18	TAAGACTCAAG-GAAGAAGCTA	CATTTTCAGTGC-CTTGCTTTA	15 365—39	1 263	55

③变异位点分析。以 GenBank 上公布的绵羊线粒体基因组全序列（GenBank：AF010406)为参考序列,使用 DNAStar 软件包中 SeqMan 软件将 18 对不同引物所测定的片段拼接为完整的基因组全序列,并根据测序峰图和序列比对获得遗传变异信息。使用 DNA-MAN7.0 选择脊椎动物线粒体密码子对所有位点进行翻译,分析突变位点。

④关联分析。本研究用 SAS9.0 统计分析软件广义线性模型（GLM）模型中的 LSM 过

程。对每个品种中变异位点与产羔数分别进行关联分析，并做方差显著性检验。

$$y_{ij} = \mu + S_i + P_j + e_{ij}$$

y_{ij} 为产羔数性状表型值，μ 为群体平均值，S_i 为突变位点效应，P_j 为胎次效应，e_{ij} 为环境误差。

（2）结果与分析

①肉用绵羊线粒体基因组变异分析。杜泊绵羊线粒体基因组共检测到 25 个变异位点，其中多肽编码区 21 个。12S rRNA 基因 2 个（T281C 和 A542T），tRNA 基因 2 个（A4975T/tRNA-Trp 和 G11668A/tRNA-Ser）。多肽编码区有 9 个错义突变（T3543A/ND1，T7063C/COII，G8264C/ATPase 6；A8515T/ATPase 6；G9117A/COIII；A9375G/COIII；G12571C/ND5；G13813C/ND6；G14459A/Cytb）。陶赛特绵羊线粒体基因组编码区共检测到 20 个突变位点，rRNA 有 5 个，包括 12S rRNA 3 个（G711A、T809C、T958C）和 16S rRNA 2 个（T1112、C1162T）；tRNA 基因有 1 个突变位点（tRNA-Lys/T7759C），多肽编码区有 14 个变异位点，其中 3 个错义突变（A7904G/ATPase 8；A8054G/ATPase 6；A8515G/ATPase 6）。萨福克绵羊线粒体基因组编码区共检测到 77 个变异位点，其中多肽编码区共 67 个，12S rRNA 和 16S rRNA 分别含有 3 个变异位点（C291T、A394T、A542T）和 4 个变异位点（A1099T、T1112C、T1931G、C2443T）。tRNA 基因检测到 3 个变异位点（T7719G/tRNA-Lys、T7,759C/tRNA-Lys 和 C11,606T/tRNA-His）。13 个多肽编码区含有 7 个错义突变（A3949G/ND2；A8039G/ATPase 6；A8515G/ATPase 6；A8779G/COIII；C13576T/ND6；T13837C/ND6；T13855C/ND6）（表 2-31）。

②杜泊绵羊 mtDNA 功能变异位点与产羔数性状关联分析。关联分析结果发现 13 个非同义突变（多肽编码区错义突变、rRNA 和 tRNA 基因突变位点）对产羔数均无显著影响（$P>0.05$）（图 2-24）。

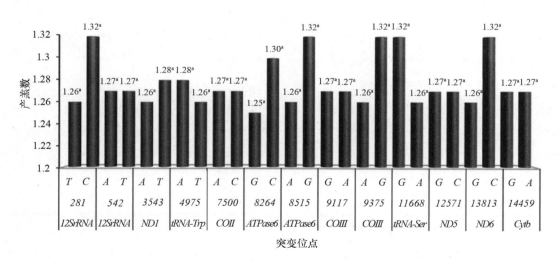

突变位点之间柱形图上边相同字母表示差异不显著（$P>0.05$）。
横坐标数字代表线粒体基因组变异位点。下图同。

图 2-24　杜泊绵羊线粒体变异位点对产羔数影响

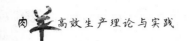
表 2-31　不同品种绵羊线粒体基因组突变位点比较

基因	突变位点	杜泊	萨福克	陶赛特	基因	突变位点	杜泊	萨福克	陶赛特	基因	突变位点	杜泊	萨福克	陶赛特	基因	突变位点	杜泊	萨福克	陶赛特
12S rRNA	T281C	✓			ND2	C4915T		✓		ATPase6	A8054G			✓	ND4	T11482C			✓
12S rRNA	C291T		✓		ND2	C4935T		✓		ATPase6	T8121C	✓	✓		ND4	G11491A		✓	
12S rRNA	A394T		✓		tRNA-Trp	A4975T	✓			ATPase6	C8238T			✓	tRNA-His	C11606T		✓	
12S rRNA	A542T	✓	✓		COI	C5361T		✓		ATPase6	T8256C		✓		tRNA-Ser	G11668A	✓		
12S rRNA	G711A			✓	COI	C5565T		✓		ATPase6	G8264C	✓			ND5	C11783T			
12S rRNA	T809C	✓			COI	T5784C			✓	ATPase6	C8376T	✓			ND5	T11834C			
12S rRNA	T958C	✓			COI	G5865A		✓		ATPase6	T8424C			✓	ND5	T11846C			
16S rRNA	A1099T		✓		COI	C6267T		✓		ATPase6	A8515G	✓			ND5	T12023C			
16S rRNA	T1112C	✓			COI	T6510C		✓		ATPase6	T8538C			✓	ND5	T12287C			
16S rRNA	C1162T		✓		COI	A6555G		✓		COIII	C8651T	✓			ND5	A12395G			
16S rRNA	T1933G	✓			COI	G6616A	✓			COIII	A8768T		✓		ND5	G12539C	✓		
16S rRNA	C2443T	✓			COI	C6628T		✓		COIII	A8779G		✓		ND5	G12571C			
ND1	T2762C	✓			COI	A6726G		✓		COIII	G9117A	✓			ND5	G13097T		✓	
ND1	C2774T		✓		COI	T6765C		✓		COIII	G9128A		✓		ND5	A13199G		✓	
ND1	T2843C	✓			COII	T7063C	✓			COIII	A9188G		✓		ND5	T13436C		✓	
ND1	C2966T		✓		COII	T7141C		✓		COIII	C9338T		✓		ND6	C13576T		✓	
ND1	G3218A		✓		COII	C7216T		✓		COIII	A9375G	✓			ND6	G13813C			
ND1	A3275G	✓	✓		COII	C7435T		✓		COIII	C9756T		✓		ND6	T13837C		✓	
ND1	C3305T	✓	✓		COII	C7500A	✓			ND4L	C9996T		✓		ND6	A13855G		✓	
ND1	T3543A	✓			tRNA-Lys	T7719G		✓		ND4L	T10024C		✓		ND6	T14055C			✓
ND1	G3662A		✓		tRNA-Lys	T7759C		✓	✓	ND4L	G10118A		✓		Cytb	G14459A	✓		
ND2	A3949G		✓		ATPase8	A7904G			✓	ND4	C10271T	✓	✓	✓	Cytb	C14467T		✓	
ND2	T4182C		✓		ATPase6	T7983C		✓		ND4	T10423C		✓		Cytb	A14473G		✓	
ND2	C4215T		✓		ND4	C11170T		✓	✓	ND4	A10549G		✓		Cytb	T14623C	✓		✓
ND2	T4443C		✓		ND4	T11278C	✓			ND4	C10783T		✓		Cytb	G14653A	✓		
ND2	G4818A		✓		ND4	A11317G		✓		ND4	G10852A		✓						
ND2	C4839T		✓		ATPase6	A8039G		✓		ND4	G11023A		✓						

1 突变依据文献中的绵羊线粒体基因序列定义（Hiendleder *et al.*，1998）。

　　③陶赛特绵羊 mtDNA 功能变异位点与产羔数性状关联分析。关联分析结果发现 9 个非同义突变（多肽编码区错义突变、rRNA 和 tRNA 基因突变位点）均对产羔数无显著影响（$P >$ 0.05）（图 2-25）。

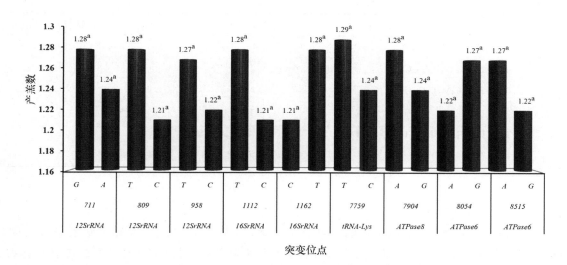

图 2-25　道赛特绵羊线粒体变异位点对产羔数影响

④萨福克绵羊 mtDNA 功能变异位点与产羔数性状关联分析。利用 SAS9.0 最小二乘法对 17 个变异位点分别与产羔数关联分析后,结果显示 12 S rRNA 区域的 3 个变异位点(T291C、A394T、A542T)对产羔数均无显著影响($P>0.05$)。而 16 S rRNA 区域的 4 个变异位点(A1099T、T1112C、T1932G、C2443T)、tRNA-Lys 基因 2 个变异位点(T7719G、T7759C)、tRNA-His 基因的 1 个变异位点(C11606T)以及多肽编码区的 7 个错义突变位点(A3949G、A8039G、A8515G、A8779G、C13576T、C13837T、C13855T)对产羔数影响显著($P<0.05$)(表 2-32)。

表 2-32　萨福克绵羊线粒体基因显著非同义突变位点对产羔数的影响

位点[1]	1 099	1 112	1 932	2 443	3 949	7 719	7 759	8 039	8 515	8 779	11 606	13 576	13 837	13 855
类型	A T	T C	T G	C T	A G	T G	T C	A G	A G	A G	C T	C T	C T	C T
产羔数	1.45[a] 1.27[b]	1.47[a] 1.27[b]	1.46[a] 1.29[b]	1.46[a] 1.27[b]	1.47[a] 1.27[b]	1.44[a] 1.23[b]	1.45[a] 1.23[b]	1.42[a] 1.23[b]	1.45[a] 1.24[b]	1.46[a] 1.27[b]	1.45[a] 1.24[b]	1.24[a] 1.45[b]	1.24[a] 1.45[b]	1.45[a] 1.46[b]

[1] 突变依据文献中的绵羊线粒体基因序列定义(Hiendleder et al.,1998)。

与产羔数显著相关的突变位点分为 7 个单倍型。有 4 个个体数小于 5% 的稀有单倍型(TCGTGTTAGGTCCC、TCGTGTTAAACTTC、ATGTATTAAACTTC、TCGTG-GCAGGTCCC),线性模型分析表明 ATTCATTAAACTTT 单倍型母羊产羔数显著大于其他单倍型 TCGTGGCGGGTCCC($P=0.005$)(表 2-33)。产羔数最大单倍型效应为 0.22 只/胎。

表 2-33　基于 14 个显著突变位点的单倍型对产羔数性状的影响

单倍型	母羊数(只)	产羔数(只)
ATTCATTAAACTTT	21	1.456 2±0.328 55[a]
TCGTGTTAAGCTTC	8	1.432 5±0.370 59[a]

续表2-33

单倍型	母羊数（只）	产羔数（只）
TCGTGGCGGGTCCC	45	$1.232\ 4\pm0.231\ 41^{b}$
TCGTGTTAGGTCCC	4	
TCGTGGCAGGTCCC	4	
ATGTATTAAACTTC	4	
TCGTGTTAAACTTC	4	
	90	

（3）讨论

虽然很早就有报道 mtDNA 影响动物经济性状，但一直存在争议，且研究进展较核基因慢，近年来也有 mtDNA 某个基因片段多态性与经济性状关联分析报道，但多数是基于单个基因的几个 SNP 研究。S. Reicher 等（2012）报道国外品种 Afec-Assaf 羊线粒体基因组有 245 个变异位点，其中 26 个非同义突变，本研究中杜泊绵羊线粒体基因组多肽编码区和 tRNA 基因有 7 个突变位点（T3543A、C7500A、G8264C、A9375G、G11668A、G12571C、T14055C）与 Afec-Assaf 羊相同；陶赛特绵羊线粒体基因组多肽编码区和 tRNA 基因有 2 个突变位点（T7759C、T14055C）与 Afec-Assaf 羊相同；萨福克绵羊线粒体基因组多肽编码区和 tRNA 基因有 5 个突变位点（T7719G、T7759C、A8039G、C11606T、T14055C）与 Afec-Assaf 羊相同。

本研究首次对肉用绵羊线粒体基因组变异与产羔数关联分析，结果杜泊和陶赛特绵羊线粒体基因组功能突变对产羔数性状均无显著影响，说明杜泊和陶赛特这两个品种线粒体遗传变异对产羔数性状影响较小，萨福克绵羊线粒体基因组发现的 14 个 mtDNA 突变位点与产羔数性状显著相关，表明萨福克绵羊线粒体基因组变异影响产羔数，这与之前的报道结果一致。此外，S. Reicher 等从基于某段 mtDNA 序列构成的单倍型群中选择 1～2 只个体全基因组测序，对基因组突变位点与产羔数性状关联分析，本研究是随机从大群中选择不同母源家系，样本选择的随机性更强，范围更广。

肉用绵羊品种繁殖率低于我国地方品种小尾寒羊、湖羊、洼地绵羊等，很多研究从 BMP 受体基因、性腺轴相关激素基因等研究小尾寒羊繁殖性状分子遗传机理。关联分析作为研究遗传变异的一种方法，只是为解析表型性状提供了一种可能。解释功能基因和表型性状的关系需要的是生物学功能验证。对于线粒体基因效应，转线粒体细胞模型是当前最为有效也是最前沿的研究手段。深入研究绵羊产羔数性状线粒体基因遗传效应需从转线粒体细胞模型方面进行功能验证。

（4）结论

杜泊、陶赛特绵羊 mtDNA 各突变位点均与产羔数关联不显著；萨福克绵羊中发现 14 个变异位点与产羔数显著相关（包括小尾寒羊中的 3 个显著位点），其中单个突变位点（T7759C）和单倍型（ATTCATTAAACTTT）的最大效应均为 0.22 只/胎。

2.2.3.4　小尾寒羊 TFB2 M 基因遗传变异及生物信息学分析

线粒体是细胞中具有独特结构和功能的细胞器,其功能的精细调节有赖于细胞核基因组与线粒体基因组之间的相互调控。线粒体基因组的复制、转录和翻译需要各种不同的核基因产物,而一些核基因的功能与线粒体基因(Mitochondrial DNA,mtDNA)转移、线粒体蛋白质的生物合成等有关,两者不但在生物发生、生物合成方面需要相互协调,更重要的是通过相互协调作用来调节呼吸链亚基的表达,从而维持线粒体呼吸链功能。在细胞内,线粒体遗传系统与细胞核遗传系统相互协作进行生物合成。

线粒体转录因子 B2(Mitochondrial transcription factors B2,缩写为 TFB2 M 或者 mt-TFB2)是调控哺乳动物线粒体基因(mtDNA)表达调控的重要因子,由于与酒精酵母转录因子 mtTFB 序列相似而被发现,二者都是核基因编码并转运到线粒体的蛋白质,其表达受核转录因子,如过氧化物体增殖活化受体 γ 辅活化因子 1(Peroxisome proliferatoractivated receptor（PPAR）-γ coactivator α,PGC-1α)、核呼吸因子 1 和 2(nuclear respiratory factorsNRF-1,NRF-2)等严格调控。核转录因子的发现使细胞核调控线粒体呼吸功能途径的研究有了突破性进展。TFB2 M 蛋白质作为转录元件在转录起始位置与 D-loop 结合,组成转录起始装置启动 mtDNA 转录。有研究报道发现牛 TFAM 基因编码区无多态性位点,但启动子区域存在 2 个相距 9bp 紧密连锁的 A/C(TFAM Hae III)和 C/T(TFAM Mbo I)SNP 位点。通过对和牛×利木赞群体进行基因分型,证实 2 个 SNPs 位点都显著影响大理石纹和皮下脂肪沉积。因此,分析该基因遗传变异将有利于揭示线粒体基因功能及其遗传效应。

目前,还未见绵羊 TFB2 M 基因变异研究报道,本试验以小尾寒羊为研究对象分析 TFB2 M 基因变异,将为该基因功能及其与表型性状的关系研究提供参考。

(1)材料与方法

①试验动物和 DNA 提取。选择成年小尾寒羊 10 只个体,采用颈静脉方法用 5 mL 注射器采集全血（每只羊一个注射器）,每个样品采集血液 1.5 mL 左右装入备好含有抗凝剂的 2 mL EP 管中,待采血结束后带回实验室。采用酚氯仿方法提取总 DNA,具体如下:

a. 向 1.5 mL 离心管(EP 管)中加入 200 μL 血样。加入 500 μL SNET(1%SDS,400 mmol/L NaCl,5 mM EDTA,20 mmol/L Tris-Cl PH8.0),混匀。

b. 向以上溶液中加入蛋白酶 K 至终浓度 100 ng/mL,混匀。

c. 55℃孵育 4 h。

d. 加入等体积的 Tris-饱和酚,缓慢颠倒离心管数次,12 000 g 离心 10 min。

e. 取水相于新的 EP 管中,加入等体积氯仿/异戊醇(24∶1),震荡摇匀 10 min,12 000 g 离心 10 min。

f. 取水相于新的 EP 管中,加入 1/10 体积的 3 M NaAc 及 2.5 倍体积的无水乙醇,摇匀,−20℃静置 30 min,12 000 g 离心 10 min。

g. 去水相,干燥后用适量的超纯水溶解。

②外显子引物设计。从 NCBI 中查找绵羊 TFB2 M 基因序列(GenBank:NC_19,469)作为参考序列,针对所有外显子设计引物,引物信息见表 2-34。TFB2 M 基因含有 8 个外显子,每个外显子设计一对引物,其中第 3 和第 4 外显子紧邻,因此设计一对引物。

表 2-34　TFB2 M 外显子扩增引物

引物名称	引物序列(5'-3')	长度(bp)	Tm(℃)
F1-TFB2M	CGGACGGCTAGAGAGGAG	707	62
R1-TFB2M	AAGTCAGGATTAACACAGGC		
F2-TFB2M	GTTGTGATGTTGGAGTAAAG	466	57
R2-TFB2M	TTTCAGTCAGTCAGCAATCA		
F3-4-TFB2M	GCCAGGTGAAAAACATACGG	956	52
R3-4-TFB2M	CTAAGGAGTGCTCTACAGAAA		
F5-TFB2M	GTGTGAAAGTTTAAGGAGACT	441	52
R5-TFB2M	TCCACTGTAAAAGAATAAAAACT		
F6-TFB2M	CTAAAAAGAAGAAAAATGTGTA	463	50
R6-TFB2M	CTATTATTATGCTGGCATTC		
F7-TFB2M	GGGCACTGTCTCATCCCC	540	59
R7-TFB2M	TCCTCAAAATATGTACCAGCG		
F8-TFB2M	AATATGCAGGCTCTTAAACTT	990	57
R8-TFB2M	GAATAACAGACTGAATAACTC		

③PCR 扩增测序。PCR 反应体系(25 μL):ddH₂O 17.85 μL,10× PCR buffer 2.5 μL,dNTP(10 mmol/L)0.5 μL,正向引物(10 mmol/L)1.0 μL,反向引物(10 mmol/L)1.0 μL,Taq DNA Polymerase(5 U/μL)0.15 μL,DNA 1 μL。反应条件:95℃预变性 5 min;循环条件 95℃变性 30 s,退火 30~60 s(退火温度见表 2-34),72℃延伸 30 s,35 个循环,72℃延伸 7 min;4℃保存。将 PCR 产物纯化后直接测序,获得 DNA 序列信息。

④遗传变异分析。测序图谱用 Chromas 2.22 软件进行碱基核查,以胶图文件为准,使用 DNAStar 软件包中 SeqMan 软件(DNASTAR Inc,2007)校对原始序列文件中明显的错误位点,根据测序峰图和序列比对获得遗传变异信息。使用 DNAMAN 7.0 对所有位点进行翻译,分析突变类型。根据同源性以已经解析蛋白结构(PDB ID:4 GC5)为模板在 SWISS-Model 进行了 TFB2 M 的结构建模,然后用 Pymol 软件进行处理,以 Cartoon 图的形式展示蛋白三维结构,其中的突变位点以 Stick 形式表示。(Swissmodel:http://swissmodel. expasy. org/interactive; Pymol:http://www. pymol. org/)

5'-UTR 转录因子预测网址:http://www. cbrc. jp/research/db/TFSEARCH. htmL

蛋白质二级结构分析:SOPMA(http://npsa-pbi. ibcp. fr/)

(2)结果与分析

①TFB2 M 多态分析。绵羊 *TFB2 M* 基因由 8 个外显子组成,其中 5'-UTR 为 158 bp,3'-UTR 为 550 bp,编码区(CDS)1 185 bp,编码 394 个氨基酸(图 2-26)。小尾寒羊 mtDNA 发现编码区错义突变 1 个(G226 A,GCC→ACC)导致 76 位苏氨酸变为丙氨酸,5'-UTR 发现一处颠换(C58 G);3'-UTR 有 3 个突变(C98 G、A206 G 和 A429 T)。

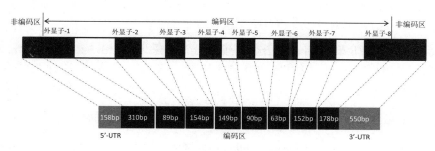

图 2-26　TFB2 M 基因结构示意图

②蛋白质二级结构预测分析。利用 swiss-model 在线软件预测比对 TFB2 M 野生型和突变型蛋白质二级结构,共 394 个氨基酸,野生型和突变型蛋白质二级结构在 α-螺旋和无规则卷曲方面存在差异,Thr76 Ala 导致 TFB2 M 野生型蛋白质 α-螺旋比例由 36.55% 减少为 36.04%,无规则卷曲由 35.53% 增加到 36.04%,其他参数没有变化(图 2-27)。

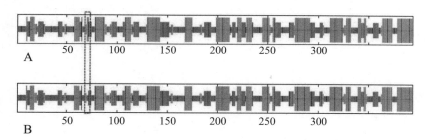

A 为野生型,B 为突变型;红色框表示 α-螺旋和无规则卷曲变化

图 2-27　TFB2 M 编码蛋白二级结构

彩图请扫描二维码查看

③蛋白质三级结构预测分析。错义突变导致晶体结构发生改变,突变位点氨基酸左上方的环和多肽链的羧基端发生改变,可能是由于氨基酸之间的作用发生改变,进而影响构象(图 2-28)。

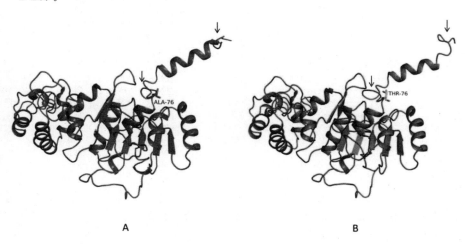

A B

图 2-28　TFB2 M 基因编码蛋白质晶体结构

彩图请扫描二维码查看

76 为突变位点氨基酸位置,ALA-76 为突变型,THR-76 为野生型;A 为突变型,B 为野生型;绿色为野生型氨基酸,橘色为突变型氨基酸。箭头为蛋白质发生明显变化部位。

④启动子和 5′-UTR 转录因子结合位点预测分析。采用 TFSEARCH 生物学软件对小尾寒羊 *TFB2 M* 基因启动子和 5′-UTR 转录因子预测,结果显示共有 54 个转录因子结合位点,5′-UTR 58 bp 处没有结合位点,因此该突变并没有改变结合位点(图 2-29)。

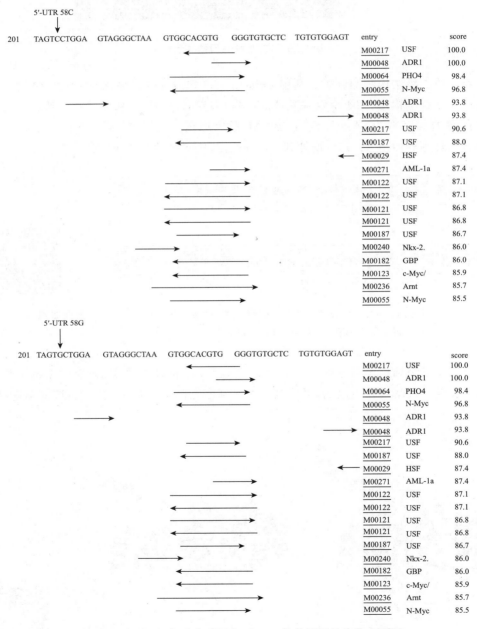

图 2-29　TFB2 M 部分启动子和 5′-UTR 转录因子结合位点预测

（3）讨论

线粒体 DNA 生物合成和维持主要依赖于 1 500 个核内编码的基因调控,并且这些基因编码的蛋白质在细胞质合成,之后进入线粒体发挥调控作用,并整合与生产、繁殖、代谢和抗病性相关的信号通路。线粒体转录因子主要分为三大类:第一类是直接与 mtDNA 结合的因子如 TFAM、TFB2 M、甲状腺激素受体(T3)、RNA 聚合酶等;第二类是调控第一类因子的蛋白质,如雌激素受体(ER)、核呼吸因子(NRF-1)等;第三类因子是调控第二类因子的蛋白质,如甲状腺素受体 T3。

TFB2 M 是线粒体基因表达调控的关键因子,是核基因编码的蛋白质,与 TFAM、线粒体 RNA 聚合酶、TFB1 M 等组成基本转录装置负责 mtDNA 转录。本研究的 *TFB2 M* 基因错义突变导致蛋白质二级结构和三级结构发生改变,进而影响表型性状。基因表达是基因与多种转录因子相互作用的结果,参与基因表达调控的序列往往位于基因的非翻译区(UTR)。其中 5′-UTR 决定转录水平和方式,5′-UTR 的启动子和转录因子结合位点是影响真核生物基因表达的重要调控元件。本研究小尾寒羊 *TFB2 M* 基因部分启动子和 5′-UTR 转录因子预测,结果显示共有 54 个转录因子结合位点,5′-UTR 58 bp 处没有结合位点,因此该突变并没有改变结合位点。转录后调控主要包括转录本在细胞内的定位、稳定性和翻译效率,而相关调控元件主要多位于非翻译区,其中以 3′-UTR 更为重要,3′-UTR 包含调控基因转录的终止子、顺式作用元件、多聚腺苷酸化信号等多种重要的功能元件,调节 mRNA 的稳定性、亚细胞定位和翻译水平,决定某一特定转录本的命运,对基因表达起重要调控作用。本研究的 ERα 基因 3′-UTR 野生型和突变型分析比对,结果发现了一些 UTR 作用元件结合序列变化,但与表型性状无直接关联。

2.2.3.5　绵羊 *TFAM* 基因编码蛋白生物信息学分析

线粒体是存在于各类真核细胞中的重要细胞器,主要参与细胞内的氧化磷酸化、细胞增殖、运动及凋亡等生物学过程。线粒体 DNA(mtDNA)具有复制、转录及蛋白质合成功能,均依赖于核基因组编码的各类蛋白质因子的调控(陈晓勇等,2013)。早在 20 世纪 70 年代,线粒体 DNA 的转录调控机制就有研究(Aloni 和 Attardi,1971;Murphy et al. ,1975),线粒体转录因子 A (mitochondrial transcriptionfactor A,mTFA 或 *TFAM*)是一种核基因编码的 DNA 结合蛋白,同时也参与线粒体氧化磷酸化产生 ATP 的过程(Falkenberg et al. ,2007)。它是高迁移率 HMG(high-mobility group,HMG)蛋白家族的成员之一,包含两个串联的 HMG box 结构域。不同动物的 *TFAM* 基因编码蛋白大小 10~29 kD 不等,所处的染色体位置也不尽相同,绵羊的 *TFAM* 基因定位于 25 号染色体上,人和小鼠定位于 10 号染色体上(Virgilio et al. ,2011),牛定位于 28 号染色体上(Jiang et al. ,2005),马定位于 1 号染色体上。在生物机体中,*TFAM* 发挥着重要的生物学功能,如激活线粒体 DNA 的转录(Kang 和 Hamasaki,2005)、调节线粒体 DNA 拷贝数(Bonawitz et al. ,2006)、维持 mtDNA 的类核结构(Rebelo et al. ,2009)、改善线粒体功能损伤(Kim et al. ,2006)等。此外,一些疾病方面起重要的作用,如糖尿病(Gauthier et al. ,2009)、肺部疾病(Konokhova et al. ,2016)、肿瘤疾病等(于洋和郭文文,2016)、帕金森病(Wang et al. ,2014)。目前,关于绵羊 *TFAM* 基因的结构和功能的研究较少。

本研究通过 NCBI 更新的绵羊 *TFAM* 基因 CDS 区序列,利用生物信息学方法,包括多种在线程序和软件对其编码产物的氨基酸序列进行分析,对比不同物种 *TFAM* 基因进行系统发育分析,对绵羊 *TFAM* 基因 CDS 区序列蛋白的理化性质进行分析、二级结构及多参数预测、蛋白跨膜结构和信号肽预测、亚细胞定位和蛋白磷酸化、功能结构域、三级结构等,旨在为 *TFAM* 基因结构与功能的研究提供参考。

(1)材料与方法

①序列来源。利用美国国立生物技术信息中心(national center for biotechnology information,NCBI)网站(http://www.ncbi.nlm.nih.gov/GenBank)查找不同物种的 *TFAM* 基因序列,获得绵羊(XM_15 104 510.1)、人(NM_1 270 782.1)、山羊(XM_5 699 371.2)、家牛(NM_1 034 016.2)、斑马鱼(NM_1 077 389.1)、家马(XM_1 503 382.3)、家猫(XM_3 993 948.3)、原鸡(XM_15 287 951.1)、大猩猩(XM_4 049 438.1)、小家鼠(NM_9 360.4)、黑猩猩(NM_1 194 942.1)、野猪(NM_1 130 211.1)和家犬(XM_546 107.5)的 *TFAM* 基因的全长编码区(Coding sequence,CDS)序列。

②生物信息学分析方法。利用 NCBI 网站中的 (http://www.ncbi.nlm.nih.gov/gorf/orfig.cgi)查找开放阅读框;利用 NCBI 网站 BLAST 软件进行核苷酸和氨基酸的同源性比对分析;利用 Clustal X(Thompson et al.,1,997)和 MEGA6.0(Tamura et al.,2013)软件的邻接法(neighboe-joining method,NJ)构建系统发育树;利用在线软件(http://web.expasy.org/protparam/)以及 DNAStar 里的 Protean 分析蛋白质理化性质;利用 JPred4 在线软件预测二级结构;利用 DNAStar 程序包里 Protean 软件分析亲水性、柔韧性、抗原指数和氨基酸表面可及性等参数;利用 TMHMM 在线软件(http://www.cbs.dtu.dk/services/TMHMM/)进行蛋白质跨膜结构分析;利用 SignalP 在线软件(http://www.cbs.dtu.dk/services/SignalP-4.0/)进行蛋白质信号肽分析;利用 PSORT II server 进行亚细胞定位分析;利用 NetPhos 2.0 Server(http://www.cbs.dtu.dk/services/NetPhos/)对 *TFAM* 基因编码蛋白质进行磷酸化位点预测;利用 SMART 在线软件(http://smart.embl-heidelberg.de/)对 *TFAM* 进行蛋白结构域分析;利用 SWISS-MODEL 预测蛋白质的三级结构。

(2)结果与分析

①开放阅读框分析。通过 ORF Finder 分析表明,绵羊 *TFAM* 基因的 ORF 长度为 741 bp,共编码 246 个氨基酸。

②绵羊 *TFAM* 基因序列同源性及分子进化分析。通过 NCBI 进行同源性在线分析,将绵羊 *TFAM* 基因与人、山羊、家牛、斑马鱼、家马、家猫、原鸡、大猩猩、小家鼠、黑猩猩、野猪和家犬 12 个物种核苷酸序列以及氨基酸序列进行比对,结果显示,绵羊与山羊的相似性最高,其次是家牛,与原鸡和斑马鱼一致性最低(表 2-35)。系统发育树显示,绵羊和山羊亲缘关系最为接近,其次是家牛,与原鸡、斑马鱼等亲缘关系较远(图 2-30)。这与核苷酸一致性分析一致,符合物种进化规律。

表 2-35　绵羊 TFAM 基因核苷酸和氨基酸序列与其他动物的一致性分析

物种	核苷酸(%)	氨基酸(%)
人 Homo sapiens	83	63
山羊 Capra hircus	97	97
家牛 Bos taurus	97	96
斑马鱼 Danio rerio	76	47
家马 Equus caballus	89	86
家猫 Felis catus	90	88
原鸡 Gallus gallus	75	51
大猩猩 Gorilla gorilla	83	73
小家鼠 Mus musculus	73	66
黑猩猩 Pan troglodytes	83	73
野猪 VSus scrofa	91	91
家犬 Canis lupus familiaris	89	89

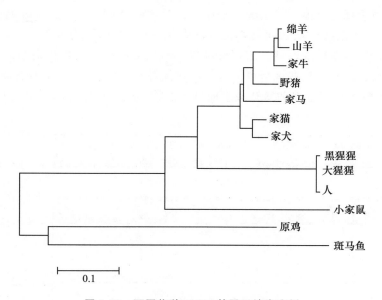

图 2-30　不同物种 TFAM 基因系统发育树

③绵羊 *TFAM* 基因编码蛋白结构分析。

a. 理化性质分析。绵羊 TFAM 基因编码蛋白由 246 个氨基酸残基组成,其分子式为 $C_{1291}H_{2068}N_{356}O_{368}S_9$,分子量为 28.75 kD,理论等电点(pI)为 9.74,说明该蛋白为碱性蛋白质。其不稳定系数为 42.05,说明该蛋白为不稳定蛋白,且预计在哺乳动物的网织红细胞内半衰期为 30 h,脂溶指数为 76.95,总平均疏水指数−0.769,属于亲水蛋白。含有 19 种常见氨基酸残基(图 2-31),其中 Lys(13.0%)、Leu(8.9%)、Ser(8.5%)、Glu(8.5%)频率较高,带负电荷的氨基酸残基(Asp+Glu=30)少于带正电荷的氨基酸残基(Arg+Lys=48)。其摩尔消光系数为 496 400 mol/L,1 A(280)=0.58 mg/mL,pH 为 7 时,带电量为 17.87。

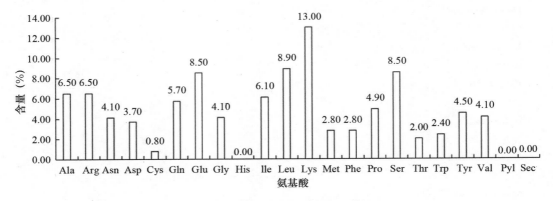

图 2-31　绵羊 *TFAM* 基因编码蛋白氨基酸组成

b. 二级结构及多参数分析。绵羊 *TFAM* 基因编码蛋白二级结构中 α-螺旋占 44.71%,β-折叠占 0.41%,无规则卷曲占 54.88%。蛋白多参数分析包括 Kyte-Doolittle 法的亲水性分析,Karplus-Schulz 法的柔韧性分析,Jameson-Wolf 法的抗原指数分析,Emini 法的氨基酸表面可及性分析,以高于规定阈值的氨基酸残基作为参考区域,结果显示此蛋白在 50～246 个氨基酸区域之间具有良好的亲水性,其中以结构蛋

彩图请扫描二维码查看

白羟基端亲水性最高,柔韧性区域较多,分布比较均匀,蛋白抗原指数较高的区域与其亲水性较高区域的分布较为一致,这些区域可能包含潜在优势的抗原表位;氨基酸表面可及性区域较多;1～50 个氨基酸区域亲水性和氨基酸表面可及性较小或为负值;故 C 端肽段各参数优势明显(图 2-32)。

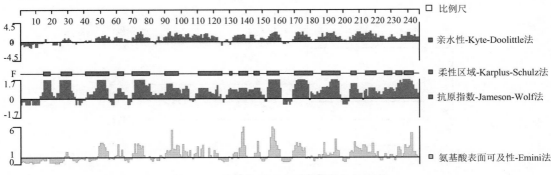

图 2-32　绵羊 *TFAM* 基因编码蛋白参数预测

根据以上预测综合分析 *TFAM* 基因编码蛋白各肽段位置表明,组成蛋白质二级结构相对比较丰富;亲水性指数比较高;柔韧性较大;抗原和氨基酸表面可及性极高。故该蛋白成为优势抗原表位的可能性较大(表 2-36)。

表 2-36　应用不同参数预测绵羊 *TFAM* 基因编码蛋白的肽段位置

预测参数	预测结果(aa)
二级结构	1-18、22-29、31-49、54-69、72-75、77-118、123-125、128-153、157-176、178、189、192-246
亲水性	16-17、26-32、40-41、43-44、47-63、65-82、85-123、127-128、131-161、169-180、182-246
柔韧性	15-19、26-32、41-55、61-64、70-80、90-98、111-124、130-131、136-141、145-148、153-160、171-181、187-198、205-208、214-220、226-230、233-236、238-243
抗原指数	13-34、41-54、59-66、70-104、109-124、128-151、153-161、169-178、180-198、204-211、213-246
表面可及性	28-30、48-55、59-64、70-77、80、87-88、90-106、108-118、120-122、129-130、132-134、136-148、153-161、169-176、187-199、204-221、229-231、233-246

c. 蛋白跨膜结构和信号肽分析。跨膜结构分析结果表明,序列无跨膜区,故此蛋白不是跨膜蛋白。利用在线软件预测绵羊 *TFAM* 基因编码蛋白序列中是否存在信号肽。分析结果表明,蛋白无信号肽(图 2-33),故该蛋白为非分泌蛋白。

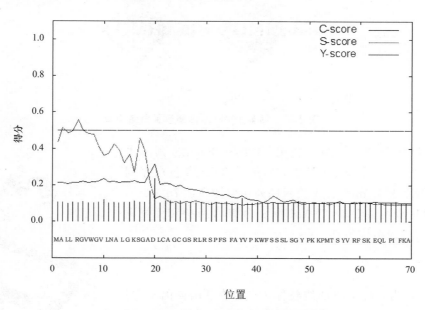

图 2-33　绵羊 TFAM 基因编码蛋白信号肽预测

d. 亚细胞定位和蛋白磷酸化分析。亚细胞定位可以明确某种蛋白或表达产物在细胞内的具体存在部位。经亚细胞定位分析表明,该序列主要在细胞核(73.9%)、线粒体(17.4%)、细胞骨架(8.7%)内发挥其生物学作用。蛋白质磷酸化是调节和控制蛋白质活力和功能的重要机制。该蛋白经磷酸化分析显示(图 2-34),有较多的丝氨酸(Ser)磷酸化位点,酪氨酸

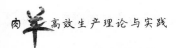

（Tyr）和苏氨酸（Thr）相对磷酸化位点较少。

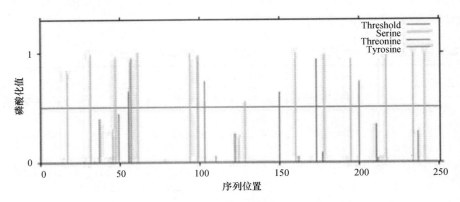

图 2-34　绵羊 *TFAM* 基因编码蛋白磷酸化位点　　　　彩图请扫描二维码查看

e. 蛋白结构域预测。蛋白结构域预测表明（图 2-35），绵羊 TFAM 蛋白含有 2 个 HMG 结构域，分别位于 49～119、154～220，在两个 HMGbox 之间存在一个由 12 个氨基酸残基组成的短连接区域。不存在信号肽和跨膜结构域，结果与上述预测相符。利用 NCBI 蛋白结构保守域分析发现，该蛋白属于对 DNA 有高亲和力的 HMGbox 蛋白家族。

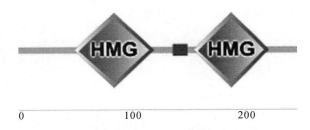

图 2-35　绵羊 TFAM 基因编码蛋白结构域

f. 高级结构预测与分析。利用 SWISS-MODEL 预测蛋白质的三级结构，结果显示（图 2-36），绵羊 TFAM 蛋白序列与 PDB 数据库中 3 tmm.1.A 模板序列相似性高达 70.44%，该结果同时也表明了绵羊 TFAM 由 α-螺旋、β-折叠和无规则卷曲组成，与二级结构预测一致。

（3）讨论

TFAM 作为一种重要的线粒体 DNA 转录调控因子，是线粒体 DNA 复制及拷贝的调节者，还是线粒体内的 DNA 结合蛋白，对于 mtDNA 高级结构的维持起着重要的作用。有研究表明，TFAM 异常高表达量可能与肿瘤的发生发展有关（Wen et al.，2014）。对不同物种同源性及系统发育分析可知，绵羊与山羊、牛亲缘关系最近，其中偶蹄目最先聚为一支，

图 2-36　绵羊 TFAM 基因编码蛋白三级结构预测

再与灵长类动物聚在一起,最后与原鸡、斑马鱼等聚在一起。绵羊 *TFAM* 基因共编码 246 个氨基酸,含有 2 个 HMG 结构域,在两个 HMG 结构域之间存在一个短连接区域,这是哺乳动物 *TFAM* 基因编码蛋白所共有的结构域,氨基酸残基数目不同,结构组成几乎一致(Dairaghi et al.,1995)。绵羊 TFAM 氨基酸长度与人类、猪、牛、犬的长度一致,与姚鹏程等(2011)统计的结构域较为相似。

蛋白质二级结构常见的有 α-螺旋、β-折叠、β-转角和无规则卷曲等结构。绵羊的 *TFAM* 基因编码蛋白以 α-螺旋和无规则卷曲占为主。经综合分析绵羊 *TFAM* 基因编码蛋白为碱性、不稳定性亲水蛋白,不存在信号肽和跨膜结构域,不是跨膜蛋白,也不是分泌蛋白。其主要在细胞核、线粒体、细胞骨架内发挥其生物学作用,与线粒体 DNA 的各种功能和调节有着密切的关系。蛋白质磷酸化的表达直接影响蛋白质活力和功能的调节,是最重要的机制,绵羊 *TFAM* 蛋白有较多的丝氨酸磷酸化位点,酪氨酸和苏氨酸相对磷酸化位点较少,丝氨酸磷酸化的主要作用是激活蛋白质的活力,故结果表明该蛋白酶活力较强。

2.2.3.6　绵羊 *Cytb* 基因编码蛋白生物信息学分析

线粒体 DNA(mitochondrial DNA,mtDNA)具有分子量小、进化速度快、母性遗传等特点,因而 mtDNA 是研究分子进化的重要材料。mtDNA 的复制、转录及蛋白质合成均依赖于核基因编码的各类蛋白质因子的调控。细胞色素 b(cytochrome b,Cyt b)是 mtDNA13 个多肽编码基因之一,编码产物为线粒体氧化磷酸化系统复合体Ⅲ组成之一,也是其中唯一由线粒体基因组编码的蛋白质,是线粒体呼吸链上进行电子传递的细胞色素之一。细胞色素 b 的结构特征是以血红素 b 作为辅基而且并不通过卟啉环边基与蛋白链共价结合。研究得比较多的只有细胞色素 b_5(Cyt b_5),它是一种膜蛋白。根据晶体 X 射线分析推出,肽链组装成一个桶状构象把血红素部分盛在"桶"中:几片 β 片组成桶底,四个短的 α 螺旋($α_1$、$α_3$、$α_4$ 及 $α_5$)构成四壁。*Cytb* 基因广泛应用于分子进化和系统发育研究,但有关绵羊 *Cytb* 基因编码产物的研究很少。

为此,本研究通过测定湖羊 *Cytb* 基因 CDS 区序列,利用生物信息学方法,进行不同物种 *Cytb* 基因系统发育分析,对绵羊 *Cytb* 基因 CDS 区序列蛋白的理化性质、二级结构及多参数预测、蛋白跨膜结构和信号肽预测、亚细胞定位和蛋白磷酸化、功能结构域、三级结构等进行分析,旨在为绵羊 *Cytb* 基因结构与功能研究提供参考。

(1)材料和方法

①*Cytb* 基因序列来源。采集湖羊血液,提取 DNA,参照文献合成引物扩增 *cytb* 基因,将 PCR 产物测序获得该基因序列。具体如下:上游引物:GTCATCATCATTCTCACATG-GAATC;下游引物:CTCCTTCTCTGGTTTACAAGACCAG。产物序列长度 1 272 bp。由生工生物工程(上海)有限公司合成。PCR 反应体系 30 μL:DNA2.4 μL,10×PCR Buffer 3 μL,dNTP(10 mmol/L)0.6 μL,上、下游引物(10 mmol/L)1.2 μL,Taq DNA Polymerase (5 U/μL)0.18 μL,ddH$_2$O 21.42 μL。PCR 反应条件:95℃预变性 5 min;95℃变性 20 s,退火 30 s,72℃延伸 90 s,35 个循环;72℃延伸 7 min。将扩增产物使用 1.0%的琼脂糖凝胶电泳检测,120 V 电泳 35 min,使用凝胶成像仪检测结果后,送上海生工进行双向测序。并利用 DNAman 软件对测得的湖羊 *cytb* 基因进行翻译获得氨基酸序列。

此外,从 NCBI 网站的 GenBank 下载山羊、家牛、野猪、家犬、家马、小家鼠、家猫、黑猩猩、大猩猩、人、原鸡、斑马鱼等 12 个物种 31 条相似度较高的(一般为 80% 以上)CDS 及其对应的氨基酸序列(表 2-37)。

表 2-37 12 个物种的 *Cytb* 基因序列来源

物种	序列数	序列号
山羊	5	EU130 774.1,AB44 308.1,JX286 547.1,GU295 658.1,DQ514 545.1
家牛	3	DQ124 415.1,AY885 306.1,EU177 846.1
野猪	3	AJ314 557.1,EF375 877.3,GU211 925.1
家犬	2	JF342 838.1,DQ480 495.1
家马	6	JF511 155.1,FJ765 150.1,EU433 666.1,DQ297 653.1,AFA25705.1,EU433 649.1
小家鼠	2	FJ374 660.1,GQ871 744.1
家猫	1	U20 753.1
黑猩猩	1	D38 113.1
大猩猩	1	D38 114.1
人	3	KJ533 544.1,KJ533 545.1,AM948 965.1
原鸡	3	EU839 454.1,GU261 705.1,AY235 571.1
斑马鱼	1	AC24 175.3

②分析方法。使用 NCBI 网站中的(http://www.ncbi.nlm.nih.gov/gorf/orfig.cgi)查找开放阅读框功能,利用 BioEdit Sequence Alignment Editor 对 32 条核苷酸序列和与之对应的 32 条氨基酸序列进行 Fas 格式转换,利用 NCBI 网站 BLAST 软件进行核苷酸和氨基酸的同源性比对分析;利用 Clustal X(Thompson 等,1,997)和 MEGA6.0(Tamura 等,2013)软件的邻接法(neighboe-joiningmethod,NJ)构建系统发育树;利用在线软件(http://web.expasy.org/protparam/)以及 DNAStar 里的 Protean 分析蛋白质理化性质;利用 JPred4 在线软件预测二级结构;利用 DNAStar 程序包里 Protean 软件分析亲水性、柔韧性、抗原指数和氨基酸表面可及性等参数;利用 TMHMM 在线软件(http://www.cbs.dtu.dk/services/TMHMM/)进行蛋白质跨膜结构分析;利用 SignalP 在线软件(http://www.cbs.dtu.dk/services/SignalP-4.0/)进行蛋白质信号肽分析;利用 PSORT 进行亚细胞定位分析;利用 NetPhos 2.0 Server(http://www.cbs.dtu.dk/services/NetPhos/)对 Cytb 基因编码蛋白质进行磷酸化位点预测;利用 SWISS-MODEL 预测蛋白质的三级结构。

(2)结果与分析

①绵羊 *Cytb* 基因开放阅读框分析。通过 ORF Finder 分析表明,绵羊 *Cytb* 基因的 ORF 长度为 1 140 bp,编码 379 个氨基酸。

②绵羊 *Cytb* 基因序列同源性及分子进化分析。通过 NCBI 进行同源性在线分析,湖羊、人、山羊、家牛、斑马鱼、家马、家猫、原鸡、大猩猩、小家鼠、黑猩猩、野猪和家犬的 13 个物种 *Cytb* 基因序列以及氨基酸序列进行比对,结果显示,湖羊与山羊的相似性最高,其次是家牛,

最后与原鸡和斑马鱼一致性最低（表 2-38）。系统发育树显示,湖羊和山羊亲缘关系最为接近,其次是家牛,与原鸡、斑马鱼等亲缘关系较远（图 2-37）。这与核苷酸一致性分析一致,符合物种进化规律。

表 2-38　绵羊 *CYTB* 基因核苷酸和氨基酸序列与其他动物的一致性分析

物种	核苷酸（%）	氨基酸（%）
山羊（Capra hircus）	89	88
家牛（Bos taurus）	83	85
野猪（Sus scrofa）	81	84
家犬（Canis lupus familiaris）	80	84
家马（Equus caballus）	79	84
小家鼠（Mus musculus）	79	80
家猫（Felis catus）	78	81
黑猩猩（Pan troglodytes）	75	72
大猩猩（Gorilla gorilla）	74	72
人（Homo sapiens）	75	72
原鸡（Gallus gallus）	74	68
斑马鱼（Danio rerio）	72	69

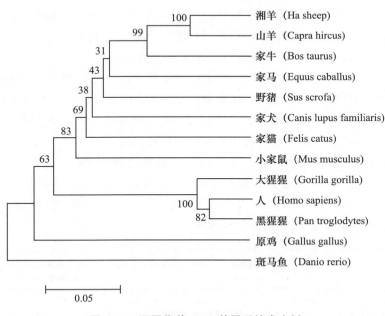

图 2-37　不同物种 *Cytb* 基因系统发育树

③绵羊 *Cytb* 基因编码蛋白结构分析。

a. 理化性质分析。绵羊 *Cytb* 基因编码蛋白由 379 个氨基酸残基组成,其分子式为 $C_{3\,583}H_{6\,028}N_{1\,140}O_{1\,451}S_{324}$,分子量为 98.68 kD,理论等电点（pI）为 5.0,说明该蛋白为酸性蛋白质。

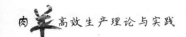

其不稳定系数为 64.20,说明该蛋白为不稳定蛋白,且预计在体外哺乳动物的网织红细胞内半衰期为 4.4 h,在酵母体内的半衰期>20 h,在大肠杆菌体内>10 h,脂溶指数为 31.49,总平均疏水指数 1.035,属于疏水蛋白。含有 20 种常见氨基酸残基(图 2-38),其中 Leu(13.98%)含量最高,其次 Ile(11.87%)含量较高。带负电荷的氨基酸残基(Asp+Glu=0)等于带正电荷的氨基酸残基(Arg+Lys=0)。其摩尔消光系数为 88 850 mol/L,1 A(280)=0.48 mg/mL,等电点是 7.52,pH 为 7 时,带电量为 1.78。

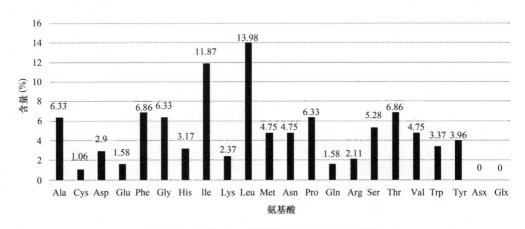

图 2-38　绵羊 *Cytb* 基因编码蛋白氨基酸组成

　　b. *Cytb* 结构蛋白二级结构及多参数分析。蛋白质二级结构是指蛋白质分子中多肽链本身的折叠方式,蛋白质分子的多肽链一般是部分卷曲盘旋成螺旋状(α-螺旋结构),或折叠成片层状(β-折叠结构),或以不规则卷曲结构存在于生物体内。

　　Gamier_Robson 方法是通过计算特定氨基酸残基在特定结构内部的可能性来预测蛋白质的二级结构的。用该方法预测 *Cytb* 结构蛋白二级结构,发现它有 α 螺旋形成,同时有许多β 折叠存在,且分布比较均匀,在各 β 折叠单元之间存在长短不一的转角(图 2-39)。该方法预测的结果还显示,在该蛋白的跨膜区有一些 α 螺旋结构形成。

　　Chou_Fasman 方法是通过序列氨基酸残基的晶体结构来预测二级结构,用该方法预测*Cytb* 结构蛋白二级结构,发现它有 α 螺旋结构形成,其位置分别在第 His 8-Val 14、lys 172-Glu 202、Gln 312-Met 316 和 Gly 351-Trp 379 区段(图 2-39)。相应地,用该方法预测的 β 折叠和转角结构就较少且主要处于该蛋白的两端。

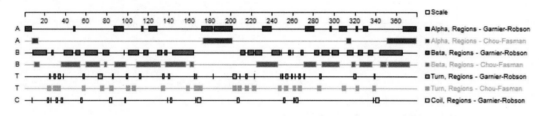

A. α_螺旋区域;B. β_折叠区域;T. 转角区域

图 2-39　根据两种不同的方法预测 Cytb 结构蛋白的二级结构

组成 *Cytb* 蛋白二级结构的 α 螺旋(HELIX,H)、β 折叠(STRAND,E)、无规卷曲(LOOP,L)的比例为 64.91 : 0.79 : 34.30(图 2-40)。

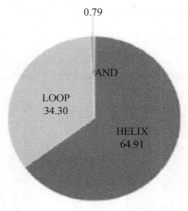

图 2-40　Cytb 蛋白二级结构组成

Cytb 结构蛋白的亲水性分析:用 Kyte_Doolittle 方法对 Cytb 结构蛋白的亲水性进行了分析。结果显示该蛋白存在较少的亲水性区域,但其中亲水性较高的区域主要集中在:Glu 202-Thr 225、Leu 249-Glu 271 和 His 308-Arg 318 提示该区域暴露于表面的概率较大,作为抗原表位的可能性也最大(图 2-41)。

Cytb 结构蛋白的表面可能性分析:在表面可能性较大的区域主要是 Ile 4-Met 11、His 32-Thr 60、Thr 203-Lys 227、Leu 249-Glu 271 和 Thr 309-Met 315 区段,其他部位展示的可能性较小(图 2-41)。

Cytb 结构蛋白骨架区的柔韧性分析:含有一些的柔韧性区域,且分布比较均匀,提示该蛋白肽段有一定的柔韧性,可以发生扭曲、折叠,能形成比较丰富的二级结构(图 2-41)。

Cytb 结构蛋白 B 细胞抗原表位的预测分析:通过联合以上蛋白质结构预测方法分析 *Cytb* 结构蛋白潜在的蛋白抗原决定簇,结果显示结构蛋白含有一些抗原指数较高的区域,其中以羟基端的指数性最高,所跨区域也最大(Asp 248-Glu 271),提示该区段含有潜在优势抗原表位,其他一些区段也可能含有一些潜在的抗原表位,如,Thr 203-Lys 227 等,这些区域的抗原指数也比较高,蛋白抗原指数较高的区域与其亲水性较高区域的分布较为一致,这些区域可能包含潜在优势的抗原表位(图 2-41)。

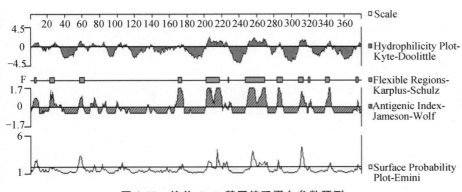

图 2-41　绵羊 *Cytb* 基因编码蛋白参数预测

彩图请扫描二维码查看

c. 蛋白跨膜结构和信号肽分析。从图 2-42 中可以看出，Cytb 蛋白共存在 9 个典型的跨膜螺旋区：33-55、76-98、113-135、140-158、178-200、229-251、288-310、323-340 和 350-372。由此可推测，绵羊 Cytb 基因 CDS 区所编码的蛋白质为跨膜蛋白，提示它可能作为膜受体起作用，也可能是定位在膜上的锚定蛋白或离子通道蛋白。

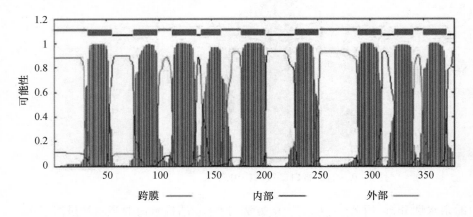

图 2-42　绵羊 Cytb 基因编码蛋白的跨膜区域预测结果　　　　彩图请扫描二维码查看

从图 2-43 可以看出，Cytb 蛋白的 C、Y 和 S 值的计算结果不具备信号肽的要求，表明绵羊 Cytb 蛋白不存在信号肽故该蛋白为非分泌蛋白。

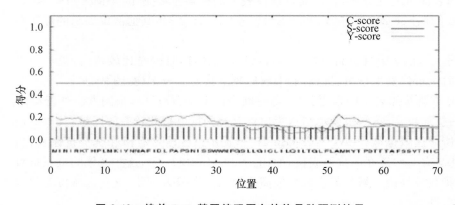

图 2-43　绵羊 Cytb 基因编码蛋白的信号肽预测结果　　　　彩图请扫描二维码查看

d. 亚细胞定位和蛋白磷酸化分析。亚细胞定位可以明确某种蛋白或表达产物在细胞内的具体存在部位。经亚细胞定位分析表明，该序列主要在内质网（77.8%）、细胞核（11.1%）、线粒体（11.1%）内发挥其生物学作用。蛋白质磷酸化是调节和控制蛋白质活力和功能的重要机制。该蛋白经磷酸化分析显示（图 2-44），绵羊 Cytb 蛋白有较多的苏氨酸（Thr）以及丝氨酸（Ser）磷酸化位点和相对较少的酪氨酸（Tyr）磷酸化位点。

e. 高级结构预测与分析。利用 SWISS-MODEL 预测蛋白质的三级结构，结果显示（图 2-45），绵羊 Cytb 蛋白序列与 BLAST 数据库中 5j4z.53.A 模板序列相似性高达 61%，该蛋白存在较多的扭曲，结构较为丰富，该结果同时也表明了绵羊 Cytb 由 α-螺旋、β-折叠和无规则卷曲组成，与二级结构预测一致，而这些结构对其生物学功能的发挥有重要作用。

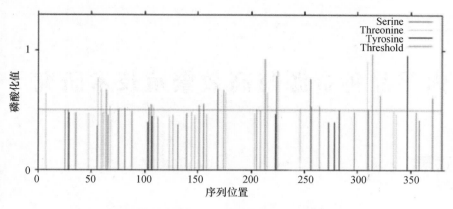

图 2-44　绵羊 *Cytb* 基因编码蛋白磷酸化位点　　　　　　彩图请扫描二维码查看

图 2-45　绵羊 *Cytb* 基因编码蛋白三级结构预测　　　彩图请扫描二维码查看

　　(3)讨论。在线粒体 DNA(mtDNA)的 13 个蛋白质编码基因中,Cytb 的结构功能最为清楚。Cytb 主要存在于内膜磷脂中,在线粒体蛋白编码基因中有着十分重要的作用,在氧化磷酸化过程中作为电子传递的重要媒介,其自身可以在线粒体内进行转录和翻译。*Cytb* 基因的进化速度相对来说比较适中,通常被人们用来研究种内、近缘种间以及种间亲缘关系,成为一种重要的区分手段。在对不同物种同源性及系统发育分析可知,湖羊与山羊亲缘关系最近,其次是与牛亲缘关系最近,其中偶蹄目最先聚为一支,再与灵长类动物聚在一起,最后与原鸡、斑马鱼等聚在一起。绵羊 *Cytb* 基因共编码 379 个氨基酸。

　　常见的蛋白质二级结构有 α-螺旋、β-折叠、转角和无规则卷曲等。绵羊的 *Cytb* 基因编码蛋白以 α-螺旋和无规则卷曲为主。蛋白质分子构象主要靠非共价键维持,蛋白质结构的稳定在很大程度上有赖于分子内的疏水作用,从各种因素的作用来看,疏水作用是非常重要的。经分析绵羊 *Cytb* 基因编码蛋白为酸性、不稳定性疏水蛋白。一般信号肽位于分泌蛋白的 N 端,通过判断蛋白质是否含有信号肽部分,可以初步推测该蛋白质是否为分泌蛋白,结果分析表明,*Cytb* 蛋白既不存在信号肽,也不是分泌蛋白。绵羊 *Cytb* 基因编码蛋白有 9 个跨膜结构域,这与刘安芳等(2006)家鹅线粒体细胞色素 b 跨膜螺旋结构分析得出的结果一致。Cytb 主要在内质网、细胞核、线粒体内发挥其生物学作用,与线粒体 DNA 的各种功能和调节有着密切的关系。蛋白质磷酸化的表达直接影响蛋白质活力和功能的调节,是最重要的机制,绵羊 *Cytb* 蛋白的苏氨酸和丝氨酸磷酸化位点比较多,酪氨酸的磷酸化位点相对较少,苏氨酸和丝氨酸磷酸化的主要作用是激活蛋白质的活力,故结果表明该蛋白酶活力较强。

第3章　肉羊品种资源与高效繁殖技术研究

3.1　研究进展

3.1.1　京津冀地区肉羊品种资源利用与开发

从地理范围上讲,京津冀地区主要是指河北省地理范围,主要包括太行山和燕山山脉以及东南部平原农区,太行山南北走向,燕山山脉东西走向一直到渤海湾,形成太行山和燕山两个山区,又称"两山"地区,也构成了自北由西向东南的扇形平原地区,因此,这个区域由"两山一平原"构成,而北京部分位于两山地区,部分属于平原,天津处在渤海入海口的平原地带,河北环京津,临渤海。近几年,羊肉价格领跑主要肉类食品,羊肉需求强劲,肉羊生产成为养羊业重要的生产方式,京津冀区域协同发展上升为国家战略,这将更有利于该区域的羊肉市场一体化,将带动肉羊生产同质化,对羊肉供给提出更高要求。该地区有哪些肉羊品种?从严格意义上讲,京津冀地区没有专门化的肉羊品种,但有一些地方品种如小尾寒羊、太行山羊、承德无角山羊、绒山羊、冀中奶山羊、冀东奶山羊、河北细毛羊等。自20世纪90年代以来,该地区从国外引入了一些肉羊品种,如萨福克、杜泊、无角陶赛特、德克赛尔、夏洛莱、波尔山羊等,如何更好发挥地方品种和引入肉羊品种资源优势,高效利用品种资源生产羊肉,提高肉羊生产效益,是从业者关心的问题,也是产业发展的需要。

3.1.1.1　京津冀地区主要肉羊品种

(1)萨福克

原产于英国英格兰东南的萨福克、诺福克、剑桥和艾塞克斯等地。以南丘羊为父本,当地体大、瘦肉率高的黑脸有角诺福克羊为母本杂交培育而成,是19世纪初培育出来的品种。在英国、美国被用作终端杂交的主要公羊。分黑头和白头两种,体格较大,头短而宽,公、母羊均无角,颈粗短,胸宽深,背腰平直,后躯发育丰满。黑头萨福克羊头、耳及四肢为黑色,被毛含有有色纤维,四肢粗壮结实。

成年公羊体重100～110 kg,成年母羊60～70 kg。早熟、生长发育快,产肉性能好,产羔率141.7%～157.7%,3月龄羔羊胴体重达17 kg,肉嫩脂少。剪毛量3～4 kg,毛长7～8 cm,毛细56～58支,净毛率60%,是生产大胴体和优质羔羊肉的理想品种。该品种与我国各类羊进行了杂交,实践证明可提高杂交后代羔羊的生长发育速度和产肉能力,在京津冀地区可以作为父本与本地母羊杂交,进行商品羊生产。

（2）杜泊

原产于南非,由有角陶赛特和黑头波斯羊杂交培育而成,属于粗毛羊,也是唯一的粗毛羊肉用绵羊,有黑头和白头两种,大部分无角,被毛白色,可季节性脱毛,短瘦尾。体形大,外观圆筒形,胸深宽,后躯丰满,四肢粗壮结实。该品种羊在 6 月龄以后,其被毛都会生理性自动脱毛,脱毛时间一般为 4～11 月份。公羊脱毛一般比母羊早 15 天左右。食草性广,不择食,耐粗饲,抗病力较强,性情温顺,合群性强,易管理,能广泛适应多种气候条件和生态环境,但怕潮湿,不耐湿热,在潮湿条件下,易感染肝片吸虫病,羔羊易感球虫病。公羊性成熟一般在 5～6 月龄,母羊初情期在 5 月龄。母羊发情期多集中在 8 月份至翌年 4 月份;由于品种特性突出,受到业界普遍关注,从 20 世纪 90 年代起,纷纷被世界上主要羊肉生产国引进,我国 2001 年开始引入,目前,京津冀地区该品种羊存栏较多,价格也较高,该品种肉羊与我国各地绵羊杂交利用取得了较好的效果。由于该品种为粗毛肉羊,因此与地方品种杂交利用时,杂交后代皮张质量不会下降。尽量不要用细毛羊与杜泊进行杂交利用,否则杂交后代会失去产细毛性能。

（3）无角陶赛特

原产于大洋洲的澳大利亚和新西兰,以雷兰羊和有角陶塞特羊为母本,考力代羊为父本,然后再用有角陶塞特公羊回交,选择所生无角后代培育而成。外貌特征公、母羊均无角,全身被毛白色。颈粗短,胸宽深,背腰平直,躯体呈圆桶状,四肢粗短。后躯丰满,面部、四肢及蹄白色。成年公羊体重 90～100 kg,成年母羊 55～65 kg。剪毛量 2～3 kg,毛长 7.5～10 cm,毛细 48～58 支,胴体品质和产肉性能好,产羔率 130% 左右。我国新疆和内蒙古自治区及中国农业科学院畜牧研究所在 20 世纪 80 年代末和 90 年代初从澳大利亚引入。目前天津、石家庄、北京等地均有该品种。

（4）德克赛尔

德克塞尔羊原产于荷兰德克塞尔岛沿岸,最初本地德克塞尔羊属短脂尾羊,在 18 世纪中叶引入林肯羊、来斯特羊进行杂交,19 世纪初育成德克塞尔肉羊品种。德克塞尔羊光脸、光腿,腿短,宽脸,黑鼻,短耳,部分羊耳部有黑斑,体型较宽,毛被白色。成年公羊体重 100～120 kg,母羊 70～80 kg,产毛量 3.5～5.5 kg,细度 46～56 支纱。母羊性成熟大约 7 个月,繁殖季节接近 5 个月,产羔率高,初产母羊产羔率 130%,二胎产羔率 170%,三胎以上可达 195%。母性强,泌乳性能好,羔羊生长发育快,双羔羊日增重达 250 g,断奶重(12 周龄)平均 25 kg,24 周龄屠宰体重平均为 44 kg。适合作为父本进行杂交生产肉羊。

（5）夏洛莱

原产于法国中部的夏洛莱丘陵和谷地。以英国来斯特羊、南丘羊为父本,当地的细毛羊为母本杂交育成。体型大,胸宽深,背腰长平,后躯发育好,肌肉丰满。被毛白而细短,头无毛或有少量粗毛,四肢下部无细毛。皮肤呈粉红或灰色。体重成年公羊 110～140 kg,母羊 80～100 kg;周岁公羊 70～90 kg,母羊 50～70 kg;4 月龄育肥羔羊 35～45 kg。毛长 7 cm,毛细

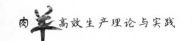

50～60 支。屠宰率 50%。4～6 月龄羔羊胴体重 20～23 kg,胴体质量好,瘦肉多,脂肪少,产羔率在 180% 以上。我国在 20 世纪 80 年代末和 90 年代初,河北引入该品种,并通过扶贫开发项目推广该品种。

（6）波尔山羊

原产于非洲,在品种形成过程中至少吸收了南非、埃及、欧洲、印度等地的 5 个山羊品种基因,在南非,波尔山羊分布在 4 个省,大致分为 5 个类型,即普通波尔山羊、长毛波尔山羊、无角波尔山羊、土种波尔山羊和改良的波尔山羊。引入我国的为改良的波尔山羊。波尔山羊具有强健的头,眼睛清秀,罗马鼻,头颈部及前肢比较发达,背部结实宽厚,腿臀部丰满,四肢结实有力。毛色为白色,头、耳、颈部颜色可以是浅红至褐色,但不超过肩部,双侧眼睑有色。波尔山羊体格大,生长发育快,成年公羊体重 90～135 kg,成年母羊 60～90 kg。羔羊初生重 3～4 kg,断奶体重 27～30 kg,周岁内日增重平均为 190 g 左右,断奶前日增重一般为 200 g 以上,6 月龄体重 40 kg 左右。肉用性能好,8～10 月龄屠宰率为 48%,周岁、2 周岁、3 周岁时分别为 50%、52% 和 54%,4 岁时达到 56%～60%。由于波尔山羊体质强壮,四肢发达,善于长距离采食,可以采食灌木枝叶,适合于灌木林及山区放牧,在没有灌木林的草场放牧以及舍饲表现很好,对热带、亚热带及温带气候都有较强的适应能力。天津从澳大利亚、南非德国引入后,据观察,初生重大,生长快,与当地山羊杂交效果较好。波尔山羊作为最好的肉用山羊品种引入我国后,与各地山羊进行了大量杂交试验,目前很多地方均有波尔山羊的杂交后代,大大提高了本地山羊的生长速度、产肉率,其杂交后代育肥效果较好。目前该品种在京津冀地区数量不少,各地大量的杂交试验结果一致表明,波尔山羊进行二元杂交时,不管是与土种羊杂交,还是与肉用羊杂交,或是与奶山羊杂交,杂交效果非常显著。杂交后不论是在放牧、舍饲、粗放、放牧加补饲的饲养条件下均表现出明显的杂交优势。

纵观各地肉羊生产情况,在品种选择上,可以利用萨福克、德克赛尔、夏洛莱、陶赛特等肉羊做父本与本地的母羊如小尾寒羊等进行杂交生产肉羊,杂交羊屠宰率多数在 50% 以上,高于本地羊 45%～50%。

3.1.1.2　京津冀地区肉羊品种现状

（1）品种特性和规模数量未形成稳定格局

上述品种有的是直接从国外引入,有的品种是从其他地区引入,进而在京津冀地区存留下来,由于这些肉羊市场价格较高,而且繁殖率较低,多数均为季节性繁殖,导致供种能力有限,很多农户买不起,数量始终停留在几百只到几千只,目前这些肉羊品种数量也未形成稳定供种格局,多数存在于规模种羊繁育场。

（2）没有很好适应该地区,未发挥品种最大优势

这些肉羊品种由于所在国资源禀赋不同,并不像在国外饲养生产性能高,原因主要是与气候条件、饲草资源和饲养水平有关,在农区舍饲条件下,受青绿多汁饲料资源限制,品种优势并未发挥出来;在饲养这些肉羊时,要提高日粮营养水平,加大饲喂量,保证生产营养需要,才能

更好发挥品种特性。由于国外肉羊品种繁殖效率较低,从综合效益上和规模养殖上很难完全适合中国舍饲条件下的饲养。

3.1.1.3　理想肉羊品种特征

(1)高产肉性能

作为肉羊,首要特征就是要具有高的产肉性能,屠宰率在 50% 以上,生长速度快,日增重达到 250 g,饲料转化率高,肉质要好,可生产高档羊肉。

(2)高繁殖力

理想的肉羊品种应常年发情,繁殖性能要好,主要体现为发情早,多胎性,成活率高,一般 8~10 月龄可配种,当然种羊繁育场要在周岁以上使用,产羔率在 200% 以上,成活率在 90% 以上。

(3)高抗性

高抗性是指具有耐粗饲,适应性强,具体表现为食性强,抗逆性,易舍饲,食性强表现为食量大,不挑食,饲料报酬高;抗逆性主要表现为抗病强,耐粗饲;易舍饲应为性情温顺,对圈舍条件要求不高。

3.1.1.4　肉羊品种资源高效开发利用方法及途径

肉羊高效开发利用方法和途径,从性别角度可分为公羊和母羊;从技术角度可分为杂种优势利用、种质资源利用和新品种培育。

(1)京津冀地区经济杂交肉羊生产模式推荐

对于京津冀地区,山羊品种利用方面,太行山区一带可以利用波尔山羊公羊与太行山羊、武安山羊杂交,东南平原农区利用波尔山羊公羊与冀中奶山羊杂交,燕山山脉地区可以利用波尔山羊公羊与绒山羊、承德无角山羊、冀东奶山羊杂交。绵羊品种利用方面,平原地区均可以利用引进肉绵羊如杜泊、德克赛尔、萨福克、无角陶赛特、德国美利奴作为父本与小尾寒羊杂交,北部燕山一带可以用德国美利奴公羊与河北细毛羊杂交,利用杂交优势开展经济杂交,进行商品羊生产。

(2)利用性控精液生产特定性别肉羊

X、Y 精子分离是指根据 X 精子和 Y 精子在密度、重量、形态、大小、活力、表面电荷、表面抗原以及 DNA 含量等方面的不同特点,通过相应方法进行分离的一种性别控制方法。使用性控精液可按照人的预期愿望生产特定性别的肉羊,例如公羊育肥效果好,那么就可以购买 Y 精液,批量生产公羊,然后育肥出栏。利用 X 精液可以扩繁优秀的母羊,迅速扩大种群规模。

(3)种母羊种质资源高效利用

种母羊高效利用主要是指利用繁殖生物技术高效利用母羊卵巢卵母细胞资源,利用超数排卵或体外受精生产体内/外胚胎,结合胚胎移植技术高效扩繁优秀种羊。

①成年母羊体内胚胎生产技术。成年母羊体内胚胎生产技术主要是指针对经产母羊,利用超数排卵技术获取大大多于自然排卵数量的卵母细胞,并使用公羊配种或人工输精,之后利用胚胎采集技术获取体内受精的胚胎,再用胚胎移植技术移植到受体内,该技术可用于提高优秀种母羊利用率。

②成年母羊体外胚胎生产技术。成年母羊体外胚胎生产技术是指对成年经产母羊施以外源激素促进排卵,获取卵母细胞结合体外受精技术形成体外胚胎,该技术还可与卵母细胞冷冻保存技术集成,可更大限度利用优秀成年母羊卵巢卵母细胞资源,高效利用优秀种母羊。

③幼龄母羔体外胚胎生产技术。该技术是近年来发展起来的一项集诱导羔羊卵泡发育技术(简称"幼羔超排")、活体采卵、体外受精、胚胎移植等技术为一体的胚胎体外生产技术体系,其主要技术环节包括幼羔超排、卵母细胞采集、体外成熟培养、体外受精、早期胚胎体外发育、胚胎移植等。该技术是利用性成熟前的羔羊(6~8周龄)大规模生产卵母细胞,通过体外受精技术生产体外胚胎,该技术较成年羊胚胎移植的最大优点就是提早利用优秀种羊个体和提高繁殖效率,即1月龄母羔生产胚胎,6月龄产生后代,育种中应用该技术可提高优秀种羊繁殖速度和利用效率,实现"早生"、"优生"和"多生",显著缩短世代间隔,加快遗传进展,实现繁殖技术由成年羊繁殖到幼羔超早期繁殖利用的新跨越。该技术最早由澳大利亚南澳政府生殖与发育研究中心研究开发,2005年引入我国,之后在一些科研单位陆续开展羔羊超早期繁殖利用技术本土化研究,如河北省畜牧兽医研究所与河北农业大学合作,2007年以6~8周龄为供体获得我国首例杜寒杂交幼羔超排"试管绵羊"(陈晓勇等,2008);还有云南省畜牧兽医科学院和云南农业大学动物科技学院(邵庆勇等,2008);北京农学院动物科学技术系和北京市昌平区动物疾病预防控制中心(常迪等,2009);新疆畜牧科学院畜牧科学研究所(吴伟伟等,2011;陈童等2012);东北农业大学动物科学技术学院、辽宁省农业科学院风沙地改良利用研究所和中国农业科学院北京畜牧兽医研究所(胡鹏飞等,2011);甘肃农业大学(吴海凤,2011);新疆农业大学(汪立芹等,2012),延边大学农学院和延边朝鲜族自治州畜牧总站(高见红等,2013)等单位均开展了相关研究。

(4)培育专门化肉羊新品种

在过去的十几年中,我国引入的肉羊繁殖性能较差,具有明显的繁殖季节性,产羔率较低,平均产羔率在110%~140%。从长远角度看,利用地方品种资源与引进肉用绵羊培育适合我国地域特点、气候条件、饲草资源、饲养方式等国情的肉用绵羊新品种可解决地方品种肉用性能差、引入品种繁殖效率低等缺点,也是提高我国肉羊良种化程度的有效途径。

近年来,全国范围内有一些肉羊新品种的选育。如在山东,王金文等利用杜泊羊与地方品种小尾寒羊杂交,采用常规育种技术和FecB分子遗传标记辅助选择,组建理想型育种群。通过选种选配、横交固定和扩繁推广,培育鲁西黑头肉羊多胎品系(王金文等,2011)。在西南地区,熊朝瑞等(2014)对以自贡黑山羊为育种素材,培育蜀丰肉羊新品种。另外还有一些对原有品种进行定向选育,如王可等(2014)对济宁青山羊选育;岳耀敬等(2014)对高山美利奴羊进行选育;胡钟仁等(2014)以努比山羊培育奶肉兼用山羊。在京津冀地区,河北省畜牧兽医研究所敦伟涛等以小尾寒羊为母本,杜泊绵羊为父本进行杂交,以BMPR1B(A746G)基因分子标记作为提高种群产羔数的辅助手段,经过多年人工选择和定向培育而成农区肉用绵羊新种群寒泊肉羊(敦伟涛等,2011)。

品种一直是影响肉羊生产增产增效、制约产业发展的瓶颈因素,科研院所和高等院校从事养羊的学者应科学规划、正确引导、合理指导品种资源利用,因地制宜培育和开发新品种,为生产者提供技术咨询、指导和支撑;推广部门应立足本职,遵循市场规律,符合市场需求,科学指导品种利用,最大发挥品种优势,高效服务于肉羊生产。

3.1.2 现代育种关键技术在高产、优质肉绵羊新品种培育中的应用

品种一直是影响肉羊产业增产增效、制约产业发展的瓶颈因素,我国肉羊产业主要问题是缺乏自主高产、优质新品种导致肉羊单产能力低、羊肉品质差、利润空间小。育种则是解决品种问题的关键手段,通过育种技术可以培育高产、优质肉羊新品种。随着分子遗传学、分子育种学、分子诊断和繁殖生物技术的发展,逐渐形成了分子遗传标记辅助选种和胚胎工程技术等为一体的育种高新技术。传统杂交育种选种速度慢,繁殖周期长,群体规模扩大慢,品种形成时间长。分子育种技术可显著提高特定性状选择的准确性,缩短选种世代间隔,提高选种准确性和效率;以胚胎工程为平台的繁殖生物技术可大大提高优秀母羊个体繁殖速度和利用效率。因此,上述高新技术应用到育种实践中,将大大提高肉羊选种效率和优秀种羊利用效率,加快育种核心群扩繁速度,缩短新品种培育周期。

自 2006 年以来,河北省畜牧兽医研究所与河北农业大学共同承担了"河北肉用绵羊品种培育"项目,围绕培育优质、高产(即"两高一优":产肉量高和繁殖率高、品质优良)的肉羊新品种开展了大量工作,建立了以传统杂交育种技术为基础,分子标记辅助选种、胚胎移植(MOET)、幼羔体外胚胎移植(JIVET)等高新技术为一体的育种关键技术体系,并将上述技术应用在肉绵羊新品种培育工作中,取得了较好的效果。本文总结上述工作,目的是与广大畜牧科技工作者和生产相关人员共享,为我国肉羊种业健康发展提供借鉴和参考。

3.1.2.1 所采用的肉羊育种关键技术

(1)杂交育种技术

杂交育种技术是利用杂交培育新品系或者新品种的传统育种方法,基本路线是选择两到三个品种羊进行杂交,根据杂交后代性能筛选杂交模式,然后进行横交固定,进行闭锁繁育,形成育种核心群,再进行扩繁,加强选育,提高种群规模。

(2)多胎基因标记与辅助选择技术

分子标记技术是以物种突变造成 DNA 片段长度多态性为基础,利用分子生物学技术对特定基因进行标记的一种方法,利用分子标记技术寻找多胎基因并进行多态性研究,形成了多胎基因标记技术,在育种过程中,利用多胎基因标记技术进行选种即多胎基因标记与辅助选择技术。此项技术的优点就是加快遗传进展,缩短选种时间,提高选种效率,实现了选种技术由群体水平向分子水平跨越。

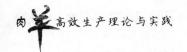

（3）胚胎移植（MEOT）技术

胚胎移植技术是指利用成年优秀母羊做胚胎供体，通过超数排卵技术获得优秀母羊生产超过自然排卵受精数量的胚胎，利用同期发情技术使本地母羊或与育种目标不一致的母羊做受体生产优秀个体的技术，又称借腹怀胎。目前，该技术是繁殖领域的较为成熟的扩繁技术，也是胚胎工程的平台技术，在育种工作中，当遗传特性较为稳定需要加快繁殖速度，扩大种群规模时，利用胚胎移植技术可显著提高优秀种母羊个体的繁殖速度和效率，加快遗传进展和育种速度。

（4）幼羔体外胚胎移植（JIVET）技术

幼羔体外胚胎移植技术（简称"JIVET"）是集诱导羔羊卵泡发育技术（简称"幼羔超排"）、体外受精、胚胎移植等技术为一体的胚胎生物技术体系，其主要技术环节包括幼羔超排、卵母细胞采集、体外成熟培养、体外受精、早期胚胎体外发育、胚胎移植等。该技术最早主要由澳大利亚南澳政府生殖与发育研究中心研究开发，近年来已经成为配子与胚胎生物技术领域的研究热点之一。胚胎移植技术是指利用成年优秀母羊生产体内胚胎，从而提高成年羊繁殖效率和速度，而JIVET技术是利用性成熟前的羔羊（6～8周龄）大规模生产卵母细胞，通过体外受精技术生产体外胚胎，该技术较成年羊胚胎移植的最大优点就是提早利用优秀种羊个体，即1月龄母羔可以生产胚胎，6月龄可以产生后代，育种中应用该技术可提高优秀种羊繁殖速度和利用效率，实现"早生"、"优生"和"多生"，显著缩短世代间隔，加快遗传进展，实现繁殖技术由成年羊繁殖到幼羔超早期繁殖利用的新跨越。

（5）人工授精技术

人工授精技术是用人工的方法采集雄性动物的精液，经检查与处理后，再输入到雌性动物生殖道内，以代替公母畜自然交配而繁殖后代的一种繁殖技术。缩短时代间隔，加快选择进程是肉羊育种效率的重要因素，因而就需要大批母羊繁殖，仅靠自然交配很难满足繁殖需求，因此人工授精技术是提高优秀种公羊利用效率的必然选择，同时有利于利用半同胞选择，也是节约育种成本的措施之一。

（6）转基因育种技术

转基因育种技术是利用基因转移技术培育生物新品种的一种技术方法，通过将其他物种或品种中的优秀基因转移到要培育的新品种中，使其能够在新品种中稳定遗传，转基因育种是培育优质、高产、抗逆以及特殊用途新品种的重要技术。

3.1.2.2 高产、优质肉绵羊新品种培育的技术方案

（1）育种目标

以农区自然资源和气候条件为基础，以市场需求为导向，以羊肉产量为目标，以繁殖率为重点来确定育种目标。在过去的十几年中，我国从外国引进了世界上大多数的肉羊品种，但这些肉绵羊繁殖性能较差，具有明显的繁殖季节性，产羔率较低，平均产羔率在110%～140%。

单纯依靠引进品种无法支撑我国肉羊产业需求,因此,利用我国地方品种与国外品种培育高产、优质新品种成为一个理想的选择,在充分利用地方品种和吸收国外优秀肉羊品种资源的同时,如何解决国外品种繁殖性能差的问题是确定育种目标的关键因素。根据农区自然资源和气候条件,以及市场、经济、社会等因素,确定了繁殖性能和产肉性能兼顾的育种目标。在考虑选种指标时,除了生长速度和产肉率等外,还考虑了将年产肉量、年产羔率等作为选种指标,这样将更有利于实现肉用和繁殖性能兼顾的育种目标。此外,肉用性能指标方面,除了通过屠宰率测定外,引入了大腿围作为一个辅助和间接的肉用体型和产肉量的选择指标。

（2）育种路线

以国内高繁殖率的小尾寒羊地方品种为母本与国外引进的杜泊肉用品种为父本进行杂交育种,将骨形态发生蛋白受体基因(BMPR-IB)作为多胎标记基因,以杜寒二代公羊与杜寒一代母羊为横交模式,对横交后代利用多胎基因标记选种、选配,以超数排卵-胚胎移植(MOET)、幼羔体外胚胎移植(JIVET)技术作为扩繁手段进行扩繁,目标是培育形成一个肉用性能和繁殖性能兼顾的独特的肉绵羊新种群。

（3）研究内容

开展了肉绵羊杂交育种方案、不同杂交组合后代生产性能测定、横交模式筛选、自群繁育后代生产性能测定等杂交育种技术研究;多胎基因标记与辅助选择、超数排卵-胚胎移植(MOET)、幼羔体外胚胎移植(JIVET)、羊卵母细胞玻璃化冷冻保存等选种及繁殖新技术研究,此外,还开展了羔羊早期断乳、诱导产后母羊发情、肉羊育肥和疾病预防控制等肉羊生产配套技术研究。

3.1.2.3　项目实施效果

通过项目的实施创建了一个肉绵羊新品种核心群,建立了一套育种核心技术和一套肉羊生产配套技术,为培育我国农区肉绵羊新品种奠定了基础条件,为现代育种关键技术应用起到了示范作用。

（1）创建了肉用性能和繁殖性能兼顾的育种横交模式

利用高繁殖力的小尾寒羊为母本,杜泊和德克赛尔为父本,开展杂交效果及横交模式筛选研究,杜泊、德克赛尔与小尾寒羊杂交后,体尺发育效果改善,特别是与肉用性能相关的体尺指标变化更为显著,杂交后代向肉羊体型发育。杂交后代产肉性能、屠宰性能和肉品质均好于小尾寒羊(敦伟涛等,2011)。通过杂交模式筛选确定了杜二代♂×杜一代♀作为理想横交模式,进行自群繁育,组建繁育核心群。

（2）首次将大腿围作为肉用性能及体型的选种指标

以净肉重为因变量,体尺指标为自变量进行回归分析,结果净肉重与大腿围、胸宽、胸围、管围、腰角宽相关系数均在 0.800 以上,达到极显著水平($P<0.01$),呈强正相关。根据逐步回归分析法,应用 spss13.0 建立了成年净肉重与大腿围最优回归模型,最优回归方程:$Y=13.865+0.723\,X$。

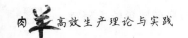

大腿围的偏回归系数达到显著水平（$P<0.05$），相关系数为 0.949，回归方程经 F 检验，差异显著（$P<0.05$），表明该回归方程对估计净肉重是可靠的，具有较强参考价值。回归方程表明大腿围增加 1 cm，净肉量就会在 13.865 的基础上增加 0.723 kg，大腿围性状对净肉重具有较大决定作用，因此，在选育过程中将大腿围作为一个产肉性状的指标来提高产肉性能。

（3）应用分子选种技术显著提高了选种效率和产羔率

在杂交育种过程中，利用多胎候选基因（BMPR-IB）分子标记技术选留突变纯合型（BB）和杂合型（B+）个体，进行横交固定，显著提高了产羔率性状的选种准确性，使母羊产羔率由 151.7％提高到 176.2％，产羔率提高 24.5 个百分点，使多胎性状的选种提早 18 个月，不仅大大提高了选种的准确性和预见性，而且缩短多胎性状选择世代间隔（孙洪新等，2011）。

（4）应用胚胎移植为平台的生物技术提高种羊繁殖效率，实现了技术方法新突破

在核心群扩繁中，应用成年羊胚胎移植技术大大加快了种群繁殖速度，提高了优秀个体繁殖利用效率；较为系统地开展了影响我国地方幼羔超排效果因素的研究，使超排羔羊只均获卵数达到 104.29 枚，成功获得世界首例幼羔超排的杜寒杂交试管羊（陈晓勇等，2008）；首次发现导致玻璃化冷冻保存绵羊卵母细胞受精能力降低的主要原因是抗冻保护剂 DMSO 及玻璃化液中的 Ca^{2+} 对体外成熟绵羊卵母细胞具有孤雌激活作用，并筛选出细管法和 OPS 法玻璃化冷冻保存羊桑葚胚和早期囊胚的适宜技术程序，成功获得世界首例玻璃化冷冻超排幼羔卵母细胞的试管羊。

（5）培育形成了肉用体型明显、产肉量和产羔率均较高的肉绵羊新种群

核心群增重效果好于小尾寒羊，体型向圆筒状发育，已显现出明显的肉用体型。在繁殖性能方面，自群繁育后代产羔率较杜泊纯种有明显提高，成年公羊体重 85.37 kg，成年母羊体重 66.32 kg，产羔率为 176.2％，强度育肥的平均日增重达 300.55 g，6 月龄体重可达 52.17 kg（敦伟涛等，2011）。

（6）建立了肉羊育种配套技术体系

通过对羔羊早期断乳、诱导产后母羊发情、肉羊强度育肥和疾病预防控制等配套技术的研究，建立了缩短产羔间隔、提高肉羊产肉量和疾病防控能力的肉羊育种配套技术体系。

3.1.2.4 项目实施经验

通过几年的工作，将项目实施经验总结如下：以高校和科研院所为牵头单位，以"高新技术＋常规技术"为核心，以培育自主新品种为目标，以地方行政主管部门为纽带，以基地和示范场（中试基地）为依托，建立了科研院所、高校＋中试基地（企业）＋养殖场（户）产学研机制。

（1）建立了育种关键技术体系，探索了技术集成与示范应用相结合的产业化模式

面对肉羊育种技术落后的现状，确定利用高新技术加快品种培育进程的技术方案，利用基因标记辅助选种技术提高了选种效率和准确性，形成了传统杂交育种与现代分子遗传标记辅助选种、胚胎工程为主的高新技术相结合的肉羊育种关键技术体系。制定了《肉羊胚胎移植技

术标准》、《肉羊人工授精技术标准》和《肉羊精液冷冻保存技术标准》,并将同期发情、超数排卵、胚胎和卵母细胞冷冻保存、体外受精、活体采卵、幼羔超排、核移植技术等胚胎体外生产技术组装集成并推广,不仅降低了胚胎移植成本,而且大大加快了种羊的扩繁速度。

(2)形成了以科研院所为主体,试验站点为基地,企业为载体的共享机制。

在整个项目实施过程中,始终坚持科学研究、技术推广和应用开发的产业化原则,建立了科研单位与生产单位成果、信息、技术和人才共享机制,建成省级重点种羊场为核心,示范场(户)为辐射,进行成果转化和示范推广。以试验站点为依托,每年到基地开展技术培训,讲解新知识,普及新技术,提高农民的科技意识、技术水平和生产观念,使得科研新成果被农民接受,并顺利推广。

(3)组建育种团队,发挥各自优势,团结协作、协同攻关

本着发挥各自优势的原则,由河北省畜牧兽医研究所与河北农业大学、河北省牛羊胚胎工程技术研究中心、河北连生农业开发有限公司等科研、教学、生产单位开展联合育种;组建了一支学历高(含博士、硕士、本科)、梯队明显(教授、研究员、畜牧师、场长)、结构合理(中青年为主)、攻关能力强、协作密切的联合育种团队,能够在种质资源开发、新品种培育、种羊推介、技术推广、产业化运作等方面开展工作。

3.1.2.5　项目实施的社会影响

(1)基地建设、技术集成与产业化示范

①建立了肉羊培育基地和优良种羊胚胎生产基地。建立了农业部首批认定肉羊标准化示范场、河北省无公害畜产品产地认证单位---河北连生农业开发有限公司种羊场,为肉羊新品种培育提供了良好的条件;为了提高优良种羊的供种能力,建立了一个年生产胚胎 8,000 枚的优良种羊胚胎生产基地。

②多胎基因标记辅助选种技术与传统杂交育种技术集成,加快遗传进展,提高选种效率。运用骨形态发生蛋白受体(BMPR-IB)多胎基因标记技术,对小尾寒羊、杂交后代、自群繁育后代基因型进行分析测定,根据基因型并结合实际产羔数将 BB 型多胎母羊集中起来进行选育,自群繁育后代母羊产羔率由 151.7% 提高到 176.2%,产羔率提高达 24.5 个百分点,使多胎性状的选种提早 18 个月。

③幼羔体外胚胎移植、克隆(核移植)、转基因等技术集成与产业化示范。将幼羔体外胚胎移植、核移植、转基因技术集成,开展幼羔体外胚胎移植(JIVET)技术、转基因育种技术产业化示范工作,与中国科学院遗传与发育生物学研究所、中国农业科学院北京畜牧兽医研究所等单位合作,开展转基因育种技术,建立了稳定的转基因育种下游技术平台。

(2)对生产和经济社会的促进作用

①人才培养和技术培训。培养硕士研究生 20 多名,博士 2 名,举办各种类型培训班百余次,培训人员千余人次,提高了基层技术人员科技素质和农民的科技意识,对推动各地、场科技进步发挥了重要作用。

②发表论文和出版著作。在国际会议、全国学术会议和农业生物技术学报、华北农学报、畜牧兽医学报等期刊上发表论文40多篇,其中发表SCI索引学术论文2篇,一级学报10余篇,核心期刊30余篇。以本研究成果为主要内容,主持编写《养羊与羊病防治》、《畜禽繁育新技术》、《羊繁殖员》等多部著作。

③促成了一个农业产业化龙头企业。促成了一个产加销、牧工商为一体的产业化实体企业,打造成了受市场所欢迎的"傻羊倌"品牌,并成立了一个肉羊养殖专业合作社。该龙头企业的建成为科研成果转化、技术集成示范、推广应用起到了重要推动作用。

3.1.2.6 存在问题及建议

(1)存在问题

①科研院所和高等院校为育种主体,没有形成产业化育种模式。目前,主要以科研项目形式开展育种工作,科研项目都有周期,一般3～5年,育种实施主体大多是大专院校和科研院所。由于育种工作是个周期长,见效慢,很少有人愿意承担育种项目,即使承担了此类项目,也是以项目为依托,开展阶段性工作,项目期限结束,结题鉴定之后束之高阁,如果没有持续项目支撑,育种工作无法开展,因此仅仅停留在科研层面。

②缺乏投入长效机制,无法支撑育种工作持续进行。由于育种主体是科研单位,育种工作前期要靠投入,没有稳定持续的投入机制,品种还没有形成时,很难进入市场,只有稳定持续的资金保障才能育成新品种,在新品种形成前无法进入产业阶段,因此由于缺乏经费保障,导致育种只是停留在科研层面,很难培育形成新品种。

(2)工作设想和建议

①探索并建立市场化运作的长效育种机制。育种对于产业的贡献率大概在40％以上,一个产业的好坏取决于该产业的种业。制约肉羊产业发展的关键因素就是品种,由于羊肉产量低导致利润空间小,规模化种羊繁育场亏本。由于缺乏生长速度快、羊肉产量高,繁殖效率高的肉羊品种,很多规模化的种羊场均已倒闭或者转行。因此肉羊从业者应大力呼吁加强育种工作,行政主管部门应高度重视肉羊种业,从投入方面加大支持力度,在国家层面和省级建立注重基础、稳定支持、择优资助的长效投入机制,如设立种业专项,由于动物育种不同于作物育种,作物可以选择不同地方进行栽培,每年可以进行多个周期,但动物的生产周期较长,而且很难改变,因此动物生产特点决定了育种周期长,这也限制了企业等社会力量参与育种工作,因此,需要从投入上加大资助强度,在项目立项和审批时应侧重育种项目优先,同时借鉴作物种业,探索市场化育种新机制。

②通过增扩建肉羊育种基地,快速扩大种群规模。育种是个长期系统性的工程,从技术进程上讲,分为建立育种模式和核心群、提高种群特性和规模、新种群示范和推广;从推广体系上讲,通常要有育种基地、核心示范场、辐射带动区域。目前,核心群已经形成,但仅靠一个育种基地很难提高选择强度,很难满足市场需求,很难形成品种规模,因此,急需增扩育种基地,加快种群繁殖速度,扩大种群规模,提高选择强度,提升新种群特性,进而增加新种群辐射范围,为培育形成新品种奠定基础。

③完善科研项目管理机制,积极探索联合育种模式。目前,育种工作多以项目形式按照立

项、检查、结题验收、鉴定等程序进行管理,由于育种工作周期长,在新品种培育初期几乎没有效益,而科研项目的周期一般在 3～5 年,育种周期往往要长于科研项目周期,这就造成了工作刚刚起步,或者正在进行中,就要忙于结题验收,进而造成实际工作与管理错位。因此,建议改变育种项目管理,实行弹性管理。此外,育种主体多是一个至两个单位,由于同区域气候条件和自然资源相近,育种目标也类似,因此建议在同区域组建大团队进行联合育种,集中优势和力量,协作培育新品种,形成大团队联合育种模式。

3.1.3　幼畜(牛、羊)超数排卵技术研究进展

哺乳动物胎儿卵巢上的卵泡发育是伴随胎儿生长和发育的,牛在 2 月龄前卵泡数逐渐增加,之后逐渐减少。荷斯坦小母牛出生时几乎看不到有腔卵泡,1 月龄时出现少量的有腔卵泡,4 月龄时达到高峰,随后数量减少,到 8 月龄时趋于稳定;肉牛在出生后 2 周时出现有规律的卵泡波。

在自然情况下,羊胎儿卵巢上的有腔卵泡第一次出现大约在妊娠期 135 天,出生时数量很明显,之后继续增加 4～8 周龄达到高峰,随后青春期到来时开始减少。出生后不久卵泡数量不受出生季节和体重影响,闭锁卵泡率有限也没有卵泡波出现,2 月龄后有腔卵泡征集和生长增加。

通过对出生后不久牛、羊卵巢及卵泡发生发育的研究,可以推断有腔卵泡增长开始于生命早期,特点是快而短暂的,之后数量减少,直到初情期前保持相对稳定。因此,性成熟前的幼畜是一个可靠的卵母细胞资源,并可以作为快速繁殖有重要经济价值动物的潜在方法。但由于幼畜下丘脑—垂体—性腺轴机能尚未健全,不能分泌足够量的促性腺激素刺激卵巢活动,卵泡不能发育成熟排卵,因此利用外源激素处理,促进卵巢和卵泡发育,从而获得性成熟前幼畜卵母细胞,提高卵巢卵母细胞利用效率。

3.1.3.1　幼畜超数排卵的意义

幼畜超数排卵是针对成年动物超数排卵而言,是指应用激素处理促进未达到繁育年龄的幼龄动物卵泡发育,从而获取卵母细胞的技术。借助超数排卵技术可以充分利用幼畜卵巢上的卵泡资源,并通过卵母细胞体外培养成熟和体外受精生产大量优质、廉价的体外胚胎,迅速扩繁优良品种(系),可以将家畜世代间隔缩短到正常的 1/4～1/3。利用幼畜作供体,可以生产大量全同胞或半同胞动物应用于 MOET 育种项目,加快遗传进展,充分挖掘和利用优良母畜的早期繁殖潜力,例如,10 月龄小母牛作为卵母细胞供体生产体外胚胎,当经体外生产的胚胎移植后所产牛犊达 5 月龄时,这时供体母牛已经 24 月龄,当其进入泌乳高峰时,而经胚胎移植得到的下一代母牛已达 10 月龄,又可以作为供体生产体外胚胎,这样大大缩短了世代间隔,同时又解决了胚胎移植所需胚胎来源匮乏及胚胎生产成本昂贵的问题,将大大促进了胚胎生产的商业化应用。另外利用幼畜超数排卵技术可探索卵子发生及卵泡发育调控机理,为动物克隆、胚胎干细胞、转基因和卵子库建立等其他生物技术提供丰富的试验材料和必要的研究方法。

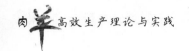

3.1.3.2　超数排卵方法研究进展

超数排卵的方法是在成年动物基础上建立的,有些超排方法与成年动物类似,主要是利用外源促性腺激素(孕激素,促卵泡素和孕马血清等)刺激卵泡发育,进而获取性成熟前幼畜卵巢卵母细胞。

(1) 幼龄羊超数排卵研究进展

1971 年相马等对 1.5～3.5 月龄的羔羊经促性腺激素释放激素的处理后得到发育正常的超排卵,说明经过外源激素处理的羔羊可以获得成熟卵母细胞。1989 年旭日干等用 FSH 和 hCG 处理 2.5～7 月龄的羔山羊得到了体内成熟的卵母细胞,并经体外受精后获得世界上的首例"试管山羊",同时说明幼龄家畜具有经外源激素处理得到卵母细胞,并经体外受精后发育成后代的能力。1994 年张锁链等以 FSH 或 FSH-LH 四种不同处理方法对 29 只 68～110 日龄羔山羊进行超排处理,结果表明采用 FSH-LH(肌注)进行超排处理得到的卵子经体外受精后,其卵裂率明显高于其他方法得到卵子的卵裂率。1996 年刘东军等对 2～4 月龄的杂种羊,用 FSH、FSH＋LH(静脉注射)、FSH＋LH(肌注)三种方法进行激素处理,结果:FSH＋LH(肌注)组效果最好:平均回收到 15.0 枚卵母细胞,体外培养成熟率达 76.5％。1999 年 Ledda 等对 30～40 天的羔羊进行激素处理:给羔羊埋栓(栓体积为成年羊的 1/6)6 天,撤栓前 36 h 一次性分别注射 120 IU GnRH 和 400 IU PMSG。撤栓 24 h 后采卵,每只羔羊平均得到卵母细胞(86.2±7.9)枚,成熟率为 77.9％。同年 Grazyna Pta 等给一月龄的羔羊放置孕酮栓 8 天,第 5、6、7 天每天早晚两次注射 2.7 mgFSH,第 8 天撤栓采卵得到卵母细胞数目约 29 枚,49.8％培养到成熟,囊胚率为 22.9％。2004 年 Morton 等通过性别分离的精子与羔羊卵母细胞受精并结合胚胎冷冻方法研究体外胚胎生产时,对羔羊超数排卵采用如下方法:先给 3～4 周和 6～7 周供体羔羊注射 50 ug 安息香酸雌二醇,48 h 后将 3.0 mg 的 18-甲炔诺酮栓一半埋植 10 天,在埋植第 7 天时肌肉注射 400 IU PMSG 和一支 50 mg 猪促性腺激素(p-FSH),两天后再肌肉注射一支 40 mg p-FSH,结果得到两只羔羊。

由于性成熟前的幼龄羊没有卵泡波出现,2005 年澳大利亚学者 Kelly 等比较了 FSH(4× 40 mg)分四次(间隔 12 h)等量和一次(1×160 mg)肌肉注射方法,最后一次注射 FSH 同时注射 eCG400 IU。结果表明 FSH 分四次等量效果最好,平均每只供体羔羊得到(88±22.3)枚卵母细胞,卵裂率为 77.5％。同年 Kelly 等对 9 周龄的美利奴羔羊采用了类似的超排方法,结果最好的处理组平均每只羔羊得到(162.3±23.2)枚卵母细胞,各处理组卵裂率 78.2％～93.7％。

(2) 犊牛超数排卵研究进展

1997 年 Presicce 等用 eCG 分两次(间隔 7 d)预处理,Syncro-Mate-B 埋植 7 d 后,减量法注射 FSH 3 d 6 次,得到卵母细胞:5 月龄母牛为 16.8 枚,7 月龄平均为 6.7 枚,11 月龄供体平均为 5.3 枚。2000 年 Maneesh Taneja 等使用激素刺激 2 月龄后卵巢后卵泡数量增倍(23.4± 6.1 vs. 55.1±16.1),采用孕激素处理结合 FSH 的方法处理 2～3 月龄和 4～5 月龄的犊牛,结果每头供体牛得到平均卵母细胞数分别为 39.8±11.8,47.4±12.4 枚,经体外受精后产下了 7 头牛犊。2005 年 R.L. Ax 等对不同年龄(7.8～9.9 月龄,10～11.9 月龄,12～13.9 月龄和 14 月龄以后)荷斯坦奶牛进行超数排卵,方法如下:将两个含有 18-甲炔诺酮的孕酮栓分别于第 0 天和第 7 天植入两个耳部,在第 13,14,15 天每天两次注射 FSH(3 mg,2 mg,3 mg),第 15 天撤栓,第 17 天注射 heat-HCG10,000 IU,结果 10~11.9 月龄母牛得到平均卵子数最多(8.1±0.6)枚/头,而 7.8~9.9 月龄牛得到平均卵子最少(5.6 ± 1.0)枚/头,除 7.8~9.9 月龄外,其他月龄牛可用胚胎数达 4.7~4.8 枚/头。

由于试验用动物的品种和使用药品不同,可能有些试验结果差异较大,但可以说明利用幼畜作为供体,采集卵母细胞的路子是可行的。

3.1.3.3　影响幼畜超数排卵效果的主要因素

衡量超数排卵效果的主要指标是卵巢对激素的反应(卵泡大小,数量),得到卵母细胞的数量和质量,以及卵母细胞受精后的发育能力。影响超排效果的因素很多,如幼畜(母性遗传、营养水平、年龄),激素处理,采卵方法及时间等。不同个体之间差异很大,Maneesh Taneja 等(2000)同一批试验中 2 月龄牛激素处理前卵泡数变化范围为 5~70 枚,抽吸的卵泡数为 5~164 枚,可用卵母细胞数为 4~152 枚。有时使用激素处理后的卵巢卵泡反应比不经激素处理效果还要差,这可能就是个体差异所致。

(1)年龄

虽然有人认为羔羊在出生后 4 周卵泡数量达到高峰,但有很多研究并没有严格选择 4 周龄羔羊,而是选择 4~8 周龄,9 周龄,3~6 周龄等,2003 年 Grazyna Ptak 等研究比较不同月龄(1,2,3,5,7 月龄)的超排效果,认为 1 月龄羔羊卵泡反应和卵泡数量最好,3 月龄羊效果最差,19 只 1 月龄羔羊有 4 只(22%)对激素没有反应,直径小于 2 mm 的卵泡很少。2005 年 Morton 等报道 6~7 周龄羔羊比 3~4 周龄羊卵母细胞体外受精后囊胚率高(17.4% v.21.4%)。

Camargo 等研究认为来自 9~14 月龄的 *Bos indicus* 杂交牛的卵母细胞具有和成年牛卵母细胞同样的发育能力,而 4~7 月龄的 *Bos indicus* 杂交牛的卵母细胞稍差些。R. L. Ax 等(2005)研究比较不同月龄荷斯坦奶牛对激素反应的能力,卵母细胞发育能力及以后繁育力的影响,结果来自 7.8~7.9 月龄母牛得到的卵子数(5.6±1.0)和可用胚胎(2.8±0.5)明显低于 10 月龄以后母牛得到的卵子(7.8±0.3)及可用胚胎(4.8±0.2),而 10 月龄以后母牛的胚胎没有明显区别,但 10 月龄以内的母牛胚胎退化率要高于 14 月龄以后的母牛,进而得出结论:用于超出排卵的供体母牛至少要在 10 月龄才能得到较好的胚胎同时不影响以后繁殖及泌乳性能。

(2)激素处理

激素以及不同处理方法会对卵泡发育,卵母细胞质量及受精后胚胎发育力产生较大影响,Grazyna Ptak 等研究证实放栓后单纯注射 FSH (处理组 1)的卵母细胞体外受精后囊胚率(22.9%)明显高于放栓第 7 d 注射 FSH+eCG(处理组 2)组(5%),但 2005 年 Kelly 等采用 FSH+eCG 直接注射方法得到的卵母细胞体外受精后囊胚率达 62.4%。处理组 2 在撤栓后注射 GnRH(处理组 3)得到的卵母细胞培养后只有 30%的卵丘细胞扩散,与 Earl 等报道采用类似方法处理 6~7 周龄羊结果相矛盾,这可能与羔羊年龄和品种有关,Grazyna Ptak 等的研究得出放栓期间注射 FSH+eCG 处理组卵泡尺度(5~6 mm)要好于单纯注射 FSH 组(3~

4 mm)。Maneesh Taneja 等(2000)研究比较促性腺激素处理的影响,激素刺激前 2 月龄每头母牛卵巢上可见 4~7 mm 卵泡数为(23.4+6.1)枚,而激素处理后卵泡数为(55.1+16.1)枚,卵泡数量增加一倍左右,说明试验牛对卵巢卵泡促性腺激素反应比较敏感。Revel 等(1995)和 Presicce 等(1997)分别报道 3 月龄和 5~9 月龄的母牛的卵母细胞不具有后续发育的能力,但 2000 年 Maneesh Taneja 等得出不太一致的结论:2 月龄和 4 月龄母牛经激素处理后得到的卵母细胞卵裂率分别为 41% 和 43%,可用胚胎比例为 11% 和 10%。

虽然有些研究报道结果不一致,可能由于多种因素存在交互作用,因此,笔者建议综合多方面考虑,选择适合本试验的材料及方法,采用可靠的激素,筛选最佳剂量进行。

(3)营养条件

羊在妊娠期 70 d 生殖细胞数量达到高峰,但随后由于噬菌作用使得生殖细胞大量丢失,100 d 时卵泡生长,次级卵泡在 120 d 出现,推测妊娠期母性营养是影响卵母细胞质量的主要因素,2005 年 Kelly 等研究羔羊营养水平对超数排卵效果:将母羊配种前 80 d 和部分妊娠期(即羔羊出生前)分为三个阶段:妊娠前 80 d 至妊娠后 70 d,71~100 d 和 101~126 d。结果表明在 71~100 d 和(或)101~126 d 阶段内高日粮母羊所怀羔羊获得卵母细胞体外受精后囊胚效率高,说明在妊娠期内胎儿营养对其卵母细胞发育及体外受精后胚胎发育力有影响。Adamiak 等研究证实营养水平对卵母细胞的影响依赖于母牛体况,高营养水平能够提高体况较差小母牛超排后卵母细胞质量及其受精后的发育能力,相反降低了中等体况小母牛卵母细胞质量及受精后的发育能力。此外他们还得出营养的影响会随时间积累,并会导致中等体况母牛卵母细胞受精后囊胚产量下降。

3.1.3.4　存在问题及发展前景

近几年,有些研究倾向于采用激素直接刺激,这样省事节约成本。但不同个体差异及对激素反应差异很大,且激素的使用剂量和来源是影响超排效果的重要因素,使用外源激素能够增加卵巢卵母细胞数量,但不同品种和不同年龄的动物对激素反应是有差异的。

笔者认为现在主要存在以下两方面问题:第一,虽然有些超排方法很大程度上是在成年动物基础上建立起来的,但幼畜卵泡生长发育可能与成年动物有所不同。对卵巢进行激素刺激究竟会对卵母细胞成熟、受精以及胚胎发育产生何种影响有待进一步研究。第二,尽管很多试验研究采用的超排方法较多,但都能获得比较好的结果,由于激素来源和剂量不同,使得不同试验激素用量有很大差别。即使同一种激素,不同生产厂(国)家纯度和含量也有所不同,不具有可比性,没有形成比较一致的用量,造成此项技术在较大范围使用有一定困难。

目前,幼畜超数排卵技术国外研究比较广泛,但国内研究和报道较少,因此,笔者认为研究的重点应着重探索适合国内动物品种和使用国内激素等药品的超数排卵方法,研究超排对随后卵母细胞利用效果的影响。我国家畜的良种化程度还比较低,特别是反刍动物牛羊在今后一个时期内育种将是一个长期的工作,因此幼畜超数排卵结合体外受精技术将在育种及保种项目中发挥更大的作用。

3.1.4　羔羊卵母细胞体外发育能力研究进展

羔羊为胚胎生物技术提供了一个新的卵母细胞来源,经 IVM-IVF-IVC-ET 已经获得后代(Ptak et al.,1999;Kelly et al.,2005;Chen et al.,2008),但效率很低(O'Brien et al.,1997),很多研究证实来自性成熟前羔羊的卵母细胞与成年羊卵母细胞在成熟能力方面存在差异(O'Brien et al.,1996;Ledda et al.,1997),这些差异源于二者在形态和生理特性,如卵母细胞的大小(Gandolfi et al.,1998;Ledda et al.,1999;Anguita et al.,2007),在细胞质成熟过程中细胞器迁移延迟和再分布(Damiani et al.,1996;O'Brien et al.,1996),卵丘卵母细胞联系(Ledda et al.,2001),以及代谢方面(Gandolfi et al.,1998;Ledda et al.,2001)的差异。

卵母细胞成熟是涉及核、质、膜、卵丘细胞和透明带等因素的复杂、动态的过程(Martino et al.,1994),包括核成熟和质成熟,核成熟指的是卵母细胞减数分裂的恢复、进行到第二次减数分裂的中期;伴随着卵母细胞的核成熟,胞质也会发生许多与成熟有关的变化,如蛋白质和 RNA 储存,钙调控机制,MPF 和 MAPK 活性的变化,细胞器重新分布等(Anguita et al.,2007),这些储存对于维持胚胎基因组激活前的胚胎发育是必要的(Bachvarova et al.,1992)。为了证实羔羊与成年羊卵母细胞发育能力差异,学者们利用不同方法检测不同参数做了大量试验,包括卵泡液中的蛋白质,细胞骨架组织,激酶活性,核质成熟过程中涉及到的一些分子,以及成熟过程中的生理参数。笔者结合实际工作及最新文献,整理了最近几年关于羔羊和成年羊卵母细胞体外成熟过程生理方面的差异,为继续深入开展此方面研究做一总结。

3.1.4.1　减数分裂进程

羔羊与成年羊卵母细胞减数分裂进程存在显著差异,研究发现体外培养 24 h 和 26 h 羔绵羊卵母细胞有 60% 和 78.6% 达到 M Ⅱ期(Kochhar et al.,2002);性成熟前羔山羊卵母细胞体外培养 27 h 后成熟率为 57.50%,显著高于体外培养 24 h 成熟率(36.36%)($P<0.05$)(武建朝,2006)。在以上二者的研究中,体外培养 26 和 27 h 后性成熟前羔羊卵母细胞仍有部分处于 GV 期,但这个比例(20%,11.1%)均高于成年羊(6.6%,5.41%),说明在体外培养过程,始终有一部分卵母细胞无法恢复减数分裂。此外,在整个体外成熟培养过程中,性成熟前山羊卵母细胞 GV 期存在时间较长(7.21 h),GVBD 时间缩短,在成熟培养 23.96 h 后才能进入 M Ⅱ期;成年羊卵母细胞 GV 期存在时间相对较短(2.94 h),大约在成熟培养 20.64 h 后,进入 M Ⅱ期。这说明性成熟前山羊卵母细胞体外成熟较成年羊延迟,且部分卵无法成熟(武建朝,2006)。据知,起减数分裂抑制作用的是嘌呤和环腺苷一磷酸(cAMP),有研究表明能升高细胞内 cAMP 水平的物质将会抑制或延迟卵丘卵母细胞复合体的减数分裂恢复,但对裸卵不起作用,(Dekel et al.,1984;Bilodeau et al.,1993)。在牛卵母细胞体外培养液中添加 FSH,FSH 能通过卵丘细胞使卵母细胞内 cAMP 水平升高,从而激活 cAMP 依赖性蛋白激酶,其能抑制 p34 cdc2 激酶的去磷酸化和 GVBD 的发生,致使 MPF 活性维持在较低的水平(Tatemoto et al.,1997)。因此,可以推断羔羊卵丘卵母细胞复合体(COCs)内 cAMP 水平和嘌呤含量可能较高,这有待于证实。

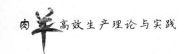

3.1.4.2 成熟促进因子(mature promoting factor,MPF)

在卵母细胞减数分裂成熟期间发生了一系列的有丝分裂事件,比如核膜的破裂、染色体凝集和细胞骨架的变化,这些有丝分裂事件通过有丝分裂元件相关蛋白的磷酸化诱导,核膜的破裂、染色体凝集和细胞骨架的变化分别需要核纤层蛋白(Heald 和 Mckeon. 1990;Peter et al.,1990)、组蛋白和微管相关蛋白(Vandre et al.,1991)的磷酸化,在这些有丝分裂事件之前,一系列的蛋白激酶激活和磷酸化等事件会发生,许多蛋白激酶激活通过自身的磷酸化来调控,一些激酶反应可能与减数分裂中期的诱导有关。因此研究一些主要蛋白激酶的激活和调控机制对于澄清性成熟前羔羊卵母细胞的成熟过程具有重要意义。

成熟促进因子(mature promoting factor,MPF)是由具有丝氨酸-苏氨酸激酶活性的 p34 cdc2 催化亚基和周期蛋白(cyclinB)调控亚基组成的异构二聚体,催化亚基 P34 cdc2 是其主要活性部分,可使多种蛋白质磷酸化,在细胞周期中只有活性的改变,而没有量的变化。细胞周期蛋白 cyclin 有多种类型,在绝大多数动物卵母细胞中 MPF 的调节亚基是 cyclinB,cyclinB 在细胞周期中不断合成和降解,与 P34 cdc2 亚基结合或处于游离状态从而决定 MPF 的激活或失活。

研究发现 Ledda 等(2001)年通过研究体外 H1 组蛋白激酶活性证实羔羊与成年绵羊卵母细胞内 MPF 活性动力学类似,但 MⅡ期羔羊卵母细胞 MPF 水平极显著低于成年羊($P<$0.01)。成年山羊卵母细胞在 edc25 c 活性存在时,P34 cdc2 可以去磷酸化,激活 MPF 活性,然而这种机制在未成熟的卵母细胞中尚未健全,较成年卵母细胞弱得多(Gall et al.,2002)。

3.1.4.3 卵母细胞/卵泡直径

研究发现性成熟前(约 2 月龄)山羊的不同直径类型卵母细胞采卵时总 RNA 含量、总蛋白质含量及 Cyclin B1 mRNA 没有显著差异,但直径大于 135 μm 的卵母细胞体外成熟前 cyclin B1 表达水平最高,体外培养后,在不同直径类型卵母细胞内与总 RNA 含量相关的特性没有显著差异,但直径最大的卵母细胞总 RNA 含量[(12.3±1.84)ng/枚]低于其他三种直径类型[(19.2±1.38)~(22.1±4.44)]ng/枚;$P<0.05$(Anguita et al.,2007 b)。1~2 个月龄的直径大于 135 μm 的山羊卵母细胞体外培养 27 h 后 MⅡ期卵比例达 78%,而直径小于 110 μm 的卵这个比例为零,直径在 110~135 μm 之间随着直径增大体外培养 27 h 后 MⅡ期卵比例增加,说明卵的大小与成熟程度呈正相关(Anguita et al.,2007a)。很多研究发现体外成熟后直径最大的卵母细胞显示最高的 MPF 活性,且 MⅡ期的卵比例最高,此时 MPF 检测活性达到最高水平(山羊 Dedieu et al.,1996;绵羊 Ledda et al.,2001)。在成年(De Smedt et al.,1994)与性成熟前(Martino et al.,1994)山羊,直径大于 136 μm 卵母细胞才具备减数分裂能力。Anguita 等(2007 a)进一步证实了这个事实,而且这种直径大于 135 μm 的卵母细胞在卵泡里启动减数分裂的比例很高。另外认为性成熟前(1~2 月龄)山羊卵母细胞大小与其经历减数分裂的能力、体外受精和达到囊胚阶段相关,即卵母细胞发育能力与 MPF 活性相一致。Ptak 等(2006)认为 4 周龄的 Sarda 羔羊卵泡大小与卵母细胞生长发育没有相关性,但羔羊卵的发育能力却低于成年卵,说明卵的大小并不是判定发育能力的唯一指标。

3.1.4.4　胞质成熟

研究认为羔羊卵母细胞体外成熟能力差是由于核质成熟不同步所致,而且在代谢方面也存在差异。GSH 的浓度在卵母细胞减数分裂的早期阶段迅速提高,这一提高与卵母细胞减数分裂的核成熟进程密切相关(Zuelke et al.,2003)。在许多哺乳动物中,如小鼠(Calvin et al.,1986)、仓鼠(Perreault et al.,1988)、猪(Yoshida et al.,1993;Funahashi et al.,1994)、牛(de Matos et al.,1997)上,卵母细胞成熟期间会有 GSH 合成。卵母细胞在卵巢内发育成熟过程中,卵母细胞内 GSH 的浓度会随着排卵的临近而持续升高(Perreault et al.,1988),MII 期卵母细胞较 GV 期卵母细胞具有较高的 GSH 水平。卵母细胞成熟期间 GSH 的积累将会改善卵母细胞的胞质成熟质量、保护卵母细胞在受精后的胚胎发育阶段免于受到氧化损伤(De Matos et al.,2000)。因此,GSH 是联系调控卵母细胞胞质成熟和核成熟的关键事件的重要的细胞内指标(Zuelke et al.,2003)。研究证实羔羊卵母细胞蛋白质合成(Gandolfi et al.,1998;O'Brien et al.,1996)、葡萄糖代谢、葡萄糖、丙酮酸(Steeves et al.,1999)和谷氨酰胺(O'Brien et al.,1996)摄入等代谢活性低于成年羊。

3.1.4.5　生理参数

研究证实羔羊与成年羊卵母细胞静息电位在同一阶段(GV 期和 MII 期)电生理没有显著差别,但羔羊卵母细胞成熟后(MII 期)极显著高于成熟前(GV 期)($P<0.01$);羔羊成熟前(GV 期)卵母细胞电导系数极显著高于成熟后(MII 期)($P<0.01$),成熟前(GV 期)的羔羊卵母细胞显著高于成年羊(GV 期)($P<0.05$)(Boni et al.,2008)。卵丘与卵母细胞联结可以使卵丘卵母细胞复合体(COC)作为一个转运信号和代谢产物的开放系统,在卵母细胞成熟过程中,这个系统消耗殆尽,从而卵母细胞成为一个具有很高静息电位(Murnane De Felice,1993;Tosti et al.,2000)的独立的细胞。研究发现绵羊成熟的和未成熟卵母细胞,成年羊和 40 日龄未成年羊卵母细胞之间钙储存都存在明显差异,此外给体外成熟的绵羊卵母细胞注射 IP$_3$ 引起的 Ca^{2+} 峰值要高于未成熟卵,注射 1 μmmol/L IP$_3$ 后的成年绵羊卵母细胞升高幅度要高于 40 日龄的未成熟羔羊卵母细胞,更为重要的是 IP$_3$ 敏感性从 1～500 μmmol/L 呈现剂量依赖性的增强。因此说明在年龄和 IP$_3$ 浓度、成熟阶段和 IP$_3$ 浓度之间都存在一个明显的相互作用(Boni et al.,2008)。未成年羊卵母细胞对 IP$_3$ 敏感性低与牛(Damiani et al. 1996)类似,可能是由于此阶段的卵母细胞含有少量的 IP$_3$R 所致(Salamone et al.,2001)。

3.1.4.6　其他方面

Ledda 等(2001)在电子显微镜下观察发现,与成年羊相比,羔羊卵母细胞有比较少的放射冠和卵丘细胞包围,影响卵丘与卵母细胞之间的通讯联系,进而影响卵母细胞成熟;Ptak 等(2006)电子扫描显微镜研究发现 4 周龄萨能羔羊中小的卵母细胞核呈现出由一个含有电子浓密的颗粒的网状组织构成的集合体,而且一个或两个大的空泡被更小的包围,该网状组织集中在核仁周围;成年羊大小的卵显示的是致密的核仁,空泡消失,并且 1～2 μm 的核仁包含一个电子密度浓厚的纤维状球体,这个球体被以晕轮形状的纤维区域覆盖。而这样的形态存在于所有成年羊卵中。这至少从形态学上说明与成年羊大小的羔羊卵的核与成年卵没有差别。研

究发现体外成熟的成年羊卵母细胞卵丘细胞凋亡率要高于未成年羊(Boni et al.,2008)。这说明体外成熟后卵丘细胞凋亡与卵母细胞发育能力有关。

3.1.4.7 小结与展望

利用性成熟前的羔羊可以为胚胎生物技术提供可靠的卵母细胞来源,但效率很低,如胚胎发育迟缓,附植能力低,两种来源的卵母细胞体外受精以及胚胎体外发育方面都存在差异,可能主要源于受精前卵母细胞在卵泡中以及随后体外成熟方面所造成,很多研究者在卵母细胞成熟生理方面做了大量工作,发现了很多问题和差异,但这些问题还没有转变为技术层面的力量,因此,运用机理方面的研究成果,减少对羔羊卵母细胞的影响,提高体外成熟能力和效率,是今后需要研究的重要方面之一。

3.1.5 Ca^{2+}调控羔羊卵母细胞体外成熟研究进展

利用1~2个月的幼龄羔羊作为卵子供体生产体外胚胎,并与胚胎移植技术组装集成(Juvenile in Vitro Embryo Transfer,简称"JIVET"技术)将大大提高繁殖效率,缩短世代间隔,该技术对羊新品种培育及品种改良,拯救濒危羊品种资源,解决胚胎移植所需胚胎来源匮乏及生产成本昂贵的问题具有重要意义,应用前景十分广阔。然而,由于羔羊卵母细胞体外成熟能力差,导致随后的体外受精效率低(Armstrong et al.,1992,1997,2001;Ptak et al.,1999;Kelly et al.,2005;O'Brien et al.,1997;Leoni et al.,2006;Chen et al.,2008;)和胚胎发育能力弱(Martino et al.,1995;Ledda et al.,1997;Marchal et al.,2001;)严重制约了该技术在实际生产中的推广应用。

3.1.5.1 研究意义

Ca^{2+}浓度变化在卵母细胞成熟过程中扮演重要角色,因此深入研究羔羊卵母细胞体外成熟过程中Ca^{2+}动力学变化,对于提高羔羊卵体外成熟能力具有重要意义。卵母细胞成熟几个重要阶段,如GVBD的发生,MⅠ、MⅡ期的维持均是Ca^{2+}依赖性的。成熟促进因子(MPF)是卵母细胞成熟过程中最重要的促进因子,而MPF活性则是由对Ca^{2+}非常敏感的细胞静止因子CSF来维持的。因此Ca^{2+}浓度变化就会引起MPF活性变化,进而启动或维持减数分裂。当MⅡ期卵母细胞受精或被人工激活时,立即激发了卵内Ca^{2+}浓度升高,升高的Ca^{2+}一方面破坏了已存在的CSF,从而使MPF活性下降,另一方面也可引起对Ca^{2+}敏感的周期蛋白的降解,使MPF水平下降或消失,引起卵子活化,促使卵母细胞离开M期,完成减数分裂进行胚胎发育。可见,Ca^{2+}信号的传播在卵母细胞成熟过程中起着十分重要的作用。

3.1.5.2 Ca^{2+}对卵母细胞减数分裂能力的作用

卵母细胞成熟过程受Ca^{2+}调控,胞质游离Ca^{2+}浓度升高到一定水平可使维持卵母细胞停滞在MⅡ期状态的CSF和MPF消失或失活,进而使卵母细胞恢复并完成减数分裂(Vitullo et al.,1992)。研究证实:卵母细胞内Ca^{2+}浓度变化不仅具有时间特性,也具有空间特性即钙波。游离Ca^{2+}的产生主要来自两个途径,一是胞外Ca^{2+}通过质膜上电压和受体门控的通道入胞,另一途径是通过胞内钙库释放通道介导的钙释放(Berridge,1993),后者在卵母细胞成熟、受精等一系列生理活动中存在。研究发现认为无论是胞质内钙储存还是质膜钙通道都与减数分裂能力的获得有关(Boni et al.,2002),绵羊卵母细胞质膜上的电压依赖性的 Ca^{2+} 流正如在其他动物(Murnane 和 De Felice,1993;Tomko-wiak et al.,1997;Tosti et al.,2000;Cuomo et al.,2005,2006)卵母细胞中一样与减数分裂过程有关,且这种钙离子流模式伴随整个成熟过程(De Felici et al.,1991)。与牛(Tosti et al.,2000)类似,绵羊卵母细胞 $L-Ca^{2+}$ 流峰值幅度从由未成熟(GV 期)到体外成熟阶段(M Ⅱ 期)明显降低(Boni et al.,2008),但在 GVBD 和 M Ⅰ 期如何变化未知,而且引起 Ca^{2+} 浓度变化的重要因素也不清楚。在卵母细胞成熟过程中伴随细胞周期的转换,Ca^{2+} 在细胞周期转换中发挥重要作用,细胞内 Ca^{2+} 的释放对卵母细胞 GVBD 的发生是必需的,显微注射 $CaCl_2$ 升高细胞内游离 Ca^{2+} 水平可使处于减数分裂抑制状态的小鼠卵母细胞发生 GVBD,而注射 EDTA 则可抑制 GVBD 的发生(Virullo,1992)。可见,细胞内游离 Ca^{2+} 作为一种内在信使参与调解卵母细胞减数分裂成熟。

3.1.5.3　胞内 Ca^{2+} 释放对卵母细胞体外成熟的影响

武建朝(2006)研究发现性成熟前羔山羊卵母细胞体外培养 27 h 后成熟率为 57.50%,显著高于体外培养 24 h 成熟率(36.36%)($P<0.05$)。体外培养 26 和 27 h 后性成熟前羔羊卵母细胞仍有部分处于 GV 期,但这个比例(20%,11.1%)均高于成年羊(6.6%,5.41%),说明在体外培养过程,始终有一部分卵母细胞无法恢复减数分裂。此外,武建朝(2006)研究在整个体外成熟培养过程中,性成熟前山羊卵母细胞 GV 期存在时间较长(7.21 h),GVBD 时间缩短,在成熟培养 23.96 h 后才能进入 M Ⅱ 期;成年羊卵母细胞 GV 期存在时间相对较短(2.94 h),大约在成熟培养 20.64 h 后,进入 M Ⅱ 期。这说明性成熟前山羊卵母细胞体外成熟较成年羊延迟,且部分卵无法成熟。2003 年金世英研究发现成年山羊卵母细胞 GV、GVBD、M Ⅰ 及 M Ⅱ 期胞内 Ca^{2+} 平均水平分别为 78.06、147.41、126.97、97.73 nmol/L,GVBD 的发生依赖于细胞内 Ca^{2+} 水平的升高,而且发生 GVBD 后至 M Ⅰ 期的生理活动过程都是 Ca^{2+} 支持的。因此,推测在羔羊卵母细胞体外成熟细胞周期转换过程中,Ca^{2+} 发挥一定作用,具体作用机制有待研究。

(1)Ca^{2+} 释放机制

胞内 Ca^{2+} 从钙库中释放是由跨膜的钙库受体蛋白介导的,该蛋白既是胞内第二信使的受体,又是钙释放的通道。最主要的受体通道蛋白有两种:即 IP_3 受体(海胆、蛙、小鼠、仓鼠、兔、牛和猪)和 Ryanodine 受体(海胆、小鼠、牛和猪),RyR 和 IP_3R 在分子结构上有很大的同源性(Berridge,1993)。虽然胞内 Ca^{2+} 释放的确切机制仍有待研究,但最近的研究结果表明,IP_3 的产生是导致 Ca^{2+} 从细胞内钙库释放的主要机制,胞内 Ca^{2+} 释放是通过磷酸肌醇通路实现,即质膜上的 4,5 二磷酸磷脂酰肌醇(PIP_2)在磷脂酶 C(PLC)的作用下水解,产生的第二信号分子 1,4,5 三磷酸肌醇(IP_3)与通道上的受体(IP_3R)结合,引起受体构象发生改变,通道开放,引起内质网 Ca^{2+} 释放。而在卵母细胞的体外成熟过程中,IP_3R 诱导 Ca^{2+} 释放起主导作用,当这一路径被抑制时,其他途径的 Ca^{2+} 释放不能完全弥补内钙释放的不足,IP_3R 定位于卵子内质网的膜上,是一种配体门 Ca^{2+} 通道蛋白,它除受 IP_3 的激活外,还受 Ca^{2+}、钙调蛋白(Calmodulin，CaM）、钙调蛋白激酶Ⅱ（Calmodulin kinase Ⅱ，CaMK Ⅱ）等多种物质的调节。目前已经发现三种 IP_3R 亚型：IP_3R-1，IP_3R-2，IP_3R-3，并且在卵子和卵巢中都有不同表达，其中鼠（Rafae et al.，1999）、牛（Malcuit et al.，2005）、人（Goud et al.，2002）等卵中 IP_3R-1 表达最多，IP_3R-1 在牛卵子 Ca^{2+} 释放过程中起非常关键性的作用，其含量比在老鼠卵子中高（Malcuit et al.，2005），而且随着卵母细胞成熟进程，IP_3R-1 活性增强，在牛 MⅡ卵母细胞中 IP_3R-1、IP_3R-2 和 IP_3R-3 三种类型均有表达，但 IP_3R-1 数量最多，且在受精过程中可能调节大部分 Ca^{2+} 释放（He et al.，1999）。在羊卵母细胞中 IP_3R 有哪些亚型，各亚型表达及其作用如何未见报道。

（2）IP_3、IP_3R 与卵母细胞体外成熟的关系

Xu 等（2003）利用 RNAi 技术研究小鼠卵母细胞成熟与 IP_3 敏感性、IP_3R-1、Ca^{2+} 震荡之间的关系时发现，随着卵母细胞成熟 IP_3R-1 数量增多，且这种与卵母细胞成熟关联的增多的 IP_3R-1 提高了 IP_3 的敏感性，降低了卵对 IP_3 介导的 CG 胞外分泌的敏感性。Ca^{2+} 释放是由于 IP_3R 激活所引起的（Berridge，1993），而在卵母细胞成熟过程中 IP_3R 浓度也是增加的（Mehlmann et al.，1996；Wang et al.，2005），而这将会引起卵母细胞成熟过程中 IP_3R 敏感性增强（Fujiwara et al.，1993；Mehlmann and Kline，1994），这些现象与卵母细胞成熟特别是胞质成熟有关，例如相对于体外成熟的卵母细胞，给未成熟卵母细胞注射低浓度的 IP_3 引起较低的钙反应。研究发现成年绵羊和 40 日龄未成年绵羊卵母细胞之间钙储存有明显差异，此外给体外成熟的成年绵羊卵母细胞注射 IP_3 引起的 Ca^{2+} 峰值要高于未成熟卵，且 IP_3 敏感性从 1 $\mu mmol/L$ 到 500 $\mu mmol/L$ 呈现剂量依赖性的增强（Boni et al.，2008）。因此说明在年龄和 IP_3 浓度，成熟阶段和 IP_3 浓度之间都存在一个明显的相互作用。未成年羊卵母细胞对 IP_3 的敏感性低与牛（Damiani et al.，1996）类似，可能是由于此阶段的卵母细胞含有少量的 IP_3R 所致（Salamone et al.，2001）。此外，研究证实在爪蟾（Sun et al.，2009）、牛（He et al.，1999）、鼠（Xu et al.，2003）等动物卵母细胞中 IP_3R 作为内质网 Ca^{2+} 释放通道的上游信号分子，其蛋白表达水平与 Ca^{2+} 浓度变化和卵母细胞成熟程度都有关系。因此，卵母细胞成熟能力与 Ca^{2+} 浓度、IP_3R 之间的关系是值得研究的问题。

3.1.5.4 小结与展望

近几年，国内关于利用羔羊作为卵母细胞供体研究（武建朝等，2007；Chen et al.，2008；赵宏远，2009；常迪等，2009；）和进展报道（王芬露等，2006；王荣祥等，2009；杨梅等，2009；陈晓勇等，2010）越来越多，但关于羔羊卵母细胞体外成熟能力方面的研究很少，国外也多集中在细胞形态、代谢等方面（Anguita et al.，2007；），Ca^{2+} 与卵母细胞成熟机制的关系在一些哺乳动物如牛、猪、小鼠和仓鼠等都进行了研究，但在羊特别是羔羊上研究报道不多，国内研究大多集中在体外培养体系方面（武建朝等，2008；Gou et al.，2009），在我们的研究中，发现羔羊卵母细胞体外受精，胚胎发育能力以及胚胎附植能力弱，体外培养后的成熟效果不好（陈晓勇，2008），推测上述原因很大程度上源于卵母细胞成熟能力差，因此，只有深入研究羊卵母细胞成熟调控机理，才能找到科学依据，为实际应用提供理论参考。

3.1.6　影响山羊卵母细胞体外成熟和受精的因素

卵母细胞体外成熟作为胚胎体外生产技术的开始步骤,具有非常重要的作用。卵巢卵母细胞体外成熟的情况在很大程度上决定着卵母细胞的体外受精率和胚胎发育率。而卵母细胞的体外成熟和受精是在众多因素共同作用下完成的,当其中某个因素发生变化时,都有可能影响卵母细胞的成熟率、成熟质量。山羊卵巢卵母细胞的体外培养研究最早见于 Edwards,他曾探索了卵母细胞的成熟条件及影响卵母细胞成熟的抑制因素。自从 1985 年 Hanada 用超排山羊卵母细胞与精子体外受精获得第一只试管山羊,直到 1994 年,Keskintepe 等才得到用山羊体外成熟的卵母细胞与体外获能精子受精的试管后代。在国内,钱菊汾等 1990 年利用山羊输卵管卵母细胞进行体外受精,获得了我国首例试管山羊。本文就影响山羊卵母细胞体外成熟和受精的主要因素,如卵母细胞的来源、培养液及其添加成分系统、外界因素等进行综述。

3.1.6.1　卵母细胞的来源

(1)年龄

来自不同年龄羊只的卵母细胞体外成熟情况不尽相同。不同年龄动物的卵母细胞在体外成熟过程中 mRNA 生成、蛋白质合成、能量代谢等方面均有差别。Q,Brien 等对 4～6 月龄和 3～5 岁的山羊卵母细胞体外成熟及其体外受精后发育潜力进行了比较,发现性成熟前山羊的卵母细胞发育潜力低,体外培养囊胚率明显低于成年山羊,但体外囊胚移植妊娠率没有差异。

(2)卵巢运送时间与温度

运输时间上,一般最好在屠宰后 1～2 h 运送到实验室进行操作,最晚不超过 6 h。温度方面,多数研究者主张运输储存温度在 30℃左右,也有人认为 18～21℃收集和操作山羊卵母细胞,更能提高卵母细胞的成熟率。Gordon(1994)认为 25～30℃对卵巢的运输比较合适。孙新明等研究结果表明,在运输温度接近室温(25±2)℃时的卵母细胞成熟率显著高于接近体温(36±2)℃时的运输温度(成熟率分别为 53.8%,35.0%,$P < 0.1$),但两种运输温度的卵巢卵母细胞成熟培养后体外受精率无显著差异(分别为 37.9%,36.6%,$P > 0.05$)。山羊卵巢在短时间(2 h)内于接近体温和接近室温两种运输温度对卵母细胞体外成熟及体外受精的影响,结果显示,接近室温运输保存更有利于随后卵母细胞的体外成熟培养,获得的体外成熟率显著高于接近体温运输保存卵巢。推测认为,体温条件下活组织中各种代谢酶的生物活性可能最高,这反而不利于活组织细胞的体外暂时保存。

(3)采集方法

对于屠宰场的废弃卵巢卵母细胞的采集一般采用机械分离法,主要有:抽吸法、切割法、剥离法。其中切割法和抽吸法较为常用。

切割法的操作较抽吸法简便、高效,可以在相对较短的时间内采集到一定数量的山羊卵泡卵母细胞。而抽吸法易造成污染,且在穿刺卵巢的过程中,由于注射保持一定的负压,容易损伤卵母细胞周围的卵丘细胞,而在卵母细胞成熟过程中,卵丘细胞的扩展是伴随着细胞质的成熟同时发生的。扩展的卵丘细胞可调解物质的通透性,诱捕卵子排出的有害因子,从而有效地抑制卵子的退化。因此,卵丘细胞的完整程度与卵母细胞的体外成熟率密切相关,损伤卵丘细胞,就会影响卵母细胞随后的发育。切割法能够获得较多的可用卵母细胞,明显增加体外成熟的卵母细胞。剥离法指用灭菌的眼科剪从卵巢上剪下完整卵泡(2~6 mm),放到加有 2 mL mPBS 液的培养皿中,再切开卵泡,即可见卵泡液自卵泡中流出,并带有卵母细胞。轻轻摇洗,使颗粒细胞一并排出。Dostal 等研究认为剥离法回收的卵母细胞多(90%),而且卵丘细胞不受损害,但操作时间太长。无论采用上述哪种方法进行采集必须遵循的共同原则:在最短时间内获得最多的可用卵母细胞。

(4)卵泡的大小

卵母细胞是随着卵泡的发育而生长发育的,并且两者同步增大,在生长结束前,卵母细胞获得继续进行减数分裂的能力。只有真正意义上成熟的卵母细胞才能正常地受精和维系受精卵的早期发育。在体内,随着卵泡体积的增大,卵母细胞逐渐蓄积足够 RNA。通常只有较大的卵泡(直径大于 3 mm)中才能蓄积足够量的 RNA 以维持随后的受精和发育,而小卵泡(直径小于 3 mm)内的卵丘卵母细胞复合体,因周围环境中缺乏某些因子及自身固有原因均限制了其随后的发育。叶华虎等利用体外培养方法观察不同直径卵泡卵母细胞的成熟、受精和早期胚胎发育能力发现,直径小于 1.5 mm 卵泡卵母细胞仅有个别能完成成熟和卵裂;大于 1.5 mm 卵泡卵母细胞具有核成熟能力,能完成成熟和受精,但 1.5~2.5 mm 卵泡卵母细胞的受精卵通常阻滞于 4~8 细胞期;当卵泡直径大于 2.5 mm 时,卵母细胞才能较好地支持胚胎继续发育,其桑囊胚的比例达到 30% 以上。大卵泡与中卵泡的卵母细胞的成熟率明显高于小卵泡,卵母细胞的体外成熟率随卵泡直径的增大而提高。原因可能是由于直径 0.5~1.6 mm 小卵泡内卵母细胞正进行 RNA 的合成,而大卵泡内的卵母细胞已贮存了足够的 RNA 以合成蛋白质。故大卵泡比小卵泡更具有体外发育能力,其体外成熟率高。吴志南等进行体外培养比较 I 组:卵泡直径 ≥5.0 mm;II 组:卵泡直径 3.0~4.9 mm;III 组:卵泡直径 <3.0 mm 的山羊卵泡的卵母细胞体外成熟、体外受精及胚胎发育的能力发现三个组卵母细胞体外成熟率与受精率差异无统计学意义($P>0.05$)。认为在进行山羊未成熟卵体外成熟培养时,卵泡直径 ≥3 mm 的卵母细胞体外发育潜能较卵泡直径 <3 mm 的卵母细胞好。

(5)卵丘细胞

卵母细胞所需的营养物质依赖卵丘细胞提供,两者间还通过缝隙连接进行信号传导,进而调节卵母细胞的生长和成熟。卵丘细胞在卵母细胞离体后至受精前的成熟培养中对卵母细胞自身的成熟起着很大作用,进而影响随后的受精及卵裂过程,并且该作用随着卵丘细胞层数的增加而提高。在卵母细胞的体外成熟过程中,卵丘细胞成熟率和成熟的质量,取决于卵丘细胞的数量和质量。在试验过程中往往根据卵丘卵母细胞的结合情况,分别进行培养。以卵母细胞周围卵丘细胞形态对卵母细胞进行分类,A 类:由致密多层卵丘细胞层包裹的卵母细胞,其细胞完整,胞质均匀;B 类:卵丘细胞不完全的卵母细胞,卵母细胞胞质均匀;C 类:完全裸露的卵子;D 类:卵丘细胞层呈蜘蛛网状附着的卵母细胞,但是卵母细胞胞质退化。李亚东(2001)对卵丘-卵母细胞复合体(COCs)和自然裸卵进行了培养,成熟率分别为 67.8% 和 7.3%,差异极显著。一般选用 A、B 类卵母细胞进行体外培养,而 C、D 类卵母细胞则因为体外成熟率低或者根本不能成熟而被丢弃。

（6）核质协调性

卵母细胞成熟包括核成熟和胞质成熟,细胞核成熟进程影响细胞质成熟,而细胞质成熟对细胞核成熟又有促进作用。二者关系密切,协调进行,并且影响受精率和胚胎发育率。体外核成熟的完成并不能保证细胞质的正常成熟。来自小腔卵泡的卵母细胞虽已完成了核成熟,可排出第一极体,发育到 MII 期,但受精后很难发育到囊胚期。而大腔卵泡中的卵母细胞既能完成核成熟又能发育到囊胚,说明小腔卵泡卵母细胞质尚不具备完全成熟的能力,或者在体外培养时比大卵泡卵母细胞需要更严格的培养条件。

3.1.6.2　培养液及添加成分

（1）基础液

研究表明,成熟基础液的构成直接影响到卵母细胞的成熟率及以后的受精和胚胎发育。研究表明,合成培养液如输卵管合成液(SOFM)、KSOM 中用牛血清白蛋白(BSA)聚乙烯醇(PVA)及氨基酸(AA)代替血清作成熟培养液,可以使卵母细胞成熟,并能进行受精后的发育。Watson AJ 用复合输卵管合成液(cSOFM)培养成熟的山羊卵母细胞,发育囊胚的能力与 TCM199＋NCS 培养成熟的卵母细胞相同。Kim 用 mKRB 液培养山羊卵泡卵母细胞所获得了 55.5％的成熟率;滨野光市用含有雌激素的 Ham's F-12 作为成熟培养液,获得 68.6％的成熟率,目前较多采用的是以 $NaHCO_3$ 与 Hepes 缓冲的 TCM 199 培养液。一般要求在 5％ CO_2、饱和湿度、38.5～39℃的条件下培养。

（2）血清

培养液中添加血清对卵母细胞的体外成熟有很大的促进作用。它在保持细胞的存活、促进生长、维持细胞 pH 及渗透压的稳定、增加细胞弹性及膜的完整性等方面都发挥着重要作用。现已证实,血清是卵母细胞体外成熟与受精所必需的。血清不仅为卵母细胞提供所需蛋白质,还能与卵母细胞周围的卵丘细胞一起防止透明带变硬,提高卵母细胞受精能力。一般胎牛血清(FCS)、新生犊牛血清(NCS)、犊牛血清(FBS)、发情牛血清(ECS)、公牛血清(SS)等均可成功应用于卵母细胞的体外成熟和体外受精。王超等添加 20％自制发情羊血清(ENGS)的培养组得到了 72.37％的卵母细胞成熟率。戴荣亮在体外成熟培养液中分别添加 BSA 1 mg/mL(Ⅰ)、BSA 2 mg/mL(Ⅱ)、BSA5 mg/mL(Ⅲ)、BSA 10 mg/mL(Ⅳ)、FBS 10％(Ⅴ),在 38℃、5％ CO_2、饱和湿度条件下对卵母细胞进行体外成熟培养,成熟率分别为 14.9％、34.1％、9.1％、61.5％和 60.9％。结果表明添加 10 mg/mL BSA 的成熟培养液可以替代血清培养液(FBS),而在成熟后卵母细胞受精能力和 BSA 及 FBS 的添加量没有关系,只和卵母细胞自身成熟与否相关。王国华等研究山羊卵母细胞无血清体外成熟培养结果表明在 OM 基础培养液中添加 BSA 或 PVA,卵母细胞的成熟率明显低于添加 FBS,且卵裂率和囊胚发育率也低于对照组($P<0.05$ 或 $P<0.01$);添加胰岛素转铁蛋白亚硒酸钠(ITS)组,卵母细胞成熟率虽低于对照组,但孤雌胚卵裂率和囊胚发育率与对照组接近($P>0.05$)。表明以 ITS 代替 FBS,可

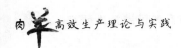

用于山羊卵母细胞体外成熟培养。

（3）激素

卵母细胞的成熟，受一系列的激素调控，包括促卵泡素（FSH）、促黄体素（LH）、雌二醇（E_2）等，在其发育成熟过程中起重要作用。研究表明，FSH诱导卵丘细胞扩展是卵母细胞成熟的前提条件，刺激卵丘细胞产生促卵母细胞成熟因子，直接或间接地作用于卵母细胞，启动卵母细胞成熟分裂。FSH通过环一磷酸腺苷（cAMP）途径，促进颗粒细胞增生并产生相应的LH受体，使卵母细胞成熟受到抑制，从而达到胞质的充分成熟。而LH峰的出现克服了卵母细胞成熟抑制因子的作用，使经卵丘细胞运输到卵母细胞并抑制卵母细胞成熟的物质如cAMP减少，导致卵母细胞成熟。

Kordan（2003）研究表明在山羊卵母细胞体外成熟中，FSH和LH联合应用能显著提高成熟率和受精后胚胎的发育率。许丹宁（2010）研究促性腺激素对山羊卵母细胞体外成熟的影响，结果表明，采用组织培养液199（TCM199）添加10%FCS，1～2 mg/L 17β-E_2，10 mmol/L羟乙基哌嗪乙磺酸（Hepes），0.055 mg/mL丙酮酸钠，2.2 mg/mL NaHCO₃，500μg/mL链霉素，500μg/mL青霉素，10 mg/L FSH及20 mg/L LH的培养体系，有利于山羊卵母细胞的体外成熟；进口的和国产FSH和LH对山羊卵母细胞成熟有相同的促进效果。李颖（2007）采用TCM199添加体积分数为10%FCS，1～2 mg/L17β-E_2，10 mmol/L Hepes，0.12 mg/mL丙酮酸钠，0.1 mg/mL链霉素和0.125 mg/mL青霉素，10 mg/L FSH及20～50 mg/L LH的培养体系，有利于山羊卵母细胞的体外成熟，并放出第一极体。

（4）促生长因子

近年来，添加促生长因子对卵母细胞成熟研究的报道较多，结果表明：发育卵泡存在几种促生长因子如表皮生长因子（EGF）、转化生长因子a（TGFa）、胰岛素样生长因子I（IGF-I）及其受体等，它们能影响卵膜细胞和颗粒细胞的增生和分化，同时证实它们参与调节卵母细胞的成熟。目前，在卵母细胞成熟培养中应用最为广泛的是EGF（通常添加10 ng/mL）。王艾平（2005）研究表明，EGF对卵丘-卵母细胞复合体（COCs）体外成熟和卵裂发育具有明显的促进作用，含50 ng/mL EGF组COCs成熟率（754.5%～75.8%）和卵裂率（72.4%～74.1%）均显著高于其他组。

赵振华（2009）等研究在培养液中添加不同浓度的胶质细胞源性神经营养因子（GDNF）、白血病抑制因子（LIF）、干细胞因子（SCF）及其不同组合对山羊卵母细胞体外成熟和早期胚胎发育的影响，结果表明：SCF、LIF、GDNF对山羊卵母细胞体外成熟有显著影响（62.0%、75.5%、63.7% vs 53.0%，$P<0.05$），不同浓度间无显著影响（$P>0.05$）；卵母细胞的成熟率并不是随细胞因子浓度的升高而升高，对LIF而言，浓度升高成熟率反而下降，SCF浓度为10 IU/mL时卵母细胞的成熟率最高，GDNF浓度为15 IU/mL时卵母细胞的成熟率最高。不同细胞因子联合作用的试验中显示不同因子间存在相互作用，10 IU/mL的LIF、15 IU/mL的GDNF和15 IU/mL的SCF对山羊胚胎体外生产最好。

（5）卵泡液

卵泡液（bFF）是卵母细胞成熟的介质，含有大量来自血清的因子和卵母细胞及卵泡细胞分泌的营养因子,这些因子的含量随机体内分泌状态的变化而变化:而且直径大小明显不同的卵泡中(2～6 mm 与 12 mm 以上)卵泡液的成分也有所不同。卵泡液中含有硫氧还原蛋白过氧化酶、甲状腺运载蛋白和视黄醇结合蛋白。这些蛋白质在卵泡发生时开始产生,对卵泡发育和卵母细胞成熟有明显促进作用。bFF 在体外表现为对卵母细胞核成熟的抑制作用,和对细胞质成熟的促进作用。石德顺等(1994)研究表明,在卵母细胞成熟培养液中添加适量的卵泡液可以提高卵母细胞的受精率和囊胚发育率,但当添加的卵泡液浓度过高时则抑制了卵母细胞的核质成熟。说明控制卵泡液在成熟液培养液中的浓度可以消除 bFF 对核成熟的抑制作用,而仅显示对细胞质成熟的促进作用。然而 Wang 等(1995)的研究结果表明,直径大小不同卵泡的卵泡液对卵母细胞成熟和体外受精无明显影响,但在添加小卵泡卵泡液的成熟液内培养的卵母细胞,其桑葚胚和囊胚的发育率明显低于添加大卵泡液成熟的卵母细胞。说明来自小卵泡的卵泡液对卵母细胞体外发育有抑制作用。

3.1.6.3　培养条件

(1)温度

在一定的范围内,细胞的代谢强度与温度成正比,在生理温度范围之内,温度越高,细胞内的各种酶活性越高,细胞代谢越快。刘灵等(1992)在 39℃时培养山羊卵母细胞,获得 79.4% 的成熟率。张涌等(1998)在 38.5℃的条件下培养山羊卵母细胞,成熟率为 68.4%。体外成熟最适温度是 38～39℃,体外受精和体外培养最适温度是 39℃。而 Hunter 等(2002)对卵泡发育过程中的温度研究发现,随着卵泡的发育,其温度逐渐下降,但阶段性调整温度对卵母细胞成熟率影响的报道很少。

(2)培养时间

卵母细胞体外成熟时间对卵母细胞的成熟、受精非常重要。排卵后如果没有受精,卵母细胞会很快老化,在体外更是如此。培养时间短不易成熟,培养时间长又容易发生透明带硬化,从而造成不受精现象。研究发现,一般在培养 24 h 或者 26 h 以后,卵母细胞膜和胞质均已成熟。Rho 等的研究表明培养 27 h 组山羊卵母细胞的成熟率(73%)显著高于 20 h 和 24 h 组(30% 和 55%)。徐照学等(1998)山羊卵泡卵母细胞经 24 h 体外培养后,得到 67.9% 的成熟率。王超等(2007)分别对山羊卵母细胞进行 18 h、20 h、24 h、26 h 的体外成熟培养,结果发现卵母细胞培养 24 h 和培养 26 h 的卵母细胞体外成熟率都极显著高于其他两组。

(3)气相环境

由于目前所采用的培养液大都是用 HCO_3 作为酸碱平衡缓冲体系,故需维持一定浓度的 CO_2 的气相环境来保持培养液的酸碱度,否则会因培养液中 CO_2 的逸出而使培养液的 pH 升高。培养液中 $NaHCO_3$ 浓度多为 25～30 mmol/L,故采用 5% 的 CO_2。

(4)季节因素

山羊是季节性发情动物,而体外成熟和受精效率的变化与山羊的发情季节有直接的相关性,正是由于发情季节与非发情季节母羊体内生殖激素的含量不同,因而采集到的卵母细胞对生殖激素的敏感性不同,有可能造成对体外培养结果的影响。戴荣亮(2006)用切割法采集不同季节山羊的卵母细胞,结果表明不同季节采集的卵母细胞数差异显著($P<0.05$),非繁殖季节的山羊卵巢可采集到更多的可用卵母细胞(1.71枚/卵巢 vs 1.27枚/卵巢)。赵小娥等(2005)研究表明繁殖季节采集的卵母细胞质量优于非繁殖季节,且体外培养成熟率也高。许杰等(2008)研究表明繁殖季节与非繁殖季节得到的卵母细胞的成熟率分别为 72.88%、60.43%,繁殖季节卵母细胞的成熟率明显高于非繁殖季节($P<0.05$)。

3.1.6.4 结语

利用屠宰场的废弃卵巢,通过体外培养方式是获取大量廉价卵母细胞和早期胚胎的理想途径。山羊作为动物乳腺生物反应器的首选动物,其卵母细胞的体外成熟、体外受精和体外培养的效果明显滞后于牛、鼠等其他哺乳动物。影响山羊卵母细胞体外成熟的因素有很多,目前的技术尚不十分完善,仍然存在着许多理论和技术问题,还有待于进一步解决。

3.1.7 幼羔超早期利用技术研究进展

幼羔超早期利用技术是集诱导羔羊卵泡发育技术(简称"幼羔超排")、体外受精、胚胎移植等技术为一体的胚胎生物技术体系。其主要技术环节包括幼羔超排、卵母细胞采集、体外成熟培养,体外受精,早期胚胎体外发育,胚胎移植等。

3.1.7.1 幼羔超早期利用意义

幼羔超排可使每只 1~2 月龄羔羊平均每次超排获得可用卵母细胞 80~160 枚(Kelly et al.,2005 a,b),显著高于成年羊超排 10~20 枚(Koema et al.,2003),而成年羊不超排则仅能获得 3.6~6.6 枚(Shirazi et al.,2005)可用卵母细胞。因此,将幼羔超排技术与体外受精及胚胎移植技术组装集成运用于养羊生产,可将羊的繁殖效率较常规胚胎移植提高约 20 倍,较自然繁殖提高约 60 倍,并使世代间隔缩短到正常的 1/4~1/3,加快遗传进展,提高繁殖效率;同时也可解决胚胎移植所需胚胎来源匮乏及胚胎生产成本昂贵的问题,将大大促进羊胚胎生产和胚胎移植的商业化。另外也是受精生物学、发育生物学研究的理想技术平台,通过体外观察和研究配子发育、成熟受精及胚胎发育等一系列生命现象,可探索配子/胚胎发育调控机理;为动物克隆、胚胎干细胞、转基因和建立卵子库等其他胚胎生物技术提供丰富的试验材料和必要的研究方法。

3.1.7.2 幼羔超早期利用技术研究进展

(1)国际研究进展

从 20 世纪 50 年代起就对开发幼龄母畜的繁殖潜力进行了研究,自 20 世纪 90 年代以后,人们对幼畜卵泡发育进行了更为深入的研究。利用激素诱导获得的羔羊卵母细胞生产出的早期胚胎,其卵裂率和囊胚率分别能达到 63%(Angel et al.,1991)和 20%左右(Earl et al.,

1995)。Armstrong 等(1997)与 Ptak 等(1999)又进一步将获得的羔羊早期胚胎进行移植,妊娠率可达 30%～45%,并繁育出了后代。2004 年 Morton 等通过性别分离的精子与羔羊卵母细胞受精并结合胚胎冷冻方法研究体外胚胎生产时,对羔羊超数排卵采用如下方法:先给 3～4 周和 6～7 周供体羔羊注射 50 ug 安息香酸雌二醇,48 h 后将 3.0 mg 的 18-甲炔诺酮栓一半埋植 10 d,在埋植第 7 天时肌肉注射 400 IU PMSG 和一支 50 mg 猪促性腺激素(p-FSH),两天后再肌肉注射一支 40 mg p-FSH,结果得到两只羔羊。2005 年澳大利亚学者 Kelly 等的最新研究成果表明,4～8 周龄的羔羊激素诱导后通过 OPU 技术采集的卵母细胞生产的体外胚胎,其囊胚率达到 50%,胚胎移植后获得多个后代,平均每个羔羊供体得到后代 9～13.9 只。

(2)国内研究进展

目前,利用性成熟前的幼龄羔羊作为胚胎供体在国外已经进行了大量的研究,体外胚胎生产技术也日趋完善,但在国内这方面的研究还很少。1971 年相马等对 1.5～3.5 月龄的羔羊经促性腺激素释放激素的处理后得到发育正常的超排卵,说明经过外源激素处理的羔羊可以获得成熟卵母细胞。1989 年旭日干等用 FSH 和 hCG 处理 2.5～7 月龄的羔山羊得到了体内成熟的卵母细胞,并经体外受精后获得世界上的首例"试管山羊",同时说明幼龄家畜具有经外源激素处理得到卵母细胞,并经体外受精后发育成后代的能力。1994 年张锁链等以 FSH 或 FSH-LH 四种不同处理方法对 29 只 68～110 日龄羔山羊进行超排处理,结果表明采用 FSH-LH(肌注)进行超排处理得到的卵子经体外受精后,其卵裂率明显高于其他方法得到卵子的卵裂率。1996 年刘军东等对 2～4 月龄的杂种羊,用 FSH、FSH＋LH(静脉注射)、FSH＋LH(肌注)三种方法进行激素处理,结果:FSH＋LH(肌注)组效果最好:平均回收到 15.0 枚卵母细胞,体外培养成熟率达 76.5%。

以上此前研究报道主要是利用性成熟前的幼龄羊进行探索试验,近年来,我国主要从澳大利亚引进 JIVET 技术,经过多家科研院校和企业共同努力,使该技术在中国的试验水平已经达到了国际先进水平。2002 年,中国农业大学农业生物技术国家重点实验室 JIVET 课题组首席专家安晓荣教授开始着手引进 JIVET 技术,此后对该技术进行了深入研究和不断创新。如今她领导下的课题组已摸索掌握了这项技术的关键因素和规律,很多研究处于国际领先水平,对我国现有的多个优良绵羊品种和奶牛都进行了严谨的试验工作。

为完成"JIVET"技术在我国本土化应用和推广,2005 年 1 月北京创新科农农牧科技有限公司与澳大利亚南澳生殖与发育研究中心签订了独家合作协议,在香河基地建立了高标准繁育技术实验室和养羊科学实验室。于同年 5 月,该公司专家会同中国农业大学与澳方专家,在香河基地利用自行培育的三元杂交羔羊进行了"JIVET"技术在中国本土化的首次合作实验,供体羔羊获得的成熟卵母细胞最多达 116 枚/只,受精卵裂率达到 79.74%。

2006 年 5 月 27～29 日,科学技术部国际合作司、中国农村技术开发中心和内蒙古自治区科技厅,在内蒙古乌兰察布市察右后旗共同组织召开了牛羊幼畜超排及胚胎体外生产和移植(JIVET)技术研讨会暨现场观摩会。会议以研讨和观摩 JIVET 技术,提高优质高产种畜生产效率,促进农牧民增收致富为主题,重点研讨了 JIVET 技术特点及在我国的应用前景,观摩 JIVET 试验基地现场情况及牛幼畜 JIVET 试验成果。2006 年 7～8 月,河北省沧州华风国富良种繁育有限公司和中国农业大学生物技术国家重点实验室合作,在南大港种羊基地进行了以快速扩繁和工业化生产细毛羊的 JIVET 实验,对羊毛细度 16～18 μm 的纯种超细毛幼龄母羔进行原生态、应激、长途运输后等组别的应用性实验,并取得圆满成功,随机选择的母羔进行超排后,每只母羔获取卵泡平均 100 枚,可利用胚胎 40 枚。并于同年 12 月,产下我国第一批纯种澳洲美利奴超细毛羊幼羔。2007 年 9 月河北农业大学、河北省牛羊胚胎工程技术研究中心利用幼羔 JIVET 技术成功产下我国首批杜寒杂交幼羔后代——"试管绵羊"。田树军(2007)报道 6-8 周龄小尾寒羊超排只均获卵数为 60.8 枚,将活体采集的卵母细胞玻璃化冷冻-解冻经体外受精胚胎移植产下 4 只健康羔羊。这是世界首例幼羔超排玻璃化冷冻卵母细胞体外受精后移植成功产生后代。

3.1.7.3　诱导幼羔卵泡发育技术

诱导幼羔卵泡发育技术是根据幼龄羔羊(1～2 月龄)卵巢对生殖激素敏感,卵泡发育很少发生闭锁的特殊生理特点而发明的一项高效率生产羊卵母细胞的新技术。

在自然情况下,胎儿卵巢上的有腔卵泡开始出现大约在母羊妊娠期 135 天,出生时有腔卵泡数量明显增加(Armstrong et al.,1994),之后继续增加,于羔羊出生后 4～8 周龄达到高峰,以后随着青春期的到来开始减少(Earl et al.,1994)。由于出生后 4～8 周龄羔羊卵巢上的卵泡发育数量既不受出生季节和体重影响,也没有成年羊卵巢上卵泡优势化的现象(O'Brien et al.,1996)。因此,对这个阶段羔羊进行超排是一项高效率生产卵母细胞的新途径。然而,由于 4～8 周龄羔羊垂体机能尚未健全,不能分泌足够量的促性腺激素刺激卵巢活动,卵泡不能最终发育成熟排卵,因此需要利用活体采卵技术采集卵母细胞。

(1)诱导幼羔卵泡发育方法及效果

幼羔超排方法与成年羊超排类似,主要是利用外源促性腺激素(孕激素,促卵泡素和孕马血清等)刺激卵泡发育,进而获取性成熟前羔羊卵母细胞。目前,幼羔超排方法主要有两种方法:孕酮＋促性腺激素和促性腺激素处理。

①孕酮栓＋促性腺激素方法。这种方法是将孕酮以栓剂形式放置阴道内一定时间后再用促性腺激素刺激,然后撤掉孕酮栓,再进行卵母细胞采集。Ledda 等(1999)对 30～40 d 的羔羊进行激素处理:给羔羊埋栓(栓体积为成年羊的 1/6)6 d,撤栓前 36 h 一次性分别注射 120 IU GnRH 和 400 IU PMSG。撤栓 24 h 后采卵,每只羔羊平均得到 86.2±7.9 枚卵母细胞,成熟率为 77.9%。Ptak 等给 1 月龄的羔羊放置孕酮栓 8 d,第 5、6、7 天每天早晚两次注射 2.7 mg FSH,第 8 d 撤栓采卵得到约 29 枚卵母细胞,49.8%培养到成熟,囊胚率为 22.9%。Morton 等(2004)通过性别分离的精子与羔羊卵母细胞受精并结合胚胎冷冻方法研究体外胚胎生产时,对羔羊超数排卵采用如下方法:先给 3～4 周和 6～7 周供体羔羊注射 50 μg 安息香酸雌二醇,48 h 后将 1/2 的含有 3.0 mg 的 18-甲炔诺酮栓埋植 10 d,在埋植第 7 d 时肌肉注射 400 IU PMSG 和一支 50 mg 猪促性腺激素(p-FSH),两天后再肌肉注射一支 40 mg p-FSH,结果得到两只羔羊。

②促性腺激素处理方法。张锁链等(1994)以 FSH 或 FSH-LH 四种不同处理方法对 29 只 68～110 日龄羔山羊进行处理,结果表明采用 FSH-LH(肌注)进行处理得到的卵子经体外受精后,其卵裂率明显高于其他方法得到卵子的卵裂率。刘东军等(1996)对 2～4 月龄的杂种羊,用 FSH、FSH＋LH(静脉注射)、FSH＋LH(肌注)三种方法进行激素处理,结果:FSH＋

LH(肌注)组效果最好:平均回收到 15.0 枚卵母细胞,体外培养成熟率达 76.5%。Kelly 等比较了 FSH(4×40 mg)分四次(间隔 12 h)等量和一次(1×160 mg)肌肉注射方法,最后一次注射 FSH 同时注射 eCG400 IU。结果表明 FSH 分四次等量效果最好,平均每只供体羔羊得到(88±22.3)枚卵母细胞,卵裂率为 77.5%。Kelly 等对 9 周龄的美利奴羔羊采用了类似的超排方法,结果最好的处理组平均每只羔羊得到(162.3±23.2)枚卵母细胞,各处理组卵裂率 78.2%~93.7%。

(2) 影响诱导幼羔卵泡发育效果的主要因素

衡量诱导幼羔卵泡发育效果的主要指标是卵母细胞的数量和质量,以及卵母细胞受精后的发育能力。影响诱导幼羔卵泡发育效果的因素很多,如羔羊(母性遗传、营养水平、年龄),激素处理方法,处理次数,采卵方法等。

①羔羊年龄。虽然有人认为羔羊在出生后 4 周卵泡数量达到高峰,但有很多研究并没有选择 4 周龄羔羊,而是选择 4~8 周龄,9 周龄,3~6 周龄等,2003 年 Ptak 等研究比较不同月龄(1,2,3,5,7 月龄)的诱导卵泡发育效果,认为 1 月龄羔羊卵泡反应和卵泡数量最好,3 月龄羊效果最差,19 只 1 月龄羔羊有 4 只(22%)对激素没有反应,仅有少量直径小于 2 mm 的卵泡。2005 年 Morton 等报道 6~7 周龄羔羊比 3~4 周龄羊卵母细胞体外受精后囊胚率高(17.4% vs 21.4%)。

②激素处理方法。不同激素处理方法会对羔羊卵泡发育、卵母细胞质量及受精后胚胎发育力有较大影响,Ptak 等研究证实放栓后单纯注射 FSH(处理组 1)的卵母细胞体外受精后囊胚率(22.9%)明显高于放栓第 7 d 注射 FSH+eCG(处理组 2)组(5%),但 2005 年 kelly 等采用 FSH+eCG 直接注射的方法的卵母细胞体外受精后囊胚率达 62.4%。处理组 2 在撤栓后注射 GnRH(处理组 3)得到的卵母细胞培养后只有 30% 的卵丘细胞扩散,与 Earl 等报道采用类似方法处理 6~7 周龄羊结果相矛盾,这可能与羔羊年龄和品种有关,Ptak 等的研究认为放栓期间注射 FSH+eCG 处理组卵泡尺度(5~6 mm)要好于单纯注射 FSH 组(3~4 mm)。

③营养条件。在妊娠期 70 d 生殖细胞数量达到高峰,但随后由于噬菌作用使得生殖细胞大量丢失,100 d 卵泡开始生长,次级卵泡在妊娠 120 d 时出现,推测妊娠期母性营养是影响卵母细胞质量的主要因素,2005 年 kelly 等研究羔羊营养水平对幼羔超排效果:将母羊配种前 80 d 和部分妊娠期(即羔羊出生前)分为三个阶段:妊娠前 80 d 至妊娠后 70 d,71~100 d 和 101~126 d。结果表明在 71~100 d 和(或)101~126 d 阶段内高日粮母羊所怀羔羊获得卵母细胞体外受精后囊胚效率高,说明在妊娠期内超排羔羊的营养状况影响其卵母细胞发育及体外受精后胚胎发育能力。

④激素来源。研究证实对羔羊卵巢卵母细胞进行激素处理能够提高卵母细胞的发育能力,但卵母细胞体外最终发育成胚胎的能力受羔羊因素影响很大,不同品种和不同年龄的羔羊对激素反应存在差异。尽管这些方法很大程度上是在成年羊超数排卵基础上建立起来的,但羔羊卵泡生长发育可能与成年羊有所不同。虽然很多研究认为卵母细胞采集前给予促性腺激素必要的并能提高卵母细胞的发育能力,但 Mogas 等(1997)报道对未成年山羊和成年山羊卵巢进行 FSH 处理并没有提高胚胎的发育能力。这可能与试验羊的年龄和品种相关。

激素来源对诱导卵泡发育效果影响很大,不同厂家同种激素会影响羔羊对激素反应的敏感性,1996年张锁链报道使用宁波 FSH 诱导羔山羊卵泡发育,结果只均获卵数 45 枚;Kelly等报道采用加拿大 FSH 效果较好,只均获卵数在 66.3～165.3 枚;邵庆勇等(2006)使用新西兰 FSH 诱导羔山羊卵泡发育获卵数为 20.1 枚;Ledda 等(1999)使用意大利 FSH 只均获卵数为 86.2 枚(表 3-1)。

表 3-1　不同厂家 FSH 诱导卵泡发育效果

FSH 来源	剂量(mg)	只均获卵数(枚)	只均获可用卵数(枚)	参考文献
宁波	17.5	81	45	张锁链等,1996
加拿大	160	42～151	40.6～142.4	Kelly 等,2005
新西兰	5	14.1±3.7	11.1±3.2	邵庆勇等,2006

⑤环境因素。研究证实使用外源激素进行诱导羔羊卵泡发育可以提高所获卵母细胞数量,体外成熟能力以及体外胚胎发育到囊胚的能力,但羔羊对激素反应存在差异,这种差异有营养方面的原因,也可能有其他环境因素原因,其中运输应激是在开展诱导羔羊卵泡发育技术过程中经常遇到的,然而羔羊激素处理前一定距离的运输应激是否会影响试验效果,目前尚不清楚。

⑥超排次数。重复超排可以提高每只供体所获卵母细胞总数,从而提高供体遗传资源的利用效率,然而供体羔羊每次激素处理所获卵母细胞数量会随重复次数增加而逐渐减少。邵庆勇等(2006)对 8 只 131～150 日龄山羊采用 5 mg FSH 诱导卵泡发育后,采用手术法间隔 7 d进行采卵,第 1～4 次诱导卵泡发育的可用卵泡数分别为(20.1±5.6)、(15.5±3.2)、(9.3±3.7)、(8.7±2.5)枚,回收可用卵母细胞数分别为(11.1±3.2)、(8.3±1.8)、(6.6±3.7)、(6.0±1.7)枚,随采卵次数增加,每只羊的可用卵泡数呈下降趋势;不同采卵次数之间卵泡直径、回收卵母细胞的可用率无显著性差异。Valasi 等(2007)研究认为卵巢对激素的反应性降低是导致重复超排所获卵母细胞数量下降的主要原因。究竟重复诱导羔羊卵泡发育是否经济可行,有待进一步研究。

⑦采卵方法。采卵方法会影响获卵数量及再次诱导卵泡发育效果,由于采用手术法采集卵母细胞,对羔羊卵巢及输卵管等生殖器官损伤较大,造成卵巢、输卵管和子宫相互严重粘连,影响卵母细胞采集效果,也是重复导致所获卵母细胞数量降低的原因之一。

(3)幼羔卵母细胞采集

目前,幼羔超排后卵母细胞的采集主要是通过活体采集或屠宰后采集,由于活体采集卵母细胞后供体可以重复利用,或育肥生产羔羊肉。因此,活体采卵已成为当今推广应用幼羔超排卵母细胞采集一项关键技术。目前,幼羔活体采卵方法主要有腹腔内窥镜采卵法及手术法。

①腹腔内窥镜采卵法 。腹腔镜采卵法(Laparoscopic Follicular Aspiration,LFA)也叫腹腔镜活体采卵(Laparoscopic ovum pick—up,LOPU)、腹腔镜卵母细胞回收(Laparoscopic Oocyte Collection,LOC),简称内窥镜法(Endoscopy),是在借助腹腔镜清楚观察卵巢状态条件下通过操作杆和采卵针头的配合,将卵泡中的卵母细胞抽吸出来。根据被抽吸的卵泡数量,

每只母羊的操作时间为 10～20 min,在 2～3 h 内可采集 100 枚以上的卵母细胞(Graff et al.,1995;Stangl et al.,1999)。

由于内窥镜法不需将卵巢及子宫暴露体外,降低了繁殖器官的粘连程度,可重复性高,可减少供体的应激,但需要价格昂贵的内窥镜相关设备,且对采卵人员的技术熟练度要求较高。

②手术法活体采卵。手术法活体采卵是借助外科手术,将卵巢暴露于腹腔外并固定,直接用针头将卵泡中的卵母细胞抽吸出来。手术法采卵对卵巢的观察比较直观,固定卵巢较容易,整个采卵过程只需 5～10 min,卵母细胞回收率稳定,技术性要求较低,回收率可稳定在 65% 以上,Graff 等(2000)手术法采卵回收率达 69.8%,Ptak 等对 4～5 周龄和 3～6 岁绵羊手术法活体采卵,卵母细胞回收率分别为 88.2% 和 83.3%,二者间无显著性差异。手术法采卵对卵巢的观察比较直观,固定卵巢较容易,卵母细胞回收率可稳定在 90% 以上(陈晓勇等,2008),技术性要求较低。

3.1.7.4　幼羔卵母细胞体外受精技术

(1)卵母细胞体外成熟

目前很多报道羔羊卵母细胞体外成熟采用与成年羊卵母细胞成熟类似的基础培养液:即在基础培养液中添加血清(FBS、EGS)、促性腺激素(FSH、LH)和雌激素等,体外成熟率均在 60% 以上。(Kelly et al.,2005 a,2005 b;Mogas et al.,1997 a,1997 b;Izquierdo et al.,1999)。

虽然在适当条件下培养羔羊卵母细胞可以克服第一次减数分裂前期的阻滞阶段,形成纺锤体,排除第一极体,到达第二次减数分裂中期(M Ⅱ)(O'Brien et al.,1996;Ledda et al.,1997)。但研究发现相对于成年绵羊,羔绵羊卵母细胞蛋白质合成数量少和调节减数分裂中 MPF 活性的细胞周期活动异常,且 M Ⅱ 期羔羊卵母细胞 MPF 活性(80%)极显著低于成年羊(100%)($P<0.001$)(Ledda et al.,1997;2001),卵母细胞在卵泡生长时获能不足可导致 mRNA 储存不足,胚胎发育受阻,胚胎质量降低(Hyttel et al.,1997;Fulka et al.,1998)。

(2)体外受精

很多试验采用 SOF(Kelly et al.,2005 a,2005 b;田树军等,2007)、TALP(Mogas et al.,1997;Izquierdo et al.,2002)和 Hepes-M199(Morton et al.,2004)作为受精基础培养基,受精率为 59.8%～86.1%。Izquierdo 等(1998)研究比较了精子获能和受精培养基对性成熟前山羊卵母细胞体外受精及胚胎早期发育的影响,结果表明:添加肝素的精子获能培养基(DM)和含有亚牛磺酸的 TALP 培养基精子穿卵率和受精率最高(79.6% 和 55.1%);而使用咖啡因没有提高精子穿卵率(44.6%),相反 PHE(青霉胺、亚牛磺酸、肾上腺素混合物)降低了精子穿卵率(31.8%)。对牛(Ijaz et al.,1992)和人(陈瑞玲等,2003)精液进行低温保存的研究结果表明,低温保存可促使精子发生获能反应,并有利于受精。Perez 等(1996)证实冷冻保存公羊精液可促进精子发生顶体反应,但不影响受精能力(Perez et al.,1996)。

研究发现羔羊卵母细胞受精时由于皮质颗粒迁移不确定和延迟导致多精入卵(O'Brien et

al.,1996)和孤雌激活现象明显增多(Ledda et al.,1997),由于胞质存在缺陷也导致了受精后一系列不正常事件:精子穿卵障碍,无法形成正常的雄原核,不能阻止多精受精,早期卵裂失败,造成受精率低(Armstrong et al.,2001)。Kochhar 等(2002)发现羔绵羊和成年绵羊胚胎卵裂动力学没有差异,但羔绵羊胚胎囊胚率明显低于成年羊($P<0.05$)。Ptak 等(1999)发现羔羊体外胚胎与成年羊相比发育至囊胚阶段有不明确的延迟,2005 年 Leoni 等研究结果表明,羔绵羊的卵母细胞受精后 22 h 和 26 h 的卵裂率明显低成年羊($P<0.01$),而受精后 32 h 卵裂率明显高于成年羊($P<0.01$)。Morton(2005)试验结果显示体外受精后 48 h 的羔羊卵母细胞卵裂率与成年羊没有显著差异($P>0.05$),但受精后 24 h 卵裂率存在显著(32.7% vs 51.7%)。

3.1.7.5 幼羔早期胚胎体外培养及发育能力

羔羊体外胚胎发育大多是借鉴成年羊体外胚胎体系。虽然有很多试验研究共培养体系,但效果不如常规培养方式,而且程序烦琐。近几年,很多试验和生产采用常规培养:以 SOF (Jimenez-Macedo et al.,2006)或 M199 作为发育培养基,另外加入血清(FBS、FCS、ESS 等)或 BSA(Kelly et al.,2005 a,2005 b;Ptak et al.,1999,2003)和氨基酸。2005 年 kelly 两次试验均采用 SOF+8 mg/mL BSA+氨基酸(NEAA、EAA)作为早期胚胎发育培养液,结果囊胚占卵裂卵的比例达 62.4%和 64.68%。

目前,羔羊卵母细胞与成年羊卵母细胞体外发育能力是否有差异尚存在争议,但多数研究认为羔羊体外胚胎发育能力较成年羊弱(O'Brien et al.,1996;Leoni et al.,2005;Morton et al.,2005),陈晓勇等(2008)的试验也证实这一点,羔羊卵母细胞在卵裂率(59.0%)和桑葚胚率(17.4%)方面都极显著性低于成年羊卵裂率(82.4%)和桑葚胚率(46.4%)($P<0.01$)。Ptak 等(1999)发现羔绵羊囊胚率明显低于成年羊组($P<0.01$),而且开始进入囊胚是在受精后第 7 天,明显晚于成年组第 6 天($P<0.01$)。羔绵羊孵化囊胚明显少于成年组($P<0.01$),而且两个试验组中发育快的囊胚出现了高的孵化率($P<0.01$)。

3.1.7.6 羔羊体外胚胎移植及产羔能力

许多研究证实,超排羔羊做供体所生产的体外胚胎经胚胎移植后可以成功妊娠并能够繁育后代,移植妊娠率为 12.5~60%(Ptak et al.,1999;陈晓勇等,2008),产羔率为 16.7%~45.9%(陈晓勇等,2008;Kelly et al.,2005)。最近研究也进一步证实,玻璃化冷冻保存羔羊卵母细胞也可以成功产生后代(田树军等,2007)。

羔羊体外生产胚胎移植后在母体子宫内附植后的发育力弱,胚胎丢失率偏高,是目前存在的主要问题。尽管人们对卵母细胞成熟和受精条件进行了改善,但目前大约仍有三分之二的胎儿在妊娠一半时丢失,胚胎丢失率(80%)高于成年母羊(60%)(Ptak et al.,1999),其原因可能是多方面的:不能到达或不能通过由母源向胚胎基因组表达的过渡,导致发育失败和附植前后胚胎丢失(Armstrong et al.,2001);可能是缺陷基因印迹的结果,妊娠过程中由于流产和木乃伊影响了正常胎儿的发育(Ptak et al.,1999);采卵时可能对卵母细胞造成损害,培养系统不能使卵母细胞正常成熟和(或)受体的子宫生理环境与胚胎发育不同步限制了一些胚胎发育(Kelly et al.,2005 b);当然卵母细胞采集之前的激素处理也可能是影响因素之一,陈晓勇等(2008)研究发现幼羔超排得到的卵母细胞成熟质量不太好,胞质松散,受精后胚胎卵裂球质量下降。在卵母细胞采集之前的激素处理究竟是否会对卵母细胞成熟、受精以及胚胎发育产生何种影响有待进一步研究。提高羔羊卵母细胞的体外胚胎生产效率和移植妊娠率,是今后应着力研究解决的问题。

3.1.7.7　存在问题及发展前景

目前,幼羔超早期利用技术国外研究比较广泛,利用幼羔作供体生产体外胚胎效率较低是一个普遍问题,因此需要进行深入开展影响幼羔超早期利用技术效率因素的研究。

尽管很多试验研究采用的超排方法较多,且都能获得一定的结果,但由于激素的使用剂量和来源是影响超排效果的重要因素,使用外源激素能够增加羔羊卵巢卵母细胞数量,但不同品种和不同年龄的羔羊对激素反应有较大差异。尽管国外对幼羔超排研究较多,但始终没有形成较为标准的超排方法,超排效果不稳定,对卵巢进行激素刺激究竟会对卵母细胞体外成熟、体外受精以及胚胎发育产生何种影响有待进一步研究。

目前羔羊体外胚胎生产大多是利用成年羊体外胚胎生产体系,导致羔羊体外胚胎生产效率普遍较低,因此,需要进一步开展研究卵母细胞的体外成熟、受精及胚胎体外发育,不断完善羔羊体外培养系统,以提高羔羊体外胚胎生产效率。

利用幼羔超早期利用技术可使 1 只 1～2 月龄羔羊在不到 2 年的时间内,产生约 250 只后代。将这一技术运用于羊新品种培育及品种改良,可以显著加快羊育种和改良进程;将这一技术应用于拯救濒危羊品种资源,将使繁殖效率大大提高;将该技术与胚胎移植技术相结合,则可解决胚胎移植所需胚胎来源匮乏及胚胎生产成本昂贵的问题,将大大促进羊胚胎生产和胚胎移植的商业化。目前,我国羊品种的生产性能和良种化程度还比较低,同时一些宝贵的地方羊品种资源则由于外来品种羊的引入而濒临灭绝,因此幼羔超早期利用技术将在我国羊育种及保种工作中发挥重要作用。

3.1.8　文献计量法分析我国羊胚胎移植技术发展现状

我国羊胚胎移植技术研究开始于 20 世纪 70 年代初 ,大体上经历了试验研究(20 世纪 70 年代初至 80 年代中期)、发展提高(20 世纪 80 年代中期至 90 年代中期)、推广应用(20 世纪 90 年代中期至今)3 个阶段 ,目前正向胚胎工程的高深技术延伸,向产业化迈进。

20 世纪 90 年代以来 ,我国从国外引进了很多个品种羊,胚胎移植技术在种羊扩繁、育种以及生物技术等多个方面发挥了重要作用 ,本文从文献计量学的角度,分析了我国自 1980—2009 年 30 年来《中国学术期刊网络出版总库》收录的有关羊胚胎移植方面的文献 从文献发表年代、文献作者、产出单位及地域分布、研究内容、研究资助基金等方面进行了分析,目的是总结我国羊胚胎移植技术发展的历程 ,并为以后该技术发展和产业化应用提供数据参考。

3.1.8.1　文献收集与方法

(1)资料来源

以《中国学术期刊网络出版总库》为检索对象,以"羊"和"胚胎移植"为主题进行检索,检索时间为 1980—2009 年。

（2）检索方法与分析内容

将检索到的文献进行整理汇总，采用文献计量学的方法对文献的作者、研究机构、发表期刊的年代及刊物分类等进行分析研究。

3.1.8.2　结果与分析

（1）年度分布

通过检索、整理共得到 1980—2009 年中文期刊发表的有关羊胚胎移植的研究报道文献 819 篇，年均发文数量为 27.3 篇，从发刊量和载文量来看，20 世纪 80 年代至 90 年代小幅增加，但到了 21 世纪后，发刊和载文量明显增加，2004 年达到高峰，载文量达 107 篇，发刊量达 51 篇，这也正与我国当时由于炒种热，对种羊需求量较大，胚胎移植应用广泛相符（表 3-2）。

表 3-2　1989—2009 年羊胚胎移植技术研究中文文献年度统计　　　　　　　　篇

年份	发刊量	载文量	平均	年份	发刊量	载文量	平均
1980	6	6	1.00	1995	14	14	1.00
1981	4	4	1.00	1996	11	12	1.09
1982	3	3	1.00	1997	9	11	1.22
1983	3	3	1.00	1998	25	26	1.04
1984	3	3	1.00	1999	16	20	1.25
1985	3	3	1.00	2000	36	48	1.33
1986	3	3	1.00	2001	28	54	1.93
1987	11	12	1.09	2002	34	55	1.62
1988	5	5	1.00	2003	42	74	1.76
1989	10	11	1.10	2004	51	107	2.10
1990	8	8	1.00	2005	40	61	1.53
1991	5	5	1.00	2006	39	68	1.74
1992	10	14	1.40	2007	37	79	2.14
1993	9	9	1.00	2008	34	59	1.74
1994	4	4	1.00	2009	28	38	1.36

（2）作者分析

①第一作者分析。结果如表 3-3 所示发表该类文献中文最多的第一作者是辽宁省凌源市畜牧技术推广站的张良 23 篇，其次是新疆农垦科学院畜牧兽医研究所的石国庆 13 篇和内蒙古畜牧科学院赵霞 10 篇。其他均在 10 篇以下，这说明开展此方面研究的人员比较多，并没有集中在少部分人员中。

表 3-3　羊胚胎移植技术研究文献第一作者统计

作者	文章数量/篇	文献发表单位	作者	文章数量/篇	文献发表单位
张良	23	辽宁省凌源市畜牧技术推广站	权富生	4	西北农林科技大学
石国庆	13	新疆农垦科学院畜牧兽医研究所	周占琴	3	西北农林科技大学
杨永林	3	新疆农垦科学院畜牧兽医研究所	余文莉	3	内蒙古家畜改良工站
曾培坚	3	新疆农垦科学院畜牧兽医研究所	张锁链	3	内蒙古大学
李武	3	东北农业大学	武和平	3	西北农林科技大学
马保华	4	西北农林科技大学	桑润滋	3	河北农业大学
赵霞	10	内蒙古畜牧科学院	邓立新	6	河南农业大学
肖西山	4	北京农业职业学院	候引绪	3	北京农业职业学院
李焕玲	4	山东省农业科学院畜牧医研究所	张秀陶	3	宁夏农林科学院畜牧兽医研究所
张居农	5	石河子大学	田树军	3	河北农业大学

②作者合作度分析 。对发表的有作者的 730 篇文章进行分析（表 3-4），结果独撰占 26.7%，合著占 73.3%，作者人数为 2 人的占 14.7%，作者人数为 3 人的占 12.7%，作者人数为 4 人的占 10.4%，作者人数为 6 人的占 11.2%，其他作者人数较多的所占比例均在 10% 以下。

表 3-4　羊胚胎移植文章作者合作度统计

作者数量	文章数量/篇	所占比例/%
独撰	195	26.7
2	107	14.7
3	93	12.7
4	76	10.4
5	71	9.7
6	82	11.2
7	52	7.1
8	21	2.9
9	12	1.6
10	10	1.4
11	4	0.5
12	2	0.3
13	4	0.5
18	1	0.1

（3）产出单位及区域分析

①主要产出单位。经对发表有关羊胚胎移植研究文献的作者第一单位进行统计如表3-5，共367篇，其中高校183篇，科研院所132篇，其他主要是农业技术推广单位和企业5篇，从发表文献第一作者单位来看，从事羊胚胎移植技术研究和推广的主要是高等院校和科研院所，其中西北农林科技大学发表文章数量最多为55篇。经过这些年的研究和推广应用，羊胚胎移植技术已经比较成熟，达到产业化的水平，这些数据也表明我国羊胚胎移植技术产业化运作方式主要是高校和科研院所作为技术依托单位，养殖企业是技术应用单位，只有少部分企业具备完整的技术实力。

②主要产出单位区域分布。通过对发表羊胚胎移植文献的作者所在省份进行分析（表3-5），论文涉及17个省、市（自治区），而且主要分布在北方，这些地区也正是羊只数量较多的区域，其中陕西省文章数量较多61篇，其次是内蒙古和新疆，分别是45和41篇，这些地区是羊只数量和高校、科研院所比较多的区域，因此发表文章比较多。

表 3-5　羊胚胎移植技术研究文献产出单位区域分布

单位所在省份	文章数量/篇	作者单位
陕西	61	西北农林科技大学(55)，陕西省布尔山羊良种繁育中心(6)
黑龙江	20	东北农业大学(20)
河北	23	河北农业大学(17)，河北省廊坊市畜牧水产局(6)
新疆	41	新疆农垦科学院畜牧兽医研究所(23)，石河子大学(7)，新疆农垦科学院(11)
辽宁	24	辽宁省凌源市畜牧技术推广站(24)
北京	30	中国农业大学(14)，北京农业职业学院(10)，中国农业科学院北京畜牧兽医研究所(6)
内蒙古	45	内蒙古农业大学(6)，内蒙古家禽改良工作站(12)，内蒙古畜牧科学院(18)，内蒙古大学(9)
甘肃	15	甘肃农业大学(11)，中国农业科学院兰州畜牧兽药研究所(4)
山东	18	山东省农业科学院畜牧兽医研究所(12)，山东农业大学(6)
江苏	7	江苏省农业科学院畜牧兽医研究所(7)
河南	22	河南科技大学(7)，河南农业大学(9)，郑州牧业工程高等专科学校(6)
天津	7	天津市农业科学院畜牧兽医研究所(7)
宁夏	13	宁夏大学(6)，宁夏农林科学院畜牧兽医研究所(7)
云南	16	云南中科胚胎工程生物技术有限公司(4)，云南省畜牧兽医科学研究所(6)，中国科学院昆明动植物研究所(6)
上海	7	上海市转基因研究所(7)
吉林	6	吉林省农业科学院畜牧科学分院(6)
青海	12	青海省海北州畜牧兽医研究所(7)，青海省畜牧科学院(5)

（4）主要期刊分布

从表3-6可以看出，在中文核心期刊上发表该类文献106篇，其中最多的是《中国草食动物》，其次是《当代畜牧》，以及《黑龙江动物繁殖》《中国畜禽种业》，其中核心期刊占40.8%，其他大部分为省级刊物，这说明我国羊胚胎移植技术在研究层次上处于比较高的水平。

表3-6　羊胚胎移植技术研究文章期刊分布　　　　　　　　　篇

期刊名称	载文数量	期刊名称	载文数量
中国畜牧杂志(11)，畜牧与兽医(5)，黑龙江畜牧兽医(14)，中国农学通报(9)，西南农业学报(9)，安徽农业科学(4)，家畜生态学报(4)，中国畜牧兽医(12)，中国草食动物(38)	106	山西农业(畜牧兽医)	9
		现代畜牧兽医	7
		畜禽业	6
		四川畜牧兽医	6
		河南畜牧兽医(综合版)	5
当代畜牧	24	新疆畜牧业	5
黑龙江动物繁殖	21	甘肃畜牧兽医	4
中国畜禽种业	21	上海畜牧兽医通讯	4
北方牧业	20	吉林畜牧兽医	4
草食家畜	14	湖北畜牧兽医	4
养殖技术顾问	11	畜牧市场	4
今日畜牧兽医	11	江西畜牧兽医杂志	4
中国牧业通讯	10	新农业	3
畜牧兽医杂志	10	现代农业科技	3
青海畜牧兽医杂志	10	兵团工运	4
当代畜禽养殖业	9	山东畜牧兽医	4
农村养殖技术	9	畜牧兽医科技信息	5
畜牧与饲料科学	9		

（5）研究内容分析

从所检索到的有关文献来看，文章类型上涉及试验研究、综述专论、短评报道，研究内容方面主要从品种、超数排卵、同期发情、受胎率、手术移植、胚胎类型、供体母羊因素、受体因素、生殖生理等方面进行研究和应用，从品种上涉及波尔山羊、无角陶赛特、杜泊、夏洛莱、萨福克、绒山羊、南江黄羊、东弗里升、边区来斯特、小尾寒羊、安哥拉山羊、细毛羊等。

（6）研究资助基金

从发表的文章所受基金资助项目来看（表3-7），国家级项目类别有7类，共45项，省级项目类别有5类，共45项，其中国家科技攻关计划和四川省科技攻关计划最多，均为11项，国家层面项目占50%，可见羊胚胎移植技术研究资金来源比较广泛，也受到国家的重视，经过几十年的发展,现在胚胎移植技术已经成为继人工授精技术后繁殖领域第二大应用推广技术,这与科研投入是密不可分的。

表 3-7　有关羊胚胎移植文献所受基金资助统计

资助类别	资助名称	数量	资助类别	资助名称	数量
国家级	国家科技攻关计划	11	省级	甘肃省科技攻关计划	2
	国家科技型中小企业技术创新基金	10		宁夏回族自治区科技攻关计划	2
	国家自然科学基金	8		云南省科技攻关计划	2
	国家高技术研究发展计划(863 计划)	8		河北省自然科学基金	2
	农业部"948"项目	3		江苏省自然科学基金	2
	国家科技支撑计划	2		北京市科技攻关计划	1
	科技部农业科技成果转化资金	3		黑龙江省科技攻关计划	1
省级	四川省科技攻关计划	11		新疆维吾尔自治区科技攻关计划	1
	河南省科技攻关计划	6		山西省软科学研究计划	1
	陕西省科技攻关计划	6		山东省农业良种产业化	1
	河北省科技攻关计划	3		上海市科技兴农重点攻关项目	1
	安徽省科技攻关计划	2		云南省自然科学基金	1

3.1.8.3　小结

小结:30 年中公开发表有关羊胚胎移植技术方面的文章共 819 篇,年均 27.3 篇,自 20 世纪 90 年以来,由于我国从国外引进优秀种羊,迫切需要扩繁技术进行快速繁殖,胚胎移植技术正是应了这种需求进入到应用推广阶段,2004 年该方面的文章发表数量达到高峰,由于文献发表有一个周期,实际这些文献是 2003 年产生的,我国炒种热也正是于 2003 年结束的,通过文献发表情况可以反映出我国羊胚胎移植技术的应用情况。从文章作者单位及区域分布、文献内容、所受基金资助情况以及文献期刊等方面来看,羊胚胎移植技术研究层次比较高,技术推广范围比较广,取得的成绩是显著的。

3.1.9　肉羊发情调控技术研究进展

羊发情调控(control of estrus)技术是指利用外源激素或采取其他管理措施对母羊进行处理,有意识的控制母羊发情和配种,充分发掘优良种羊的繁殖潜力,便于生产和管理,获取最大的经济利益。羊的发情调控技术包括初情期调控技术,诱导发情和同期发情技术。

3.1.9.1　初情期的调控

(1)初情期的调控(control of puberty)

是指利用激素处理,使性未成熟母羊的卵巢发育和卵泡发育并能达到成熟阶段甚至排卵。在自然情况下,初情期前母羊的卵巢上的卵泡虽能够发育至一定阶段,但不能发育至成熟,可能是由于下丘脑-垂体-性腺反馈机制尚未健全,垂体不能分泌足够量的促性腺激素刺激卵巢活动。但试验表明,性成熟前母羊卵巢具备了受适量激素刺激后,其卵泡能发育至成熟的潜力。

初情期调控技术主要应用于世代间隔长的动物育种,以期缩短优良母畜的世代间隔,用于研究性未成熟母羊卵巢活动情况及对激素的反应、卵泡发育潜能、卵子发育及受精能力等,在羊上报道和应用较少。

(2)初情期调控方法

诱导未成熟羊的发情方法与诱导性成熟乏情羊发情方法类似,只是用药剂量减少至30%～70%,由于性未成熟母羊卵巢上无黄体,没有卵泡波出现,因此不受季节等其他因素影响,任何时候都可以实施。对3月龄性未成熟山羊可用 2.5 mg FSH 分 3 日 6 次给药,取得了较好的结果;也可一次肌注 500～750 IU PMSG。Hamra 用含 60 mg 孕激素(MAP)的海绵阴道栓处理 8～10 月龄性未成熟绵羊(当地羊通常 17～18 月龄配种)14 d,取阴道栓时注射 500 IU HCG,取得 60%的受胎率。

3.1.9.2　诱导发情

诱导发情(induction of estrus)是对因生理(非繁殖季节、产后乏情)和病理(持久黄体、卵巢萎缩、幼稚型卵巢)原因不能正常发情的性成熟母羊,用激素和采取一些管理措施,使之发情的技术。

诱导乏情母羊发情,大多数是用激素处理。而母羊的性活动是在神经和内分泌的双重协调控制下实现的,一些情况下,非激素处理亦可达目的,如非繁殖季节以人工光照诱发母绵羊发情,在繁殖季节即将到来时,将公羊与母羊混群,促使母羊发情周期提早到来;激素处理促使母畜发情的作用是直接、明显和时间较确定的,非激素的诱因则是间接、延缓和时间不确定的。

(1)绵羊的诱导发情

绵羊属于较为严格的季节性繁殖动物,在休情期内或产羔后不久作诱导发情处理,可使母羊发情和配种受胎,从而增加母羊年产羔数,实现两年三胎。对于那些发情季节到来后仍不发情的母羊,亦可通过处理保证其有正常的繁殖能力。

绵羊激素诱导发情,主要用孕激素预处理 14～18 d(药棒埋植或阴道栓),处理结束前 1～2 d 或当天肌注 500～1 000 IU PMSG(或约 10 IU/kg 体重)。如 Wheaton 用含 400 mg 孕酮的海绵阴道栓处理乏情绵羊,结合注射 600～700 IU PMSG 或 GnRH,取得最高 61%的产羔率。1999 年,张居农等用对比实验证实了对非繁殖季节母羊采用孕酮复合制剂,非繁殖季节的 PRID(氟孕酮阴道海绵栓)和撤栓前一天注射 PMSG,诱导母羊发情,提高了排卵率,高达 159%,繁殖率达 129%。高庆华等(2000)对深度乏情的未断奶卡拉库尔母羊颈部肌注复合孕酮制剂 2 mL 同时阴道放置非繁殖季节氟孕酮阴道缓释装置,内含 FGA 50 mg,埋植 13 d,在撤栓的同时肌注 PMSG 400 mL,2～4 d 发情同期率 93.3%。杨梅等于 2004 年 5 月在羊非繁殖季节利用 CIDR＋PMSG 对绵羊进行同期发情处理试验,埋植 CIDR 7 d,埋栓的第 6 天,肌肉注射 PMSG 500 单位和 PGF$_{2\alpha}$0.2 mg,第 7 天撤栓,撤栓后 24 h 肌肉注射 LH 100 单位。结果在卵巢上出现卵泡或排卵的羊占处理羊数的 97.44%;出现红体(排卵)的羊占处理羊的

88.46%；平均排卵数(1.84±0.11)枚；得出结论：利用埋植 CIDR＋PMSG 同期化处理绵羊，完全可以对乏情期的绵羊进行同期发情处理，而且可采用定时输精，无须通过试情公羊来鉴定母羊发情，可以减少劳动力。

孕激素预处理结合 PMSG，在诱导季节性乏情绵羊发情方面，效果较结合 FSH 好。可能是 PMSG 半衰期长，而季节性乏情的母羊需长时间的激素处理才能促使其卵泡发育，但效果也不如 PMSG。

单独用 PMSG 也可引起卵泡发育和排卵，但往往无明显发情表现。孕激素预处理期间对下丘脑和垂体分泌有抑制作用，处理结束后抑制解除，对下丘脑分泌 GnRH 和垂体分泌促性腺激素有很强促进作用。

除使用孕激素处理外，2003 年刘喜生等报道在发情季节使用三合激素对绵羊进行诱导发情得到了 90.0% 的同期率，认为三合激素同样可以诱导绵羊发情。

(2)山羊的诱导发情

山羊的诱导发情方法与绵羊的相似，以用孕激素处理为主，处理的时间有 11 d 或 21 d。处理 11 d 各月份都能较好地诱发母羊发情、配种，获得较高的受胎率。而处理 21 d 反而效果稍差。孕激素处理山羊诱导发情，在孕激素停药前 2 d 肌注 500～700 IU PMSG，可明显提高发情率和受胎率。赵永聚等 2003 年试验认为在孕激素阴道栓撤栓同时注射 $PGF_{2\alpha}$ 0.05～0.1 mg 可缩短撤栓与发情开始时间，并延长发情持续时间。

3.1.9.3　同期发情

同期发情(synchronization of estrus)是利用激素对群体母羊处理使之在较集中的时间内发情的技术，也称发情同期化(estrus synchronization)。应用同期发情技术有利于人工授精技术的推广，提高繁殖率；促进品种改良；便于组织和管理生产，节约配种经费；作为其他繁殖技术和科学研究的辅助手段。

(1)同期发情技术原理

母羊的一个发情周期中，黄体期约占整个发情周情的 70%，黄体分泌的孕酮对卵泡发育成熟有很强的抑制作用。只有黄体消退后，孕酮下降，卵泡才能发育至成熟，母羊才能表现发情。因此，控制黄体的消长，是控制母羊发情的关键，已知的控制黄体消长的途径有两个：制造人为的黄体期和消除黄体。

制造人为的黄体期是用孕激素处理，使母羊卵巢上的黄体自然消退，由于外源孕激素的作用，卵泡发育成熟受到抑制，而外源孕激素作用期间不影响黄体的自然消退。如果外源孕激素作用的时间足够长，则处理期间所有母羊的黄体都会消退而无卵泡发育至成熟。停药后，抑制解除，就可能在同一时期内出现发情、排卵。

消除卵巢上黄体有效、便捷的方法是肌注 $PGF_{2\alpha}$ 及其类似物，前列稀醇(PGc)是目前最有效的 PG 制剂。PG 处理后，促进黄体溶解使孕酮水平下降，卵泡发育趋向一致，从而导致同期发情。

(2)同期发情技术发展历程

羊同期发情研究始于 20 世纪 50 年代，1956 年，Robinson 开始用注射法使用孕酮对绵羊进行同期发情处理。1964 年,Dziuk 等和 Hincls 相继用口服、皮下埋植孕酮进行绵羊同期发情。早期的处理方法以口服或注射一定量的孕激素,持续 16～20 d,因受胎率仅为正常配种的约 70%,未能显示其经济效益,因而没有受到重视。

20 世纪 60 年代后,生殖生理和生殖内分泌方面的知识迅速积累,多种经济有效的激素制剂上市,为同期发情技术研究及应用奠定了坚实的基础。同期发情技术在生产上得以推广利用正式开始于 1965 年 Robinson 采用阴道海绵栓埋植孕酮法进行的同期发情。

20 世纪 70 年代发现 PGF$_{2a}$ 的溶黄体作用后,又开辟了另一类同期发情的途径。使用PGF$_{2a}$ 及其高效类似物 PGc 一次或二次用药以及结合孕激素的方法。1970 年 Scaramuzzi,1971 年 Barrett 等和 1972 年 Coding 等以及 1973 年 Douglas 和 Ginther 等首次用 PG 或其类似物对家畜进行肌肉、皮下或子宫颈注射法进行绵羊同期发情,都取得了理想效果。

20 世纪 80 年代以后,人们从激素的搭配和使用剂量等方面展开了广泛研究,特别是进入九十年代后,由于胚胎移植技术在生产中的应用,加速了同期发情技术的研究与应用,形成了多种处理方法,但基本方法是两种:孕激素—促性腺激素和 PG 注射法,只是在这些激素使用剂量和注射时间以及激素搭配方面不同。

（3）同期发情处理方法

经过多年来的研究与应用,形成了两种主要方法:孕激素＋促性腺激素法和 PG 注射法,孕激素使用方法有两种:皮下埋植和阴道栓,其中阴道栓最常用。

①孕激素阴道栓法。这种方法是将孕激素以海绵栓或有效释放装置如 CIDR 等形式埋置在阴道,预处理一定时间。2002 年庞训胜比较了孕酮阴道栓处理 12 d,14 d,16 d 的 96 h 的发情率,认为以 12 d 为最佳孕酮阴道栓处理天数。

由于孕激素短期处理后发情率较低,因此在阴道栓中加入一定比例的雌激素或处理开始时注射一定的雌激素以加速黄体消退,处理结束后给予一定量的 GnRH 或 FSH、PMSG ,以促进卵泡发育和排卵,提高受胎率。因此孕激素阴道栓配合促性腺激素又衍生出很多方法,如孕激素＋GnRH,孕激素＋FSH,孕激素＋ PMSG 等。

1980 年,张儒学用甲孕酮配合垂体促卵泡素（FSH）和垂体促黄体素（LH）用阴道海绵栓在绵羊方面进行同期发情试验,阴道海绵栓浸吸甲孕酮 60 mg 处理 16 d,取出后,肌肉注射FSH 30～35 IU,8 h 后肌肉注射 LH 15～22 IU,获得的同期发情率 l00%,受胎率为 78%,产羔率为 142%。1990 年,陈家振等用孕激素＋PG＋PMSG 法,先用孕酮处理 7～9 d,然后注射PGF2 a 和 PMSG,同期发情率为 86%。1999 年 Ishida,N. 在试验母羊阴道内放置 CIDR 12 d,撤出装置前一天注射马绒毛膜促性腺激素 12 d 后,分 3 组,第一组注射 GnRH 100 mg,第二组HCG 500 ug,第三组给予 2 mL 的盐水对照,于取出装置后 44～45 h 人工授精,受胎率、繁殖率、产羔率差异不显著。

孕激素阴道栓＋PMSG 法最常用,目前被认为是最适用于绵羊,既简便效果又好的一种方法,国外试验所得的受胎率为 34%～100%,国内张居农试验所得试验结果表明,大范围推广时也能得到 80% 的受胎率。1982 年,J. N. BShrestha 等采用 40 mg 的 FGA 浸渗的阴道栓处理 12～14 d,撤栓时肌肉注射 500 IU 的溶于生理盐水的 PMSG,在无角陶赛特羊、萨福克羊和北方雪维特羊上分别得到 79%、51% 和 65% 的受胎率。2004 年杨梅等实验得出,利用埋植CIDR＋PMSG 同期化处理绵羊,完全可以对乏情期的绵羊进行同期发情处理,而且可采用定

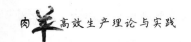

时输精,无须通过试情公羊来鉴定母羊发情,可以减少劳动力。

目前国内使用的孕酮栓有两种:CIDR 和海绵栓。CIDR 价格较海绵栓高,但效果要好于海面栓,任志强等 2002 年对鲁白山羊进行同期发情处理,认为 CIDR 是一种很有效的同期发情药物,CIDR 配合 PMSG 效果好于注射氯前列烯醇方法。从开始放置 CIDR 到第 16 天时取出,放置时间长,对发情反应、卵泡活力、排卵率并无显著的影响。取 CIDR 栓后不足 24 h,便出现明显强烈的发情表现,发情率 88.2%。

②PG 处理方法。用 PG 对羊进行同期发情,必须是繁殖季节已到,母羊即将进入发情周期时。绵羊发情周期的第 4～16 d,PG 处理才有效,由于羊的黄体在上次排卵后第 5 d 和第 4 d 才对 PG 敏感,故一次 PG 处理后的发情率理论值为 70% 左右;因此通常采用两次注射 PG 或其类似物。第一次注射 PG 10～14 d 后再次进行 PG 处理。PGF_2 的用量是肌注 4～6 mg,PGC 的用量是 50～100 μg。PG 同期发情后第一情期的受胎率较低,第二情期相对集中且受胎率正常。1997 年张天民等人经过一系列的试验证明,采用 1 次阴唇注射氯前列烯醇 0.05 mg,并同时注射 300 IU PMSG 和 LRH-A_2 100 mg 做辅助处理,96 h 同期发情率为 100%,情期产羔率为 100%。2002 年田树军等在山羊上采用间隔 8 天两次注射 PG 的方法,取得了 88.9%(0～72 h)的同期效果。闫金华等(2005)认为对进行一次同期处理未发情的山羊,在第一次处理后第 10 天进行第二次补注,每只羊注射氯前列烯醇 0.6 mL,同样可达到提高同期发情率(96.89%～97.6%)、发情母羊数。2003 年赵霞等人比较了 PG、CIDR＋PMSG、孕酮海绵栓＋PMSG 等方法对山羊进行同期发情处理,结果三种方法发情率无显著差异,但 PG 处理组黄体合格率(77.78%)显著低于 CIDR＋PMSG 组(97.70%)、孕酮海绵栓＋PMSG(97.08%)。从降低每只同期发情羊的处理成本考虑,处于发情季节的羊宜采用 PG 方法,若要求达到发情同期化的羊数量不大,而可供同期处理的羊数量足够大时,可采用一次注射的处理方法,从而通过降低注射次数来降低同期发情羊处理成本(田树军,2002)。

(4)影响同期发情效果的主要因素

同期发情技术是一项综合技术,其效果受多种因素影响,如被处理羊的状况,处理方法,药品质量、激素剂量,处理的时间等因素对发情的效果及受胎率都会产生较大影响。

①羊的生理状况。被处理母羊是影响同期发情效果的重要因素之一,好的同期发情处理方法,只有在羊身体素质良好和生殖机能正常、无生殖道疾病、获得良好的饲养管理时才能得到好的效果。

在实际生产应用中,绵羊对外源激素的反应低于山羊,且不稳定。李俊杰等(2004)利用孕酮栓＋PMSG＋PG 方法对绵羊和山羊进行同期发情处理,0～72 h 绵羊同期率为 80.5%,显著低于山羊 96.3% 的同期率。

由于不同品种羊初情期和利用年限不同,因而不同品种同一年龄羊可能得出不同的结果。马世昌等(2005)比较不同年龄的小尾寒羊同期发情效果,在 1～4 岁之间,随羊年龄增加,同期发情率有明显的增高趋势,3～4 岁的母羊比 1～3 岁母羊提高了 21.5 个百分点。而同年和占星等人在夏季用 CIDR＋PMSG 法对云岭黑山羊及其杂种羊进行同期发情处理,结果表明:1～2.5 岁受体羊的发情率比 3～5 岁羊高 17.74 个百分点($P<0.05$),移植率高 11.06 个百分点($P>0.05$)。

另外卵巢机能状况直接影响同期发情效果,高建明等(2006)试验结果表明具有正常发情周期活动的母羊同期发情率好于未知发情周期正常的母羊,采用阴道埋置孕酮海绵栓＋肌肉注射 PMSG 方法同期发情效果分别为 96.8％和 81.4％;肌肉注射 PG 的方法同期率为 92.3％和 23.8％。

②处理方法。不同的处理方法对同期发情效果影响较大,1993 年,谭景和等分别用提纯 FSH、PG、孕酮、PMSG 对绵羊进行超排和同期发情试验,结果用孕酮同步法优于用 PGF2a 法。陈兵 2003 年研究比较了孕酮栓处理时间对发情持续时间和撤栓至发情时间间隔的影响,认为短期法(D＝5)诺孕酮海绵栓放置 5 d 同期发情效果要好于长期法(D＝13)。2004 年肖西山等人采用孕激素＋PMSG 和前列腺素(氯前列稀醇)两种方法处理山羊,结果表明孕激素＋PMSG 组比氯前列稀醇处理组同期发情率高出 23.38 个百分点。2004 年季尚娟比较分别用 CIDR(处理 1)、CIDR＋PG(处理 2)、CIDR＋PG＋PMSG(处理 3)处理徐淮山羊比较同期发情的效果。CIDR＋PG＋PMSG 处理组 0~24 h 的发情率最高(34.3％);而同期率、总的发情率、受体山羊移植后妊娠率各处理间的差异均不显著;胚胎移植中实际可利用羊数量以阴道栓法最高;未排卵受体山羊三组之间差异不显著(9.375％、0、4％);一侧黄体数目 3 个或者 3 个以上的受体山羊,以 CIDR＋PG＋PMSG 最高。马世昌等(2006)用 PG 与 PMSG 结合 CI-DRS 处理宁夏寒滩杂种绵羊母羊均获得了较好的同期发情效果,其中 PG 处理组 72 h 同期发情率为 73.33％,PMSG 处理组为 83.33％。PG 处理组羊发情时间主要集中于处理后 0~24 h 和 24~48 h,PMSG 处理组羊发情时间主要集中于处理后的 24~48 h,其中 PG 结合 CI-DRS 处理成本较低。

孕酮栓方法对处于繁殖季节和非繁殖季节(即乏情季节)的羊均有效,而 PG 方法仅对处于繁殖季节的羊有效。从降低每只同期发情羊的处理成本考虑,处于发情季节的羊宜采用 PG 方法,处于非发情季节(即乏情季节)的羊宜采用孕酮栓方法(田树军等,2002)。

③药品的质量和激素使用剂量。在孕激素类的埋植物和阴道栓方面,我国尚无一家标准化、规模化生产的厂家,产品的质量和同期发情效果难以保证。在生产中使用进口的孕激素产品,因价格过高而不现实,只能在一些科学试验中使用。国产的 PGC,由于生产规模小,可能会出现批次间质量不稳定的问题(桑润滋主编《动物繁殖生物技术》)。

在使用相同的处理方法,激素剂量不同也会对同期发情效果产生较大影响。田树军等(2004)试验研究对哺乳母羊注射 250 IU/只孕马血清促性腺激素羊的同期发情率(90.0％)明显好于注射 330 IU/只孕马血清促性腺激素的羊(68.8％)。

④处理时间。季节是影响羊同期发情处理效果的一个重要因素。1999 年,杨永林等人在中国美利奴羊上做同期发情和冻胚移植中,用孕激素阴道海棉栓处理 14 d,撤栓时肌肉注射 PMSG 500 IU,同期发情率在繁殖季节和非繁殖季节分别为 53％、66％,受胎率分别为 20％、55％。何生虎(2003)在不同季节用同一种药物处理受体羊,认为 4、6 月份同期发情效果明显比 11 月份差,11 月份处理的受体羊同期发情率、移植率、妊娠率分别达 93.5％、70.9％、58.0％。赵永聚等(2004)比较春季、夏季、秋季和冬季对山羊同期发情效果的影响,结果表明:处理羊只的发情率以秋季最高,为 94.74％;与春、夏、冬季相比差异极显著($P < 0.01$);以夏季发情率最低,仅为 59.55％;春季和冬季发情率分别为 72.57％和 78.95％,处于中等。

多年来,形成了两种同期发情方法:二次注射前列腺素法(间隔 11~13 d)和孕激素长期处理法(12~14 d)。虽然这些方法能够诱导母羊发情,但是由于这种处理方法导致了个体之间的发情和排卵异步化(asynchrony),结果引起老化、变性的卵泡排卵或未发育成熟卵泡排卵,受精率较低,研究表明同期发情和超排的变异性与激素处理时卵巢上存在的大卵泡有关,利用激素调控发情之前有必要使卵巢上黄体和卵泡状态得到控制(Wildeus,2000)。因此,同期发情技术应注重对卵泡的生长发育调控,使母羊间的卵泡生长发育趋于同步,达到同步排卵,这样才能获得较高的情期受胎率。总之,提高短时间内集中发情率和情期受胎率是今后值得研究的重点方面。

3.2 试验研究

3.2.1 地方品种资源特性研究

3.2.1.1 五个地方绵羊品种 mtDNA D-loop 区系统进化及遗传多样性分析

我国地方绵羊种质资源非常丰富,其中包括以高产羔数著称的湖羊;以肉质好著称的苏尼特羊;以常年发情和高繁殖力著称的小尾寒羊等地方绵羊品种,但由于对地方品种的特性认识和保护不够以及受到外来品种引入的影响,这些地方良种绵羊品种资源数量和种类都在不同程度上面临着严重的危机,如兰州大尾羊濒临灭绝,甚至枣北大尾羊已经灭绝。因此开展现有绵羊品种的起源、遗传分类、遗传归属和品种保护,了解地方绵羊品种间和品种内的亲缘关系、起源进化和遗传多样性对于品种保护和开发利用尤为重要。小尾寒羊是我国以繁殖力著称的地方品种,主要分布在河南新乡、开封地区,河北的黑龙港流域一带,山东的菏泽、济宁等地,主要分为两个类型:山东小尾寒羊和河北小尾寒羊,山东小尾寒羊主要特征是腿高、体格大;河北小尾寒羊主要分布在河北省黑龙港流域,体高小于山东小尾寒羊,但尾巴较圆大,尾长不超过飞节,特别是公母羊均无角。此外,湖羊、洼地绵羊和苏尼特羊均以繁殖性能好为主要特征。随着肉羊杂交利用和大量外来品种的引入,不同地方品种绵羊均存在较为广泛地血统交流,目前,上述地方品种是否存在血统交流,是否存在与外来品种血统交叉,以及遗传多样性如何等问题均有待分析。

线粒体 DNA(mitochondrial DNA,mtDNA)是动物体内唯一长期稳定存在的核外遗传物质,因其具有重组率低、严格母系遗传、拷贝数高、结构稳定、替换速度快等特点被广泛用于动物起源进化、遗传多样性等研究。因此,本研究分析了五个地方绵羊品种 mtDNA 控制区(displacement loop,D-loop)遗传变异及序列特征、遗传多样性和种间、种内遗传距离,目的是为深入挖掘我国地方品种绵羊起源进化、种质资源和品种保护利用提供理论依据。

(1)材料与方法

①样品准备。每个地方绵羊品种血液样品均取自健康的不同母源家系(表 3-8)。使用一次性针管从颈静脉采集血液,按 6∶1 的比例装入含有 ACD 抗凝剂的采血管中,带回实验室 −20℃保存。从 NCBI 网站下载 3 条绵羊序列作为参照序列:滩羊 Genbank 登录号 KF938,336.1(简称:TAN);阿勒泰 Genbank 登录号 KF938,320.1(简称:ALT);山东大尾寒羊 GenBank 登录号 KP981,380.1(简称 SDW)。

表 3-8　样本信息

种群	样本数量（头）	采集地点	简称
河北小尾寒羊	22	河北沧州、河北高阳	HX
山东小尾寒羊	35	山东梁山	SX
苏尼特羊	32	内蒙古乌拉特中旗	SU
洼地绵羊	20	山东滨州	WA
湖羊	22	河北武安（原产地：浙江）	HU
合计	131		

②基因组 DNA 提取。提取总 DNA 参照康为世纪（血液基因组柱式小量提取试剂盒（0.1～1 mL））说明书操作。取 3 μL 提取好的 DNA 加 2 μL 6×Loading Buffer，使用 1.0％琼脂糖凝胶电泳进行检测，120 V 电泳 30 min。然后放入−20℃保存。

③PCR 扩增及测序。参照 GenBank 中公布的绵羊线粒体基因组序列（Genbank：AF010406），使用 Primer Premier5.0 软件设计引物，上游引物（5′−3′）：TAAGACTCAAG-GAAGAAGCTA，下游引物（5′−3′）：CATTTTCAGTGCCTTGCTTTA。预期目的片段长度 1,291 bp。由生工生物工程（上海）有限公司合成。

PCR 反应体系 30 μL：DNA2.4 μL，10×PCR Buffer3 μL，dNTP（10 mmol/l）0.6 μL，上、下游引物（10 mmol/L）1.2 μL，Taq DNAPolymerase（5 U/μL）0.18 μL，dd H_2O 21.42 μL。PCR 反应条件：95℃预变性 5 min；95℃变性 20 s，退火 30 s，72℃延伸 90 s，35 个循环；72℃延伸 7 min。将扩增产物使用 1.0％的琼脂糖凝胶电泳检测，120 V 电泳 35 min，使用凝胶成像仪检测结果后，送上海生工进行双向测序。获得 DNA 序列信息。

④数据分析。将样本序列与 GenBank 中参考序列序列（Genbank：AF010406）进行比对，确定样本序列的长度。测序获得序列的拼接利用 BioEdit 7.0 软件及 DNASrar 软件包中 Seq-Man 程序进行。所有序列的同源性比对分析利用 Clustal X 软件进行。序列间碱基差异，各个样品的单倍型，单倍型多样性、核酸多样性、平均核苷酸差异数、中性检验等分析利用 DnaSP 5.10 软件进行。使用 MEGA 6.0 软件确定单倍型，统计序列的碱基组成、变异位点数、单一变异位点数、简约信息位点数、计算种间及种内遗传距离，并且基于 Kumar-2-parameter 模型进行种群内遗传距离及分子系统分析，构建邻接法（Neighbor-Joining，NJ）、最小进化法（Minimum-evolution method，ME）和非加权组平均法（unweighted pair-group method with arithmetic means，UPGMA）系统发育树，设置系统进化树分支的置信度（Bootstrap）为重复 1 000 次。对 DnaSP 5.10 获得的 haplotype 进行网络分析，使用 Network 5.0 软件构建网络关系图。

（2）结果与分析

①PCR 扩增结果。对 D-loop 序列 PCR 扩增后电泳检测结果条带清晰可见，且条带大小 1 291 bp 与引物设计长度一致（图 3-1）。

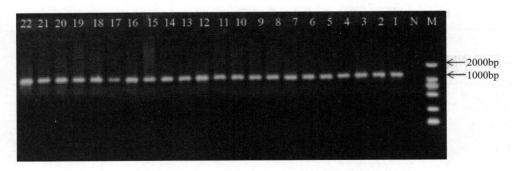

图 3-1　河北小尾寒羊 mtDNA D-loop 区扩增结果

注:N:空白对照;M:Maker;1~22 代表河北小尾寒羊 22 个样品 D-loop 区扩增结果

②序列特征分析。5 个绵羊品种 131 只个体 mtDNA D-loop 区序列长度为 1 106 bp～1 242 bp,其中长度为 1 106 bp 的个体有 6 只,1 180 bp 的有 45 只,1 181 bp 的有 58 只,1 182 bp 的有 10 只,1 183 bp 的有 6 只,其他长度个体有 6 只(表 3-9)。不同长度差异的主要原因是 75 bp 串联重复序列的重复次数不同,少数为插入和缺失引起的变异。

表 3-9　5 个中国地方绵羊群体 D-loop 区序列特征

种群	样本数(头)	序列长度的个数					
		1 106 bp	1 180 bp	1 181 bp	1 182 bp	1 183 bp	其他长度(bp)
HX	22	1	11	9	0	0	1(1 179)
SX	35	1	7	19	3	2	1(1 179)2(1 184)
SU	32	1	5	18	5	1	1(1 109)1(1 242)
WA	20	2	10	4	2	2	0
HU	22	1	12	8	0	1	0
全群	131	6	45	58	10	6	6

③多态性及单倍型分析。mtDNA D-loop 区序列共包含 135 个多态位点,其中单一多态位点 37 个,占总数的 27.4%。简约多态位点 98 个,占总数的 72.6%。所有多态位点中除了插入缺失外,共发生转换 132 次,颠换 3 次。A、T、C、G 碱基的平均含量分别为 33.1%、29.7%、22.9%、14.3%,其中 AT 含量总和高于 CG 含量总和(62.8%＞37.2%),表现出明显的 AT 偏倚性(表 3-10)。此外,五个品种中,山东小尾寒羊多态位点最多,湖羊多态位点最少。

表 3-10　5 个中国地方绵羊群体 D-loop 区多态性及碱基组成

种群	多态位点数	单一多态位点	简约多态位点	碱基组成(%)					
				A	T	C	G	A+T	C+G
HX	81	24	57	33.1	29.7	22.9	14.3	62.8	37.2
SX	107	34	73	33.0	29.8	22.8	14.4	62.8	37.2

续表 3-10

种群	多态位点数	单一多态位点	简约多态位点	碱基组成（%）					
				A	T	C	G	A+T	C+G
SU	101	36	65	33.1	29.7	22.9	14.3	62.8	37.2
WA	86	29	57	33.0	29.8	22.8	14.4	62.8	37.2
HU	74	25	49	33.1	29.7	22.9	14.3	62.8	37.2
全群	135	37	98	33.1	29.7	22.9	14.3	62.8	37.2

D-loop 控制区序列中共含有 108 种单倍型，全群单倍型比例为 82.4%，五个绵羊群体单倍型多样度范围为 0.974～0.998，其中山东小尾寒羊的单倍型多样度最高，为 0.998，其次是河北小尾寒羊、洼地绵羊、苏尼特羊分别为 0.996、0.995、0.992，最少的是湖羊为 0.974；核苷酸多样度范围为 0.017 20～0.022 22，其中河北小尾寒羊的核苷酸多样度最高，为 0.022 22，其次是山东小尾寒羊、湖羊、洼地绵羊分别为 0.022 21、0.021 72、0.021 57，苏尼特羊最低，为 0.017 20。全群平均核苷酸差异数 k 为 20.795，所有数据均表明遗传多样性相对丰富，从遗传学方面说明了绵羊保护和育种上有很好的前景。Tajima's D 中性检验（值变化范围 -1.101 05～0.725 08）均不显著（$P > 0.10$），说明状态平稳，符合中性突变（表 3-11）。

表 3-11　5 个中国地方绵羊群体 D—loop 区遗传多样性参数

种群	单倍型数	单倍型比例（%）	单倍型多样度（Hd±SD）	核苷酸多样度（Pi±SD）	平均核苷酸差异度（K）	Tajima's D
HX	21	95.5	0.996±0.015	0.022 22±0.693	24.532	0.417 47（$P > 0.10$）
SX	34	97.1	0.998±0.007	0.022 21±0.228	24.518	-0.210 70（$P > 0.10$）
SU	29	90.6	0.992±0.011	0.017 20±0.241	17.780	-1.101 05（$P > 0.10$）
WA	19	95.0	0.995±0.018	0.021 57±0.254	22.179	-0.391 41（$P > 0.10$）
HU	17	77.3	0.974±0.022	0.021 72±0.173	23.978	0.725 08（$P > 0.10$）
全群	108	82.4	0.995±0.21	0.218 9±0.002 24	20.795	-0.541 11（$P > 0.10$）

④各品种间亲缘关系分析。利用 MEGA6.0 软件获得 5 个地方绵羊品种种内及种间遗传距离，种间遗传距离范围在 0.019 5～0.027 7，山东小尾寒羊和苏尼特羊之间的遗传距离最近，为 0.019 5；洼地绵羊和苏尼特羊之间的遗传距离最远，为 0.027 7。种内遗传距离范围在 0.016 5～0.021 8，苏尼特羊种内遗传距离较近，为 0.016 5；河北小尾寒羊种内遗传距离较远，为 0.021 8（表 3-12）。各品种间遗传距离的系统发育分析表明，河北小尾寒羊与洼地绵羊先聚在一起，再与湖羊聚在一起，最后与苏尼特羊和山东小尾寒羊聚在一起，说明河北小尾寒羊与洼地绵羊遗传距离很近（图 3-2）。

表 3-12　5 个绵羊品种间及种内 D-loop 区遗传距离

	HX	SX	SU	WA	HU
HX	0.021 8				
SX	0.024 1	0.021 7			
SU	0.023 8	0.019 5	0.016 5		
WA	0.022 0	0.026 5	0.027 7	0.021 0	
HU	0.021 1	0.023 6	0.023 5	0.021 7	0.021 6

注:对角线为品种内遗传距离,对角线以下为种间遗传距离。下同。

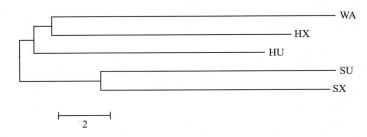

图 3-2　基于 D-loop 区构建的 5 个绵羊群体遗传距离 NJ 树

⑤系统发育分析。通过 MEGA6.0 采用 Kumar 双参数 Bootstrap 重复 1,000 次检验,对五个绵羊群体和山东大尾寒羊(SDW)、阿勒泰羊(ALT)、滩羊(TAN)D-loop 控制区构建 NJ、ME 树以及 UPGMA 聚类图(图 3-3 至图 3-5),在 mtDNA D-loop 区所有的聚类图中,均表明支系 A 包括 70 只绵羊个体,B 包括 48 只个体,C 包括 13 只个体,三个支系分别占 53.4%、36.7%、9.9%。其中 ALT 和 SDW 均与支系 C 聚在一起,TAN 与支系 A 聚在一起。除支系 C 中不存在河北小尾寒羊个体外,其余各品种均在三个支系中有分布,表明各个品种之间存在基因交流。

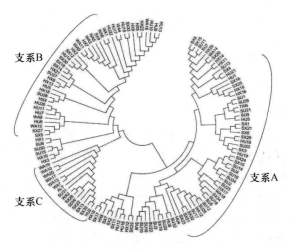

图 3-3　五个绵羊群体 mtDNA D-loop 区 NJ 树

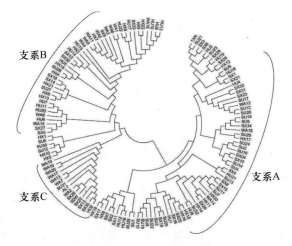

图 3-4　五个绵羊群体 mtDNA D-loop 区 ME 树

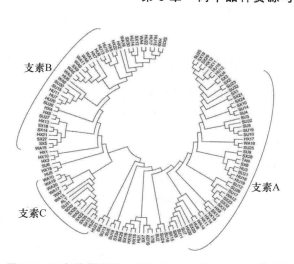

图 3-5　五个绵羊群体 mtDNA D-loop 区 UPGMA 聚类图

利用 Network 5.0 绘制 D-loop 区序列的单倍型网络关系图,结果显示,131 只个体 D-loop 区序列的 108 种单倍型聚为 3 个单倍型群,与 NJ 树、ME 树及 UPGMA 聚类图分析结果一致,A 单倍型群包括 70 只个体,其中苏尼特羊 26 只,山东小尾寒羊 23 只,湖羊 9 只,河北小尾寒羊 9 只,洼地绵羊 3 只;B 单倍型群包括 48 只个体,其中河北小尾寒羊 13 只,山东小尾寒羊 8 只,苏尼特羊 5 只,湖羊 12 只,洼地绵羊 10 只;C 单倍型群包括 13 只个体,其中山东小尾寒羊 4 只,苏尼特羊 1 只,湖羊 1 只,洼地绵羊 7 只。其中单倍型 Hap_8 和 Hap_23 分别在 A、B 单倍型群的中心位置,是两个主要的共享单倍型。另外,单倍型 Hap_14、Hap_27、Hap_30、Hap_34、Hap_43、Hap_45、Hap_49、Hap_51、Hap_85、Hap_89 均为共享单倍型(图 3-6)。表明河北小尾寒羊与其他上述地方绵羊品种间存在一定的基因交流。

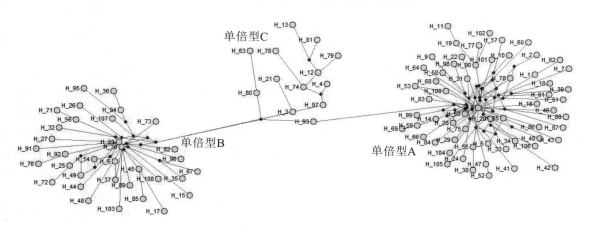

图 3-6　五个绵羊群体 mtDNA D-loop 单倍型网络图

(3)讨论

中国养羊历史悠久,绵羊种类繁多,广泛分布于从高海拔的青藏高原到地势较低的东部地区。根据地理分布和遗传关系,中国家养绵羊可划分为三大系谱:藏系绵羊、蒙古系绵羊、哈萨克系绵羊。其中蒙古系绵羊是由中亚山脉地区的野生原羊演化而来，同羊、小尾寒羊、湖羊、滩羊等品种是其亚种。本研究所选五个地方绵羊品种均有蒙古羊血统，其中河北小尾寒羊无论从外貌特征还是生产性能方面均不同于山东小尾寒羊，而与洼地绵羊较为相似，故将其作为独立品种进行分析，从分子方面证实其起源及归属问题。

MtDNA 结构简单且稳定，严格遵守母系遗传，并在世代传递中没有重组，因此可以用于探讨绵羊的起源进化，分析绵羊群体的遗传多样性。本研究分别对河北小尾寒羊、山东小尾寒羊、洼地绵羊、湖羊、苏尼特羊等五个群体的线粒体 DNA D-loop 区序列分析，序列长度在 1 106 bp～1 242 bp 之间，长度差异的主要原因是 75 bp 串联重复序列的重复次数不同，少数为插入和缺失引起的变异，与 Hiendleder 等的研究一致。mtDNA D-loop 区 AT 含量总和高于 CG 含量总和（62.8%＞37.2%），表现出明显的 AT 偏倚性，这与脊椎动物 mtDNA D-loop 区碱基组成的特点相符合。单倍型多样度（Hd）和核苷酸多样度（Pi）是衡量一个群体 mtDNA 遗传分化和遗传多样性的两个重要指标，结果越大，群体的遗传多样性越丰富，反之则越贫乏。其中单倍型多样度反映的是群体变异的程度，即群体的多样性，而核苷酸多样度是序列内核苷酸变异的程度，即个体碱基突变的多样性。本研究对 5 个绵羊群体 131 只个体的 mtDNA D-loop 区全序列包含 135 个多态位点，108 种单倍型，单倍型多样性和核苷酸多样性分别为 0.995 和 0.218 9，这表明遗传多样性丰富，这与韩旭等（2015）的研究结果一致，其中苏尼特羊单倍型多样性和核苷酸多样性低于其他品种，说明本研究中苏尼特羊群体遗传多样性贫乏。

种间遗传距离表明不同种群之间的亲缘关系远近，种内遗传距离一定程度上反映了该种群自身的遗传多样性。通过 mtDNA D-loop 区遗传距离分析，结果表明，山东小尾寒羊和苏尼特羊之间的遗传距离最近，这与山东小尾寒羊的起源有关。元朝初期，大批蒙古羊随蒙古军队南迁至中原一带，来到山东后，由于当时流行"斗羊"，因此逐渐选留腿长、肌肉结实的羊，形成了不同于蒙古羊的新的品种，但其有蒙古羊的血统，故遗传距离很近；洼地绵羊和苏尼特羊之间的遗传距离相对较远，这与娄渊根等（2011）利用微卫星分析 DNA 遗传多样性的研究结果一致。从体型外貌来看，蒙古羊体型较大，公羊有螺旋形大角，尾巴较小，尾尖卷曲呈 S 形，而洼地绵羊体型适中，公母均无角，尾巴肥厚，呈方圆形，尾宽大于尾长。另据《滨州地名志》（1985）介绍，滨州大部分为外地迁入人口，大片土地被开垦，绵羊也改为小群放牧，来自中亚的脂尾绵羊被移民中的回民带到了滨州，与元朝留下的蒙古羊杂交后，逐渐形成了洼地绵羊品种。因此洼地绵羊具有蒙古羊和中亚脂尾绵羊血统。洼地绵羊与河北小尾寒羊遗传距离很近，从地理位置上来看，洼地绵羊主要产区位于山东省滨州，与河北小尾寒羊的主要产区河北省黑龙港流域相邻。两种绵羊的体型外貌特征及生产性能等各方面均比较相似，可能两者因距离较近而有一定的基因交流；经历史考证，湖羊属于蒙古羊系统，湖羊的湖最初是胡服的胡，这可能是由"胡人、胡马"等引申而来，后来才改写成现在的湖，这也证明了湖羊来源于蒙古羊；D-loop 种内遗传距离分析表明，苏尼特羊种内遗传距离较近，说明了苏尼特羊的种内遗传多样性相对贫乏。

通过构建聚类图，在 mtDNA D-loop 区 NJ、ME 树以及 UPGMA 图中，均表明阿勒泰羊和山东大尾寒羊均与支系 C 聚在一起，说明该支系与阿勒泰羊和山东大尾寒羊有基因交流。滩羊与支系 A 聚在一起。除支系 C 中不存在河北小尾寒羊个体外，其余各品种均在三个支系中有分布，表明各个种群之间有一定的基因交流，绵羊种群个体之间的碱基差异不明显，不足以完全区分开不同种群个体，这可能与历史的迁移和畜禽流动有关。

（4）结论

河北小尾寒羊、山东小尾寒羊、苏尼特羊、湖羊、洼地绵羊遗传多样性较为丰富，河北小尾寒羊和洼地绵羊的遗传距离较近，可能长期存在基因交流。

（5）致谢

感谢中国农业科学院北京畜牧兽医研究所储明星团队提供的苏尼特羊血液样品，感谢中国科学院遗传与发育生物学研究所向海博士后在数据分析中给予的帮助。

3.2.1.2　小尾寒羊生长曲线拟合研究

畜禽生长曲线的分析和拟合是研究畜禽生长发育规律的主要方法之一，拟合研究可以分析预测最大体重月龄，进而估计最佳出栏时机；此外，还可以分析畜禽早期生长发育规律以及繁殖性能，为育种及品种（系）选育提供有效参考。国内外学者利用数学模型对鸡、牛、羊、猪等生长发育方面做了大量研究工作，如 Takma 等（2007）利用随机回归模型对荷斯坦奶牛日产奶量进行了遗传参数估计研究。张学余等运用 Logistic、Gompertz 和 von Bertalanffy 3 种非线性模型对白耳黄鸡 0～150 d 的体重生长数据进行了曲线拟合与分析，结果表明 3 种模型均能很好模拟白耳黄鸡的生长曲线，拟合度（R^2）均高于 0.99，并进一步分析了 Gompertz 模型拟合参数得出了白耳黄公鸡的拐点体重和拐点日龄。李祥龙等（1999）利用 SPSS 软件中 11 种曲线回归模型对南江黄羊体重及体尺进行了曲线拟合研究，发现 3 次多项式对其体重及体尺的拟合程度均较好，相关指数在 0.994 2～0.999 3。2010 年，Ulutas 等利用 Gompertz 生长模型研究了土耳其本地羔羊的生长体重，结果发现出生类型和性别都会影响羔羊生长及随后相关性状的遗传评价。

前人在利用数学模型对畜禽生长发育、生产性能（产蛋、产奶）方面做了很多研究，但利用生长模型对小尾寒羊羔羊体重、体高、体长、胸宽、胸围、大腿围、管围、腰角宽等多个生长发育指标进行曲线拟合研究报道较少，本文旨在建立适合小尾寒羊生长发育指标的曲线模型，分析生长发育规律，并利用生长发育指标曲线模型估计体重及体尺。

（1）材料与方法

①试验动物。试验动物为发育正常的健康小尾寒羊公羊共 90 只，来自河北连生农业开发有限公司种羊场。

②试验时间和地点

试验时间为 2013 年，试验地点为河北连生农业开发有限公司种羊场。

③测定项目。连续测定小尾寒羊 1～7 月龄体重、体高、体长、胸围、胸宽、大腿围、腰角宽和管围等指标。

④统计分析。利用 SPSS11.5 软件中的 11 种曲线回归模型对小尾寒羊体重及体尺进行曲线拟合，对每一测定项目均利用 11 种模型进行曲线拟合，分别为线性、二次项、复合、增长、对数、立方、S、指数分布、逆模型、幂、Logistic。然后根据相关指数 R^2 和 T 检验显著性选择拟合拟合程度最高的模型，建立最优回归方程。$P > 0.05$ 时差异不显著，$P < 0.05$ 时为差异显著，$P < 0.01$ 时为差异极显著。

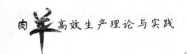

（2）结果

①实际生长体重及体尺数据分析。从表3-13中可以看出，小尾寒羊3月龄前体重及各体尺增加较快，随月龄增加各体尺指标增长速度呈现下降趋势，说明生长发育并非线性，而是呈一定曲线规律。

表3-13　小尾寒羊羔羊各月龄生长发育数据

月龄	体高（cm）	体长（cm）	胸围（cm）	胸宽（cm）	大腿围（cm）	腰角宽（cm）	管围（cm）	体重（kg）
1	46.25±1.06	46.00±4.41	47.50±5.71	14.00±1.41	27.50±3.54	11.00±2.41	5.75±0.35	8.78±1.58
2	50.8±4.32	54.9±9.12	60.00±9.14	16.60±2.61	29.50±6.42	13.40±2.51	6.90±0.89	15.88±7.54
3	51.64±4.42	60.14±4.87	65.46±6.84	17.59±2.23	33.57±4.70	15.21±2.35	7.27±0.62	20.62±3.74
4	56.11±6.43	64.07±7.87	68.89±7.77	19.11±2.17	34.53±3.47	16.43±2.30	7.57±0.65	23.91±4.45
5	59.46±5.67	68.32±4.29	73.68±6.56	20.72±1.90	35.89±4.55	16.29±2.29	7.86±0.53	30.71±3.68
6	60.90±2.61	69.50±4.14	75.00±5.05	21.50±1.22	35.70±1.75	17.00±1.58	8.20±0.27	34.70±3.03
7	59.67±5.51	71.00±5.57	82.83±6.01	21.67±3.51	39.00±4.58	18.67±1.53	8.17±0.29	39.73±2.53

②生长曲线拟合模型选择及回归方程建立。利用SPSS11.5软件中的11种曲线回归模型对小尾寒羊体重、体尺进行曲线拟合，根据相关指数R^2和T显著性检验选择建立最优回归方程（表3-14），拟合度（R^2）都在0.917 1～0.994 0，F值均达极显著水平（$P<0.01$）。除体高曲线回归方程变量X^2以及腰角宽曲线回归方程中变量T值显著水平在0.05外，其余回归曲线方程变量T值检验均达极显著水平（$P<0.001$），这说明各个拟合曲线回归方程可靠，可以用来预测小尾寒羊各月龄体重及体尺。

表3-14　小尾寒羊体尺体重生长发育曲线拟合方程及各参数

项目	曲线模型	曲线回归方程	回归模型 F 值	相关指数 R^2	变量	回归系数标准误	T 值
体高	Quadratic	$Y=41.586+5.368\,6X-0.370\,7X^2$	82.322 0***	0.976 3	X	0.916 0	5.861**
					X^2	0.111 9	−3.313*
					常数项	1.598 4	25.687***
体长	Logarithmic	$Y=46.263\,3+13.116\,1\ln X$	704.51***	0.993 0	X	0.494 2	26.543***
					常数项	0.678 5	68.186***
胸围	Power	$Y=48.779\,5X^{0.261\,6}$	169.805 7***	0.971 4	X	0.020 1	13.031***
					常数项	48.779 5	36.281***
胸宽	Power	$Y=14.367X^{0.2312}$	821.711 9***	0.994 0	X	0.008 1	28.666***
					常数项	0.155 5	90.285***
大腿围	Power	$Y=27.234\,2X^{0.1696}$	55.304 9***	0.917 1	X	0.022 8	7.437***
					常数项	0.8528	31.935***

续表 3-14

项目	曲线模型	曲线回归方程	回归模型 F 值	相关指数 R^2	变量	回归系数标准误	T 值
腰角宽	Cubic	$Y=5.6786+6.3755X-1.3299X^2+0.,975X^3$	78.1936**	0.9874	X	1.1792	5.407*
					X^2	0.3316	−4.010*
					X^3	0.0274	3.560*
					常数项	1.1687	4.859*
管围	S	$Y=e^{(2.1491-0.4078/X)}$	319.6282***	0.9846	X	0.0228	−17.878***
					常数项	0.0106	202.740***
体重	Power	$Y=9.628X^{0.7330}$	385.6091***	0.9872	X	0.0373	19.637***
					常数项	0.4645	19.511***

* 代表显著水平为 $P<0.05$，** 代表显著水平为 $P<0.01$，*** 代表显著水平为 $P<0.001$。

③估计值与测量值比较。体重和各体尺实际测量值与拟合曲线估计值均较接近，测量值与估计值形成的生长发育曲线接近重叠，二者相差最大的值均在标准差之内（图 3-7 和图 3-8），这进一步说明经过 R^2 和 T 显著性检验两个因素选择的曲线模型均是可靠的，同时表明应用拟合曲线可以用来估计预测体重和体尺。

彩图请扫描二维码查看

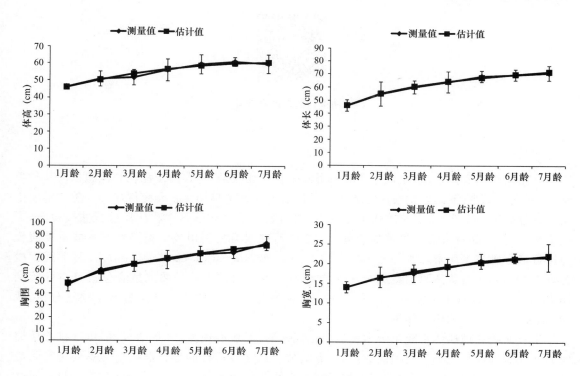

图 3-7　体高、体长、胸围和胸宽拟合效果

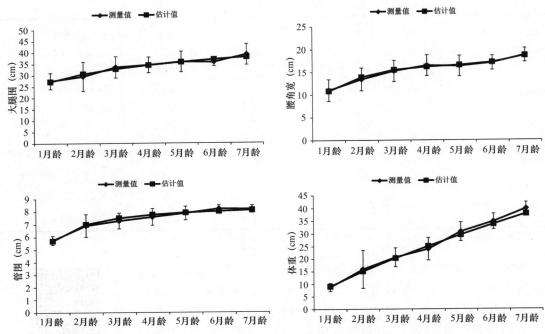

图 3-8　大腿围、腰角宽、管围和体重拟合效果

彩图请扫描二维码查看

（3）讨论

　　利用曲线拟合技术，建立理想环境中畜禽生长曲线模型，将有助于比较和检验不同品种类型、不同亲缘关系、不同性别畜禽的遗传品质以及不同畜禽早期生长发育规律等。羔羊早期生长发育数据对于生产、选育等工作十分重要，利用统计学对羔羊体重和体尺进行曲线拟合，可以为生长发育、品种选育提供基础参考。大多数研究报道是利用数学模型对畜禽体重及遗传力进行拟合研究。如朱志明等（2006）运用 Gompertz, Logistic, von Bertalanffy 3 种非线性模型分别对饲养在西藏高原的藏鸡 0～16 周龄体重生长数据进行了曲线拟合分析；Forni 等利用 Brody, Von Bertalanffy, Gompertz, logistic 模型对 Nelore 牛出生体重进行了描述分析，认为 Brody 更适合预测出生体重。

　　生长曲线是描述体重随年龄增长的变化规律的，一般表现为"S"形曲线，但也不排除依照实际曲线而选取其他类型曲线函数，如指数函数。建立最适合的生长曲线模型需要进行参数估计，而人们对参数估计方法大多习惯于能用直线化的模型都采用"曲线改直"法，因此，不能对不同生长发育性状采用一贯的模型。本研究通过利用 SPSS11.5 软件中的 11 种曲线回归模型对小尾寒羊体高、体长、胸围、胸宽、大腿围、腰角宽、管围和体重进行曲线拟合，根据相关

指数 R^2 和 T 显著性检验选择建立最优回归方程,结果表明体高、体长、胸围和体重拟合度最高的生长曲线模型分别是 Quadratic、Logarithmic、Power、Power,而李祥龙等报道南江黄羊上述体尺和体重最适合模型均是 Cubic,施六林等(2005)报道则认为 Bertanlanffy 模型对波尔山羊×萨能羊×安徽白山羊杂交后代拟合精度最大,R^2 为 0.992 23,上述报道不一致,因此,推断羔羊生长发育曲线模型可能与羊的品种、饲养条件、环境等因素有关。目前还未见利用回归模型对羔羊早期生长发育指标胸宽、大腿围、腰角宽曲线拟合的研究报道。

本研究回归方程相关指数 R^2 都在 0.9171～0.994 0,F 值均达极显著水平($P < 0.01$),除体高曲线回归方程变量 X^2 以及腰角宽曲线回归方程中变量 T 值显著水平在 0.05 外,其余回归曲线方程变量 T 值检验均达极显著水平($P < 0.001$)。表明每一个项目的曲线模型拟合度都是很高的,同时说明各个拟合曲线回归方程是可靠的,这与李祥龙等(1999)报道类似,而且各个指标的估计值与测量值均比较接近,说明通过数学模型可以选择建立拟合度较高的回归方程,与朱志明等(2006)报道一致。

3.2.1.3　小尾寒羊繁殖性能分析

繁殖效率是规模舍饲羊场效益的核心问题,绵羊属季节性发情动物,繁殖规律具有一定季节性,胎产羔数、产羔间隔、繁殖季节等是影响繁殖效率的关键因素,因此提高繁殖效率首先要从母羊群体选育采取措施,要从选种和选配等方面来提高整体羊群胎产羔数多和产羔间隔短的母羊比例,增加母羊产多羔的概率,进而提高胎产羔数,提高产羔间隔短的母羊比例可以提高母羊的年产羔数。

小尾寒羊是我国著名的一胎多羔常年发情的地方品种,适合做经济杂交和新品种培育的母本。胎产羔数、产羔间隔、胎次是影响绵羊繁殖效率的重要因素,胎产羔数决定每次分娩生产羔羊的数量,而产羔间隔决定年产胎数,进而影响母羊繁殖利用效率,胎次是影响母羊利用年限的重要因素。大群体舍饲条件下,小尾寒羊胎产羔数、产羔间隔,以及是否具有明显的季节性有待分析。因此,本试验选择某规模舍饲小尾寒羊场,旨在分析小尾寒羊在规模舍饲条件下的实际繁殖性能,为进一步选育提供数据和参考,同时也为以小尾寒羊为母本进行经济杂交或培育新品种提供借鉴。

(1)材料与方法

①试验材料。试验数据来自某规模舍饲存栏 1 000 只基础母羊小尾寒羊种羊场生产记录,统计了从 2008—2013 年六周年共 3 037 只小尾寒羊母羊产羔记录,分析全年不同月份产羔母羊分布情况。统计了 91 只小尾寒羊 447 胎次产羔记录分析不同胎产羔数的母羊比例和不同产羔间隔的母羊比例,统计了 698 次产羔记录分析不同胎次对胎产羔数的影响。

②饲养管理。采用舍饲饲养,饲养在通风、便于饲喂和运动的单坡式羊舍内。粗饲料主要是青贮玉米秸,少量苜蓿干草、花生秧及干草粉。精料为玉米、麸皮、豆粕,按配方比例加工而成的配合饲料。

③统计指标。统计胎产羔数(每次分娩所生羔羊数)、产羔间隔(从上次产羔到下次产羔时间)、妊娠期(自配种到妊娠产羔时间)。

(2)结果与分析

①繁殖规律分析。结果妊娠期平均为 148 d,平均产羔间隔为 276 d,胎平均产羔数为 1.8

只,年平均产羔数为 2.4 只。

②不同产羔数的母羊比例分布。结果表明产单羔和双羔的母羊占比例达 87.25%,尽管小尾寒羊为高产品种,但实际生产数据显示产三羔以上的母羊比例仅为 12.75%(图 3-9)。

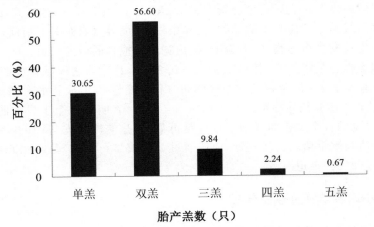

图 3-9　不同产羔数母羊群体分布情况

③胎次对胎产羔数的影响。随着胎次增加,胎产羔数呈现缓慢增加趋势,在第 5 胎次达到产羔数高峰,胎平均产羔数为 2.05 只,随后产羔数下降(图 3-10)。可见,胎次对小尾寒羊产羔数影响显著。

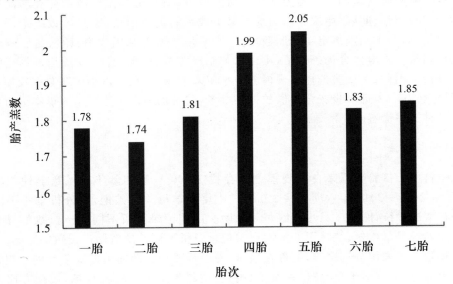

图 3-10　胎次对小尾寒羊胎产羔数的影响

④产羔月份分布。结果如图 3-11 所示,表明小尾寒羊产羔均呈现一定季节性,理论上讲,全年均衡产羔的话,每个月产羔母羊比例为 8.33%,统计结果显示 4～7 月份产羔母羊比例低于平均值,6 月份产羔母羊比例最小为 4.77%,8 月份到次年的 3 月份产羔母羊均在平均值8.33% 以上。

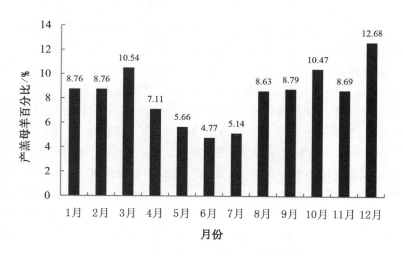

图 3-11　不同产羔月份母羊比例分布

⑤不同产羔间隔的母羊比例分布。结果表明产羔间隔小于 8 个月的母羊所占比例为 16.48%，产羔间隔为 9～10 个月的母羊比例为 60.44%，大于 10 个月的母羊比例均为 23.08%（图 3-12）。可见小尾寒羊两年三产的母羊比例较少，导致羊群年产羔数较低。

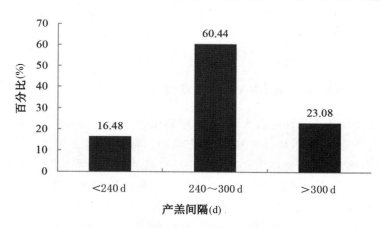

图 3-12　不同产羔间隔母羊比例分布

（3）讨论

绵羊为短日照发情单胎动物，通常为季节性发情，小尾寒羊是我国多羔且常年发情的地方品种，本研究分析结果显示大群舍饲条件下小尾寒羊胎产羔数为 1.8 只，年产羔数为 2.4 只，低于中国畜禽遗传资源品种志（羊志）报道的 2.67 只，此外，胎产羔数为 3 只以上的比例仅为 12.75%，表明在实际生产中，特别是规模饲养条件下，小尾寒羊产羔数与饲养管理有很大关系。

胎次是影响动物产仔数的重要因素，随着胎次增加，产仔数有一个增加过程，但到一定胎次出现下降，这一现象在羊和猪上均有报道。本研究结果与上述研究结果一致，产羔高峰在第

5 胎,胎平均产羔数为 2.05 只,产羔数呈现类似正态分布趋势,这一规律与储明星(2001)、刘桂琼(2002)、白俊艳(2007)等报道一致。这与产羔数属于阈性状和多基因假说等理论一致,多基因假说认为随着数量性状的等位基因对数的增加,基因型频率分布接近正态分布。繁殖季节是绵羊生产的重要因素,本研究结果表明小尾寒羊繁殖有一定季节性,但全年每个月份均有产羔母羊,季节性不是太明显。产羔间隔决定年产羔胎次,进而决定年产羔数,后者又是影响母羊利用效率的关键因素。本研究分析结果表明该规模舍饲小尾寒羊产羔间隔小于 8 个月的母羊比例为 16.48%,按照胎平均产羔数为 1.8 推算,上述比例的母羊年产羔数仅为 2.7 只,而其他 83.52% 的母羊年产羔数达不到 2.7 只,表明该羊群整体繁殖效率较低,原因可能是羊群中有长期不发情或者发情不规律的羊,或者是发情鉴定出现问题,有发情的羊不能及时发现并及时配种妊娠,导致大部分母羊产羔间隔较长。此外,产羔间隔受季节、营养水平、饲养管理等因素影响较大,因此,在生产中建议加强饲养管理,增加哺乳后期母羊日粮浓度,进行短期优饲使母羊达到中等膘情,并对母羊做到实时动态监测,做到产后发情及时配种妊娠,对于产后长时间(5 个月)不发情的母羊要采取催情措施诱导发情,并检查是否患有子宫内膜炎或阴道炎等疾病。

结果表明该场小尾寒羊胎产羔数显著较低,产羔间隔也较长,整体羊群达不到两年三产。只有提高胎产羔数和缩短产羔间隔才能提高年产羔数,因此,应从以下几方面来加强选育:一是有意识地选留胎产羔数多的母羊,或者选留其所生的多胎羔羊留种,这是提高多胎性的重要途径。不要一味地选留长得快的公羔,长得快的公羔往往是单胎。二是提高产后及早发情母羊比例,合理利用调控技术缩短产羔间隔,通过提高产羔间隔短的母羊比例和人为干预产后发情时间,使两年三产、年产羔数为 3 只以上的母羊比例占到 80% 以上。

3.2.1.4 河北小尾寒羊 mtDNA 变异及遗传多样性分析

近年来,随着大量外来品种的引入,缺乏有序利用和地方品种保护不够,我国地方品种规模数量锐减、血统严重不纯、亟待提纯复壮,地方品种所特有的肉质好、耐粗饲、抗逆性强等优良遗传基因也将面临消失,而这些优良基因将是培育新品种所必需的重要遗传资源。因此,科学保护与合理利用地方品种资源尤为迫切。小尾寒羊是我国著名的地方优良绵羊品种之一,以常年发情和高繁殖力著称,是较为理想的杂交和新品种培育的优良母本,主要分布在河南新乡、开封地区,河北的黑龙港流域一带,山东的菏泽、济宁等地。河北小尾寒羊是小尾寒羊的一个分支,主要分布在河北省黑龙港流域,体高小于山东小尾寒羊,但尾巴较圆大,尾长不超过飞节,特别是公母羊均无角是河北小尾寒羊独有的特征。具有早熟、多胎、多羔、生长快、产肉多、裘皮好、遗传性稳定和适应性强等优点。此外,肉用体型和出肉率好于山东小尾寒羊,平均体高为 65～70 cm,而山东小尾寒羊体高平均为 80 cm,成年公羊可达 95～110 cm;而且,肉用指数大于山东小尾寒羊(0.75 vs 0.69)。

线粒体 DNA(mitochondrial DNA,mtDNA)是动物体内唯一长期稳定存在的核外遗传物质,因其具有在世代间没有基因重组、呈现严格母系遗传、拷贝数高、结构稳定等特点被广泛用于动物起源进化、遗传多样性等研究。目前,河北小尾寒羊种群规模逐渐缩小,血统纯度急需保护,遗传多样性有待分析。为此,本文通过基因测序方法分析线粒体基因组变异和遗传多样性,目的是了解该种群的遗传变异丰度,为深入挖掘种质资源和品种保护利用提供理论依据。

（1）材料与方法

①样品采集。河北小尾寒羊样品来自河北省河间市、高阳县村民家养的不同母源家系的 22 只个体（用于 mtDNA 基因组变异分析）以及 61 只山东小尾寒羊为母本的杂交个体，因 mtDNA 为母系遗传，故文中称山东小尾寒羊）。配置 ACD（柠檬酸 0.48 g，柠檬酸钠 1.32 g，葡萄糖 1.47 g 溶解于 100 mL 双蒸水中）作为抗凝剂，用 10 mL 的一次性针管从颈静脉采集血液，每个样品采集血液 6 mL 装入含有 1 mL 抗凝剂的采血管中，充分混合后放入带有冰袋的保温盒中，带回实验室放冰箱 4°保存。

②基因组 DNA 提取。提取总 DNA 参照康为世纪（血液基因组柱式小亮提取试剂盒（0.1～1 mL）说明书操作。取 3 μL 提取好的 DNA 加 2 μL 6×Loading Buffer，使用 1.0％琼脂糖凝胶电泳进行检测，120 V 电泳 30 min。然后放入 20℃保存。

③线粒体全基因组测序。参照 GenBank 中公布的绵羊线粒体基因组序列（Genbank：AF010406），使用 Primer Premier5.0 软件设计覆盖绵羊全基因组序列的引物共 18 对，每段扩增序列长度 1～1.2 kb，每段扩增序列有 100 bp 左右的重叠区域，引物信息见表 3-15。引物由生工生物工程（上海）有限公司合成。PCR 反应体系 30 μL：DNA 2.4 μL，10×PCR Buffer 3 μL，dNTP（10 mmol/L）0.6 μL，上、下游引物（10 mmol/L）1.2 μL，Taq DNAPolymerase（5 U/μL）0.18 μL，ddH2 O21.42 μL。PCR 反应条件：95℃预变性 5 min；95℃变性 20 s，退火 30 s（退火温度见表 3-15），72℃延伸 90 s，35 个循环；72℃延伸 7 min。PCR 扩增结束后，取 3 μL 扩增产物加 2 μL 6×Loading Buffer，使用 1.0％琼脂糖凝胶电泳进行检测，120 V 电泳 30 min，然后使用紫外凝胶成像仪观察并照象记录。对于扩增效果良好且足量的样品，送生工生物工程（上海）有限公司北京测序部进行测序。获得 DNA 序列信息。

表 3-15　绵羊线粒体基因组 PCR 引物信息

引物名称	上游引物（5′→3′）	下游引物（5′→3′）	扩增区域	产物长度（bp）	退火温度（℃）
P1	ACCCGGAGCAT-GAATTGTAG	TGTAGC-CCATTTCTTC-CCAC	16 345～789	877	51
P2	TGCTTAGCCCTA-AACACAAATAA	AAACTTGT-GCGAGGAGAAAA	509～1 778	1 270	61
P3	TAGGCCTA-AAAGCAGCCATC	TACAACGTTT-GGGCCTTTTC	1 604～2 864	1 261	62
P4	CAACGTTCTAA-CACTCATCAT-TCC	TCAGTGGGT-GCTAATCATA-ACG	2 756～3 987	1 232	62
P5	TAC-CCCGAAAATGT-TGGTTC	GCCCAC-CAATCTAGT-GAGGA	3 873～5 103	1 231	57

续表 3-15

引物名称	上游引物(5′→3′)	下游引物（5′→3′)	扩增区域	产物长度(bp)	退火温度(℃)
P6	GAGCCT-TCAAAGCCCTA-AGC	TTCAGGTTTCG-GTCCGTTAG	4 976～5 978	1 003	62
P7	TCAAACCCCCTT-GTTTGTATG	GGAGGTTCGAT-TCCTTCCTT	5 868～6 898	1 031	62
P8	GCATTTG-CATCTAAAC-GAGAA	CTGGGTTGTGG-TAGAAGTTGTG	6 754～7 886	1 133	62
P9	CAAGAAGC-TATCCCAGCGT-TA	CTTTTGGACAGC-CGGAGTAT	7 709～8 846	1 138	62
P10	TGCCCTCCTA-ATAACATCTGG	TCGGTTCAT-TCGAGTCCTTT	8 684～9 812	1 129	62
P11	CCACTACCAT-GAGCCTCACA	TCTACAT-GGGCTTTGG-GAAG	9 688～10 839	1 152	60
P12	TCTCCAGTACT-GAGTTCAACCAA	GCTGCGATGGG-TATGGTTAG	10 708～11 815	1 108	62
P13	ATGCCCCCAT-GTCTAATAGC	GTGGATAATG-GAGCCAGAGC	11 650～12 797	1 148	57
P14	CCTCAC-CCAAAAT-GATATCAAAA	TTAATGGTAT-GGGGGATTGG	12 629～13 730	1 102	60
P15	TGCTTAGCCCTA-AACACAAATAA	AAACTTGT-GCGAGGAGAAAA	13 673～14 389	1 021	51
P16	GTCATCATCAT-TCTCACATG-GAATC	CTCCTTCTCTG-GTTTACAAGAC-CAG	14 078～15 349	1 272	60
P17	CATCAAAG-CAACGGAGCATA	GTGGGTGGTT-GTGCTTTTCT	15 084～15 587	505	62
P18	TAAGACTCAAG-GAAGAAGCTA	CATTTTCAGTGC-CTTGCTTTA	15 365～39	1 291	58

注：参考序列(Genbank：AF010406)。

④基因变异及遗传多样性分析。将样本序列与 GenBank 中参考序列序列（GenBank：AF010406）进行比对，确定样本序列的变异位点和序列长度。使用 BioEdit 7.0 软件及 DNASrar 软件包中 SeqMan 程序将测序获得的每一段基因序列进行比对、拼接，获得全基因组序列。并根据测序峰图和序列比对获得遗传变异信息。使用 DNAMAN 7.0 软件选择脊椎动物线粒体密码子对所有位点进行翻译，获得错义突变和非功能性突变。使用 Clustal X 软件进行排序。使用 DnaSP 5.10 软件分析非编码区序列间碱基差异、转换和颠换，获得各个样品的单倍型（Haplotype），计算单倍型多样性、核酸多样性、平均核苷酸差异数，并进行中性检验。使用 MEGA 6.0 软件确定单倍型，统计序列的碱基组成、变异位点数、单一变异位点数、简约信息位点数以及个体间的遗传距离，并且基于 Kumar-2-parameter 模型进行种群内遗传距离及分子系统分析，构建 Neighbor-Joining（NJ）系统发育树，并且进行 UPGMA 聚类分析，构建聚类树。对 DnaSP 5.10 获得的 haplotype 进行网络分析，使用 Network 5.0 软件构建河北小尾寒羊单倍型中介网络关系图。

（2）结果与分析

①线粒体基因编码区变异分析。线粒体基因组编码区共检测到 183 个突变位点，其中多肽编码基因 156 个，tRNA 基因 8 个，rRNA 基因 19 个。多肽编码区同义突变 128 个，错义突变 28 个，分别为：G2 760 A、A2 833 C、T2 834 C、C3 027 A、T3 543 A、T6 677 C、C7 499 A、C7 500 A、A8 039 G、G8 264 C、A9 375 G、A9 375 C、A10 982 G、A12 559 G、G1 2 571 C、G1 3 041 A、A13 182 G、T13 435 C、T13 436 C、C13 576 T、G13 675 A、G13 813 C、T13 837 C、T13 855 C、A13 960 G、C14 928 A、A15 083 T、G15 263 A（表 3-16）。12S rRNA 基因 8 个突变位点，分别为：A108 G、T281 C、C291 T、A538 G、A545 缺失、567 G 插入、A737 G、T960 C；16S rRNA 基因 11 个突变位点，分别为：A1 099 T、T1 112 C、C1 162 T、G1 393 A、1 729 C 插入、T1 963 C、T2 203 C、C2 205 T、A2 274 G、C2 322 T、C2 443 T；tRNA 基因 8 个突变位点，分别为：tRNA-Val（G1 085 A）、tR-NA-Gln（C3 773 T）、tRNA-Asn（A5 113 C）、tRNA-Lys（T7 719 G）、tRNA-His（G11 585 A，C11 606 T）、tRNA-Ser（G11 668）、tRNA-Leu（C11 710 缺失）（表 3-17）。

表 3-16　河北小尾寒羊 mtDNA 多肽编码区错义突变

变异基因	变异位点	密码子变化	氨基酸变化	变异基因	变异位点	密码子变化	氨基酸变化
ND1	G2 760 A	GUU-AUU	V-I	ND5	A12 559 G	AAC-AGC	N-S
	A2 833 C	UAU-UCC	Y-S		G12 571 C	GGC-GCC	G-A
	T2 834 C	UAU-UCC	Y-S		G13 041 A	GCA-ACA	A-T
	C3 027 A	CUC-AUC	L-I		A13 182 G	AUC-GUC	I-V
	T3 543 A	UCA-ACA	S-T		T13 435 C	AUU-ACC	I-T
COI	T6 677 C	AUA-ACA	I-T		T13 436 C	AUU-ACC	I-T
ATP6	A8 039 G	AAC-AGC	N-S	ND6	C13 576 T	CUC-UUC	L-F
	G8 264 C	GGA-GCA	G-A		G13 675 A	GCU-ACU	A-T
COIII	A9 375 G	AUA-GUA	M-V		G13 813 C	GCC-CCC	A-P
	A9 375 C	AUA-CUA	M-L		T13 837 C	UCA-CCA	S-P

续表 3-16

变异基因	变异位点	密码子变化	氨基酸变化	变异基因	变异位点	密码子变化	氨基酸变化
ND4	A10 982 G	AUC-GUC	I-V		T13 855 C	UUC-CUC	F-L
Cytb	C14 928 A	ACC-AAC	T-N		A13 960 G	ACC-GCC	T-A
	A15 083 T	ACA-UCA	T-S	COII	C7 499 A	CCC-AAC	P-N
	G15 263 A	GCT-ACT	A-T		C7 500 A	CCC-AAC	P-N

注:COIII 基因的 9 375 位置存在 A→G 和 A→C 两种突变,两种变异的氨基酸改变不同。参考序列(Genbank:AF010406)。

表 3-17 河北小尾寒羊线粒体基因 RNA 基因遗传变异

变异基因	变异位点	变异基因	变异位点	变异基因	变异位点
16S rRNA	A1 099 T	16S rRNA	C2 322 T	12S rRNA	T960 C
	T1 112 C		C2 443 T	tRNA-Val	G1 085 A
	C1 162 T	12S rRNA	A108 G	tRNA-Gln	C3 773 T
	G1 393 A		T281 C	tRNA-Asn	A5 113 C
	1 729 C 插入		C291 T	tRNA-Lys	T7 719 G
	T1 963 C		A538 G	tRNA-His	G11 585 A
	T2 203 C		A545 缺失	tRNA-His	C11 606 T
	C2 205 T		567 G 插入	tRNA-Ser	G11 668
	A2 274 G		A737 G	tRNA-Leu	C11 710 缺失

注:参考序列(Genbank:AF010406)。

②非编码区序列分析。22 条 mtDNA 非编码区(D-loop 区)序列共包含 81 个变异位点,其中单一多态位点 24 个,占总数的 29.6%。简约多态位点 57 个,占总数的 70.4%。除了插入和缺失外,还有 27 个转换,无颠换。A、T、C、G 碱基的平均含量分别为 33.1%、29.7%、22.9%、14.3%,其中 A+T 含量(62.8%)明显高于 C+G 含量(37.2%),表现出明显的 AT 偏倚性(表 3-18)。

表 3-18 河北小尾寒羊非编码区序列特征

样本数 (头)	多态位点数 (S)	单一多态位点 (SP)	简约多态位点 (PIP)	碱基组成(%)					
				A	T	C	G	A+T	C+G
22	81	24	57	33.1	29.7	22.9	14.3	62.8	37.2

22 条 mtDNA 非编码区序列中共含有 21 种单倍型,单倍型比例为 95.5%,单倍型多样性为(0.996±0.015);核苷酸多样性为(0.02 222±0.00 693),平均核苷酸差异数 k 为 24.532,表明遗传多样性较为丰富(表 3-19)。Tajima's D 中性检验不显著($P>0.10$),说明河北小尾寒羊种群状态平稳,符合中性突变。

表 3-19　河北小尾寒羊非编码区单倍型多样性参数

样本数(头)	单倍型数(个)	单倍型比例	单倍型多样度 (Hd±SD)	核苷酸多样度 (Pi±SD)	平均核苷酸 差异度(K)	Tajima's D
22	21	95.5%	0.996±0.015	0.02 222±0.00 693	24.532	0.41 747 (P>0.10)

系统发育分析显示小尾寒羊个体分为三个大支系,分别表示为 A 支系、B 支系和 C 支系,其中河北小尾寒羊仅在 A、B 两个支系中出现(图 3-13)。表明河北小尾寒羊样本聚为两个类群。网络关系分析显示,83 只个体的 65 种单倍型聚为 3 个单倍型群(表 3-20),与 NJ 树及 UPGMA 树的分析一致,A 单倍型群包括 35 只个体,其中 9 只河北小尾寒羊,26 只山东小尾寒羊,B 单倍型群包括 38 只个体,其中 13 只河北小尾寒羊,25 只山东小尾寒羊,C 单倍型群为 10 只山东小尾寒羊,该单倍型群为独立一个类群(图 3-14)。三个单倍型群 A、B 和 C 的频率分别为 0.42、0.46 和 0.12。表明河北小尾寒羊样本与山东小尾寒羊存在基因交流。

表 3-20　小尾寒羊个体单倍型信息

个体号	单倍型号	单倍型群	个体号	单倍型号	单倍型群	个体号	单倍型号	单倍型群
1	Hap_28	B	29	Hap_2	A	57	Hap_12	A
2	Hap_25	B	30	Hap_60	B	58	Hap_52	A
3	Hap_24	B	31	Hap_19	C	59	Hap_18	A
4	Hap_23	B	32	Hap_37	A	60	Hap_17	A
5	Hap_13	B	33	Hap_57	A	61	Hap_11	A
6	Hap_5	B	34	Hap_33	A	62	Hap_7	C
7	Hap_10	B	35	Hap_29	B	63	Hap_55	B
8	Hap_59	A	36	Hap_53	B	64	Hap_45	B
9	Hap_21	B	37	Hap_16	B	65	Hap_3	B
10	Hap_24	B	38	Hap_14	C	66	Hap_34	B
11	Hap_43	A	39	Hap_14	C	67	Hap_26	B
12	Hap_32	A	40	Hap_39	A	68	Hap_54	A
13	Hap_50	B	41	Hap_44	B	69	Hap_2	A
14	Hap_63	A	42	Hap_31	A	70	Hap_34	B
15	Hap_8	A	43	Hap_22	A	71	Hap_51	B
16	Hap_8	A	44	Hap_52	A	72	Hap_38	A
17	Hap_58	A	45	Hap_18	A	73	Hap_27	A
18	Hap_16	B	46	Hap_61	C	74	Hap_57	A
19	Hap_64	A	47	Hap_62	B	75	Hap_47	A
20	Hap_36	A	48	Hap_7	C	76	Hap_42	B
21	Hap_30	B	49	Hap_58	A	77	Hap_6	B

续表 3-20

个体号	单倍型号	单倍型群	个体号	单倍型号	单倍型群	个体号	单倍型号	单倍型群
22	Hap_4	B	50	Hap_12	A	78	Hap_40	B
23	Hap_14	C	51	Hap_65	C	79	Hap_20	B
24	Hap_37	A	52	Hap_12	A	80	Hap_35	A
25	Hap_41	A	53	Hap_1	B	81	Hap_52	A
26	Hap_48	B	54	Hap_9	C	82	Hap_42	B
27	Hap_56	B	55	Hap_49	A	83	Hap_15	C
28	Hap_46	B	56	Hap_57	A			

注:个体号中 1~22 代表河北小尾寒羊,23~83 代表山东小尾寒羊。下同。

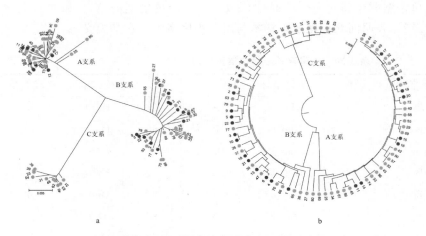

彩图请扫描二维码查看

注:红色代表河北小尾寒羊,绿色代表山东小尾寒羊。

图 3-13　小尾寒羊 mtDNA 非编码区序列 NJ 系统发育树(a)和 UPGMA 树(b)

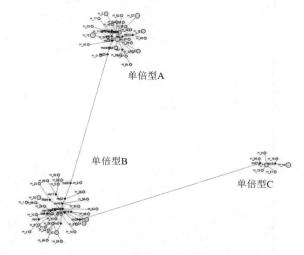

图 3-14　小尾寒羊 mtDNA 非编码区 65 种单倍型的网络关系

（3）讨论

关于绵羊线粒体基因组变异的研究很多，但大都仅分析一个或几个基因，整个基因组相关变异情况报道不多，Reicher 等（2001）报道 Afec-Assaf 羊线粒体 245 个变异位点，其中 tRNA 基因 8 个。陈晓勇等（2015）报道山东小尾寒羊 mtDNA 编码区共包含 95 个突变位点，其中多肽编码基因 83 个，rRNA 基因和 tRNA 基因分别包含 8 个和 4 个变异位点，非同义突变位点 31 个。本研究中河北小尾寒羊 mtDNA 编码区发现 183 个突变位点，其中多肽编码基因 156 个，rRNA 基因 19 个，tRNA 基因 8 个。多肽编码区 28 个错义突变，其中与 Afec-Assaf 相同的有：T3 543 A、C7 500 A、A8 039 G、G8 264 C、A9 375 G、G12 571 C。与山东小尾寒羊相同的有：T3 543 A、C7 500 A、A8 039 G、G8 264 C、A9 375 G、G12 571 C、G13 041 A、C13 576 T、T13 837 C、T13 855 C。三个类群绵羊 mtDNA 多肽编码区共有变异位点为：T3 543 A、C7 500 A、A8 039 G、G8 264 C、A9 375 G、G12 571 C。tRNA 基因共有变异位点为：T7 719 G、C11 606 T、G11 668 A、C11 710 缺失。mtDNA D-loop 全长为 1 106～1 184 bp，在 252～552 bp 处有 3～4 个 75 bp 的重复序列，这与 Hiendleder（1996）报道类似。

Reicher 等（2012）报道 Afec-Assaf 羊在 mtDNA 控制区和 *Cytb* 基因部分区域分为三个单倍型群：HA、HB 和 HC，单倍型频率分别为 0.43、0.43 和 0.14。本研究的三个单倍型 A、B 和 C 的频率分别为 0.42、0.46 和 0.12。此前研究报道的湖羊、藏羊等 19 个地方品种绵羊的非编码区单倍型多样度为 0.4 545～1.0，核苷酸多样度为 0.0 069～0.0 239。本研究的河北小尾寒羊单倍型多样度为（0.996±0.015），核苷酸多样度为（0.022 2±0.006 93），单倍型多样度和核苷酸多样度均较高，表明遗传多样性较丰富。系统发育和网络关系分析显示 A、B 两个类群均有河北小尾寒羊与山东小尾寒羊分布，说明河北和山东小尾寒羊存在基因交流，部分山东小尾寒羊个体构成了另一独立的单倍型群。这与近年来山东小尾寒羊的引入与本地绵羊杂交的实际相符。此外，来自河间、高阳的 22 只河北小尾寒羊个体分布于 A、B 两个主要单倍型群中，说明在河间和高阳县的河北小尾寒羊之间有基因交流。其中河间某村的个体只出现在 B 单倍型群中，说明该村的河北小尾寒羊遗传变异相对独立。

（4）结论

本研究的河北小尾寒羊遗传多样性较为丰富，与山东小尾寒羊存在基因交流。

3.2.1.5　澳洲萨福克和杜泊绵羊在河北地区的生产性能测定

萨福克（Suffolk）和杜泊（Dorper）是世界著名的肉羊绵羊品种。萨福克是以南丘羊为父本，当地体型较大，瘦肉率高的旧型黑头有角诺福克羊为母本进行杂交，于 1985 年育成。20 世纪 70 年代我国从澳大利亚引进萨福克羊，分别饲养在新疆和内蒙古。随后各地相继引入萨福克种羊，主要分布在新疆、内蒙古、北京、宁夏、吉林、河北和山西等北方大部分地区，对改良当地绵羊品种，促进养羊产业的发展发挥了重要的作用。杜泊是用英国的有角陶赛特羊公羊与当地的波斯黑头母羊杂交，经选择和培育形成的肉用绵羊品种。目前在南非、西亚、美国、南美洲、澳大利亚和新西兰等国家和地区饲养的主要是短毛型羊，2001 年我国首次从澳大利亚引进杜泊羊。萨福克和杜泊具有生长发育快，肉用性能突出等特点，常被用来作为肉羊杂交的父本。2015 年，从澳大利亚引进萨福克和杜泊到河北中部地区进行舍饲纯繁，对纯繁后代初生重、45 日龄断奶重及平均日增重、2.5 月龄体尺等生产性能进行了测定和比较分析,以期为上述两个品种生态适应性及杂交利用提供参考。

(1)材料与方法

①试验地点。河北省保定市雄县雄润种羊有限公司,地处冀中平原,位于北纬 38°54′59″~39°10′36″、东经 116°01′03″~116°20′08″,雄县属温带大陆性气候,四季分明,年平均气温 2.5℃,有效积温 2,500℃左右,降水量 600 mm,无霜期 132 d。

②试验羊群饲养管理。在半开放羊舍圈养,以全株青贮玉米为基础再搭配精料、干草日粮。哺乳期羔羊与母羊同圈饲养,15 日龄后对羔羊实行隔栏补饲,补饲羔羊料,1.5 月龄断奶。

③生产性能测定。随机抽取萨福克和杜泊绵羊测定母羊胎产羔数,羔羊初生重、45 日龄断奶体重及日增重、2.5 月龄体尺等生长发育性能等指标。

④数据处理。所得数据用统计软件 IBM SPASS Statistics version 20 的 ANOVA 进行分析,结果表示为平均值(X±SD)。

(2)结果与分析

①胎产羔数。黑头萨福克平均胎产羔数为(1.39±0.38)只,黑头杜泊平均胎产羔数为(1.61±0.49)只,差异不显著($P>0.05$)(表 3-21)。

表 3-21　黑头萨福克和黑头杜泊母羊胎产羔数比较

品种	平均胎产羔数(只)/样本量
黑头萨福克	1.39±0.38[a]/22
黑头杜泊	1.61±0.49[a]/9

注:同一列中,上标相同字母表示差异不显著($P>0.05$)。

②羔羊增重比较。萨福克公羔初生重、45 日龄体重均显著小于黑头杜泊公羔($P<0.05$);萨福克母羔初生重、45 日龄体重与杜泊母羔均无显著差异($P>0.05$);萨福克公羔与杜泊公羔 45 日龄断奶平均日增重无显著差异($P>0.05$);萨福克母羔 45 日龄断奶平均日增重显著小于杜泊母羔($P<0.05$)(表 3-22 和表 3-23),可见,上述两个品种断奶前增重效果显著。

表 3-22　萨福克和杜泊公羔体重发育性能比较

品种	性别	初生重(kg)/样本量	45 日龄体重(kg)/样本量	45 日龄断奶平均日增重(g)/样本量
黑头萨福克	公	3.64±0.54[a]/47	21.07±0.87[a]/47	387.90±20.10[a]/47
黑头杜泊	公	4.31±1.00[b]/38	21.87±1.30[b]/38	390.80±36.27[a]/38

注:同一列中,上标相同字母表示差异不显著($P>0.05$),上标不同小写字母表示差异显著($P<0.05$)。

表 3-23 萨福克和杜泊母羔体重发育性能比较

品种	性别	初生重(kg)/样本量	45 日龄体重 (kg)/样本量	45 日龄断奶平均日增重 (g)/样本量
黑头萨福克	母	$3.71\pm0.44^a/49$	$21.27\pm1.09^a/49$	$390.80\pm22.16^a/49$
黑头杜泊	母	$3.48\pm0.68^a/27$	$21.72\pm1.26^b/27$	$405.20\pm26.03^b/27$

③羔羊体尺发育性能。结果表明:黑头萨福克与黑头杜泊除了腰角宽差异显著外($P<0.05$),其他的差异均不显著($P>0.05$)(表 3-24)。

表 3-24 羔羊 2.5 月龄体尺性能比较   cm

品种	体高	体长	胸围	胸宽	腰角宽	管围
黑头萨福克	$50.58\pm$ $3.65^a/12$	$64.08\pm$ $2.23^a/12$	$69.58\pm$ $2.61^a/12$	$20.50\pm$ $1.68^a/12$	$12.75\pm$ $1.14^a/12$	$9.00\pm$ $0.56^a/12$
黑头杜泊	$51.60\pm$ $1.76^a/15$	$62.06\pm$ $2.99^a/15$	$70.20\pm$ $3.23^a/15$	$21.83\pm$ $1.77^a/15$	$13.66\pm$ $0.82^b/15$	$8.76\pm$ $0.86^a/15$

(3)讨论

萨福克羊是世界上大型肉羊品种之一,原产于英国英格兰东南部的萨福克、诺福克、剑桥和埃塞克斯等地。该品种肉用体型突出,繁殖率、产肉率、日增重高,肉质好,先后被各国引入作为肉羊生产的终端父本。有研究表明,原产地 70 日龄前的日增重为 300~350 g/d,本研究得出黑头萨福克公羔和母羔的 45 日龄断奶平均日增重分别为(387.90±20.10)g;(390.80±22.16)g,表明萨福克羊引入到河北地区后生长发育快的优点得到了充分发挥。本实验测得的公羔小于张明伟等(2003)报道的萨福克公羔[(3.64±0.54)kg vs(4.63±0.73)kg],这可能与本养殖场在母羊妊娠后期阶段营养水平的差异有关。母羊妊娠后期是胎儿生长发育最快的阶段,在此阶段如果营养供应不足,不仅影响胎儿的生长发育导致胎儿发育结构和生理永久性变化,而且会显著胎儿出生后的生长发育和终身的生产性能。

杜泊羊原产于南非共和国,该品种具有典型的肉用体型,肉用品质好,体质结实,对炎热、干旱、寒冷等气候条件有良好的适应性,能适应多种气候条件和生态环境,并能随气候变化自动脱毛。初生重是一项重要的生长发育性状,受环境影响和遗传性影响比较大,羔羊初生重直接影响其以后的生长发育、个体胴体重及肉用性能等,张夏刚等人研究的纯种杜泊初生重为(4.31±0.38)kg,这与本文的测定结果一致。纯种杜泊羊与我国地方绵羊品种杂交,一代杂种增重速度快、产肉性能明显提高,可作为生产优质肥羔的终端父本和培育肉羊新品种的育种素材。

综上,澳大利亚萨福克和杜泊绵羊引入到河北地区后,在舍饲条件下生产性能得到了充分发挥,能够适应当地生态气候条件。

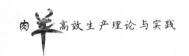

3.2.2 肉羊杂交生产技术研究

肉羊高效开发利用方法和途径,从性别角度可分为公羊和母羊;从技术角度可分为杂种优势利用、种质资源利用和新品种培育。从生产角度讲,杂种优势利用是生产中应用最为广泛、易于操作的一项提高肉羊产肉性能的技术。通俗地讲,杂交优势就是不同品种间、品系间杂交的后代比亲本具有更强的生活力和生长强度,表现在抗逆性、繁殖力、生长速度、生理活动、产品产量、品质、寿命和适应力等各种性状方面。在肉羊杂交生产中,杂交后代的初生重、饲料报酬、繁殖性能、生长性能等均比亲本好。按照杂交亲本数量分为二元杂交、三元杂交、轮回杂交和级进杂交。二元杂交是指两个品种进行交配,一个做父本,另一个品种羊做母本;多元杂交是指三个以上品种进行交配的杂交类型。二元杂交是以两个不同品种的公、母羊杂交,专门利用杂种优势生产商品肉羊,这是在生产中应用较多而且比较简单的方法,一般是用本地品种的母羊与外来的优良公羊交配,所得的一代杂种全部育肥。

3.2.2.1 肉用羊与小尾寒羊杂交后代生长性能研究

我国各地先后引进萨福克、德克塞尔、夏洛莱、无角陶赛特、德国肉用美利奴、杜泊等肉用绵羊,与我国地方品种进行杂交,生产杂交羔羊,相关科研活动也十分活跃。利用肉用绵羊品种杜泊公羊和特克塞尔公羊分别与小尾寒羊进行杂交,获取杂种优势,是河北省肉羊良种产业化课题的主要研究内容之一,同时也是肉羊生产中的关键性技术。

杜泊绵羊原产于南非,是世界上著名的肉用绵羊品种之一。该品种羊具有增重速度快、繁殖性能好、产肉率高、胴体品质好等肉用生产性能。还具有适应性和抗病性强、耐粗饲等特点,与小尾寒羊杂交效果较好(王金文等,2005)。德克塞尔羊原产于荷兰,特别适宜于肥羔生产,英国将该品种作为生产肥羔的终端父本品种,引入我国后杂交利用效果也比较好(黄永宏,2003)。小尾寒羊是我国乃至世界上著名的裘、肉兼用品种,具有早熟、多胎、抗病性强等特点。但小尾寒羊前胸不发达,体躯狭窄,后躯不丰满,肉用体型欠佳(赵有璋,2003),增重慢等肉用性能比较差,为此,河北省科技厅立项,开展肉用绵羊育种项目研究,选杜泊和特克塞尔绵羊作为父本与小尾寒羊进行杂交对比试验,旨在通过测定杂种羔羊的生长发育情况,筛选出最优杂交组合,为实现肉羊良种产业化和肉羊生产商品化提供科学依据。

(1)材料与方法

①试验羊的选择、杂交组合。2006年在河北省涿州和里县两个种羊场进行试验,分别选择优良的德克塞尔和杜泊羊作为杂交父本,分为两个试验组:杜泊羊♂×小尾寒羊♀,德克塞尔♂×小尾寒羊♀,并设小尾寒羊纯种对照组。

②饲养条件。参试羊均采用舍饲方式,饲养在通风、便于饲喂和运动的羊舍内。粗饲料主要是青贮玉米秸,给少量苜蓿干草、花生秧及干草粉。精料为玉米、麸皮、豆粕,按配方比例要求粉碎加工,搅拌均匀制成颗粒料或粉状配合饲料。

③饲喂方法。试验羊日喂3次,粉料拌湿饲喂,颗粒料干喂,怀孕母羊前期精料(粉料)0.25 kg,后期0.5 kg。饲草不限量,任其采食。羔羊出生后20 d开始补颗粒料,补料量按20～30日龄羔羊每羊每天补料40～75 g,1～2月龄100～150 g,2～3月龄200 g,3～4月龄250 g,

4～5 月龄 350 g。对饲草的补饲不限量,任其采食,保证自由采食和饮水。

④测定项目。分别测定试验羊初生重、3 月龄体重、体高、体长、胸围、胸深、腰角宽和管围等指标。

⑤数据处理。试验结果采用 SPSS 统计软件 One-Way ANOVA 程序进行方差分析。在 $P<0.05$ 时,进行 LSD 多重比较。

(2)试验结果

①杂交对初生重及平均日增重的影响。杜寒杂交羊初生重(4.21 kg)与德寒(3.66 kg)、小尾寒羊(3.36 kg)差异显著($P<0.05$),而德寒初生重(3.66 kg)与小尾寒羊(3.36 kg)差异不显著($P>0.05$);3 月龄体重和 0～3 月龄平均日增重方面,三个组之间存在显著差异,德寒杂交羊 3 月龄体重达 43.33 kg,杜寒杂交羊最低 29.40 kg;德寒杂交羊 0～3 月龄平均日增重最高达 440.71 g,杜寒杂交羊最低 250.56 g(表 3-25)。

表 3-25　不同杂交组合 F1 代初生重、3 月龄体重及 3 月龄平均日增重测定结果

组别	只数	初生重(kg)	3 月龄体重(kg)	0～3 月龄平均日增重(g)
杜寒	51	4.21 ± 0.77^a	29.40 ± 14.21^a	250.56 ± 170.54^a
德寒	14	3.66 ± 0.52^b	43.33 ± 6.04^b	440.71 ± 68.22^b
寒羊	35	3.36 ± 0.49^b	32.30 ± 7.60^c	321.59 ± 84.47^c

同一列中,上标相同字母表示差异不显著($P>0.05$),上标不同字母表示差异显著($P<0.05$)。数据为平均值±标准差,以下同此。

②杂交对试验羊 3 月龄体尺发育的影响。杜寒杂交羊与小尾寒羊 3 月龄体高没有明显差异,而德寒杂交羊体高(57.71 cm)比杜寒和小尾寒羊均提高 13.67%、10.81%;德寒杂交羊体长分别与杜寒、小尾寒羊存在显著性差异($P<0.05$),杜寒杂交羊胸围达 60.94 cm,显著高于另两组($P<0.05$),德寒与小尾寒羊胸围也存在显著性差异($P<0.05$)。德寒杂交羊腰角宽 13.29 cm,显著高于杜寒杂交羊(11.88 cm),与小尾寒羊(12.32 cm)没有明显差异($P>0.05$)。杜寒杂交羊腰角宽与小尾寒羊差异不显著($P>0.05$)。德寒杂交羊管围(6.43 cm)显著低于杜寒杂交羊(6.97 cm)($P<0.05$),与小尾寒羊没有显著差异($P>0.05$)(表 3-26)。

表 3-26　不同杂交组合 F1 代 3 月龄体尺测定结果　　　　　　　　　　cm

组别	只数	体高	体长	胸围	腰角宽	管围
杜寒	51	50.77 ± 6.67^a	48.94 ± 5.31^a	60.94 ± 5.38^a	11.88 ± 2.0^a	6.97 ± 1.01^a
德寒	14	57.71 ± 4.42^b	48.93 ± 5.41^{ab}	55.29 ± 6.32^b	13.29 ± 0.91^b	6.43 ± 0.51^{bc}
寒羊	35	52.08 ± 7.34^a	46.49 ± 5.60^b	46.91 ± 6.28^c	12.32 ± 1.81^{ba}	6.26 ± 0.94^c

③不同区域杂交组合 F1 代 3 月龄体尺发育效果比较。杜寒杂交羊在涿州和里县在体尺发育方面基本没有显著差异,只是在体高(54.08 cm vs 48.47 cm)和管围(6.41 cm vs 7.55 cm)方面存在显著性差异($P<0.05$)。涿州和里县的德寒杂交羊在体高、体长、胸围、腰角宽和管围等体尺发育方面没有显著性差异($P>0.05$)(表 3-27)。

表 3-27　不同区域杂交组合 F1 代 3 月龄体尺发育效果比较　　　　　　　　　cm

组别	区域	只数	体高	体长	胸围	腰角宽	管围
杜寒	涿州	21	54.08±8.32[a]	45.86±5.45[a]	61.86±5.92[a]	13.48±1.78[a]	6.14±0.91[a]
	里县	30	48.47±3.95[b]	51.10±4.05[a]	60.30±4.98[a]	10.77±1.26[a]	7.55±0.59[b]
德寒	涿州	14	57.71±4.42[a]	48.93±5.41[a]	55.29±6.32[a]	13.29±0.91[a]	6.43±0.51[a]
	里县	8	58.38±4.34[a]	49.00±5.68[a]	55.00±7.45[a]	13.38±0.92[a]	6.50±0.54[a]

④不同区域杂交组合 F1 代增重效果比较。涿州和里县杜寒杂交羊初生重没有明显差异（$P>0.05$），但在 3 月龄体重和 3 月龄平均日增重方面都存在显著性差异（$P<0.05$），其中涿州杜寒杂交羊 3 月龄体重达 39.01 kg，显著高于里县杜寒羊 17.57 kg（$P<0.05$）；同样 3 月龄平均日增重（404.50 kg）也显著高于里县杜寒羊（142.81 kg）（$P<0.05$）。涿州和里县德寒杂交羊在初生重、3 月龄体重、0～3 月龄平均日增重方面都没有显著性差异（$P>0.05$）（表 3-28）。

表 3-28　不同区域杂交组合 F1 代 3 月龄初生重、3 月龄体重、0～3 月龄平均日增重效果比较

组别	区域	只数	初生重（kg）	3 月龄体重（kg）	0～3 月龄平均日增重（g）
杜寒	涿州	21	3.49±0.51[a]	39.01±14.28[a]	404.50±167.78[a]
	里县	30	4.72±0.45[a]	17.57±3.43[b]	142.81±39.49[b]
德寒	涿州	14	3.66±0.52[a]	43.33±6.04[a]	440.71±68.23[a]
	里县	9	3.94±0.43[a]	43.54±6.16[a]	440.00±69.60[a]

（3）分析和讨论

①杂交对初生重、平均日增重和体尺发育影响。本试验中德寒杂交羊在 3 月龄体重 43.33 kg，0～3 月龄平均日增重 440.71 g，都显著高于杜寒和小尾寒羊（$P<0.05$），但初生重（3.66 kg）显著低于杜寒杂交羊（4.21 kg）（$P<0.05$）。特别是德寒杂交羊 0～3 月龄平均日增重显著（440.71 g）高于王德芹（2006）报道的德寒羊 3 月龄日增重 303 g；同时高于萨寒（208.67 g）和陶寒羊（203.33 g）（毕台飞，2005）。

这说明德寒杂交优势明显好于杜寒、萨寒和陶寒杂交，而且杂交优势已经显现。杜寒杂交羊只是初生重显著高于纯种小尾寒羊，但 3 月龄体重和 0～3 月龄平均日增重都显著低于纯种小尾寒羊。与此前报道[李明（2005）；王德芹（2006）]不同。原因可能与公羊血统来源、饲养环境等有关，还需增大样本数量进一步深入研究。

杜寒杂交羊与小尾寒羊 3 月龄体高没有明显差异，而德寒杂交羊体高（57.71 cm）比杜寒和小尾寒羊均提高 13.67%、10.81%；杜寒杂交羊胸围达 60.94 cm，显著高于另两组（$P<0.05$），德寒与小尾寒羊胸围也存在显著性差异（55.29 cm vs 46.91 cm）（$P<0.05$）。德寒杂交羊腰角宽 13.29 cm，显著高于杜寒杂交羊（11.88 cm）。从试验结果看出，这两个品种杂交后代均不同程度地显现出肉用羊圆筒状体型趋势。

通过以上试验数据可以看出，采用优良肉用公绵羊做父本与小尾寒羊杂交能够提高杂交后代初生重、3 月龄体重、3 月龄日增重和体尺发育，杂交优势明显。

②河北省不同区域杂交生长发育指标比较。涿州和里县杜寒杂交羊在体尺发育方面基本

没有显著性差异,只是在体高(54.08 cm vs 48.47 cm)和管围(6.41 cm vs 7.55 cm)方面存在显著性差异($P < 0.05$)。说明河北省这两个地区杜寒杂交羊体尺发育基本没有明显差异。涿州和里县的德寒杂交羊在体高、体长、胸围、腰角宽和管围等体尺发育方面没有显著性差异($P > 0.05$)。说明这两个品种杂交后代生长发育没有区域差异。

涿州和里县杜寒杂交羊初生重没有明显差异($P > 0.05$),但在 3 月龄体重和 3 月龄平均日增重方面都存在显著性差异($P < 0.05$),其中涿州杜寒杂交羊 3 月龄体重达 39.01 kg,显著高于里县杜寒羊 17.57 kg($P < 0.05$);同样 3 月龄平均日增重也显著高于里县杜寒羊(142.81 kg)($P < 0.05$)。涿州和里县的德寒杂交羊在初生重、3 月龄体重、0—3 月龄平均日增重方面都没有显著差异($P > 0.05$)。说明德寒杂交羊在这两个地区没有显著性差异。

因此,通过试验数据,可以初步认为采用杜泊和德克塞尔肉用公羊改良小尾寒羊是可行的,杜寒和德寒杂交模式可以在这两地推广。

3.2.2.2　肉用绵羊与小尾寒羊杂交羔羊屠宰试验

近年来,我国引进世界许多优良肉用绵羊品种,与本地羊进行二元、三元和多元等经济杂交试验取得了良好的杂交效果。杜泊绵羊原产于南非,是世界上著名的肉用绵羊品种之一。该品种羊体质结实,对多种气候条件有良好的适应性。具有增重速度快、繁殖性能好、产肉率高、胴体品质好等肉用生产性能,具有适应性和抗病性强、耐粗饲等特点。德克塞尔羊原产于荷兰,特别适宜于肥羔生产,英国将该品种作为生产肥羔的终端父本品种。

王德芹(2006)在山东地区利用德克赛尔和杜泊公羊与小尾寒羊母羊杂交,取得了较好的效果,本试验针对河北省地区,利用杜泊和德克赛尔公羊与小尾寒羊母羊进行杂交,断奶育肥后进行屠宰,比较分析了 6 月龄羔羊屠宰产肉性能及杂交后代皮张性能,旨在为我省羔羊肉生产和杂交利用提供科学依据。

(1)材料与方法

①试验羊的选择。在河北省涿州市连生牧业有限公司种羊场进行试验,以小尾寒羊作为对照组,分别选择优良的德克塞尔和杜泊羊作为杂交父本,分为两个杂交试验组:杜泊羊(♂)×小尾寒羊(♀),简称杜寒一代,德克塞尔(♂)×小尾寒羊(♀),简称德寒一代。

②饲养条件。参试羊均采用舍饲方式,饲养在通风、便于饲喂和运动的羊舍内。粗饲料主要是青贮玉米秸,给少量苜蓿干草、花生秧及干草粉。精料为玉米、麸皮、豆粕,按配方比例要求粉碎加工,搅拌均匀制成颗粒料或粉状配合饲料。

③饲喂方法。试验羊日喂 3 次,粉料拌湿饲喂,颗粒料干饲,怀孕母羊前期精料(粉料)0.25 kg,后期 0.5 kg。饲草不限量,任其采食。羔羊出生后 20 d 开始补颗粒料,补料量按 20～30 日龄羔羊每羊每天补料 40～75 g,1～2 月龄 100～150 g,3～4 月龄 250 g,5～6 月龄 350 g。对饲草的补饲不限量,任其采食,保证自由采食和饮水。

④宰前测定项目。分别测定试验羊体重、体高、体长、胸围、胸深、胸宽、腰角宽、坐骨宽、管围、髋宽、尻长腰角围和大腿围等指标。

⑤屠宰测定项目。现场测定胴体重、脂肪重、净肉重、GR 值(指在第 12～13 肋骨之间,距背中线 11 cm 处的组织厚度,作为代表胴体脂肪含量的标志)、眼肌面积、肉色、pH 等指标。皮张性能由中国农业科学院兰州畜牧与兽药研究所动物毛皮及制品质量监督检验测试中心进行测定。

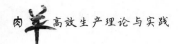

⑥数据处理。试验结果采用 SPSS13.0 统计软件 One-Way ANOVA 程序进行方差分析。

(2)结果与分析

①不同杂交羔羊 6 月龄体尺比较。结果见表 3-29,结果表明试验组和对照组后代 6 月龄羔羊体高、体长、胸深、坐骨宽、髋宽、尻长和腰角围均无显著差异,但德寒一代和杜寒一代羔羊胸宽($P<0.05$)和大腿围($P<0.01$)均显著大于小尾寒羊。德寒一代羔羊胸围和管围显著大于小尾寒羊和杜寒一代($P<0.05$),杜寒一代羔羊腰角宽显著大于德寒一代和小尾寒羊($P<0.05$)。

②不同杂交羔羊 6 月龄屠宰性能比较。结果表明(表 3-30):德寒一代和杜寒一代 6 月龄羔羊屠宰前重、胴体重和肉骨比均显著大于小尾寒羊($P<0.05$),脂肪重和净肉率也高于小尾寒羊,但差异不显著($P>0.05$)。两个杂交试验组羔羊胴体 GR 值显著大于对照组($P<0.05$),杜寒一代($P<0.01$)和杜寒一代($P<0.05$)羔羊胴体眼肌面积均显著大于小尾寒羊。

③羔羊产肉性能与体尺相关性研究。表 3-31 显示体高与各项屠宰性能指标呈负相关,胸深和尻长与肉骨比呈负相关,胸围、胸宽、管围和腰角宽与产肉性能各指标相关性比较高,相关系数大多在 0.5 以上,大腿围与宰前重、胴体重、肉重、肉骨比相关性非常高,相关系数都在 0.8 以上。

表 3-29　不同杂交羔羊 6 月龄体尺测定结果　　　　　　　　　　　　　　　　cm

项目	体高	体长	胸深	胸宽	胸围	管围	腰角宽	坐骨宽	髋宽	尻长	腰角围	大腿围
小尾寒羊	70.00 ±2.0[a]	64.33 ±3.2[a]	32.33 ±2.3[a]	15.67 ±1.5[b]	71.00 ±3.00[b]	8.17 ±0.3[b]	13.83 ±1.6[b]	5.33 ±0.6[a]	17.00 ±3.0[a]	21.83 ±0.3[a]	26.50 ±1.3[a]	27.33 ±0.6[B]
德寒一代	70.00 ±3.6[a]	66.67 ±3.2[a]	32.67 ±1.5[a]	19.17 ±0.8[a]	79.33 ±2.1[a]	9.17 ±0.3[a]	16.50 ±1.8[ab]	5.83 ±0.6[a]	20.50 ±3.0[a]	23.00 ±1.7[a]	27.33 ±1.2[a]	32.50 ±0.9[A]
杜寒一代	66.67 ±1.5[a]	69.00 ±2.6[a]	31.67 ±1.5[a]	19.67 ±2.1[a]	74.67 ±3.5[ab]	8.67 ±0.3[ab]	17.00 ±1.0[a]	5.33 ±0.6[a]	17.67 ±0.6[a]	21.33 ±0.6[a]	27.33 ±1.2[a]	31.50 ±1.3[A]

注:上标相同字母表示差异不显著($P>0.05$),上标不同字母表示差异显著($P<0.05$),上标不同大写字母表示差异极显著($P<0.01$),下表相同。

表 3-30　不同杂交羔羊产肉性能比较

品种	宰前重(kg)	胴体重(kg)	脂肪重(kg)	净肉率(%)	GR 值(mm)	眼肌面积(cm²)	肉骨比
小尾寒羊	25.83±0.76[b]	10.67±0.76[b]	0.28±0.05[a]	69.0±2.65[a]	2.0±0.03[c]	7.97±1.43[bB]	2.1±0.1[b]
德寒一代	33.67±0.58[a]	15.83±0.29[a]	0.46±0.13[a]	73.4±3.01[a]	4.3±0.06[a]	12.00±0.73[a]	2.7±0.3[a]
杜寒一代	34.67±1.44[a]	14.67±1.53[a]	0.53±0.20[a]	72.5±1.4[a]	3.2±0.02[b]	12.89±2.23[Aa]	2.8±0.3[a]

表 3-31　羔羊产肉性能与体尺相关性研究

指标	体高	体长	胸深	胸宽	胸围	管围	腰角宽	坐骨宽	髋宽	尻长	腰角围	大腿围
宰前重	−0.38	0.62	0.08	0.85	0.72	0.74	0.78	0.22	0.24	0.13	0.46	0.94
胴体重	−0.22	0.51	0.23	0.82	0.87	0.89	0.76	0.40	0.40	0.33	0.60	0.93
肉重	−0.27	0.47	0.17	0.83	0.68	0.86	0.77	0.39	0.47	0.27	0.51	0.95
GR 值	−0.11	0.15	0.00	0.62	0.68	0.78	0.59	0.53	0.67	0.24	0.37	0.78
肉骨比	−0.43	0.34	−0.11	0.62	0.48	0.43	0.71	0.47	0.46	−0.22	0.40	0.84

④不同杂交羔羊不同部位产肉性能比较。结果(表 3-32)表明杜寒一代和德寒一代羔羊肩颈肉、肋肉、腰肉、后腿肉和胸下部位肉骨总重量均显著大于小尾寒羊($P<0.05$),杜寒一代和德寒一代羔羊肩颈肉、肋肉、后腿肉和胸下部位肉重均显著大于小尾寒羊($P<0.05$),但试验组羔羊肩颈肉、肋肉和胸下肉与小尾寒羊骨重没有显著差异($P>0.05$),德寒一代腰肉和胸下肉骨重与小尾寒羊没有显著差异($P>0.05$)。

⑤不同杂交羔羊内脏重量比较。结果见表 3-33,杜寒一代和德寒一代与小尾寒羊 6 月龄羔羊瓣胃重、皱胃重、大肠重、大肠长、小肠重和小肠长均无显著差异($P>0.05$),但心重和瘤胃重极显著高于小尾寒羊($P<0.01$),德寒一代 6 月龄羔羊肺重和肝重均极显著高于小尾寒羊($P<0.01$),与杜寒一代无显著差异($P>0.05$),杜寒一代 6 月龄羔羊网胃重显著高于小尾寒羊,与德寒一代无显著差异。

表 3-32　不同杂交羔羊不同部位肉重比较

kg

品种	肩颈部			肋肉			腰肉			后腿肉			胸下肉		
	重量	肉重	骨重	重量	肉重	骨重	重量	肉重	骨重	重量	肉重	骨重	重量	肉重	骨重
小尾寒羊	3.06 ±0.24b	2.13 ±0.17c	0.93 ±0.10a	1.37 ±0.11b	0.71 ±0.06b	0.67 ±0.05a	1.08 ±0.03b	0.72 ±0.03b	0.36 ±0.04b	3.53 ±0.22c	2.35 ±0.16b	1.18 ±0.16b	0.94 ±0.01c	0.57 ±0.06b	0.40 ±0.03ab
德寒一代	4.43 ±0.29a	3.33 ±0.08a	1.09 ±0.22a	2.08 ±0.11a	1.29 ±0.21a	0.79 ±0.12a	1.70 ±0.05a	1.29 ±0.06b	0.40 ±0.01b	5.28 ±0.04a	3.69 ±0.18a	1.59 ±0.17a	1.41 ±0.10a	0.95 ±0.14a	0.46 ±0.04a
杜寒一代	3.76 ±0.42a	2.81 ±0.27b	0.95 ±0.19a	1.97 ±0.21a	1.23 ±0.13a	0.75 ±0.08a	1.81 ±0.45a	1.36 ±0.41a	0.45 ±0.04a	4.65 ±0.31b	3.32 ±0.24a	1.33 ±0.14b	1.18 ±0.04b	0.79 ±0.07a	0.39 ±0.03b

表 3-33　不同杂交羔羊内脏重量结果

项目	心重 (kg)	肺重 (kg)	肝重 (kg)	瘤胃重 (kg)	瓣胃重 (kg)	网胃重 (kg)	皱胃重 (kg)	大肠重 (kg)	大肠长 (m)	小肠重 (kg)	小肠长 (m)
小尾寒羊	0.15± 0.03B	0.40± 0.05Bb	0.45± 0.02Bb	0.72± 0.04B	0.10± 0.01a	0.11± 0.01c	0.25± 0.02a	0.51± 0.05a	7.03± 0.15a	0.80± 0.08a	25.00± 1.00a
德寒一代	0.26± 0.03A	0.61± 0.05Aa	0.56± 0.03Aa	0.94± 0.05A	0.13± 0.01a	0.12± 0.01ac	0.30± 0.03a	0.61± 0.06a	6.70± 1.14a	0.79± 0.08a	25.93± 1.00a
杜寒一代	0.22± 0.03A	0.52± 0.08a	0.55± 0.05a	1.00± 0.07A	0.13± 0.03a	0.13± 0.01a	0.32± 0.09a	0.67± 0.12a	7.12± 0.14a	0.93± 0.10a	27.40± 2.23a

⑥不同杂交羔羊皮张性能比较。结果见表 3-34,小尾寒羊皮子抗张强度、负荷伸长率、断裂伸长率和撕裂力均高于德寒一代和杜寒一代,但均无显著差异($P>0.05$)。

表 3-34　不同品种羔羊皮张性能比较结果

品种	抗张强度(N/mm²)	负荷伸长率(%)	断裂伸长率(%)	撕裂力(N)
小尾寒羊	5.67±0.58a	79.33±17.79a	84.33±16.86a	14.00±3.46a
德寒一代	5.00±1.0a	63.67±7.09a	66.67±4.04a	12.00±2.00a
杜寒一代	5.33±2.08a	66.67±2.89a	75.67±6.66a	13.33±5.51a

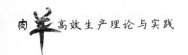

（3）分析与讨论

试验结果表明杜寒一代和德寒一代与小尾寒羊6月龄羔羊体高、体长、胸深、坐骨宽、髋宽、尻长和腰角围均无显著差异,但与产肉性能相关性比较高的体尺指标大腿围、胸围、胸宽、管围和腰角宽均大于小尾寒羊,如德寒一代和杜寒一代羔羊胸宽($P<0.05$)和大腿围($P<0.01$)均显著大于小尾寒羊。德寒一代羔羊胸围和管围显著大于小尾寒羊和杜寒一代($P<0.05$),杜寒一代羔羊腰角宽显著大于德寒一代和小尾寒羊($P<0.05$)。整体看杂交后代羔羊产肉性能好于小尾寒羊,如德寒一代和杜寒一代6月龄羔羊屠宰前重、胴体重和肉骨比均显著大于小尾寒羊($P<0.05$),胴体重和净肉率也高于小尾寒羊,但差异不显著,德寒一代GR值极显著大于小尾寒羊($P=0.001$),杜寒一代GR值也显著大于小尾寒羊($P<0.05$),说明德寒一代6月龄羔羊脂肪含量高,GR值是胴体脂肪含量的主要标志,因为8月龄之后肌肉生长速度变慢,脂肪在体重增加所占比重加大,本试验羔羊是6月龄,因此表明德寒一代和杜寒一代羔羊肌肉快速生长时期早于小尾寒羊。眼肌面积与产肉量呈高度正相关,试验结果说明杜寒一代和德寒一代6月龄羔羊产肉量均高于小尾寒羊。上述结果进一步证明了大腿围、胸围、胸宽、管围和腰角宽等体尺指标与产肉性能具有很高的相关性。

杜寒一代和德寒一代羔羊肩颈肉、肋肉、腰肉、后腿肉和胸下部位肉骨总重量均显著大于小尾寒羊($P<0.05$),杜寒一代和德寒一代羔羊肩颈肉、肋肉、后腿肉和胸下部位肉重均显著大于小尾寒羊($P<0.05$),但杜寒一代和德寒一代羔羊肩颈肉、肋肉和胸下肉与小尾寒羊骨重没有显著差异,这表明杂交后代各部位产肉性能好于小尾寒羊,骨重比例较小尾寒羊小,这与杜泊和德克赛尔纯种羊的体型和产肉性能相一致(图3-15)。杂交后代羔羊内脏器官重量与小尾寒羊没有太多差异,但心重和瘤胃重高于小尾寒羊,这可能与杂交后代新陈代谢有关。小尾寒羊皮子抗张强度、负荷伸长率、断裂伸长率和撕裂率均高于德寒一代和杜寒一代,但均无显著差异($P>0.05$)。说明杜寒一代和德寒一代羔羊皮子的耐力,柔软性和紧实程度都与小尾寒羊没有太多区别。

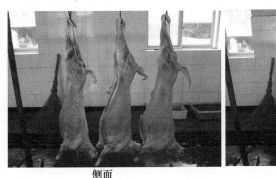

侧面　　　　　　　　　　　　　　背面

左→右:小尾寒羊,杜塞F1,德寒F1

图3-15　小尾寒羊与杜寒F1、德寒F1胴体

3.2.2.3　肉用绵羊与小尾寒羊杂交羔羊肉品质研究

由于羔羊肉鲜嫩、多汁、易消化、膻味轻,脂肪和胆固醇含量比成年羊肉低,瘦肉多,脂肪少等特点受到人们的青睐。世界上主要肉羊生产国家羔羊肉占羊肉产量比例大多在 90% 以上，而我国平均仅为 4%～6%，此外，4～6 月龄的羔羊生长速度最快，出栏率高，因此羔羊肉生产将成为肉羊产业的重点。

品种是影响羔羊肉品质的重要因素之一，目前我国还没有专门肉用绵羊品种，因此选择优秀的经济杂交组合成为发展羔羊肉的重要手段，近十年来，我国引进世界许多优良肉用绵羊品种，与本地羊进行多种模式的经济杂交试验，但以德克赛尔和杜泊为父本杂交组合后代羔羊肉的报道不多。因此，本试验比较了以德克赛尔、杜泊为父本杂交组合后代与小尾寒羊羔羊肉品质，旨在为小尾寒羊与肉用品种羊经济杂交生产优质羔羊肉提供科学依据。

(1)材料与方法

①材料。选择同等条件下饲养的健康无病 6 月龄小尾寒羊、德克塞尔(♂)与小尾寒羊(♀)杂交一代(简称德寒一代)及杜泊(♂)与小尾寒羊(♀)杂交一代(简称杜寒一代)各 3 只作为屠宰对象，现场分割并称重不同部位肉重，并测定肉色、大理石花纹等指标，同时采集背最长肌、股二头肌和臂三头肌保鲜带回实验室以备测定其他指标。

②测定指标与方法。肉色：取新鲜羔羊胴体最后一胸椎处的背最长肌，在室内自然光线下用美式标准比色板与肉样新鲜横切面对照打分。

pH：用 PHS-25 型酸度计测定 pH1 和 pH24。

失水率：采用压力法测定。失水率＝(加压后失水量/肉样重)×100%

熟肉率：采用常规方法测定。熟肉率＝(熟制后肉样重/熟制前肉样重)×100%

大理石纹评分：取羔羊第 1 腰椎处的背最长肌，在 4.0℃ 冰箱中存放 24 h，在自然光线下用新鲜横切面与美式标准图谱对照打分。只有痕迹得 1 分，微量得 2 分，少量得 3 分，适量得 4 分，大量得 5 分。

肌肉组织学性状由中国农业科学院兰州畜牧与兽药研究所动物毛皮及制品质量监督检验测试中心进行测定。

肌肉营养成分：取背最长肌、股二头肌和臂三头肌均匀混合样，按常规方法进行。

肌肉氨基酸含量测定：采用液相色谱进行由河北省保定市天元肥料研究所检测中心测定。

肌肉营养成分测定：取背最长肌 400 g 装入密闭塑料袋中冷藏，测其肌肉中水分、蛋白质、脂肪含量。

③统计分析。实验结果采用 SPSS13.0 软件 One-WayANOVAY 程序进行方差分析。

(2)结果

①羔羊肉质理化特性比较。肉质测定各项结果见表 3-35。德寒一代(4.67)($P=0.001$)和杜寒一代羔羊肉色评分(4)($P=0.01$)显著大于小尾寒羊肉色评分(3)，杜寒一代肉样失水率(29.08%)显著大于小尾寒羊(24.10%)($P<0.05$)，杜寒一代和德寒一代差异不显著($P>0.05$)；德寒一代(2.67)和杜寒一代(2.67)羊肉大理石花纹评分均显著大于小尾寒羊(1.33)($P<0.05$)；三个组羔羊肉样 pH1，pH24 和熟肉率方面均无显著差异($P>0.05$)。

表 3-35 不同杂交羔羊肉样肉质特性测定结果

组别	肉色评分	PH1	PH24	失水率（%）	熟肉率（%）	大理石纹评分
小尾寒羊	$3.00^B \pm 0.00$	$6.39^a \pm 0.07$	$6.02^a \pm 0.04$	$24.10^b \pm 3.35$	$48.68^a \pm 1.37$	$1.33^b \pm 0.58$
德寒一代	$4.67^{Aa} \pm 0.58$	$6.18^a \pm 0.28$	$6.13^a \pm 0.31$	$27.57^{ab} \pm 0.21$	$50.40^a \pm 0.69$	$2.67^a \pm 0.58$
杜寒一代	$4.00^b \pm 0.00$	$6.22^a \pm 0.25$	$6.16^a \pm 0.13$	$29.08^a \pm 1.23$	$49.76^a \pm 1.65$	$2.67^a \pm 0.58$

注：上标相同字母表示差异不显著（$P>0.05$），上标不同字母表示差异显著（$P<0.05$），上标不同大写字母表示差异极显著（$P<0.01$），下表相同。

②羔羊肌肉营养成分比较。肌肉营养成分测定结果见表 3-36。统计结果显示小尾寒羊羔羊肉粗蛋白、粗灰分和水分均高于德寒一代和杜寒一代羔羊，但差异不显著（$P>0.05$）。杜寒杂一代的粗脂肪含量最高，小尾寒羊组最低，德寒杂一代的粗灰分和水分量最低，但各组间差异均不显著（$P>0.05$）。

表 3-36 不同杂交羔羊肌肉营养成分测定结果 单位：%

组别	粗蛋白	粗脂肪	粗灰分	水分
小尾寒羊	$77.32^a \pm 1.55$	$10.34^a \pm 1.95$	$4.20^a \pm 0.03$	$11.24^a \pm 0.16$
德寒一代	$75.73^a \pm 2.20$	$13.77^a \pm 2.30$	$3.98^a \pm 0.06$	$10.47^a \pm 0.58$
杜寒一代	$73.85^a \pm 3.16$	$14.81^a \pm 3.86$	$4.11^a \pm 0.27$	$10.61^a \pm 0.79$

③羔羊不同部位肌肉组织学特性比较。结果见表 3-37，图 3-16，小尾寒羊、德寒一代和杜寒一代羔羊臂三头肌肉中肌纤维直径、单根肌纤维横截面积和肌纤维密度均无显著差异（$P>0.05$）。小尾寒羊、德寒一代和杜寒一代羔羊背最长肌肉中肌纤维直径和肌纤维密度均无显著差异（$P>0.05$），但德寒一代羔羊（462.64 μm^2）背最长肌中单根肌纤维横截面积显著大于杜寒一代（330.50 μm^2）（$P<0.05$），与小尾寒羊羔羊（388.78 μm^2）无显著差异（$P>0.05$），小尾寒羊（388.78）和杜寒一代（330.50 μm^2）间无显著差异（$P>0.05$）。

表 3-37 不同杂交羔羊不同部位肌纤维组织学特性比较

部位	组别	肌纤维直径（μm）	单根肌纤维横截面积（μm^2）	肌纤维密度（根/mm^2）
臂三头肌	小尾寒羊	$24.05^a \pm 1.15$	$391.56^a \pm 40.52$	$1,586.65^a \pm 266.99$
	德寒一代	$24.86^a \pm 1.60$	$424.99^a \pm 49.05$	$1,610.58^a \pm 206.22$
	杜寒一代	$24.03^a \pm 1.45$	$395.38^a \pm 50.86$	$1,290.45^a \pm 127.12$
背最长肌	小尾寒羊	$24.23^a \pm 1.57$	$388.78^{ac} \pm 38.34$	$1,657.13^a \pm 292.41$
	德寒一代	$26.24^a \pm 1.67$	$462.64^a \pm 62.26$	$1,635.68^a \pm 433.82$
	杜寒一代	$22.31^a \pm 2.58$	$330.50^{bc} \pm 67.78$	$1,669.22^a \pm 147.72$
股二头肌	小尾寒羊	$24.8^a \pm 0.87$	$416.41^{ac} \pm 24.33$	$1,683.28^a \pm 110.55$
	德寒一代	$27.11^a \pm 2.67$	$507.33^a \pm 97.96$	$1,319.75^b \pm 178.06$
	杜寒一代	$22.64^b \pm 1.93$	$348.37^{bc} \pm 63.82$	$1,386.71^b \pm 125.91$

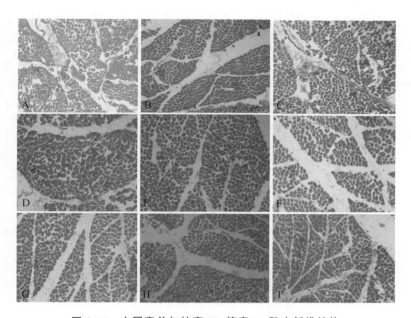

图 3-16　小尾寒羊与杜寒 F1、德寒 F1 肌肉纤维结构

A. 德寒背最长肌；B. 小尾寒羊背最长肌；C. 杜寒背最长肌；D. 德寒股二头肌；

E. 小尾寒羊股二头肌；F. 杜寒股二头肌；G. 德寒臂三头肌；H. 小尾寒羊臂三头肌；I. 杜寒臂三头肌

小尾寒羊（24.8 μm）、德寒一代羔羊（27.11 μm）股二头肌肉中肌纤维直径均显著大于杜寒一代（22.64 μm）（$P<0.05$），但小尾寒羊与德寒一代间无显著差异（24.8 μm vs 27.11 μm）；德寒一代股二头肌肉中单根肌纤维横截面积（507.33 μm^2）显著大于杜寒一代（348.37 μm^2），与小尾寒羊（416.41 μm^2）无显著差异（$P>0.05$），小尾寒羊与杜寒一代间也无显著差异（416.41 μm^2 vs 348.37 μm^2）（$P>0.05$）；小尾寒羊股二头肌纤维密度（1 683.28 根/mm^2）显著大于德寒一代（1 319.75 根/mm^2）和杜寒一代（1 386.71 根/mm^2）（$P<0.05$），后二者间无显著差异（$P>0.05$）。

④羔羊肉风干样氨基酸比较。羊肉风干样氨基酸含量测定结果见表 3-38。从表中可以看出，杜寒一代羔羊肉中苏氨酸、蛋氨酸、苯丙氨酸、赖氨酸和精氨酸含量最高，亮氨酸、异亮氨酸和组氨酸在德寒一代羔羊肉中含量最高，其中杜寒一代和德寒一代缬氨酸和色氨酸含量均显著高于小尾寒羊（$P<0.05$），杜寒一代和德寒一代羔羊肉必需氨基酸含量高于小尾寒羊。杜寒一代天冬氨酸、谷氨酸、脯氨酸、酪氨酸含量最高，德寒一代羔羊肉丝氨酸含量最高，杜寒一代和小尾寒羊肉甘氨酸含量均为 4.6%，德寒一代和小尾寒羊肉脯氨酸含量均为 3.5%，德寒一代羔羊肉非必需氨基酸含量（42%）高于杜寒一代（41.9%）和小尾寒羊（38.7%）。杜寒一代和德寒一代氨基酸总含量和粗蛋白含量均高于小尾寒羊。

（3）分析与讨论

羊肉肉色依脂肪和肌肉的颜色而定，正常羊肉的颜色是红色，这是羊肉中含有显红色的肌红蛋白和血红蛋白的缘故。肌红蛋白的含量越多，羊肉的颜色越红。一般羔羊肉中肌红蛋白的含量为 3～8 mg/g，成年羊肉中的含量为 12～18 mg/g。所以成年羊的肉呈鲜红色，老年羊的肉呈暗红色，羔羊肉呈淡灰红色。本试验杜寒一代和杜寒一代肉色评分高于小尾寒羊，说明二者肉内肌红蛋白较小尾寒羊少。杜寒一代肉样失水率（29.08%）显著大于小尾寒羊

（24.10％）（$P＜0.05$），杜寒一代和德寒一代差异不显著（$P＞0.05$），说明杜寒一代羔羊肉保水性较差。大理石花纹是指肌肉横切面肉眼可见的白色脂肪纹状结构，评分高说明肌间脂肪含量多，肉多汁性好，本试验德寒一代和杜寒一代羊肉大理石花纹评分均显著大于小尾寒羊（$P＜0.05$），说明德寒一代和杜寒一代6月龄羔羊肉肌间脂肪含量大于小尾寒羊，肉质多汁性好于小尾寒羊。三个组羔羊肉样 pH1、pH24 和熟肉率方面均无显著差异（$P＞0.05$），说明三组酸碱度和烹饪过程中的系水力没有显著差异。

表 3-38　不同杂交羔羊肉（干）氨基酸含量测定结果 %

组别	必需氨基酸											非必需氨基酸									氨基酸总量	粗蛋白
	苏氨酸	缬氨酸	蛋氨酸	亮氨酸	异亮氨酸	苯丙氨酸	赖氨酸	组氨酸	精氨酸	色氨酸	总量	天门冬氨酸	谷氨酸	丝氨酸	甘氨酸	脯氨酸	丙氨酸	胱氨酸	酪氨酸	总量		
小尾寒羊	3.4	4.0	1.9	6.1	3.6	3.3	6.7	1.7	5.6	1.2	37.5	7.0	12.9	2.8	4.6	3.5	4.6	0.8	2.5	38.7	76.2	82.2
德寒一代	3.7	4.2	2.1	6.5	3.8	3.5	7.1	2.1	5.94	1.3	40.1	7.6	13.9	3.9	4.4	3.5	4.6	1.1	2.7	42	82.1	82.6
杜寒一代	3.8	4.2	2.2	6.4	3.7	3.6	7.2	2.0	6.15	1.3	40.6	7.7	14.1	3.1	4.6	3.6	4.9	1.1	2.8	41.9	82.4	82.6

三组羔羊背最长肌肉中粗蛋白、粗脂肪、粗灰分和水分均无显著差异（$P＞0.05$），说明三个品种背最长肌肉营养成分没有显著差异。肌肉纤维的组织学特性与肉品的质地和嫩度相关，Cassens（1,984）研究认为肌肉表面纹理或质地是肌束大小排列的表现，肌束内肌纤维越细，肌纤维密度越大，则肌肉品质越好；此外研究发现肌束内肌纤维数是判定肉质细腻致密程度的重要因素，肌纤维越细肉质越鲜嫩。本试验小尾寒羊、德寒一代和杜寒一代羔羊臂三头肌肉中肌纤维直径、单根肌纤维横截面积和肌纤维密度均无显著差异（$P＞0.05$），说明三个品种6月龄羔羊臂三头肌肉嫩度和质地没有显著差异。小尾寒羊、德寒一代和杜寒一代羔羊背最长肌肉中肌纤维直径和肌纤维密度均无显著差异（$P＞0.05$），但德寒一代羔羊（462.64 μm^2）背最长肌中单根肌纤维横截面积显著大于杜寒一代（330.50 μm^2）（$P＜0.05$），与小尾寒羊羔羊（388.78 μm^2）无显著差异（$P＞0.05$），说明三个品种背最长肌肉嫩度和质地没有显著差异，但德寒一代羔羊背最长肌肉中脂肪和结缔组织含量少。杜寒一代股二头肌嫩度和质地要好于德寒一代和小尾寒羊。

在所有测定的18中氨基酸中，杜寒一代羔羊肉中苏氨酸、蛋氨酸、苯丙氨酸、赖氨酸、精氨酸、天冬氨酸、谷氨酸、脯氨酸、酪氨酸9种含量最高，亮氨酸、异亮氨酸、丝氨酸和组氨酸在德寒一代羔羊肉中含量最高，杜寒一代和德寒一代羔羊肉必需氨基酸和非必需氨基酸含量均高于小尾寒羊。研究表明氨基酸中的丝氨酸、谷氨酸、甘氨酸、异亮氨酸、亮氨酸、丙氨酸和脯氨酸是肉香味的必需前体氨基酸，尤其谷氨酸，是肉中的主要鲜味物质。本试验杜寒一代和德寒一代谷氨酸均高于小尾寒羊，表明杜寒一代和德寒一代6月龄羔羊肉风味好于小尾寒羊。

3.2.2.4　肉用绵羊与小尾寒羊杂交后代繁殖规律及性能研究

杜泊绵羊原产于南非，是世界上著名的肉用绵羊品种之一，该品种羊体质结实，对多种气候条件有良好的适应性，具有增重速度快、繁殖性能好、产肉率高、胴体品质好等肉用生产性能，具有适应性和抗病性强、耐粗饲等特点。德克塞尔羊原产于荷兰，特别适宜于肥羔生产，英国将该品种作为生产肥羔的终端父本品种，引入我国后杂交利用效果也比较好。小尾寒羊是我国乃至世界上著名的裘、肉兼用品种，具有早熟、多胎、抗病性强等特点，但小尾寒羊前胸不发达，体躯狭窄，后躯不丰满，肉用体型欠佳，增重慢等肉用性能比较差。

利用引进的纯种肉用绵羊与小尾寒羊杂交能够获得较好的杂交优势,王德芹(2006)在山东地区利用德克赛尔和杜泊公羊与小尾寒羊母羊杂交,取得了较好的效果,很多研究报道多集中在肉用性能改善方面,小尾寒羊为四季发情,繁殖无季节性,通过与肉用绵羊杂交后繁殖规律及性能方面报道并不多,候引绪(2008)报道陶赛特与小尾寒羊杂交后代繁殖呈现明显的季节性,德克赛尔和杜泊作为父本与小尾寒羊杂交后代繁殖规律及性能如何还未见报道。本文分析了小尾寒羊,杂交后代和横交后代在自然发情、分娩规律以及产羔率方面的数据,为杂交利用和育种科研工作提供科学依据。

(1)材料与方法

①试验羊场及杂交组合。2006 年在河北省涿州市连生牧业有限公司种羊场进行试验,选择双羔以上的小尾寒羊为母本,德克塞尔和杜泊纯种羊作为父本,进行育种选育,杂交一代与杂交二代进行横交。纯繁组配种方式为:小尾寒羊♂×小尾寒羊♀,杜寒杂交配种方式为:杜泊♂×小尾寒羊♀,德寒杂交配种方式为:德克赛尔♂×小尾寒羊♀,横交后代组配种方式为:杜寒二代♂×杂交一代♀。

②饲养方式。参试羊均采用舍饲方式,饲养在通风、便于饲喂和运动的羊舍内。粗饲料主要是青贮玉米秸,给少量苜蓿干草、花生秧及干草粉。精料为玉米、麸皮、豆粕,按配方比例要求粉碎加工,搅拌均匀制成颗粒料或粉状配合饲料。试验羊日喂 3 次,粉料拌湿饲喂,颗粒料干饲,怀孕母羊前期精料(粉料)0.25 kg,后期 0.5 kg。饲草不限量,任其采食。羔羊出生后20 d 开始补颗粒料,补料量按 20～30 日龄羔羊每羊每天补料 40～75 g,1～2 月龄 100～150 g,2～3 月龄 200 g,3～4 月龄 250 g ,4～5 月龄 350 g。对饲草的补饲不限量,任其采食,保证自由采食和饮水。

③繁殖方式及统计方法。每天用具有较强性欲的公羊进行试情,每天上午试情,下午进行人工输精,次日再次输精。小尾寒羊自然发情和分娩统计从 2007 年 3 月份至 2010 年 3 月份统计了 1,882 次发情分娩母羊,杂交后代、横交后代自然发情是从 2009 年 3 月统计到 2010 年3 月份,杂交后代发情分娩母羊为 107 次,横交后代发情分娩母羊为 104 次。母羊为自然发情数量均按产羔日期推算得到。

(2)结果与分析

①小尾寒羊自然发情和分娩各月份分布统计。图 3-17、图 3-18 结果显示小尾寒羊纯繁后代全年每个月份均有自然发情和分娩,说明小尾寒羊后代母羊自然繁殖无季节性。

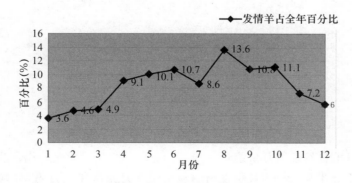

图 3-17　小尾寒羊后代母羊自然发情月份比例统计

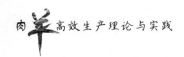
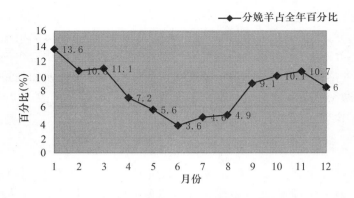

图 3-18　小尾寒羊后代母羊自然分娩月份比例统计

②杂交后代母羊自然发情月份统计。图 3-19、图 3-20 显示小尾寒羊与杜泊、德克赛尔纯种肉羊杂交后代母羊后半年自然发情比例高于上半年,分娩比例集中在 11 月份至次年 4 月份,但全年基本都有发情和分娩羊。

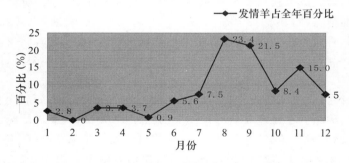

图 3-19　杂交后代母羊自然发情月份比例统计

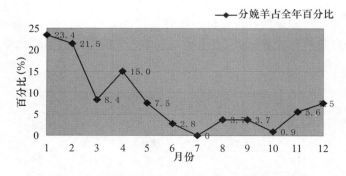

图 3-20　杂交后代母羊自然分娩月份比例统计

③横交后代母羊自然发情月份统计。图 3-21、图 3-22 显示横交后代自然发情和分娩下半年各月份比例高于上半年,2～7 月份发情明显少于 8 月至次年 1 月份,分娩产羔多集中在每

年 12 月至次年 5 月份,这说明繁殖规律具有明显的季节性。

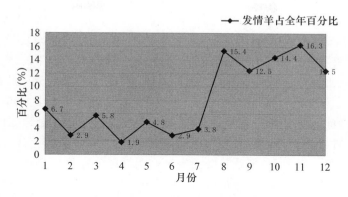

图 3-21　横交后代母羊自然发情月份比例统计

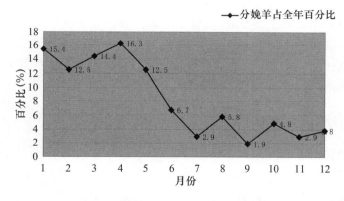

图 3-22　杂交后代母羊自然分娩月份比例统计

④不同杂交组合后代母羊繁殖率比较。结果(表 3-39)显示小尾寒羊胎产羔数、多羔率均高于德寒杂交后代、杜寒杂交后代和横交后代,这说明胎产羔数和多羔率随着小尾寒羊含血量的减少呈降低。

表 3-39　不同杂交组合母羊繁殖率比较

类别	母羊数(只)	胎均产羔数(只)	双羔率(%)	多羔率(%)
小尾纯繁后代	48	2.07	41.7	27.1
德寒杂交后代	26	1.65	54.5	7.7
杜寒杂交后代	42	1.5	45.2	8.3
横交后代	31	1.4	19.4	3.2

(3)讨论

自从我国引入国外肉用绵羊以来,小尾寒羊与这些肉用绵羊杂交都取得了较好的效果,杂交后代在生长发育、产肉性能等方面较小尾寒羊都有显著的提高,促进了我国肉羊生产的发展,但繁殖性能略有下降,如杂交后代发情、分娩出现季节性以及产羔率下降等,如杨宝江(2011)报道小尾寒羊与杜泊杂交F1代产羔率为185%,比杜泊羊提高49.29%。随着杂交代数增多,繁殖现象季节性更趋明显,产羔率也随之下降,如候引绪(2008)报道陶赛特与小尾寒羊杂交二代在繁殖上有明显的季节性,自然发情季节主要集中在每年的10月到次年的1月份,这期间的发情数占全年总发情数的90.48%;2～7月份是陶寒杂交二代的乏情期,自然发情率极低,8～9月份有少数羊发情,这与本研究一致,这说明随着小尾寒羊含血量减少,繁殖率呈现降低趋势,因此在培育新品种时,控制杂交代数即小尾寒羊含血量是保持繁殖性能的关键因素之一。在育种实践中,在筛选横交模式时,要充分考虑小尾寒羊血液比例对新品种繁殖性能的影响,需要掌握一个原则,那就是既能提高产肉性能又能保持繁殖性能下降得不是太明显。从本研究以及王金文等(2011)报道来看,在利用小尾寒羊培育新品种时,利用杂交二代进行横交固定是比较合适的。

(4)结论

小尾寒羊与杜泊、德克赛尔杂交后,随着小尾寒羊含血量的减少,横交后代母羊繁殖规律呈现明显的季节性,繁殖率下降。

致谢:本研究在生产记录、数据统计等工作中得到了涿州市连生牧业有限公司冯经占、李娜静、刘鹏等人的帮助,在此对他们表示感谢!

3.2.2.5 河北细毛羊与德国肉用美利奴羊杂交效果观察

河北细毛羊是河北省培育的毛、肉兼用型优良品种,产于河北省坝上地区的康保、沽源等县,曾有"坝上细毛羊"之称,曾为张家口和承德两地畜牧业乃至当地经济的发展做出过重要贡献。近年来,由于受世界及国内羊毛市场疲软,羊毛的价格走低,进口羊毛的冲击及羊肉价格逐年上涨等因素的影响,使河北细毛羊的经济价值逐年下滑,其饲养者的积极性受到了重大影响。河北细毛羊以毛为主产肉为辅的特性,已满足不了当前市场的需求。在其产区开始出现了大规模引入粗毛羊,与河北细毛羊杂交以提高产肉性能的现象,这样的结果势必会导致异质毛的出现,使经过几代人共同努力培育的河北细毛羊毁于一旦。因此,引进优良的肉用细毛羊与其杂交,保持其细毛同质毛品质,提高产肉性能迫在眉睫。德国肉用美利奴成年公羊体重120 kg,被毛长7 cm,产毛量5.5 kg,增重快,肉质好,是世界著名的肉用羊品种。具有体躯宽大,胸部宽深,背腰平直宽阔,肌肉丰满,后躯发育良好等优点。成年公母羊体重显著高于河北细毛羊,产肉率较高,产毛量与河北细毛羊相近,是最佳的候选羊。导入德国美利奴"肉毛兼用"细毛羊血液,在不降低河北细毛羊产毛性能的同时,提高河北细毛羊的肉用性能,培育河北细毛羊"肉毛兼用"新品系,变"毛肉兼用"细毛羊为"肉毛兼用"细毛羊,保护河北细毛羊这一地方良种,是利国利民的大好事。

本研究旨在以德国美利奴为父本,导入德美血液对河北细毛羊进行杂交改良,研究引入不同德血含量对河北细毛羊生产性能的影响,为确立德美公羊与河北细毛羊最优杂交组合提供依据,同时对不同品种的羔羊进行快速育肥和屠宰试验,为进一步提高河北细毛羊的产肉性能奠定基础,以便其在坝上及生态条件类似的地区进行推广,提高养羊的经济效益。

（1）试验地区的自然条件

鱼儿山牧场位在河北省丰宁县的北部，西北与内蒙古的多伦县接壤，西部、南部与丰宁县其他乡镇相邻，位在东径 $115°51'$，北纬 $40°34'$，海拔 $1,458\ m$，年降水量 $320\sim550\ mm$，年平均气温 $0.8℃$，极端最低气温 $-37.4℃$，无霜期 $78\ d$ 左右，早霜为 8 月 31 日，晚霜为 6 月 12 日，土壤冻结期 11 月 4 日至次年 4 月 1 日。

（2）试验设计

①不同德血含量杂交羊的生产性能测定。试验羊的选择：以肉用德国美利奴羊（简称德美）为父本，以鱼儿山牧场繁育的河北细毛羊（以下简称河细）为母本进行杂交，获得含 37.5%、50%、68.75% 和 75% 德血的杂交后代。

试验羊的饲养管理：试验羊群全部采用终年放牧方式饲养。母羊一般在 8 月份配种，1 月份产羔，羔羊 4 月龄断奶，每年 6 月 20 日左右剪毛。

②体重测定和羊毛取样及分析。随机选择健康的出生、断奶、周岁试验羊各 60 只，进行体重测定。其中羔羊在初生及 4 月龄断奶时统一称重，周岁羊在剪毛后称重；剪毛时在周岁羊的肩胛后部采取毛样。测定其毛丛长度、净毛率和净毛量、羊毛细度及油汗色泽和弯曲度等指标。羊毛分析按养羊学实验指导方法进行，其中净毛率用八篮恒温烘箱法测定（回潮率为 16%）；羊毛细度用显微镜投影仪测定。

③羔羊产肉性能测定。试验方法：选择健康且体重相近的 5 月龄德美与河北细毛羊杂一代公羔和河北细毛羊公羔各 20 只，分为两组进行育肥试验；肥育试验分两期进行，其中预试期为 $10\ d$，期间进行编号、称重、免疫驱虫等工作，正式期为 $60\ d$。育肥结束后屠宰，测量屠宰率、净肉率等指标。

试验日粮及饲喂方法：精料配方：前 $30\ d$，玉米 58%，豆饼 5%，胡麻饼 15%，麸皮 19.9%，盐 1%，磷酸二轻钙 1%，添加剂 0.1%；后 $30\ d$ 配方调整为玉米 70%，胡麻饼 13%，麸皮 14.9%，盐 1%，磷酸二轻钙 1%，添加剂 0.1%。试验期间，每天喂精料 $0.4\ kg$，分上、下午两次投喂，干草分早、中、晚 3 次饲喂，自由采食，自由饮水。

（3）结果与分析

①不同德血含量对后代羊体重的影响。

不同德血含量细毛羊的体重统计结果见表 3-40。

表 3-40　不同德血量羊的体重　　　　　　　　　　　　　　kg

德血含量	初　生		断奶（4 月龄）		周岁
	公	母	公	母	
河细	3.87 ± 0.75^b	3.70 ± 0.64	17.22 ± 1.92^b	16.30 ± 2.33	33.60 ± 3.42
37.5%	4.10 ± 0.95^a	3.94 ± 0.74	18.43 ± 3.57^a	17.62 ± 2.51	32.81 ± 3.38
50%	4.39 ± 0.72^a	3.99 ± 0.85	19.36 ± 2.93^a	18.21 ± 3.84	33.86 ± 3.26
68.75%	4.27 ± 0.69^a	4.06 ± 0.67	18.34 ± 3.56^a	18.34 ± 2.97	30.49 ± 4.27

续表3-40

德血含量	初　生		断奶(4月龄)		周岁
	公	母	公	母	
75%	4.28±0.70ᵃ	4.07±0.66	18.82±2.78ᵃ	17.92±2.86	32.11±4.27

注:周岁体重为18月龄剪毛后重,河北细毛羊组简称河细组,下同。上标相同小字字母表示差异不显著($P>0.05$),不同小写字母表示差异显著($P<0.05$)。下同。

由表3-40可见,初生和断乳时各德血含量组羔羊的体重均高于河北细毛羊组,其中50%、68.75%组和75%组公羔初生重均显著高于河北细毛羊组($P<0.05$),而且不同德血含量组公羔的平均重均比母羊重。周岁剪毛后,各德血含量组羊体重差异不显著($P>0.05$)。

②对羊毛品质的影响。不同德血含量羊的羊毛长度、细度、净毛量及净毛率测定值见表3-41。

表3-41　不同德血含量18月龄羊的羊毛品质分析测定结果

德血含量	羊毛长度(cm)	羊毛细度(μm)	净毛量(kg)	净毛率(%)	油汗比例(%)	弯曲数(个/cm)	5个弯以下(%)
37.50%	10.8±1.30ᴮ	19.98±0.84	2.05±0.33ᵃ	33.8±2.52ᵇ	51.60	5.10	58.3
50%	11.9±0.85ᴬ	20.30±1.45	2.03±0.24ᵃ	36.6±3.99ᵇ	72.7	4.30	85.5
68.75%	10.1±1.04ᴮ	19.85±1.25	2.22±0.38ᵃ	39.2±9.2ᵇ	79.9	4.12	88.6
75%	10.4±0.98ᴮ	19.30±0.79	2.13±0.26ᵃ	47.5±5.27ᵃ	85.0	3.90	90.3
河细	10.8±1.25ᴮ	19.88±1.70	1.75±0.31ᵇ	32.3±4.44ᵇ	21.6	6.20	34.3

注:上标不同大写字母表示差异显著($P<0.01$)。下同。

由表3-41可见,周岁时,含50%德血组羊毛长度最长,达11.9 cm,极显著高于其他各组($P<0.01$),37.5%德血组和河细组毛长高于68.75%和75%德血组($P>0.05$)。含50%德血组羊毛细度最粗,但各组差异不显著($P>0.05$)。影响羊毛细度的因素有很多,其中遗传因素最为重要,在美利奴品种中羊毛细度的遗传力一般都在0.4以上,因此细度的大小主要取决于遗传,说明德国美利奴和河北细毛羊羊毛细度在本质上没有明显差异,属于细度相近的细毛羊品种。

净毛率是影响羊毛质量的重要因素,从表3-41可以看出,各德血组的净毛量均显著高于河细组($P<0.01$),其中含68.75%德血组最高,达2.2 kg,河细组仅为1.75 kg;周岁时75%德血组净毛率达47.56%,分别较37.5%、50%、68.75%和河细组提高13.74、10.92、8.32和15.21个百分点,差异极显著($P<0.01$)。说明德国美利奴对提高河北细毛羊的净毛量效果显著。

白色或乳白色羊毛油汗所占比例表现为随德血量的增多而增大,周岁时75%德血组为85%,较河北细毛羊组提高63.4%;周岁时每厘米毛丛长度内弯曲个数随着德血引入量的增加而减少(即弯曲度大),75%组每厘米弯曲数为3.9个,较河细减少2.3个;每厘米毛丛的弯曲个数少于5个弯的比例也是随着德血含量的增多而加大。充分表明随着德血含量的增加,羊毛品质也逐渐得到一定改善。

③导入德血对羔羊生产性能的影响。由表3-42可见,育肥前30 d,杂交羊平均日增重

223 g,远远高于河北细毛羊 154 g($P<0.01$);后 30 d,杂交羊日增重继续增加,达到 263 g,而河北细毛羊日增重却没有明显变化,仅为 151 g,差异极显著。说明杂交羊的生长速度明显高于河北细毛羊,河北细毛羊的生长速度最高在 150 g 左右。同时也说明改善营养条件后,德血后代的生产性能得到充分发挥。

表 3-42　导入德血对杂交后代日增重的影响

组别	试验初始重(kg)	试验前期重(kg)	试验后期重(kg)	前期日增重(g)	后期日增重(g)	全期日增重(g)
试验组	22.66±0.76	29.35±0.63	37.24±0.32	223[a]	263[a]	243[a]
对照组	18.35±0.76	22.96±0.37	27.49±0.46	154[b]	151[b]	152[b]

注:试验组为德美与河北细毛羊杂交组,对照组为河北细毛羊组,下表同。

表 3-43　导入德血对杂交后代生产性能的影响

组别	宰前体重(kg)	胴体重(kg)	净肉重(kg)	屠宰率(%)	净肉率(%)
试验组	37.24[a]	19.01[a]	14.95[a]	51.04[a]	40.15[a]
对照组	27.49[b]	11.02[b]	8.87[b]	40.09[b]B	32.26[b]

由表 3-43 可见,德美杂交羔羊宰前体重、胴体重、净肉重、屠宰率、净肉率分别为 37.24 kg、19.01 kg、14.95 kg、51.04% 和 40.15%,远远高于河北细毛羊的 27.49 kg、11.02、8.87 kg、40.09% 和 32.26%,差异极显著($P<0.01$)。特别是德美后代 7 月龄胴体重 19.01 kg,达到了羔羊肉上等胴体标准(19~22 kg),而河北细毛羊仅为 11.02 kg($P<0.01$)。屠宰率、净肉率比河北细毛羊分别提高了 10.95 和 7.89 个百分点。说明导入德血后河北细毛羊产肉性能得到了较大提高。

(4)讨论

本研究表明德国美利奴羊与河北细毛羊各杂交后代羊的初生重及 4 月龄断奶重均明显高于河北细毛羊。这与贾志海等的研究结果相符。贾志海等研究发现,德美与河北细毛羊杂一代的 18 月龄剪毛后重显著高于河北细毛羊,与本试验结果不一致。本研究周岁时各德血含量组体重与河北细毛羊差异不显著,不同德血含量组羊体重优势消失,可能是营养水平低满足不了营养需要,影响优良性状的发挥有关。为充分发挥杂交后代的优势需建议制定新的营养标准,改进传统的饲养方式方法,加以补饲,提高饲养管理技术水平。

在羊毛品质方面,含 37.50% 德血组的羊毛长度、细度、净毛率、净毛量等指标均好于河细组,但总体低于其他三个德血组;50% 德血组杂交羊的羊毛长度显著高于河北细毛羊组($P<0.05$),净毛量、净毛率均高于河细组,但毛细度略粗;含 68.75% 德血组净毛量比河北细毛羊组多 0.47 kg,净毛率高 5.9%;含 75% 德血组与河北细毛羊组相比净毛量多 0.38 kg,净毛率高 15.2 个百分点,差异显著($P<0.05$),说明导血后羊毛净毛量和羊毛品质都得到了明显提高。

试验表明,进行快速育肥后,德美与河北细毛羊的杂交羔羊宰前体重、胴体重、净肉重、屠宰率、净肉率均显著高于当地细毛羊。这和李占斌、田大华、朱新龙等用德国美利奴提高科尔沁细毛羊、兴安细毛羊和新疆细毛羊产肉性能的结论是相一致的。德美与河北细毛羊的杂交羔羊进行快速育肥后,日增重、屠宰率、净肉率均比河北细毛羊有显著提高,说明德美杂交后代比河北细毛羊羔羊更适合快速育肥。在相同的饲养条件下,整个育肥期,杂交羊比河北细毛羊相比,平均日增重增加 94 g,净肉比河北细毛羊多产 6.08 kg,按每千克 30 元计算,每只羊可增加收入 180.24 元,经济效益显著增加。可见,用德美杂交改良河北细毛羊,杂交后代适合舍饲生产肥羔肉,经济效益较好,可以大范围推广。

综上,德国美利奴羊与河北细毛羊杂交后代羊的初生重及 4 月龄断奶重均明显高于河北细毛羊,而产毛量和羊毛品质高于河北细毛羊,并且羔羊的肥育肉用性能得到明显的提高,证明德国美利奴羊是改良河北细毛羊的优秀父本,利用德国肉用美利奴与河北细毛羊进行杂交是可行的。

3.2.2.6　杜泊绵羊与小尾寒羊杂交后代生长性状与肉用性能相关性分析

表型性状是基因功能的重要体现,基因与表型、表型与表型之间的关系是育种和杂交改良的重要研究内容,由于基因连锁原因,表型之间会出现相关关系。小尾寒羊是我国具有多胎性能的地方绵羊品种,但产肉性能差,国外引进的肉用绵羊肉用性能好,但产羔率低,且多呈季节性繁殖,利用国内地方品种与肉用绵羊经济杂交或培育新品种是提高产肉量的重要方式,在肉羊生产中肉用性能与繁殖性能往往呈负相关,而有些生长发育体尺指标会与肉用性能呈正相关,肉用性能好的品种往往生长发育速度快,饲料报酬高。在肉用绵羊杂交育种中,体尺发育指标与产肉性能是需要关注的内容之一,对生长发育和产肉性能指标进行统计学相关分析,可为育种值估计和育种目标的设定提供参考。

（1）材料与方法

①试验羊的选择。在河北连生农业开发有限公司种羊场进行试验,以小尾寒羊作为对照组,选择优良的杜泊绵羊作为杂交父本,杜泊羊（♂）×小尾寒羊（♀）,简称杜寒 F1 代。

②饲养条件。参试羊均采用舍饲方式,饲养在通风、便于饲喂和运动的羊舍内。粗饲料主要是青贮玉米秸,给少量苜蓿干草、花生秧及干草粉。精料为玉米、麸皮、豆粕,按配方比例要求粉碎加工,搅拌均匀制成颗粒料或粉状配合饲料。

③饲喂方法。试验羊日喂 3 次,粉料拌湿饲喂,颗粒料干饲,怀孕母羊前期精料（粉料）0.25 kg,后期 0.5 kg。饲草不限量,任其采食。羔羊出生后 20 d 开始补颗粒料,补料量按 20～30 日龄羔羊每羊每天补料 40～75 g,1～2 月龄 100～150 g,3～4 月龄 250 g,5～6 月龄 350 g。对饲草的补饲不限量,任其采食,保证自由采食和饮水。

④宰前测定项目。分别测定试验杂交羊体重、体高、体长、胸围、胸深、胸宽、腰角宽、坐骨宽、管围、髋宽、尻长、腰角围和大腿围等指标。

⑤屠宰测定项目。选择 6 月龄杜寒 F1 代进行屠宰实验,宰前进行称重,宰后测定胴体重、肉重、GR 值、肉骨比等指标。

⑥数据处理。分析杜寒 F1 代羔羊 6 月龄体尺指标和产肉性状,使用 SPSS13.0 分析软件,进行相关性分析。

（2）结果与分析

①羔羊产肉性能与体尺相关性分析。杜寒 F1 代羔羊生长发育性状与产肉性能相关性结果如表 3-44，结果体高与屠宰性能指标呈负相关，胸深和尻长与肉骨比呈负相关，胸围、胸宽、管围、腰角宽等性状与宰前重、胴体重、净肉重均称强正相关，均达显著水平。大腿围与宰前重、胴体重、净肉重、肉骨比相关性非常高，达到极显著水平（$P<0.01$），其中大腿围与净肉重相关系数最大为 0.949。

表 3-44　羔羊产肉性能与体尺相关性分析

指标	体高	体长	胸深	胸宽	胸围	管围	腰角宽	坐骨宽	髋宽	尻长	腰角围	大腿围
宰前重	−0.377	0.616	0.075	0.850**	0.721*	0.740*	0.775*	0.222	0.235	0.131	0.460	0.936**
胴体重	−0.222	0.506	0.230	0.817**	0.866**	0.891**	0.759*	0.402	0.404	0.333	0.603	0.930**
净肉重	−0.266	0.469	0.168	0.828**	0.842**	0.859**	0.768*	0.388	0.475	0.270	0.511	0.949**
GR 值	−0.110	0.149	0.005	0.621	0.682*	0.776*	0.590	0.534	0.669*	0.239	0.366	0.777*
肉骨比	−0.430	0.342	−0.111	0.619	0.48	0.434	0.706*	0.475	0.457	−0.225	0.401	0.845**

注：** 表示相关性达极显著水平（$P<0.01$），* 表示相关性达显著水平（$P<0.05$）。

②净肉重与体尺指标回归分析。以净肉重为因变量，体尺指标为自变量进行回归分析，结果如表 3-45，净肉重与胸宽、胸围、管围、腰角宽相关系数均在 0.800 以上，达到极显著水平（$P<0.01$），呈强正相关。

根据逐步回归分析法，应用 Spss13.0 建立净肉重与大腿围最优回归模型，最优回归方程：$Y=-13.865+0.723X$。

大腿围的偏回归系数达到显著水平（$P<0.05$），决定系数为 $R^2=0.900$，回归方程经 F 检验，差异显著（$P<0.05$），回归方程表明大腿围增加 1 cm，净肉量就会在 13.865 的基础上增加 0.723 kg，说明回归方程中的大腿围性状对净肉重有较大决定作用，该回归方程对估计净肉重是可靠的，具有较强参考价值。

表 3-45　因变量净肉重（Y）与体尺指标（X）间的相关系数

指标	体高 (X_1)	体长 (X_2)	胸深 (X_3)	胸宽 (X_4)	胸围 (X_5)	管围 (X_6)	腰角宽 (X_7)	坐骨宽 (X_8)	髋宽 (X_9)	尻长 (X_{10})	腰角围 (X_{11})	大腿围 X_{12}	净肉重 (Y)
体高 (X_1)	1.000	−0.143	−0.159	−0.632*	−0.082	0.015	−0.615*	0	0.242	0.633*	−0.058	−0.271	−0.266
体长 (X_2)		1.000	−0.101	0.608*	0.440	0.457	0.142	−0.205	0.009	0.343	0.360	0.490	0.469
胸深 (X_3)			1.000	0.268	0.569	0.406	0.346	0.272	−0.503	0.346	0.430	0.124	0.168
胸宽 (X_4)				1.000	0.733*	0.728*	0.762*	0.096	0.099	0.110	0.401	0.778**	0.828**
胸围 (X_5)					1.000	0.934**	0.575	0.380	0.153	0.609*	0.551	0.804	0.842**
管围 (X_6)						1.000	0.550	0.335	0.294	0.668*	0.590*	0.753*	0.859**
腰角宽 (X_7)							1.000	0.199	0.119	−0.168	0.343	0.747*	0.768**

续表 3-45

指标	体高 (X_1)	体长 (X_2)	胸深 (X_3)	胸宽 (X_4)	胸围 (X_5)	管围 (X_6)	腰角宽 (X_7)	坐骨宽 (X_8)	髋宽 (X_9)	尻长 (X_{10})	腰角围 (X_{11})	大腿围 X_{12}	净肉重 (Y)
坐骨宽 (X_8)								1.000	0.249	0.047	0.643*	0.289	0.388
髋宽 (X_9)									1.000	0.110	0.033	0.363	0.475
尻长 (X_{10})										1.000	0.324	0.200	0.270
腰角围 (X_{11})											1.000	0.342	0.511
大腿围 X_{12}												1.000	0.949**
净肉重 (Y)													1.000

注: ** 表示相关性达极显著水平 ($P<0.01$)，* 表示相关性达显著水平 ($P<0.05$)。

（3）讨论

生长发育性能是指生长速度、饲料报酬以及特定阶段体尺大小，对 6 月龄杂交羔羊体尺指标与产肉性能进行相关性比较，可为选种提供参考，对于负相关的性状加以定向选择，如体高与胴体重、净肉重、GR 值，肉骨比等主要产肉性能呈负相关，在选种或培育新品种时可考虑选择体高中等的个体，进而提高产肉性能。大腿围是本研究中引入的一个新的体尺指标，是指绵羊后大腿由左侧后膝前突起处的水平周长，从结果看，这个指标与产肉性能指标均较高，特别是与净肉重相关性最高达 0.949，可以作为肉用性能选种的重要指标。

羔羊早期生长发育数据对于生产、选育等工作十分重要，利用统计学对羔羊产肉性能和体尺数据进行相关分析，可以为生长发育、品种选育提供基础参考。本研究利用逐步回归分析法建立了净肉重与大腿围最优回归模型，结果表明大腿围对净肉重具有较大决定作用，可以利用回归方程用大腿围来估计净肉重。

3.2.2.7 寒泊羊与本地绵羊杂交 F1 代初生重和产羔率分析

我国的绵羊品种遗传资源非常丰富，包括以高繁殖性能著称的小尾寒羊、湖羊；以优秀裘皮性能著称的滩羊；以肉质好著称的苏尼特羊等地方绵羊品种，但这些品种几乎都是单一性能优秀。近年来我国引入了大量国外优良品种，开展杂交改良，不同程度地改善了我国地方品种的产肉性能，但国外肉羊品种引进成本高，且产羔率低，繁殖季节性强。寒泊羊是以杜泊绵羊为父本、小尾寒羊为母本培育的肉用绵羊新种群，在培育过程中以高繁殖力主效基因（BMPR-1B 基因）为分子标记目的是提高胎产羔数，经过了十余年的本土化舍饲培育，目前，遗传性能稳定，具有生长速度快、产肉性能高、胴体品质好的肉用性能和高繁殖力、耐粗饲等特点，因此，若将寒泊羊作为父本与本地绵羊杂交，有望在改善地方品种肉用性能的同时提高繁殖产羔率，还可降低引入成本，不存在生态环境适应性问题。为此，本文开展了舍饲条件下，寒泊羊与本地绵羊杂交试验，统计比较了杂交 F1 代和本地绵羊初生重和产羔率，并对初生重影响因素进行了分析，目的是为寒泊羊推广利用和提高羊群管理水平提供依据。

（1）材料与方法

①试验地点。试验羊场位于石家庄藁城区，处于河北省中南部太行山东麓平原，地理坐标为 N37°51′～38°18′44″，E114°38′45″～114°58′47″，四季分明，年平均气温 12.5℃。年平均降水量 494 mm，7～8 月份降水量最多，约占全年的 56.2％。年平均太阳辐射总量 546.5 kJ/cm²，年日照时数 2,711.4 h，日照率 61.2％。无霜期 190 d。

②羊群饲养。寒泊羊为父本，本地绵羊为母本杂交后代简称"杂交 F1 代"，以本地绵羊（纯繁）为对照。全部采用舍饲方式，专人饲养，定时定量饲喂，自由饮水，饲养管理条件一致。

③试验指标及方法。分别统计了本地绵羊纯繁和杂交 F1 代的母羊产羔率，本地绵羊纯繁后代和杂交 F1 代初生重。利用 spss20.0 进行显著性 t 检验或单因素方差分析。

（2）结果与分析

①杂交 F1 代与本地绵羊初生重比较。寒泊羊杂交 F1 代初生重显著高于本地绵羊（3.92 kg VS 3.52 kg）（$P<0.01$），其中杂交 F1 代母羔初生重比本地绵羊提高 13.35％，公羔初生重比本地绵羊提高 8.37％（表 3-46），表明寒泊公羊与本地绵羊杂交可显著提高后代初生重。

表 3-46　杂交 F1 代与本地绵羊纯繁后代初生重比较

类别	初生重(kg)/样本量	母羔初生重(kg)/样本量	公羔初生重(kg)/样本量
杂交 F1 代	3.92±1.10^A/742	3.82±1.10^A/364	4.01±1.15^A/378
本地绵羊	3.52±1.03^B/720	3.37±0.96^B/382	3.70±1.09^B/338

注：字母相同的为差异不显著（$P>0.05$），反之则差异显著（$P<0.05$），大写字母表示差异极显著（$P<0.01$）。下同。

②杂交 F1 代与本地绵羊不同初生重羔羊比例分布。结果表明 62.67％的杂交 F1 代初生重集中在 3～5 kg，64.72％的本地绵羊集中在 2～4 kg，其中初生重 4 kg 以上的杂交 F1 代比本地绵羊高 17.06 个百分点（图 3-23）。

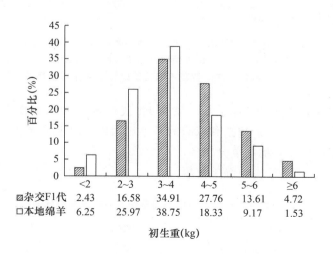

初生重(kg)	<2	2～3	3～4	4～5	5～6	≥6
杂交F1代	2.43	16.58	34.91	27.76	13.61	4.72
本地绵羊	6.25	25.97	38.75	18.33	9.17	1.53

图 3-23　杂交 F1 代和本地绵羊不同初生重羔羊比例分布

③公羊对所配母羊后代初生重的影响。结果表明公羊 5 杂交 F1 代初生重与公羊 3 后代差异不显著,但显著高于其他后代公羊($P<0.01$)(表 3-47)。表明公羊对后代初生重影响较大。

表 3-47　不同公羊对羔羊初生重的影响

指标	公羊 1	公羊 2	公羊 3	公羊 4	公羊 5	公羊 6	公羊 7	公羊 8
初生重 (kg)	3.97± 0.96[ab]	3.82± 0.93[ab]	4.10± 1.1[ac]	3.79± 1.13[a]	4.31± 1.20[c]	3.96± 1.02[ab]	3.76± 0.98[a]	3.78± 1.17[a]

④胎产羔数和性别对羔羊初生重的影响。结果表明杂交 F1 代相同胎产羔数的公羔初生重均大于母羔($P>0.05$);相同性别不同胎产羔数的羔羊初生重差异显著,即单羔、双羔、三羔、四羔之间的公羔初生重、母羔初生重均存在显著差异($P<0.05$)。本地绵羊单羔公羔初生重显著大于母羔($P<0.05$),双羔、三羔和四羔公、母初生重差异均不显著($P>0.05$);不同胎产羔数之间的公羔初生重差异显著($P<0.05$),单羔中的母羔显著大于双羔、三羔和四羔($P<0.05$),三羔和四羔之间的母羔初生重无显著差异($P>0.05$)(图 3-24),说明无论杂交 F1 代还是本地绵羊,胎产羔数越少,羔羊初生重越大。

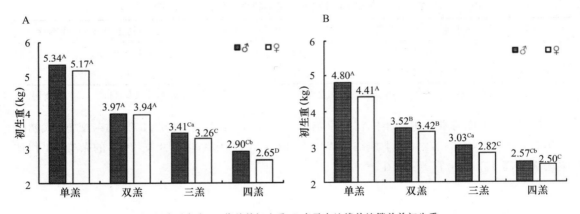

注:A 表示杂交 F1 代羔羊初生重,B 表示本地绵羊纯繁羔羊初生重。
图中角标表示相同性别不同胎产羔数之间显著性比较。

图 3-24　不同胎产羔数和不同性别对羔羊初生重的影响

⑤杂交 F1 代与本地绵羊产羔率分析。杂交 F1 代产羔率比本地绵羊高 12.45 个百分点(表 3-48)。寒泊羊所配母羊中产单羔和双羔的母羊比例比本地绵羊分别少 4.47、3.44 个百分点,产三羔和四羔的母羊比本地绵羊分别多 7.57、0.34 个百分点(图 3-25)。表明寒泊羊所配母羊的总产羔数及三羔率高于本地绵羊纯繁。

表 3-48　杂交 F1 代与本地绵羊纯繁后代产羔率比较

类别	产羔母羊数(只)	羔羊数(只)	产羔率(%)
杂交 F1 代	426	838	196.71
本地绵羊	413	761	184.26

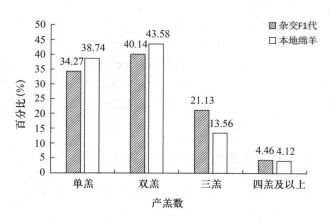

图 3-25　不同产羔数母羊比例分布

（3）讨论

寒泊羊是以骨形态发生蛋白受体 IB（*BMPR-IB*）基因作为多胎候选基因,运用分子标记辅助选择技术,历经十余年培育的肉用绵羊新种群,兼顾了父本肉用性能和母本繁殖性能,与本地品种杂交可提高肉用性能的同时提高产羔率,本文分析结果进一步印证了这一预期。这与敦伟涛等（2011 年）的结果有不同之处,其中小尾寒羊的产羔数（1.80）与本试验相似,但自繁后代胎产羔数平均为 1.76,这主要是与自群繁育代数有关,经过近几年的多胎基因分子标记继代选育,含有多胎基因纯合的羊群比例增加,进而使胎产羔数不断提高。王金文 等（2009）研究结果杜寒杂交的产羔率第一、二、三代分别为 140.0、129.5、107.1,比本研究的杂交 F1 代分别低 56.71、67.21、89.61 个百分点。

初生重是一项重要的生长发育性状,受环境和遗传影响比较大,羔羊初生重直接影响其以后的生长发育、个体胴体重及肉用性能等,王金文等（2014）报道杜寒杂交的初生重第一、二、三代分别为 3.91、3.73、3.79 kg,与本试验杂交 F1 代初生重（3.92 kg）差异不大,但本试验的杂交比本地品种 3.52 kg 提高了 0.4 kg（$P < 0.01$）,这与斯登丹巴等（2012）研究结果一致,即大型公羊对地方小型母羊所产羔羊的影响极显著。本试验的公羊 5 所配母羊羔羊初生重与公羊 3 后代差异不显著,但显著高于其他羔羊,说明公羊对后代的初生重影响较大,这与王金文等人的研究一致。无论杂交 F1 代还是本地绵羊,公羔初生重大于母羔,胎产羔数越少,羔羊初生重越大,这与曹晓波等（2015）的研究结果一致。

羊群产羔率主要取决于母羊胎产羔数,产单羔的母羊比例直接影响整体羊群产羔率,本文分析的杂交 F1 代产羔率高于本地绵羊,主要是由于产三羔的母羊比例高,可见,产多羔的母羊比例对整体羊群产羔率影响较大。在实际生产中,尽量选择连续产双羔以上的母羊进行留种,增加高产母羊的比例,进而提高羊群整体产羔率。本试验通过对寒泊羊与本地绵羊杂交 F1 代和本地绵羊生产性能对比分析,结果无论在羊群整体平均产羔率、三羔率还是初生重方面,杂交 F1 代的优势突出,不仅弥补了初生重的不足,而且还提高了繁殖率。

3.2.3　高效频密繁殖技术研究

影响绵羊产羔数的重要因素之一就是产羔间隔,缩短产羔间隔可提高母羊利用效率进而

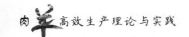

提高产羔数,提高母羊利用效率的技术方法主要分为挖掘利用卵巢卵母细胞资源为核心的胚胎生物技术和缩短产羔间隔为核心的频密繁殖技术。挖掘卵巢卵母细胞资源和提高母羊排卵数需要利用生物技术结合实验室条件下进行,如成年母羊超数排卵、幼羔超排结合体外受精技术和胚胎移植技术来达到人为提高卵母细胞利用效率,但在生产条件下,没有专业技术人员的参与下很难实施,而缩短产羔间隔主要包含产后诱导发情技术、羔羊早期断奶技术、人为控制环境保障母羊正常发情配种等措施。

3.2.3.1　羔羊30日龄早期断乳及代断乳料研究

随着我国生态环境建设步伐的加快,结合人多地少的国情,实施舍饲养羊和集约化养羊成为养羊业的必然发展趋势。早期断乳是提高母羊繁殖及生产性能的有效手段,也是集约化养羊的重要环节和标准化养羊的重要手段。传统羔羊的哺乳期一般为120 d,过长的哺乳期会延长母羊的繁殖周期,而羔羊早期断乳可缩短母羊的繁殖周期,实现母羊1年2产或2年3产,提高养羊的经济效益。

国外有关动物早期断乳和代乳料的研究较多,但有关羔羊早期断乳的研究较少,羔羊早期断乳可分为超早期(产后7～10日龄)和早期断乳(60日龄前)。新西兰大多数羊场在羔羊产后28～42 d断乳,而加拿大则推荐60日龄断乳。国内相关研究还处于探索阶段。笔者根据母羊的泌乳曲线和羔羊营养需要,结合农区养羊的实际情况,拟定对30日龄羔羊进行早期断乳,并对不同生长阶段羔羊科学配制相应代乳料,以期提高羊只的生产性能。

(1)材料与方法

①试验动物。在涿州市连生牧业公司选取30日龄身体健壮、体重相近的小尾寒羊羔羊24只,随机分为3组,每组8只,分别为:对照组、试验1组和试验2组。

②方法。

a.羔羊断乳处理:对照组按传统方法断乳,即羔羊随母羊哺乳,10日龄开始补饲青干草,15日龄开始补饲混合精料,30～90日龄平均日补料250 g,90日龄断乳;试验1组为标准营养水平组,即按营养标准配制日粮;试验2组按低于营养标准15%配制日粮;试验组羔羊22日龄前同对照组补饲和管理方式相同,22～29日龄分别预饲30日龄代乳日粮,30日龄与母羊分开正式断乳,喂以30日龄断乳日粮,60日龄换喂60日龄代乳日粮,90日龄试验结束。羔羊自由采食青贮和干草。

b.代乳日粮配制:代乳日粮以中华人民共和国农业部《肉用绵羊和山羊饲养标准》为依据,根据羔羊生长发育分为30日龄和60日龄2个阶段,按日增重200 g营养需要配制,除30日龄标准营养水平为粉料外,其他均为颗粒料。代乳日粮配方及营养成分如表3-49所示。

表3-49　代乳日粮配方及营养成分

饲料成分	30日龄*	30日龄(低)	60日龄	60日龄(低)
黄玉米	22.5	41.7	57.3	36.4
大豆粕	29.7	20.6	9.9	7.4
棉籽粕		5.0	5.0	5.2

续表 3-49

饲料成分	30 日龄*	30 日龄（低）	60 日龄	60 日龄（低）
菜籽粕		4.0	5.0	5.2
豌豆蛋白		2.7		
花生仁饼	7.5	3.0	6.0	
植物油	2.5			
鱼粉	5.5			
次粉	3.0	2.0	2.0	2.0
乳清粉	12.8			
脱脂奶粉	8.0			
葡萄糖	7.0			
麸皮		10.0	8.0	12.5
苜蓿粉		9.5	5.0	11.0
添加剂	1.0	1.0	1.0	1.0
石粉	0.5	0.5	0.8	0.5
大豆秸				11.0
玉米青贮				9.0
消化能/MI/KG	15.32	13.04	13.43	11.40
粗蛋白/%	25.34	21.56	17.36	14.77
钙/%	0.75	0.73	0.68	0.85
磷/%	0.45	0.47	0.44	0.43

注：* 为粉料。

③饲养管理。试验羊舍为半开放式羊舍，每组 1 个羊舍，羔羊设单独补料栏（羔羊可自由出入，自由采食和饮水）。试验羊只预饲前打耳号，并在 30、60 和 90 日龄称重。并做好饲料消耗记录。试验组羊断奶后将母羊移走（羔羊仍留在原圈舍），尽量保持羔羊环境稳定，断奶后母羊奶量足时要进行人工挤乳，以免发生乳腺炎。

④产后发情统计。产羔后开始对母羊进行试情，记录发情时间。

（2）结果与分析

①羔羊增重。由表 3-50 可知，60 日龄时试验 2 组羔羊体重最重，试验 1 组次之，对照组最低，组间差异不显著。90 日龄时，试验组羔羊体重均高于对照组，试验 1 组羔羊体重最重，为 20.06 kg，对照组羔羊体重最低，说明仅凭母乳和少量补饲不能满足羔羊生长的需要。

表 3-50　羔羊体重变化　　　　　　　　　　　　kg

组别	30 d	60 d	90 d
试验 1 组	10.19±1.75	14.63±1.46	20.06±2.19
试验 2 组	10.38±1.85	15.13±2.56	19.94±2.48

续表 3-50

组别	30 d	60 d	90 d
对照组	10.50±2.04	13.63±3.27	17.63±3.82

②羔羊日增重。由表 3-51 可知,30～60 日龄羔羊试验 2 组日增重最高,达 158.3 g,对照组日增重最低,仅为 104.2 g,试验 1 组羔羊日增重为 147.9 g,介于两者之间。统计分析结果表明,试验 2 组羔羊日增重显著高于对照组($P<0.05$)。60～90 日龄羔羊试验 1 组日增重最高,与对照组差异显著($P<0.05$)。

30～90 日龄羔羊试验 1 组日增重最高,为 164.6 g,试验 2 组次之,为 159.4 g,对照组最低,仅为 118.7 g,试验 1 组与对照组羔羊日增重差异极显著($P<0.01$),试验 2 组与对照组羔羊日增重差异显著($P<0.05$),试验 1 组与试验 2 组羔羊日增重差异不显著($P>0.05$)。

表 3-51　羔羊日增重

组别	30～60 d	60～90 d	30～90 d
试验 1 组	147.9±19.99	181.3±40.39	164.6±18.78
试验 2 组	158.3±40.82	160.4±39.33	159.4±26.82
对照组	104.2±52.53	133.4±26.68	118.7±38.51

③羔羊饲料转化。由表 3-52 可知,试验 1、2 组 30～60 日龄羔羊料重比低于 60～90 日龄羔羊料重比,试验 1 组羔羊料重比低于试验 2 组,说明随着羔羊日龄的增长,料重比增加;营养水平越高,料重比越低。试验 1、2 组 30～90 日龄羔羊料重比分别为 2.75 和 3.01,说明营养水平相差 15% 的代乳料对 30 日龄断乳羔羊的料重比具有一定影响。2 组饲料价格相差较大,试验 1 组 2 期饲料平均价格为 3 元/kg,试验 2 组 2 期饲料平均价格仅为 1.7 元/kg。

表 3-52　断乳粉营养水平对羔羊饲料转化率的影响

试验组	平均耗料量(kg)			平均增重(kg)			料重比			饲料单价(元/kg)			饲料成本(元)		
	30～60 d	60～90 d	30～90 d	30～60 d	60～90 d	30～90 d	30～60 d	60～90 d	30～90 d	30～60 d	60～90 d	30～90 d	30～60 d	60～90 d	30～90 d
试验 1 组	11.2	15.9	27.1	4.44	5.43	9.87	2.52	2.93	2.75	5.1	1.7	3.0	57.12	27.03	84.15
试验 2 组	13.5	15.3	28.8	4.75	4.81	9.56	2.84	3.81	3.01	1.9	1.5	1.7	25.65	22.95	48.60

④母羊发情。根据配种记录,羔羊早期断乳对母羊发情具有明显影响,产羔后开始对 3 组母羊进行试情,试验 1 组和试验 2 组母羊发情较早,平均分别为 51、54 d,对照组母羊发情期较长,平均为 66 d。

(3)讨论

理论上讲,母乳是新生羔羊最理想的食物,母羊产羔后 14～28 d 达泌乳高峰,21 d 内泌乳量相当于全期总泌乳量的 75%,此后泌乳量明显下降。据观察,羔羊瘤胃发育可分为:初生至 21 日龄的无反刍阶段,21～56 日龄过渡阶段和 56 日龄以后的反刍阶段;21 日龄内羔羊以母乳为饲料,由皱胃承担消化功能,消化规律与单胃动物相似,21 日龄后才能慢慢消化植物性饲料。根据母羊的泌乳规律和羔羊消化系统的发育规律,羔羊早期断乳时间以 30 日龄较合适,配合适当的代乳日粮,羔羊的生长发育不受影响,本试验结果也证明了这一点。

母羊分娩后,羔羊的生存环境发生了根本变化,其营养由靠母羊血液供给转为靠自身的消化系统获得;羔羊出生后相对生长强度很大,其生长和健康主要依赖于乳汁中的营养和免疫物质的供给。若要实施羔羊早期断乳,就需要配制营养水平相对较高的代乳日粮供其生长发育,因此营养水平的高低是决定早期断乳能否成功的关键。王桂秋等(2005)的研究结果表明,在 25%～33%蛋白质含量范围内,随蛋白质水平的提高,羔羊对营养物质的消化代谢率呈递增趋势。该试验根据国家标准确定代乳料的消化能为 15.32 MJ/kg,粗蛋白含量为 25.43%,但考虑到代乳料的成本又设置了一个低于标准 15%的营养水平。试验结果标准营养水平的饲养效果好于其他组,但适当降低营养水平对羔羊的生长发育影响不大;30 日龄后由于母羊泌乳量急剧下降,对照组哺乳加补饲,营养仍达不到羔羊生长发育的要求,因此羔羊的生产性能最差。

在泌乳期间过多泌乳刺激(如吮乳或挤乳)可诱发母羊外周血浆中促乳素浓度升高,而促乳素对下丘脑具有负反馈作用,可抑制促性腺激素的释放,使垂体前叶 FSH 分泌量和 LH 合成量减少,致使雌性动物不发情;非季节发情母羊大多在产后 60～90 d 发情,不哺乳的可在产后 20 d 左右发情。试验发现,早期断乳可加快母羊发情,早期断乳试验组母羊分别于产后 51、54 d 发情(即断乳后 21、24 d),而哺乳母羊则在产后 66 d 发情,这与张海涛等(2004)的试验结果相似。

从经济效益上看,对照组消耗饲料 15 kg,按 1.5 元/kg 计,共 22.5 元;试验 1 组、试验 2 组分别消耗饲料 84.15 元和 48.6 元,但试验 1 组、试验 2 组羔羊分别比对照组多增重 2.74、2.43 kg,按毛重 15 元/kg 计算,分别多增收 41.1、36.45 元。在不考虑母羊提前配种和羔羊提前出栏的前提下,按照该饲养场的条件,试验 2 组效益较好好。

3.2.3.2　冬季覆盖暖棚促进母羊发情效果研究

暖棚养羊一方面能充分利用太阳能提高舍温,另一方面能阻止棚内热量的散失,利用畜体自身散失的热量,提高舍温,给羊只创造一个适于生长发育的良好环境,降低寒冷对羊只的影响,保证生产性能的正常发挥、提高养羊经济效益。研究表明,母羊的生殖机能与日照、气温、湿度、饲料成分的变化以及其他外界因素都有密切关系。尤其是卵泡的发育受季节和气候影响大。环境温度对羊的繁殖性能具有较大影响,温度变化过大会造成热应激或冷应激。冷应激往往通过影响机体的甲状腺、肾上腺的功能提高,而使生殖系统活动减弱或停止,表现不发情或不排卵。环境因素造成的不育,母羊的生殖器官通常正常,只是不表现发情,或者发情表现轻微;有时虽然有发情的外部表现,但不排卵。一旦环境改变或者母羊适应了当地的气候,生殖机能即可恢复正常。冬季在寒冷地区搭建暖棚羊舍,可有效改善羊舍小气候环境,解除严寒气候条件对养羊生产的制约。实践也证明,利用暖棚养羊比敞圈和放牧养羊产肉多,增重快,产羔率高,节省饲料,羔羊成活率高,抗病效果显著。而有关暖棚对母羊发情影响的研究未见报道。为此,本试验利用羊场现有条件,开展了覆盖暖棚对小尾寒羊发情影响的初步研究,以期为后续研究和生产提供借鉴和参考。

(1)材料与方法

①暖棚的搭建。本试验在河北保定易县一羊场进行,塑料暖棚用现成的北墙做后墙,两侧

砌砖墙,羊舍南墙和羊舍顶棚搭上细钢管,覆盖塑膜。具体尺寸如下,暖棚前沿墙高 1.35 m,中梁高 3.1 m,后墙高 2.7 m,前后墙跨度为 8.5 m,东西两侧墙之间 5 个小圈,每圈长度 8 m。中梁和后墙之间用泡沫加铁板(类似简易房房顶)搭成房面,中梁与前沿墙之间用细钢管和厚度为 100 wm 的蓝色聚氯乙烯膜搭成斜坡型塑膜棚面。后墙距中梁 5 m,前沿墙距中墙 3.5 m,在一端山墙上留门,供饲养人员出入。前沿墙留门,供羊只出入和清粪用。

②试验羊的选择与分组。选择健康空怀育成羊 90 只,按年龄和体重随机分为对照组(无暖棚组)和试验组(暖棚组)每组 45 只。每组各分五个小圈,每圈 9 只,预试期为一周。正式试验时间为 2012 年 12 月 1 日至 2012 年 3 月 1 日,为期 3 个月。

③试验方法。采用 RC-30B 温度记录仪记录羊舍温度,将 RC-30B 温度记录仪悬挂在羊舍上方距地面 2.5 m 处,设置为每小时记录羊舍温度值一次。试验期间,每天上午 10 点左右对试验羊进行试情,发现发情羊,即及时配种,并记录羊只采食情况。暖棚组,采用间歇式换气,每天上午 10 点至下午 16 点,将南墙沿薄膜撩起通风。各组试验羊给予同样饲草料和饮水,定期清理羊圈。

(2)结果与分析

①塑料暖棚对羊舍内温度的影响。试验期内 2012 年 12 月份暖棚组圈舍平均温度为 $-1.90℃$,无棚组为 $-4.44℃$,前者与后者相比,月平均温度提高 $2.5℃$,2013 年 1 月份暖棚组圈舍平均温度为 $-2.37℃$,无棚组为 $-5.74℃$,前者比后者相比,月平均温度提高 $3.37℃$。2013 年 2 月份暖棚组圈舍平均温度为 $2.75℃$,无棚组为 $-1.39℃$,前者比后者月平均温度提高 $4.14℃$。2012 年 12 月份到 2013 年 2 月份,暖棚组月平均温度比无棚组约高 $3℃$(表 3-53)。

表 3-53　试验组与对照组试验期内月平均温度(℃)统计

组别	2012.12.1 至 2012.12.31	2013.1.1 至 2013.1.31	2013.2.1 至 2013.2.28	合计
无棚组	-4.44 ± 5.19	-5.74 ± 5.35	-1.39 ± 5.36	-4.87 ± 5.43
有棚组	-1.9 ± 4.51	-2.37 ± 4.88	2.75 ± 4.92	-1.9 ± 4.84

②塑料暖棚对母羊发情效果的影响。整个试验期内,暖棚组发情羊为 16 只,对照组为 11 只,试验组与对照组相比,发情率提高了 11 个百分点(表 3-54)。

表 3-54　试验期内试验组与对照组发情羊只数统计

组别 \ 日期	2012.12.1 至 2012.12.31	2013.1.1 至 2013.1.31	2013.2.1 至 2013.2.28	合计(只)
无棚组	3	5	3	11
有棚组	5	4	7	16

(3)小结

塑料暖棚可提高小尾寒羊发情比例 11 个百分点。寒冷地区冬季可采取塑料暖棚技术措施来提高发情母羊的比例,进而提高母羊群体的繁殖利用效率。

3.2.3.3　不同孕酮栓来源和处理方式对诱导母羊发情效果的影响

绵羊为短日照发情动物,秋季为发情集中季节,因此,形成了秋季配种-春季产羔这样的生产规律,由于春季绵羊生殖系统处于不活跃状态,导致春季产后母羊发情时间间隔长,进而影响母羊年产羔数和均衡生产。而在春季出生的小母羊,当第二年春季达到适宜的配种年龄时,又恰好正值乏情季节而不表现发情,进而严重影响了母羊的正常繁殖和经济价值。

同期发情技术是利用生物激素人为控制和改变空怀母畜的卵巢活动规律,使其在预定时期内集中发情、集中配种、集中产羔的一项繁殖技术。不仅因其操作简便、成本低、同期性好等优点,已广泛应用于舍饲养羊生产中,而且还可以大大提高母羊繁殖力,缩短产羔间隔,节约人力、物力、时间,方便集约化生产管理,促进人工授精和胚胎移植技术的广泛应用。在多种同期发情处理方法中,目前较普遍采用孕酮阴道栓＋不同剂量孕马血清促性腺激素(PMSG)法进行比较分析,但是未见孕酮栓和孕酮栓＋PMSG方法的比较,在实际生产中,经济成本和发情受胎效果是影响同期发情技术推广应用的关键因素,孕酮栓的来源也是影响发情效果的重要因素,为此,本研究开展了春季小尾寒羊产后母羊和青年母羊诱导发情试验,从试验用孕酮栓来源和诱导发情方法两个因素设计了试验,为产后母羊和青年母羊诱导发情技术推广应用,实现母羊均衡生产提供经济可行实用的方法路径。

(1)材料和方法

①试验材料。试验材料以来自于石家庄市藁城区某羊场的221只产后2月龄断奶的小尾寒羊母羊和133只青年母羊为试验对象,试验羊体质健康、无繁殖性疾病,健康无病,体格健壮,膘情中等以上,体格大小相近,发情周期正常,无明显生殖道疾病。

②试验器材。3种孕酮阴道栓(分别产于新西兰,澳大利亚和中国);孕酮硅胶环(国产,购买于石家庄市藁城区某兽药市场);孕马血清(PMSG,宁波三生,规格1 000 IU/支);长效土霉素;高锰酸钾;酒精棉球;剪刀;食用油;自制埋栓器。

③试验方法。试验羊共分为3个批次进行同期发情,第1批次为126只产后2月龄断奶的小尾寒羊母羊,根据诱导发情用海绵孕酮栓来源不同分为三个组,即新西兰,澳大利亚和国产组,每个孕酮栓试验组,根据发情处理方法不同平均分为孕酮栓和孕酮栓＋PMSG组(各组处理羊只数、埋栓时间长短和注射PMSG剂量详见表3-55)。

第2批次为133只小尾寒羊青年母羊,根据诱导发情用海绵孕酮栓来源不同分为三个组,即新西兰,国产环和国产栓＋PMSG组,其中国产环组根据不同的埋环天数平均分为两组,国产栓＋PMSG组根据注射PMSG天数和埋栓天数分为两组(各组处理羊只数、埋栓时间长短和注射PMSG剂量详见表3-56)。

第3批次为95只产后2月龄断奶的小尾寒羊母羊,根据诱导发情用海绵孕酮栓来源不同分为三个组,即澳大利亚栓组,国产栓＋PMSG组和国产环组(各组处理羊只数、埋栓时间长短和注射PMSG剂量详见表3-57)。

诱导发情具体方法为:在任意一天埋植阴道孕酮栓,计为第0天;注射PMSG组在撤栓前1天注射PMSG,在第2天撤栓。当天下午开始试情,每天早晚各试情1次。

表 3-55 第 1 批次参试羊处理方案

组别	数量（只）	埋栓时间（d）	注射 PMSG 剂量（IU）
新西兰栓组	16	14	
新西兰＋PMSG 组	16	14	250
澳大利亚栓组	20	14	
澳大利亚＋PMSG 组	20	14	250
国产栓组	27	14	
国产组＋PMSG 组	27	14	250

表 3-56 第 2 批次参试羊处理方案

组别	数量（只）	埋栓时间（d）	注射 PMSG 剂量（IU）
新西兰栓组	25	12	
国产环组	22	12	
国产环组	22	13	
国产栓＋PMSG 组	23	12	250
国产组＋PMSG 组	41	13	250

表 3-57 第 3 批次参试羊处理方案

组别	数量（只）	埋栓时间（d）	注射 PMSG 剂量（IU）
澳大利亚组	35	13	
国产栓＋PMSG 组	23	13	250
国产环组	27	12	

④发情鉴定及配种。将戴有试情布的公羊放到母羊圈中，每天早、晚各试情 1 次，以接受公羊爬跨判定为发情，连续试情 3 d，统计处理后 72 h 内的发情率。经确认的发情母羊采用人工授精，配种后间隔 12 h 后复配一次，统计情期受胎率。

⑤数据处理与统计分析。用 EXCEL 2010 软件进行试验结果的统计分析。

（2）结果

①不同孕酮栓来源和发情处理方式对产后母羊发情效果的影响。新西兰孕酮栓组和孕酮栓＋PMSG 组 72 h 母羊发情率分别为 62.50%、93.75%，情期受胎率均为 100%。澳大利亚孕酮栓组和孕酮栓＋PMSG 组 72 h 发情率均为 70.00%，情期受胎率分别为 78.57%、71.43%。国产孕酮栓组和孕酮栓＋PMSG 组 72 h 发情率分别为 85.19%、81.48%，情期受胎率分别 86.96%、90.91%。结果表明新西兰孕酮栓＋PMSG 组发情率和受胎率最高，其次为国产孕酮栓组和国产孕酮栓＋PMSG 组（表 3-58）。

表 3-58　不同孕酮栓来源和发情处理方式对产后母羊发情效果的影响

栓来源	处理方式	发情比例（%）（发情数量/样本数）				情期受胎率（%）（受胎羊数/配种羊数）	成本（元/只）
		0~24 h	24~48 h	48~72 h	0~72 h		
新西兰	栓	18.75%（3/16）	37.50%（6/16）	6.25%（1/16）	62.50%（10/16）	100%（10/10）	16
	栓+PMSG	31.25%（5/16）	62.50%（10/16）	0（0/16）	93.75%（15/16）	100%（15/15）	21
澳大利亚	栓	5.00%（1/20）	35.00%（7/20）	30.00%（6/20）	70.00%（14/20）	78.57%（11/14）	13
	栓+PMSG	15.00%（3/20）	55.00%（11/20）	0（0/20）	70.00%（14/20）	71.43%（10/14）	18
国产	栓	3.70%（1/27）	48.15%（13/27）	33.33%（9/27）	85.19%（23/27）	86.96%（20/23）	8
	栓+PMSG	18.52%（5/27）	44.44%（12/27）	18.52%（5/27）	81.48%（22/27）	90.91%（20/22）	13

注：澳大利亚组掉栓数量：3只，其中栓+PMSG组1只，栓组2只；国产组：5只，其中栓+PMSG组3只，栓组2只。

②不同孕酮栓来源和不同埋栓时间对产后母羊发情效果的影响。结果表明澳大利亚孕酮栓组（94.29%）发情率最高，其次为国产孕酮栓组（91.30%），而情期受胎率国产孕酮栓组（100%）＞澳大利亚孕酮栓组（87.88%），两组的处理成本相同，从发情率和受胎率方面综合考虑，国产孕酮栓组处理方法和效果更好（表 3-59）。

表 3-59　不同孕酮栓来源和不同埋栓时间对产后母羊发情效果的影响

栓来源	处理方式	发情比例（%）（发情数量/样本数）				情期受胎率（%）（受胎羊数/配种羊数）	成本（元/只）
		0~24 h	24~48 h	48~72 h	0~72 h		
澳大利亚	栓（13 d）	22.86%（8/35）	54.29%（19/35）	17.14%（6/35）	94.29%（33/35）	87.88%（29/33）	13
国产	栓（13 d）+PMSG	21.74%（5/23）	69.57%（16/23）	0%（0/23）	91.30%（21/23）	100%（21/21）	13
国产	环（12 d）	22.22%（6/27）	37.04%（10/27）	0（0/27）	59.26%（16/27）	75%（12/16）	5

注：国产栓组掉栓数量：1只；国产环组：1只。

③不同孕酮栓来源和不同埋栓时间对青年母羊发情效果的影响。国产孕酮栓（12 d）+PMSG 组 72 h 内发情率最高（100%），其次为新西兰孕酮栓组（52%）和国产孕酮栓（13 d）+PMSG 组（51.22%）。而情期受胎率从高到低依次为国产孕酮栓（13 d）+PMSG 组（90.48%）、新西兰孕酮栓组（84.62%）、国产孕酮栓（12 d）+PMSG 组（69.57%）。综合考虑母羊发情率、情期受胎率和处理成本，国产孕酮栓（12 d）+PMSG 组更为有效实用（表 3-60）。

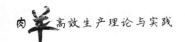

表 3-60 不同孕酮栓来源和不同埋栓时间对青年母羊发情效果的影响

栓来源	处理方式	发情比例（%）（发情数量/样本数）				情期受胎率（%） （受胎羊数/配种羊数）	成本 （元/只）
		0～24 h	24～48 h	48～72 h	0～72 h		
新西兰	栓(12 d)	0 (0/25)	44.00% (11/25)	8.00% (2/25)	52.00% (13/25)	84.62%(11/13)	16
国产	环(12 d)	0 (0/22)	18.18% (4/22)	13.64% (3/22)	31.82% (7/22)	85.71%(6/7)	5.8
	环(13 d)	0 (0/22)	13.64% (3/22)	0 (0/22)	13.64% (3/22)	100%(3/3)	5.8
国产	栓(12 d)+ PMSG	4.35% (1/23)	73.91% (17/23)	21.74% (5/23)	100% (23/23)	69.57%(16/23)	13
	栓(13 d) +PMSG	14.63% (6/41)	21.95% (9/41)	14.63% (6/41)	51.22% (21/41)	90.48%(19/21)	13

注：国产环组掉栓数量：9只，其中埋环13 d组6只，12 d组3只；国产栓组：2只，其中栓(12 d)+PMSG(11 d)组1只，栓(13 d)+PMSG(12 d)组1只。

（3）讨论与分析

绵羊为短日照发情动物，春季绵羊生殖系统处于不活跃状态，导致春季产后母羊发情时间间隔长，青年母羊已性成熟却不发情，不能配种，进而影响母羊年产羔数和均衡生产。近年来，随着生产条件的改善和饲养管理水平的提高，为羊乏情期的繁殖提供了条件。应用诱导发情技术充分发挥母羊的生产潜力，缩短繁殖周期，提高产羔率，从而提高经济效益；集中诱导发情，集中配种，集中产羔，从而便于集约化管理。在生产中利用外源激素在繁殖季节和非繁殖季节诱导羊发情，可以缩短羊的繁殖周期，提高羊的繁殖率，实现羊的两年三产或三年五产，便于建立高效高频的产羔体系。

同期发情技术推广已有十几年的时间，但在实际养羊生产中并不多见，归其原因主要是对于利润空间小的养羊生产来说，同期发情成本高、受胎效果是影响该技术推广的关键因素，因此，筛选效果稳定，成本较低的诱导产后母羊发情方法尤为重要，本试验利用产后两个月断奶母羊和青年母羊为对象，开展比较了不同来源孕酮栓、不同处理方法和不同埋栓天数的三因素试验，目的是筛选价格合理、效果稳定的诱导产后母羊发情方法。

不同来源孕酮栓对产后母羊同期发情试验结果表明国产孕酮栓，采用直接埋植孕酮栓14天后撤栓，72 h发情比例为85.18%，情期受胎率86.96%，每只羊成本仅为8元，可见该种方法较为经济有效实用。本结果中孕酮栓+PMSG组的72 h发情率（93.75%，70.00%，81.48%）均在70%以上，这一结果与肖西山（93.88%），田宁宁（83.75%）和孙五洋（81.69%）等人试验结果类似。但是孕酮栓+PMSG组与孕酮栓组的发情率结果无显著性差异，因此，单纯使用孕酮栓减少一次操作步骤，同时减少孕马血清成本，综合成本和发情率，使用孕酮栓这种方法经济可行。影响受胎率的因素主要有营养水平、精液质量及人工输精操作等，本试验新西兰栓组受胎率高达100%，均高于国产栓组和澳大利亚栓组，这一结果可能与人工输精有关。澳大利亚栓组和国产栓组发情率无显著差异，但情期受胎率国产栓组高于澳大利亚栓组，综合考虑，国产栓组处理的效果更好，经济可行实用，节约人力。这一结果与宫旭胤（94.95%）

等(2016)的研究结果相似。而不同的埋栓时间对产后母羊的同期发情效果也有是所差异,孕酮栓埋栓 13 d 的处理结果要好于国产栓+PMSG 组埋栓 14 d 的结果。李秋艳等(2008)研究表明,孕酮栓结合 PMSG 的处理是一很好的绵羊同期发情方案,孕酮栓的放置时间应不超过 14 d。

不同来源孕酮栓和不同埋栓时间对青年母羊发情结果表明,从处理青年母羊发情率、情期受胎率和处理成本综合考虑,国产孕酮栓(12 d)+PMSG 组(100%,69.57%)更为经济有效实用,本组发情率和受胎率与张学炜(100%,77.8%)(1996)的研究结果类似。本组发情率最高,但是情期受胎率相对较低,导致这一结果的因素有很多,如公羊精液在体外时间过长;稀释效果和稀释环节不理想;输精器械消毒不彻底;输精时间和发情鉴定等。在以后进行人工授精时若多加注意,本组的受胎率还可有望提高。

同期发情效果不仅受羊场的饲养管理、处理的季节、发情周期、个体大小、个体对药物的敏感性等影响,还与母体的身体条件、生殖状况等有关,在诱导发情时首先要保证产后母羊体况为中等膘情,否则效果不理想。

(4)结论

使用国产栓(13 d)+PMSG 组诱导产后 2 月龄母羊发情率和受胎率最好,国产栓(12 d)+PMSG 组诱导青年母羊发情率最高。

3.2.4　肉羊体外胚胎生产技术研究

3.2.4.1　山羊幼羔体况对诱导卵泡发育效果的影响

在自然情况下,胎儿卵巢上开始出现有腔卵泡大约是在母羊妊娠期的 135 d,羔羊在出生时卵巢上有腔卵泡数量明显增加,之后继续增加,于羔羊出生后 4～8 周达到高峰,以后随着青春期的到来开始减少。由于幼龄羔羊卵巢上的卵泡发育没有明显的优势化现象,因此利用复合生殖激素诱导羔羊卵泡发育(简称"幼羔超排")技术是一项高效率生产卵母细胞的新方法,可以为动物克隆、胚胎干细胞、转基因等现代生物技术提供遗传背景相同的丰富试验材料。

将幼羔超排技术与卵母细胞体外成熟、体外受精、胚胎体外发育培养及胚胎移植技术进行组装而成的幼羔体外胚胎移植技术(简称"JIVET"),可实现快速扩繁有重要经济或遗传价值的良种羊后代。JIVET 技术应用于养羊生产实践,可使羊的繁殖效率较常规胚胎移植提高约20 倍,并使羊的世代间隔缩短到正常的 1/4～1/3,将大大加快羊育种及品种改良进程,应用前景十分广阔。

国内外大量研究结果表明:利用外源激素能够增加羔羊卵巢上卵泡发育数量,但羔羊个体对激素反应存在较大差异,羔羊超排效果稳定性差,超排获得的卵母细胞数量变动幅度很大。为此,本文开展了羔羊体况对幼羔超排效果影响的研究,目的是探索幼羔体况与超排效果间的相关性,探索稳定和提高羔羊超排效果的新方法。

(1)材料与方法

①药品。促卵泡素(FSH)购自 BIONICHE,孕酮栓(CIDR)购自 Pharmacia & Upjohn

Pry. Ltd.，孕马血清（PMSG）购自宁波第二激素厂。

②羔羊分组及超数排卵。选择出生 30～40 日龄的本地山羊母羔，按照羔羊膘情评分（满分为 5 分）进行分组，膘情为 4～5 分者为Ⅰ组（体况优），3 分者为Ⅱ组（体况中等），小于或等于 2 分者为Ⅲ组（体况差）。各组羔羊的超排方法及生殖激素用量参照 Ke-Mian Gou 报道方法：即间隔 12 h 进行连续 4 次注射 FSH（160 mg/mL），于第 1 次注射 FSH 同时肌肉注射 400 u 的 PMSG。

③手术采卵。于最后一次注射生殖激素 12 h 后进行手术采卵。将羔羊保定，肌注 0.1 mL 速眠新Ⅱ号进行麻醉，腹部剃毛并清洗，用 5％碘酊棉球涂擦皮肤进行消毒，然后用 75％酒精棉球脱碘，在乳房前侧腹中线纵向切一个 3 cm 左右开口（注意避开血管），从开口将卵巢拉出体外，用注射器（10 mL 注射器，9♯针头）抽吸卵巢上直径大于 2 mm 的卵泡。当注射器中的抽卵液变混浊时，应及时将抽卵液转移到 10 mL 离心管中。每只羔羊的抽卵泡液单独收集。采卵完毕，卵巢表面涂抹 2％碘甘油并放回腹腔，手术缝合创部。

④卵母细胞质量评定。在显微镜下用口吸管将卵母细胞捡出，并在放有洗卵液的培养皿洗涤 2 次，统计每只羔羊所获得的卵母细胞数量。在显微镜下用口吸管将形态正常、胞质均匀、颗粒细胞不少于 3 层的 COCs 检出作为可用卵母细胞，并记录每只羔羊获得可用卵母细胞数量。

⑤统计分析。采用统计分析软件 SPSSl6.0 的 ANOVA 进行统计分析，$P<0.05$ 为差异显著，$P<0.01$ 为差异极显著。

（2）结果

从表 3-61 可以看出，Ⅰ组平均获卵数和平均获可用卵数（104.3 枚和 90.9 枚）极显著高于Ⅱ组（33.2 枚和 27.9 枚）和Ⅲ组（21.0 枚和 16.5 枚）（$P<0.01$）；Ⅱ组平均获卵数及获可用卵数均显著高于Ⅲ组（$P<0.05$）。

表 3-61　体况对羔羊超排效果影响

组别	体况评分	样本数	均获卵数（枚）	均获可用卵数（枚）
Ⅰ组	5	7	104.29±56.18[Aa]	90.86±46.91[A]
Ⅱ组	3	13	33.23±24.55[Bb]	27.85±20.33[Ba]
Ⅲ组	2	2	21.00±12.73[b]	16.50±10.61[Bb]

注：同列数据肩标不同大写字母表示差异极显著（$P<0.01$），不同小写字母表示差异显著（$P<0.05$），相同小写字母表示差异不显著（$P>0.05$）。

（3）讨论与分析

影响羔羊超排效果的因素是多方面的。2003 年 Ptal 等研究了羔羊月龄（1、2、3、5 和 7 月龄）对超排效果的影响，表明 1 月龄羔羊卵巢超排反应和发育卵泡数量最好。为此，本研究选择 30～40 日龄羔羊进行超排，其目的是为了获得较为理想的超排效果。

2005 年 Kelly 等开展妊娠期营养水平对幼羔超数排卵发育能力影响的研究。结果表明：在母羊妊娠期的 71～100 d 和（或）101～126 d 阶段内，高营养水平日粮的妊娠母羊分娩羔羊的卵母细胞体外受精后囊胚效率相对较高,表明母羊妊娠期内的营养状况影响所分娩羔羊超排所获得的卵母细胞的体外发育能力。2009 年 Gou 等开展了不同季节(夏季、秋季和冬季)超排美利奴 4～8 月龄羔羊效果的研究,结果夏季和秋季每只供体的获卵数[(84.9±55.3)枚和(83.6±70.8)枚]显著高于冬季[(51.4±43.7)枚],表明超排羔羊卵巢上卵泡的发育受季节因素影响。上述结果可能与夏季和秋季正处于青草期,妊娠期母羊及哺乳期母羊所摄取的营养较冬季枯草期丰富有关,因此夏季和秋季所生产的羔羊体况优于冬季羔羊。另外,根据 Gou 等的试验结果,发现超排羔羊平均获卵数量的变异幅度很大,夏季、秋季和冬季的获卵母细胞数量的标准差分别达到 55.3 枚、70.8 枚和 43.7 枚,这是否也与所超排羔羊的体况不均匀有关,上述推测有必要进行试验来进行证实。

为此,本文设计了山羊幼羔体况对诱导卵泡发育效果的影响这一试验。结果表明:羔羊体况对超排获卵数量具有显著影响,体况优组每只羔羊超排的平均获卵数达 104 枚,极显著高于体况中等组(33.2 枚)和体况差组(21.0 枚)($P<0.01$)。表明,严格选择体况优的羔羊进行超数排卵,可以明显提高羔羊的超排获卵数量,超排供体获卵总数与羔羊体况偏相关系数达 0.649($P<0.01$)(在结果中未显示)。另外,本研究各组超排羔羊平均获卵数量的变异幅度也相对较小(Ⅰ组、Ⅱ组和Ⅲ组平均获卵数的标准差分别为 26.2 枚、14.6 枚和 12.7 枚,),这也可能与各组羔羊的体况较为整齐有关。

综上所述,羔羊体况显著影响超排羔羊的获卵数量及超排效果的稳定性,选择优良体况的羔羊进行超数排卵可获得理想的超排效果。

3.2.4.2 诱导幼羔卵泡发育及体外胚胎生产

诱导幼羔卵泡发育技术,简称"幼羔超排"技术,可使每只 1～2 月龄羔羊平均每次超排获得可用卵母细胞 80～160 枚(Kelly et al.,2005 a;2005 b),显著高于成年羊超排 10～20 枚的结果(Koema et al.,2003),而成年羊不超排则仅能获得 3.6～6.6 枚(Shirazi et al.,2005)可用卵母细胞。因此,如果将幼羔超排技术与羊体外受精技术、胚胎移植技术进行组装集成(简称"JIVET"技术,Juvenile in Vitro Embryo Transfer)运用于养羊生产,可将羊的繁殖效率较常规胚胎移植提高约 20 倍,较自然繁殖提高约 60 倍,并使世代间隔缩短到正常的 1/3～1/4,这将大大加快羊育种及品种改良进程,同时也将解决羊胚胎移植商业化所需胚胎来源匮乏及胚胎生产成本昂贵的问题,应用前景十分广阔。

目前,国外对幼羔超排的研究结果表明:幼羔超排所获可用卵母细胞数量易受供体羔羊品种、年龄等因素影响(Morton et al.,2005 a),且所生产体外胚胎发育能力较成年羊弱(Morton et al.,2005 b;Leoni et al.,2006)。目前,对我国地方良种羊进行幼羔超排尚无相关报道。为此,本文开展了小尾寒羊羔羊年龄、运输应激、重复超排对所获卵母细胞数量,以及发育液中添加乙二胺四乙酸(EDTA)对幼羔体外胚胎发育能力影响的研究,目的是为"JIVET"技术在我国养羊生产中推广应用提供参考依据。

(1)材料与方法

①试剂。促卵泡素(FSH)购自 Immuno Chemicals Products Ltd.(Auckland,New Zealand),胎牛血清购自 Hyclone(Utah,USA),孕酮栓(CIDR)购自 Pharmacia & Upjohn Pty. Ltd,孕马血清(PMSG)购自天津华孚高新生物技术公司,发情羊血清为自制。除非特别说明,

其他化学试剂均购自 SIGMA（Sigma Chemical，St. Louis，MO，USA）。

②幼羔超排方法。选择发育整齐、健康状况良好的 6～8 周龄和 12～14 周龄哺乳小尾寒羊羔羊为试验羊。参照 Kelly 等（2005 a）报道方法进行幼羔超排，具体方法为：间隔 12 h 进行连续 4 次肌肉注射 FSH，总剂量为 160 mg，最后一次注射 FSH 同时肌肉注射 PMSG 500 IU。运输应激组（简称"应激组"）羔羊为 6～8 周龄，超排方法同上，只是在羔羊注射 FSH 前 24 h，用机动车运输 100 km（约 2 h）。重复超排是在 6～8 周龄羔羊第 1 次超排后，间隔 3 周进行第 2 次超排，具体方法同第 1 次超排。

③幼羔卵母细胞采集。超排羔羊于最后一次肌肉注射 FSH 后 6～14 h，采用手术法活体采集卵母细胞，方法为：将卵巢引到腹腔外，用带有 18 G 针头的 20 mL 注射器抽吸卵巢上可见卵泡，在显微镜下将卵丘-卵母细胞复合体（COCs）检出，其中形态正常、胞质均匀、颗粒细胞不少于 3 层的 COCs 为可用卵母细胞。记录每只羔羊所获卵母细胞数和可用卵母细胞数。

④卵母细胞体外成熟。将可用卵母细胞在成熟液中洗 3 次，移入 100 μL 成熟液滴中（Nunc 产 35 mm×10 mm 培养皿，液滴上覆盖矿物油，在培养箱中预先平衡 4 h），每个液滴放入 15～20 枚卵母细胞，置于 5％CO_2、饱和湿度、39℃的 CO_2 培养箱中成熟培养 24 h。成熟培养液组成为：M199＋100 μmol/Lcysteine＋10 μg/mLFSH＋10 μg/mL LH＋1 μg/mL E2＋10％（V/V）FCS。

⑤体外受精。体外培养成熟的卵母细胞用口吸管进行吹打，除去部分颗粒细胞，在受精液中洗 3 次，移入 30 μL 的受精液滴中（Nunc 产 35 mm×10 mm 培养皿，液滴上覆盖矿物油，在培养箱中预先平衡 4 h），每个液滴放入 10～20 枚卵母细胞，然后加入密度为 1×10^6 个/mL 的获能精子。精子和卵母细胞在 5％CO_2、饱和湿度、39℃的 CO_2 培养箱中共孵育 24 h。受精液组成为：SOF 液＋20％发情羊血清（V/V）＋5 IU/mL 肝素钠。

⑥胚胎体外发育。于体外受精 24 h，将受精卵用口吸管吹打脱除颗粒细胞，在胚胎发育液中洗 3 次，移入 30 μL 发育液滴中（Nunc 产 35 mm×10 mm 培养皿，液滴上覆盖矿物油，在培养箱中预先平衡 4 h），每个微滴放入假定受精卵 15～20 枚，置于含有混合气（5％CO_2，5％O_2，90％N_2）、100％湿度、39℃的 CO_2 培养箱中进行体外发育培养。

⑦受体羊同期发情及胚胎移植。受体绵羊阴道埋植 CIDR 15 d，撤去 CIDR 同时每只受体注射 PMSG 250 IU。于受体羊发情后 2 d，采用手术法将胚胎移入受体卵巢上黄体发育良好的同侧输卵管内，每只受体移入 4～8 细胞的体外受精胚胎 5～6 枚。统计移植受体的产羔结果。

⑧统计分析。试验结果采用 SPSS 统计软件 One-Way ANOVA 程序进行方差分析。$P < 0.05$ 认为差异显著，$P < 0.01$ 认为差异极显著。

（2）试验结果

①幼羔年龄对超排所获卵母细胞数的影响。结果如表 3-62 所示，6～8 周龄羔羊的只均获卵数和可用卵数分别为（60.8±13.9）枚和（58.2±12.3）枚，显著高于 12～14 周龄羔羊的（27.3±5.1）枚和（26.0±4.9）枚（$P < 0.05$）；6～8 周龄组只均获可用卵率（95.0％）与 12～14 周龄组（94.4％）无显著性差异（$P > 0.05$）。

表 3-62　幼羔年龄对超排所获卵母细胞数的影响

组别	样本数	只均获卵数（枚）	只均获可用卵数（枚）	只均获可用卵率（%）
6～8 周龄	5	60.8 ± 13.9^a	58.2 ± 12.3^a	95.0 ± 3.5^a
12～14 周龄	5	27.3 ± 5.1^b	26.0 ± 4.9^b	94.4 ± 2.5^a

注：同一列中，上标字母不同表示差异显著（$P<0.05$），上标字母相同表示差异不显著（$P>0.05$）。

②运输应激对幼羔超排所获卵母细胞数的影响。应激组与对照组幼羔超排所获卵母细胞数结果见表 3-63。应激组与对照组在只均获卵数（39.3 ± 21.2 vs 41.2 ± 20.8）、只均获可用卵数（39.0 ± 18.9 vs 38.4 ± 17.3）和只均获可用卵率（98.1% vs 93.3%）方面均无显著性差异（$P>0.05$）。

表 3-63　运输应激对所获卵母细胞数的影响

组别	样本数	只均获卵数（枚）	只均获可用卵数（枚）	只均获可用卵率（%）
应激组	4	39.3 ± 21.2^a	39.0 ± 18.9^a	98.1 ± 7.6^a
对照组	5	41.2 ± 20.8^a	38.4 ± 17.3^a	93.3 ± 3.8^a

注：同一列中，上标字母相同表示差异不显著（$P>0.05$）。

③幼羔重复超排对所获卵母细胞数的影响。结果如表 3-64 所示，重复超排组在只均获卵数（15.0 ± 8.8）、只均获可用卵数（14.2 ± 6.3）方面都极显著低于初次超排（40.3 ± 10.8 和 38.7 ± 9.7）（$P<0.01$），但二者只均获可用卵率差异不显著（$P>0.05$）。

表 3-64　幼羔重复超排对所获卵母细胞数的影响

组别	样本数	只均获卵数（枚）	只均获可用卵数（枚）	只均获可用卵率（%）
初次超排	9	40.3 ± 10.8^a	38.7 ± 9.7^a	95.4 ± 6.4^a
重复超排	9	15.0 ± 8.8^b	14.2 ± 6.3^b	92.2 ± 6.1^a

注：同一列中，上标大写字母不同表示差异极显著（$P<0.01$），上标小写字母相同表示差异不显著（$P>0.05$）。

④发育液中添加 10 μmol EDTA 对幼羔早期胚胎体外发育的影响。由表 3-65 可见，ED-TA 组受精卵在体外受精（IVF）后第 5 d 发育到桑葚胚和 16～32 细胞胚胎的百分率（11.11% 和 88.88%）均极显著高于对照组（6.25% 和 40.63%）（$P<0.01$）。

表 3-65　发育液中添加 10 μmol EDTA 对羔羊卵母细胞体外胚胎发育影响结果

组别	受精卵数（枚）	16～32 细胞胚胎数（%）	桑葚胚数（%）
EDTA 组	36	$32(88.88^a)$	$4(11.11^a)$
对照组	32	$13(40.63^b)$	$2(6.25^b)$

注：同一列中，上标大写字母不同表示差异极显著（$P<0.01$）。

⑤幼羔超排所生产体外胚胎移植产羔结果。如表 3-66 所示，幼羔超排所生产体外胚胎进行胚胎移植的产羔率为 12.5%，共产下 4 只羔羊，其中 3 只羔羊发育健康状况良好，1 只为死羔。

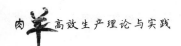

肉羊高效生产理论与实践

表 3-66　幼羔超排所获体外受精胚胎进行移植的产羔结果

移植受体数（只）	产羔受体数（%）	产羔数（只）
24	3(12.5)	4

注：1 只受体羊产双羔，但其中 1 只为死羔。

（3）讨论

①幼羔年龄对超排所获卵母细胞数的影响。幼羔卵泡发育不同于成年羊的特点是缺乏卵泡征集和优势化的能力，因此幼羔卵巢上同时有很多卵泡发育时也不会发生卵泡闭锁（Land et al.，1970），可见对幼羔进行超排较成年羊可获得更为理想的效果。在自然情况下，胎儿期羔羊卵巢上有腔卵泡第一次出现大约在妊娠期 135 d，出生前后卵巢上有腔卵泡数量明显增多，4～8 周龄时达到高峰，之后开始下降，到性成熟时卵巢上有腔卵泡发育数量降到一个较低的稳定状态，因此在羔羊卵巢上有腔卵泡发育数量达到最高峰时进行超排效果最好（Tassell et al.，1978）。然而 Kelly 等（2005 b）研究结果进一步证实：胎儿期及哺乳期营养水平降低会影响羔羊发育，从而显著降低幼羔超排获卵数。针对我国小尾寒羊产羔率高（280% 左右），处于妊娠期的胎儿和哺乳期羔羊的营养水平相对较低的实际，因此本研究延迟小尾寒羊的超排周龄，比较 6～8 周龄和 12～14 周龄羔羊的超排效果，结果表明：6～8 周龄组羔羊只均获卵数和可用卵数（60.8 枚和 58.2 枚）均显著性高于 12～14 周龄组（27.3 枚和 26.0 枚）（$P <$ 0.05），表明选择 6～8 周龄羔羊进行超排的效果优于 12～14 周龄羔羊。然而，我国小尾寒羊幼羔超排的最佳年龄是多少，仍待进一步研究。

②运输应激对幼羔超排所获卵母细胞数的影响。幼羔超排效果除了易受羔羊品种、年龄等个体差异影响外，环境因素也可能会影响超排效果，其中运输应激是在开展幼羔超排过程中经常遇到的，然而幼羔超排前一定距离的运输应激是否会影响超排效果，目前尚不清楚。本研究结果显示：机动车运输 100 km（约 2 h）进行超排处理的运输应激组幼羔只均获卵数、只均获可用卵数和只均获可用卵率与对照组均无显著性差异（$P > 0.05$），表明幼羔在超排前进行一定距离的运输并不会降低幼羔超排效果。

③幼羔重复超排对所获卵母细胞数的影响。幼羔重复超排可以提高每只供体所获卵母细胞总数，从而提高供体遗传资源的利用效率，然而供体羔羊每次超排处理所获卵母细胞数量会随重复超排次数的增加而逐渐减少（Valasi et al.，2007）。本试验间隔 3 周重复超排，结果重复超排幼羔的获卵数较初次超排极显著降低（$P < 0.01$），与上述研究结果一致。Valasi 等（2007）研究认为卵巢对激素的反应性降低是导致重复超排所获卵母细胞数量下降的主要原因。而在本研究中，由于采用手术法采集卵母细胞，对羔羊卵巢及输卵管等生殖器官损伤较大，造成卵巢、输卵管和子宫相互严重粘连，影响卵母细胞采集效果，也是重复幼羔超排导致所获卵母细胞数量降低的原因之一。

④影响幼羔生产体外胚胎发育能力的因素。Kelly 等（2005 b）证实初情期前羔羊作供体所采集的卵母细胞具有产生后代的能力，本研究幼羔超排所生产体外胚胎移植后成功产下 4 只羔羊进一步支持了上述研究结论，但移植产羔率仅为 12.5%，表明移植后的胚胎在发育过程中丢失率偏高。幼羔生产体外胚胎进行移植后的胚胎丢失率（80%）高于成年母羊（60%）（Ptak et al.，1999），其原因之一是幼羔体外生产的胚胎不能由母源基因组表达向胚胎基因组表达的顺利过渡（Armstrong et al.，2001）。在早期胚胎发育过程中，某些基因的激活会引起

水中有害自由基含量上升,导致有丝分裂异常,从而使体外胚胎发育阻滞。EDTA 作为一种抗氧化剂,可以清除胚胎代谢过程中所产生的有害自由基(耿菊敏,2004),有利于胚胎的体外发育。因此,在本研究中开展了在发育液中添加 EDTA 对幼羔早期胚胎体外发育的影响研究,结果 EDTA 组受精卵在 IVF 后第 5 d 发育到 16～32 细胞胚胎和桑葚胚的百分率(88.88% 和 11.11%)均极显著高于对照组(40.63% 和 6.25%)($P < 0.01$),表明在早期胚胎发育液中添加 10 μmol EDTA 可提高幼羔作供体所生产体外胚胎的发育能力,这与杨慧欣(2006)在体外胚胎发育液中添加 EDTA,可提高成年绵羊体外胚胎发育能力的研究结果相一致。

致谢:本研究受"河北肉绵羊品种选育"课题(编号:6220402 D-3)经费资助,并得到河北农业大学动物科技学院邸建永、滑志民、赵宏远、孙国庆、张文龙、李瑞岐、李俊、孙洁等研究生的大力支持,在此表示衷心感谢!

第4章　肉羊高效生产与经营管理

4.1　肉羊高效生产技术

4.1.1　全混合日粮技术在舍饲肉羊中的应用

全混合日粮(Total Mixed Rations,TMR)是根据反刍动物不同生理阶段营养需要的粗蛋白、能量、粗纤维,矿物质和维生素等,用特制的搅拌机把揉碎的粗料、精料和各种添加剂进行充分混合而得到营养平衡的全价日粮。近年来,全混合日粮以其独具的优势,受到了国内饲养场的青睐,取得了较好的经济效益。

4.1.1.1　全混合日粮的优点

(1)营养均衡,提高了配方的科学性和安全性

TMR技术综合考虑了肉羊不同生理阶段对纤维素、蛋白质和能量需要。在性能优良的TMR机械充分混合的情况下,完全可以排除牛羊对某特殊饲料的选择性(挑食),更精确调控日粮营养水平,提高投喂精度,而且混合均匀,减少了偶然发生的微量元素、维生素的缺乏或中毒现象。

(2)增加采食量,提高肉羊生产性能

TMR技术将粗饲料切短再与精饲料及其他添加物均匀混合、使物料在物理空间上产生了互补作用、可增加日粮干物质采食量、有效缓解营养负平衡时期的营养供给。而且整个日粮较为平衡、有利于发挥肉羊的生产潜能。

(3)提高饲料利用率,减少疾病发生

TMR技术使肉羊每采食一口日粮都是营养均衡、精粗料比例适宜的配合日粮,能维持瘤胃微生物的数量及瘤胃内环境的相对稳定,提高微生物的活性,使发酵、消化、吸收和代谢正常进行,因而有利于提高饲料利用率,减少消化道疾病、食欲不振及营养应激等的发生。

(4)充分利用当地饲料资源,节省饲料成本

TMR技术是将精料、粗料充分混合的全价日粮、因此可以根据当地的饲料资源调整饲料

配方。TMR 日粮的充分调制还能够掩盖饲料中适口性较差但价格低廉的工业副产品或添加剂的不良影响,使原料的选择更具灵活性,可充分利用廉价饲料资源,节约饲料成本。

(5)节省劳动力,提高工作效率和经济效益

使用 TMR 技术,饲养员不需要将精料、粗料和其他饲料分道发放,饲喂管理省工省时。一个饲养员可以饲养 1 000 头左右的肥育羊,使集约化饲养的管理更轻松,大大提高劳动生产率。同时还能减少了饲喂过程中的饲草浪费、降低管理成本。提高了养殖肉羊的生产水平和经济效益。

4.1.1.2　全混合日粮在舍饲肉羊生产中的应用

近年来,我国的肉羊业正由传统向现代化,由散养向规模化;集约化方向转变和发展,而全混日粮应用是舍饲肉羊生产的关键技术,其饲喂效果受诸多因素影响。

(1)颗粒化

Reddy 等对 TMR 的物理形状研究表明,颗粒化 TMR 较散状 TMR 可明显提高绵羊氮的存留率。陈海燕试验表明,用稻谷秕壳颗粒化 TMR 饲喂肉山羊,日增重提高 228.24%。史清河等研究表明,与散状 TMR 相比,颗粒化 TMR 使试羊日增重增加 161.92%。

(2)粗料组成

皮祖坤等对稻草与精料组成的 TMR 进行颗粒化处理后饲喂波尔山羊,与黑麦草和精料组成的 TMR 相比,日采食量和饲料转化率分别提高了 50% 和 30.44%。王肖宁等试验以高压快速氨化稻草为主要粗饲料,研究不同粗饲配比的 TMR 日粮对羔羊生产性能的影响。结果表明在羔羊粗饲料中增加氨化稻草的比例可以提高羔羊的采食量、日增重,并提高瘤胃中 DM、NDF、CP 的消化率,从试验结果来看氨化稻草和青贮玉米配比为 7:3 时饲喂效果更佳。

(3)饲料配方

单达聪等试验表明,羔羊早期强度育肥粗饲料使用苜蓿粉比玉米秸秆粉提高增重速度 29.41%($P<0.01$),成本降低 17.48%,架子羊强度催肥精饲料从 40% 上升到 60% 提高增重速度 16.44%($P<0.01$),对降低饲料成本有益;4 月龄羔羊育肥期使用瘤胃酸度缓冲剂提高日增重 5.52%,5 月龄羔羊使用豆粕较棉粕提高日增重 9.08%($P<0.05$);过瘤胃氨基酸和维生素提高日增重 13.28%($P<0.05$),提高饲料利用率 11.9%,提高屠宰率 2.5%($P<0.01$);在繁殖母羊全混合目粮中玉米淀粉糊化尿素可以代替 2.2% 的羊可消化粗蛋白,饲料成本降低 18.5。曹秀月等通过不同组合 TMR 颗粒饲料配方设计与对育肥羊增重效果试验结果表明,3 个试验组全期(90 d)平均日增重分别为 269 g、277 g、319 g,随饲料营养浓度的递增而增加,其中高营养Ⅲ组日增重与Ⅰ、Ⅱ组差异极其显著($P<0.01$),对照组日增重平均 198 g;3 个试验组比对照组日增重分别提 35.8%、39.9% 和 61%,差异极其显著($P<0.01$),饲料转化率随饲料营养水平的递增而提高,高营养Ⅲ组经济效益最好。

4.1.1.3 全混合日粮饲养技术要点

(1)饲料原料与日粮的检测

所用原料的营养成分含量是科学配置 TMR 的基础。由于产地、收割季节以及加工调制方法的不同,同种原料的干物质含量和营养成分都有较大差别,故 TMR 原料应每周或每批次化验一次。此外,原料水分是决定 TMR 饲喂成败的重要因素,其变化会引起日粮干物质含量的变化,一般 TMR 水分含量以 35%~45%为宜,过干或过湿均会影响羊干物质的采食量。

(2)饲料配方的选择

根据肉羊的生长发育、生理阶段、体况、饲料资源的特点等合理制作配方。考虑各羊群的大小,每个羊群可以有各自的 TMR、或制成基础 TMR+精料(草料)的方式来满足不同羊群的营养需要。

(3)搅拌机的选择

TMR 搅拌机通过绞龙和刀片的作用对饲料切碎、揉搓,软化和搓洗,并经过充分的混合后获得全混合日粮。因此,搅拌机的选择非常重要。生产当中,应根据羊群大小、日粮干物质采食量、日粮种类、每天饲喂次数以及混合机充满度以及羊场的建筑结构、喂料通道的宽窄、羊舍高度和入口等确定确定搅拌机的容积。同时,还要注意搅拌机的耗能、售后维修及使用寿命等。

(4)搅拌注意事项

①称量准确、投料准确。每批原料投放应记录清楚,并进行审核,每批原料添加量不少于20 kg。

②控制搅拌时间。时间太短,原料混合不均匀;时间过长,原料易分离。要边加料边混合,一般在最后一批原料增加完后再搅拌 4~6 min。日粮中粗料长度在 1.5 cm 以下时,时间可以短一些。

③控制搅拌粒度。用颗粒振动筛测定。顶层筛上重物应占样品重的 6%~10%,且筛上物不能为长粗草秆或玉米秆。

④合适的填料顺序。一般立式混合机是先粗后细,按干草、青贮、糟渣类和精料顺序加入。

⑤分群分阶段饲养。依据羊的体重、年龄和具体的生理状况,把营养需要相似的分为一类。在既定的组群内,按照不同的生理阶段进行划分,配以相应的全价日粮。每种日粮的更换都要有适当的过渡期,避免突然换料,两阶段日粮之间的营养浓度相差不宜过大。

⑥科学管理。高水平饲养管理是羊群发挥其最佳生产潜力的必备条件。全价混合日粮能否发挥其优良的饲喂效果,还取决于综合饲养管理水平。

a.定时、定量投料,保证日粮投料均匀。每天喂 2~3 次,饲喂要固定时间,不要使羊吃不饱,也不要每次饲喂过多造成浪费,使羊自由采食,以下次喂料前 1 h 食槽能吃完为宜。

b.常观察检查饲养效果。通过观察羊的采食量、膘情和精神状态等,根据具体情况及时调整日粮配方和饲喂工艺,提高饲养效果。

c.保持卫生,保证充足清洁饮水。定时打扫圈舍和运动场,保持环境和羊体卫生,供足清洁饮水。

d.搞好防疫。制定出科学的防疫程序,按时注射疫苗,预防疾病发生。

4.1.1.4 肉羊的 TMR 技术有待研究的问题

TMR 技术的应用对提高养羊业的科学化管理水平具有重要推动作用、是当前舍饲肉羊向集约 化、规模化、优质高效经营发展的需要。尽管 TMR 有诸多优点,但也存在一些问题尚待改进。

(1)TMR 搅拌机使用规范的建立

TMR 搅拌机的应用对象主要是奶牛,制作出的 TMR 粒度一般较大,由于生理结构上的差异,不适宜肉羊采食。因此,如何在现有 TMR 搅拌机的基础上生产出适宜羊采食的 TMR 是限制 TMR 技术向生产推广的瓶颈。正确的投料顺序、合理的加工时间和粒度、适宜的水分含量以及机器的保养措施等都是急待解决的问题。

(2)肉羊 TMR 饲养标准的建立

给肉羊饲喂 TMR,可以明显改舍瘤胃发酵性能,瘤胃微生物的活动规律也会发生相应变化。有关肉羊在这种生理条件和舍饲环境下的营养需要量有待于进一步研究。

(3)TMR 的贮存和运输技术

目前,TMR 搅拌机价格较高,一般的养殖场、户难以购买。因此,拥有机器的大型养殖场可以加工好 TMR 后给养殖小区配送。有关 TMR 的贮存和运输技术也需进一步研究。

(4)饲养管理方法的变革

TMR 搅拌机自带称重系统,使 TMR 配方的调整简单易行。羊场管理人员可以根据羊的体况分群,尽可能做到精准饲养。为充分发挥 TMR 搅拌机的功能,必须变革传统养殖的管理方法。

4.1.2 肉用绵羊频密产羔技术体系及其关键技术

繁殖效率是决定肉用绵羊养殖成败的关键问题,绵羊为短日照季节性发情动物,多数每年仅产一胎,即便是高繁殖率的小尾寒羊也存在季节性发情产羔的现象。沿用传统的繁殖方式,肉用绵羊的繁殖效率较低,舍饲养羊普遍存在亏损的现象。因此,利用现代技术提高绵羊胎产羔数,缩短胎繁殖间隔,最大限度提高羊只年产羔数量已经成为实际生产当中一项十分迫切的任务。

4.1.2.1 肉用绵羊频密产羔技术体系的内涵及特点

肉用绵羊的频密产羔技术,是指改变羊的季节性繁殖特性,根据羊的品种特征和当地环境条使繁殖母羊能够有计划的全年均衡的产羔,大大提高母羊的繁殖效率及资金、设备的利用率。该技术体系是集遗传、营养、管理和繁殖技术为一体高强度提高绵羊繁殖性能的一项综合技术措施,主要是通过缩短相邻两胎产羔间隔时间,使绵羊一年四季均可发情配种,全年均衡产羔,增加绵羊产羔数,高效发挥羊只繁殖效率,达到一年两产,两年三产或三年五产的目的。

频密产羔技术的主要特点如下:①可以打破羊的季节性繁殖特性,高效发挥羊只的繁殖效率;使适繁母羊一年四季均可发情配种,全年均衡产羔,缩短相邻两个胎次之间的产羔间隔时间,增加年产羔数,使繁殖母羊每年提供最多的胴体重量;②提高设备利用率和劳动生产率,降低了建设投资和生产成本;③缩短羊群、资金周转期;④便于进行集约化科学管理和工厂化的规模饲养。

4.1.2.2　肉羊频密产羔技术体系的选择与安排

肉羊频密繁育体系主要分两年三产、三年四产、三年五产、一年两产和机会产羔体系等五种形式。不同形式体系在提高母羊的繁殖效率、实施的难易程度、适宜的应用对象等方面有所不同。其中三年四产、两年三产、三年五产、一年两产,较适宜于在规模化羊场选择使用,一年两产母羊的繁殖效率最高,实施的难度也最大;机会产羔体系该体系是指在适当的条件下,如饲料充足,羊肉市场价格稳定或上扬的良好市场时机下,可适当安排母羊产羔,以提高生产效益。其核心是尽量不出现空怀母羊,如有空怀母羊,即进行一次额外配种,该方式也适宜于个体肉羊生产者选择使用。

品种是基础,繁殖饲养管理技术是支持,饲料供应是物质保障。具体到一个肉羊养殖场,在选择频密繁殖体系时,要充分考虑本地区的地理生态、品种资源和饲料情况、母羊的繁殖性能特点以及企业的管理能力、技术水平、资金等诸多因素,本着从实际出发、因地制宜的基本原则,选择最适宜的密繁殖体系。

4.1.2.3　实现频密产羔的关键技术

绵羊的频密产羔技术是集遗传、营养、管理和繁殖技术为一体的综合配套技术的组合,其关键技术包括母羊发情调控、高频繁殖的营养调控、羔羊早期断奶等技术。

(1)母羊发情调控技术

绵羊的妊娠期为5个月,因此每年产羔两次或者每两年产羔三次在理论上是完全可行的。但是,绵羊的繁殖具有季节性,如果每年产羔在一次以上,则至少有一次配种是在或接近非繁殖季节进行的。如果每年产羔两次,则母羊应该在产羔后一个月发情配种并受胎,必须用激素来进行诱导。因此,对母羊进行发情调控是实现频密产羔的必需技术措施。

母羊发情调控主要包括母羊诱导发情、同期发情、当年母羔诱导发情。目前国内外绵羊同期发情的方法主要有孕激素法、孕激素-促性腺激素法、前列腺素及类似物法、孕激素-前列腺素法、孕激素-促卵泡激素-促黄体素法和复合激素制剂法等。采用孕激素进行处理,母羊同期发情率达到95%以上,情期受胎率,国外为50%～80%,国内的为70%～80%。其中孕激素-PMSG法被认为是绵羊同期发情既简便效果又好的一种方法。Navi等用孕酮埋植-PMSG法进行绵羊的同期发情试验,取得了理想的同期发情率及最终繁殖率。张居农等利用同样的方法处理后母羊同期发情率达 98％以上。目前在实践中一般采用海绵栓或 CIDR 和 PMSG 配合的方法在非繁殖季节诱导母羊发情配种。阿布力孜·吾斯曼等(2009)采用孕激素-孕马血清促性腺激素同期发情方法,对产后小尾寒羊实施早期断奶及人工授精,结果表明对早期断奶的小尾寒羊母羊实施频密繁育,可以实现一年生产两胎。刘玉峰(2007)通过肉羊高频高效繁育技术的应用研究,在休情期内或产羔后不久诱发发情处理,在繁殖季节埋植阴道栓时间为 12～14 d;在繁殖季节以外,埋植阴道栓的时间为 7～12 d,撤栓后同时注射 PMSG,解决了北方寒冷地区母羊不发情、乏情现象,使母羊可一年四季随时发情、随时配种,达到二年三产。另外,通过对同期发情处理母羊在撤栓同时肌肉注射具有促进多胎效果的外源生殖激素,提高了母羊单次产羔数量,使之一次产多胎提高母羊产羔率。

(2)频密繁殖的营养调控

营养条件好坏是影响母羊正常发情和受孕的重要因素。优质粗饲料和精料补充料的均衡供应是实现频密繁殖的物质保障。要取得好的频密产羔效果,必须依赖于良好的饲养水平,在产羔到配种期间、怀孕后期、哺乳前期,对母羊进行优饲是必要的。沈启云等(2002)选取羊群年龄结构大致接近、放牧草场及自然条件相同,年产羔率相近的滩羊进行了频密繁殖试验研究。试验羊群在放牧的基础上于配种期、怀孕后期、哺乳前期加强母羊补饲。经过两年时间对比试验,结果试验羊群年均产羔率为 154.7％,对照羊群为 104.2％,试验羊群比对照羊群显著高出 50.5 个百分点($P<0.01$)。试验组羊群中一年两胎和两年三胎的母羊比例分别为 34.9％、39.6％,比对照组分别高出 33.7 个百分点($P<0.01$)、35.4 个百分点($P<0.01$)。试验羊群羔羊的初生重、二毛期活重分别高出对照组 0.36 kg($P<0.01$)和 4.74 kg($P<0.01$)。

(3)羔羊早期断奶技术

早期断奶是缩短母羊的哺乳乏情期,控制繁殖周期,实现多胎多产的重要技术措施。羔羊早期断奶后,可以减少母羊体内营养的消耗和降低促乳素水平,利于母羊的体况和生理指标恢复,促进母羊提早进入发情期,保障母羊进行有计划的繁殖生产,减少空怀时间,提高母羊的繁殖效率。但实施早期断奶要以不影响羔羊生长发育和存活率为前提。配制适合羔羊营养需求的羔羊代乳粉,可以解决多羔母羊母乳不足的问题,确保了羔羊的成活率。杨宇泽等(2007)研究表明用代乳料饲喂羔羊实现羔羊的超早期断奶是可行的,而且群体整齐,发育均匀。提高了母羊的繁殖率,极大缩短繁殖间隔,有助于羔羊的集约化生产。

综上所述,在肉羊生产中必须要从实际出发,选择适宜的频密繁殖体系。除考虑技术上的可行性外,还要考虑经济承受能力,尽量不要打乱自然繁殖季节的配种安排,避免过多地将母羊配种期安排在乏情期。对羔羊实施早期断奶和人工哺乳。同时还要解决人工授精、妊娠诊断、断奶羔羊育肥及饲养管理、疫病防治等技术环节,根据市场需求及羊场的实际条件确定合理的生产节律,安排生产,以提高母羊的生产效率、资金及设备的利用率,从面提高羊场的生产效益。

4.1.3 提高规模舍饲羊场繁殖效率的关键技术措施

繁殖效率是规模舍饲羊场效益的重点,母羊产羔数和羔羊成活率是保证获取最大产出的关键。提高产羔数主要从提高胎产羔数和年产羔数两个方面来抓,提高羔羊成活率要从母羊妊娠后期和羔羊护理培育两个方面来采取措施。抓胎产羔数需要从选种、选配等方面来提高整体羊群产多羔和产羔间隔短的母羊比例。提高产多羔的母羊比例,可以提高母羊产多羔的概率,进而提高胎产羔数;提高产羔间隔短的母羊比例,可以提高母羊的年产羔数。此外还要从羔羊出生成活率、断奶成活率等方面来做好工作。

4.1.3.1 加强饲养管理保障羊群健康

饲养管理是羊只健康和正常生产的基础,也是贯穿整个生产全过程的一个重要环节,无论是自繁自养还是专业育肥,无论是规模养殖还是小规模农户饲养,懂技术,会管理,让羊吃好,把羊养好,该发情时发情,该配种时配种,而且配种受胎率要高,产羔数要多,活羔数要健壮,不同阶段的羊要根据其生理特点和生产时期给予科学的饲养管理。

(1)科学搭配日粮保证营养

日粮包括粗饲料和精饲料,对于舍饲养羊来说,精饲料的选购和使用尤为重要,从专业技术和投出方面考虑,根据养殖规模不同精饲料的选择可以分为以下三种:
①根据自身条件合理选用精饲料。
a.100只基础母羊以下的肉羊场。建议采用购买全价精饲料,这种规模的羊场多数属于农户饲养,多数不具饲料营养和配合饲料等专业知识,因此建议直接购买全价精饲料。不同阶段的羊选用不同全价精饲料,如母羊全价、羔羊全价、公羊全价等,有的饲料公司可能还会对不同生产阶段的母羊全价料分为空怀期、妊娠期和哺乳期全价料。
b.100~300只基础母羊的肉羊场。建议购买浓缩精饲料,在浓缩饲料的基础上添加能量饲料,配制成全价精饲料。即从饲料公司购买浓缩饲料之后,饲喂前将浓缩饲料与玉米、麸皮等一起搅拌,一般饲料公司会提供浓缩料与能量饲料的配比。购买现成的浓缩饲料配制全价精饲料,总体价格要比购买全价精饲料便宜一些。一般商品化的浓缩饲料也会根据生理和生产阶段不同分为几种,如羔羊浓缩料、母羊浓缩料、公羊浓缩料等。
c.300只以上基础母羊的肉羊场。建议使用预混料添加剂,在预混料基础上加上蛋白饲料和能量饲料组成全价精饲料,即购买商品预混料添加剂,在饲喂前,将预混料添加剂与花生饼、棉粕等蛋白饲料和玉米、麸皮等能量饲料一起搅拌混合,加工成全价精饲料。预混料添加剂一般为 1%~5%,蛋白饲料比例为 25%~35%,其余为能量饲料,一般预混料添加剂会提供全价精饲料配比。购买商品预混料添加剂,然后加工成全价精饲料,总体价格比购买全价精饲料和浓缩饲料要便宜一些。
粗饲料是羊的必备的日粮组成部分,粗饲料的质量和种类很大程度上决定羊的健康水平。
②遵循饲料多样化原则,广开粗饲料资源。只有开辟非常规饲料资源才能减少成本,提高饲料利用率,为羊提供多样化的饲料原料,实现均衡营养的目的。在优质牧草缺乏的情况下,可以利用一些农副产品以及下脚料作为羊的饲料,如树叶、糟渣类、蘑菇根以及非蛋白氮等能够提供营养、不会产生毒性的非常规饲料资源。在进入初冬时节,收集一些乔木树叶、灌木树枝、果树叶等。如附近有一些农副产品下脚料可以与常规牧草搭配饲喂,这样既可以节约成本又可以使粗饲料营养之间互补,平衡营养。此外,在参加配种的公羊和繁殖的母羊,如有条件可以饲喂一些胡萝卜,增加繁殖母羊和公羊的营养。

（2）分类组群阶段饲养

从羊生产周期和阶段特点可分为羔羊、后备羊、育肥羊、妊娠母羊、产羔母羊、哺乳母羊、空怀母羊、成年种公羊等几类。

①种母羊的饲养。种母羊的管理是整个种羊场的重要环节，母羊承担着繁殖产羔的任务，羊场的主要产出就是羔羊，所以母羊管理是整个羊场的重中之重。母羊生产管理主要包括空怀期管理、配种期管理、妊娠期管理、产羔管理、羊群结构管理等。空怀期是指上次产羔到下次妊娠的时间间隔，是影响产羔间隔的主要因素，产羔间隔的长短直接影响繁殖效率和母羊利用率。产羔间隔必须做到实时监控才能避免过长，对于配种后没有返情的羊要做妊娠诊断。妊娠诊断可以采用 B 超早期诊断，没有 B 超的羊场一般是通过观察外观、膘情和采食、精神状态等判断妊娠，一般在 3 个月龄也可以通过人工触摸胎儿来确定妊娠。妊娠三个月后即进入妊娠后期，到 4.5 月龄时要将母羊转入产房待产，产羔后 2～3 个月断奶，断奶后再次转入空怀羊舍。在妊娠后期饲养管理中，要注重注意不要惊吓母羊，提供营养全面的日粮，尽量提供青绿多汁饲草，饲养密度不宜过大，否则容易造成外伤导致流产。

②种公羊的饲养。种公羊对于种羊场也非常重要，种公羊管理的优劣不仅关系到配种受胎率的高低、繁殖成绩的好坏，更重要的是影响羊选育质量、羊群数量的发展和生产性能与经济效益的提高。因此在种公羊饲养管理中应做到合理饲喂，科学管理，使种公羊拥有健壮的体况、充沛的精力和高品质的精液，充分地发挥其种用价值。一般在没有人工授精的羊场，公母比例为 1∶30。公羊承担着全场的配种任务，公羊的质量也直接影响全场羔羊的产出质量，由于公羊饲养数量远远小于母羊，血统问题非常重要，不能近亲配种，因此就需要对产羔记录和配种记录要详细准确，否则就很容易造成血统系谱错乱，导致近亲繁殖，出现一些怪胎、发育不良的羔羊，影响经济效益。每次配种前，通过查询记录血统，避免使用发情母羊的同胞公羊、半同胞公羊、父亲及祖父公羊配种。

③羔羊管理。羔羊管理主要关键环节是哺乳和断奶。羔羊出生后不久就要打耳号，根据羔羊父亲来编写耳号，建立血统清晰完备的系谱资料，成为全场血统档案的宝贵资料，给管理带来极大方便。此外，羔羊信息包括出生日期、初生重、母羊产羔数量和性别等，为断奶提供准确信息。断奶后的青年羊一部分出售，一部分要留种，留种的羊进入后备阶段，后备母羊要加强饲养管理，为初情期的正常到来提供保障，为配种打好基础。

4.1.3.2　持续不断加强选育提高基础高繁羊群比例

（1）选用一胎多羔常年发情的品种

品种是羊群繁殖效率的基础，因此要选择那些繁殖率高、常年发情的品种，如小尾寒羊、湖羊等。在新建羊场和选择饲养的品种时，要注意品种的多胎性，尽量选用一胎多羔和常年发情的羊，便于全年均衡生产。

（2）选择双羔留种

对于中小型肉羊自繁自养场来讲，要想有一个稳定的基础羊群，必须有意识地选留胎产羔数多、羔羊初生重大、泌乳量高的母羊，或者选留其所生的多胎羔羊留种，这是提高多胎性的重要途径。不要一味地选留长得快的公羔,长得快的公羔往往是单胎,因此在留种是要从哺乳期开始,经过断奶、育成等几个阶段,从血统、体型外貌、繁殖性能等方面综合考虑留种。俗话说:"公羊好,好一坡;母羊好,好一窝"。公羊也要尽量选用双羔留种。

4.1.3.3　科学选配提高母羊胎产羔数

(1)选用双羔母羊与公羊配种

选配通俗地讲就是在选种的基础上,为了获得理想的后代而进行的人为选择确定公母羊进行交配。选配是选种工作的延续,有了优良的种羊,选配很关键,直接决定繁殖后代羊群的质量,因此选种与选配是规模羊群杂交改良及育种工作中两个相互联系、密不可分的重要环节。在选择母羊个体配种时,尽量选用那些产双羔的母羊与后代产羔较多的公羊配种,以此来提高其产多羔的概率。

(2)多次本交提高配种妊娠率

要达到做好配种工作,既要做好对配种公羊、母羊的选育和选配,又要掌握好配种时机,做到适时配种和多次配种。母羊的发情期持续时间短,尤其是绵羊,因而要把握好配种时机,及时发现羊群中发情的母羊,以免造成漏配。大量的生产时间证明,在繁殖季节开始后的第1～2个发情期,母羊的配种率和受胎率是最高的,而且在此时期所配母羊所生羔羊的双羔率也高。一些高产的母羊的排卵数多,但是所产的卵子不是同时成熟和排出,而是陆续成熟然后排出,因而要对母羊进行多次配种或输精,可利用重复简配、双重交配和混合输精的方法,令排出的卵子都能有受精的机会,从而提高产羔率。建议发情的母羊每个八小时配种一次,直到发情结束母羊不接受爬跨为止。

4.1.3.4　以缩短产羔间隔为核心提高母羊年产羔数

产羔间隔是影响母羊利用效率和年产羔数的关键因素,特别是对于绵羊,季节对绵羊发情具有重要影响,绵羊数短日照动物,一般在秋季发情配种。

(1)提高产后早发情母羊比例

不论什么品种,在大群饲养时,不同个体的产羔间隔不同,有些羊产后发情较早,配种及时的话,产羔间隔就会缩短,因此要着重留意那些产后早发情的母羊,选留那些多次产后发情较早的母羊,提高这类羊在群体中的比例,就可以提高整体羊群的利用效率。

(2)合理利用调控技术缩短产羔间隔

一些发情调控技术可以缩短产后发情时间,如诱导发情和同期发情,目前,这些发情技术相对比较成熟,在实际生产中可以根据自身条件选用。

通过提高产羔间隔短的母羊比例和人为干预产后发情时间,对于规模羊场,两年三产,年产羔数三只的母羊比例要占到80%以上,这样才能保证繁殖效率和羔羊产出效益。

4.1.3.5　做好羔羊护理提高断奶成活率

（1）初生护理

羔羊出生后应尽快擦去口鼻黏液，以免造成异物性肺炎或窒息，让母羊舔去羔羊身上的黏液。对出现假死状况的羔羊，应立即采取人工呼吸或倒立拍打后背等措施抢救。羔羊脐带8～10 cm处用手撕断，然后涂碘酊消毒。初乳对羔羊的生长发育至关重要，它不同于常乳，浓度高，矿物质、抗体含量高，羔羊食后可促进胎粪排出和提高免疫力。当羔羊能够站立时，应立即让其吃到初乳。如果初乳不足或没有初乳，可按下列配方配成人工初乳。配方为：新鲜鸡蛋2个，鱼肝油8 mL或浓鱼肝油丸2粒，食盐5 g，健康牛奶500 mL，适量的硫酸镁。在羔羊吃到初乳前，应将母羊乳房擦净，挤开奶眼，然后辅助羔羊哺食。初生羔羊体温调节能力差，对外界温度变化极为敏感，舍内温度应保持在5℃以上。冬季地面上铺一些御寒的材料，如柔软的干草、麦秸等，并注意检查门窗是否密闭，墙壁不应有透风的缝隙，防止因贼风侵袭造成羊只患病和其他不必要的损失。

（2）及早诱食

羔羊补饲的目的是使羔羊获得更完全的营养物质，促进羔羊消化系统与身体的生长发育。羔羊生后8 d就可以喂给少量羔羊代乳料，训练吃细嫩的青草，及早采食训练，有利于促进胃肠的消化能力。在母子栏内放置专供羔羊能够吃到的精饲料，在运动场内，应经常放置盛有清洁饮水的水盆，让羔羊自由饮用。及早诱食一方面可以锻炼羔羊采食饲料，促进消化系统发育；另一方面可以减少母羊哺乳负荷，有利于尽快恢复体况。

4.1.3.6　提高羊群管理水平

（1）制定羊群周转计划保持合理羊群结构

羊群结构管理主要是指要保持羊群能繁母羊、配种公羊、后备母羊、后备公羊、羔羊等不同年龄阶段的比例，一个好的羊群结构是保持较高生产性能的重要因素。一般公母比例为1∶30，可繁母羊所占比例为80%左右，后备母羊占15%左右，成年可用公羊占3%，后备公羊占2%。羊群结构管理对繁殖效率至关重要，因此，每年都要对羊群进行整顿，及时对老龄羊和不孕羊进行淘汰，能繁母羊的年龄以2～5岁为宜，7岁以后的母羊即为老龄羊，要提高中青年可繁母羊的比例。

（2）树立精品意识提高可繁母羊比例

把羊群视为自己的孩子，了解羊群结构，知道哪些羊什么时候该发情，哪些羊什么时候产羔，要通过翔实的生产数据做到了如指掌，这样才能把羊群管理好。始终树立精品意识，把在场的羊视为精品，用精品思路管理羊群，缩短生产周期，减少不生产的羊（不孕不育、屡配不孕、生殖障碍等羊）的比例，增加可繁母羊比例。做到饲养的母羊都是发育正常、繁殖规律正常的羊，做到不养不正常繁殖、繁殖效率低的母羊，即精品可繁母羊。

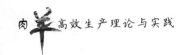

（3）高度重视生产数据统计

统计是生产的必不可少工作，及时准确的统计可以了解羊群生产状况，有了统计数据才能计算繁殖效率，才能知道怎样提高养殖效益。实际生产中规模越大不孕不育羊的比例越高，因此，规模羊场就要注意保持可繁母羊较高比例，做好繁殖记录，及时了解羊的发情配种情况，以便掌握羊群繁殖状况。繁殖记录主要包括产羔记录、配种记录、新生羔羊耳标记录、母羊产羔档案、羊群周转统计、母羊配种档案等。产羔记录是指记录每天的分娩的母羊数量，每只母羊的产羔数量等；配种记录是指记录每天配种公羊所配母羊的情况；新生羔羊耳标记录是指要对新生羔羊编制耳标，并在出生后用耳标钳打上耳标，耳标记录是血统的重要依据；母羊产羔档案是指每只母羊每次产羔的记录；羊群周转统计主要是统计每月全场羊群周转情况，包括各类羊的数量变动情况；母羊配种档案是指在场每只母羊每次配种的记录。

（4）了解掌握个体母羊繁殖规律，及时淘汰不孕不育母羊

在生产中，有的母羊产羔断奶后一年都没有配种妊娠，这样无疑增加了饲养成本。产后不发情原因是多种的，有可能是因为发情表现不明显或者有生殖障碍，因此这就需要对产羔断奶母羊进行实时监控，密切注意产后发情，要对所有产后断奶母羊了如指掌，这样才能及时发现产后不发情和屡配不孕的羊，对没有及时发情的母羊要进行检查，采取人为干预措施促使其发情，对于人为干预无效的母羊可以考虑育肥淘汰；对于配种过的羊要观察配种后前两三个情期是否返情，如果对于配种后的羊没有动态实时监测很容易错过或没有发现返情，耽误配种妊娠。

繁殖效率是养羊生产的核心，也是效益产出的关键。总之，要从饲养管理、选种选配、羔羊成活率、羊群管理等方面综合采取措施，从提高母羊产羔数和羔羊成活率两方面来增加羔羊产出，进而提高效益。

4.1.4　肉羊舍饲快速育肥技术要点

4.1.4.1　舍饲快速育肥是提高养羊经济效益的关键

舍饲快速育肥是指在舍饲条件下，利用羊的特定生理阶段采取强度饲养，集中育肥，快速出栏的一种养殖方式，基于快速育肥周期短、周转快的特点可以获得较好的经济效益。由于舍饲养殖成本高，饲养周期长，见效慢，因而快速育肥成为目前提高养羊经济效益的重要途径和方法。

4.1.4.2　舍饲育肥羊舍建设

育肥羊舍的建设主要考虑地势、气候、风向、水源、饲草、交通等因素。如果是育肥羊场，可以选择远离村庄，交通便利，地势高燥的地方建设，农户的育肥羊舍可以在庭院或者空旷的地方建造。可以采用双坡式、单坡式或者塑料暖棚。总的原则就是既能防寒保暖又利于防暑降温、通风。

羊舍面积一般羔羊 0.7～1.2 m²/只,成年羊 1.0～1.6 m²/只。冬季羊舍温度最好在 0℃以上,夏季不要超过 30℃。羊舍高度根据气候条件有所不同。跨度不大、气候不太炎热的地区,羊舍不必太高,一般从地面到天棚的高位为 2.5 m 左右;对于跨度大、气候炎热的地区可增高至 3 m 左右;对于寒冷地区可适当降低到 2 m 左右。

4.1.4.3　舍饲育肥肉羊的选择

舍饲育肥根据生理阶段不同分为羔羊育肥和成年羊育肥,成年羊育肥又可分架子羊育肥和老羊育肥。

由于羔羊肉鲜嫩、多汁、精肉多、脂肪少等特点,深受市场欢迎,需求量较大,另外由于羔羊生长快、饲料报酬高,育肥成本低、价格高,羔羊育肥效益最高。羔羊育肥一般是在断奶后进行强度饲养,集中育肥 2～4 个月,6 月龄出栏。架子羊育肥是指膘情较差、营养状况不好的羊,通过短期快速育肥进而获得经济效益的一种育肥方式。老羊育肥是指年龄较大,繁殖效率下降的羊通过育肥而达到短期增肥的育肥方式。

羔羊由于生长快、增重效果好,价格高等特点,育肥效益好于架子羊和老羊。因此舍饲育肥首选 2～3 个月龄的断奶羔羊。

4.1.4.4　舍饲快速育肥粗饲料和精饲料的选择

舍饲快速育肥的特点主要体现在育肥期短、增重快,因此在饲料选择上要选择优质的粗饲料如花生秧、红薯蔓、羊草等营养价格高的禾本科和豆科植物,快速育肥主要靠高强度的催肥,因此精饲料是要选择营养全面、营养高配合饲料。在快速育肥过程中,精粗饲料的比例是有变化的,开始时粗饲料比例高,占 45%～55%;后期精饲料比例高,占日粮 60%～80%,在精饲料中能量饲料比例较高,约占 80%。

4.1.4.5　舍饲育肥前期准备

育肥前期准备主要是指圈舍准备,育肥羊的调整,使羊适应育肥环境和饲养条件,以及进行一些必要的管理措施。圈舍要将粪便清扫干净,用火碱或者石灰对墙面进行粉刷,用消毒液喷雾消毒。育肥羊群准备主要包括按照膘情优劣、体格大小、公母等进行分圈,使每个圈的羊膘情一致、体格较均匀。饲养管理主要包括剪毛、驱虫和注射疫苗等。

4.1.4.6　舍饲育肥不同肥育期饲养管理

按照育肥阶段可分育肥前期、中期和后期。育肥前期进行准备工作、剪毛和注射疫苗,第 1 天注射小反刍兽疫,第 3 天注射口蹄疫,第 6 天皮下注射羊痘,第 9 天注射伊维菌素驱虫,第 10～13 天拌料喂健胃散,精料由 40%浓缩料,60%玉米组成,精料每天喂量逐渐由 200 g 增加到 500 g/只;育肥中期 40 d 左右拌料喂健胃散再次进行健胃,精料组成调整为 30%浓缩料,70%玉米,精料每天喂量逐渐由 500 g 逐渐增加到 800 g/只;育肥后期精料组成为 20%浓缩料,80%玉米,精料每天喂量逐渐由 800 g 逐渐增加到 1,300 g/只。每天早晨和傍晚将精料与草粉混合拌匀进行饲喂,保证槽内始终有草料,按照槽内草料剩余情况灵活掌握喂量,每天保证水槽内有草料,有充足饮水。

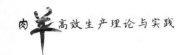

4.2 产业模式与经营管理

4.2.1 农区舍饲、半舍饲养羊生产模式探析

近年来,随着封山禁牧和退耕还草还林政策的实施,农区舍饲和半舍饲成为养羊生产的主要模式。舍饲即圈养,羊每天活动在圈内;半舍饲是指白天放牧,夜晚在圈内。从规模上讲,半舍饲适合于小规模养殖,一般是几十只可繁母羊,养殖量在百余只。由于大规模养殖在放牧数量、载畜量等方面均受到水源、场地、草场等资源和条件的制约,大规模饲养只能舍饲,而半舍饲多数是农户小规模自繁自养。从我国养羊生产实际看,半舍饲小规模自繁自养方式出栏量占50%以上,而且这种饲养方式效益可观,在提高养殖效益,增加农民收入方面具有明显优势。本文分析比较舍饲和半舍饲生产方式,目的是总结经验,提炼共性,为探讨我国农区养羊生产模式和出路提供借鉴和参考。

4.2.1.1 全舍饲养羊特点

舍饲养羊最大的特点就是成本增加,随着舍饲圈养,饲养密度增大,空气流动小,发病和传染的机会增加。此外,在舍饲条件下容易造成日粮搭配不合理,营养不全面、不平衡,导致羊体质差,容易产生代谢病,甚至营养缺乏症。

(1)舍饲成本增加,技术含量要求高,发病率高,饲养效益降低

舍饲养羊,最大的特点就是饲喂成本增加,所有日粮均为成本投入,而放牧饲养大部分饲料不需要成本购买。随着舍饲圈养,饲养密度增大,空气流动小,增加传染和发病的机会,而放牧饲养,白天到室外放牧,空气流通,减少了发病概率和传染机会。

另外,舍饲不仅成本高,发病概率大,而且饲养效果不如放牧。放牧羊可以采食到很多种类的饲草,日粮构成多样化,这样就增加了营养的平衡,而舍饲仅仅靠人工调制的几种秸秆、干草、以及一些精料,很容易造成日粮搭配不合理,营养不全面、不平衡,导致羊体质差,容易发生代谢病,甚至营养缺乏症。不论是母羊空怀还是妊娠、哺乳,舍饲母羊出问题的比例高于放牧和半放牧的羊。舍饲的羊由于运动量小,妊娠母羊产羔后容易出现瘫痪、缺钙以及难产等问题;公羊配种能力下降,精液质量下降。从整体角度来讲,舍饲养羊难度增加,技术含量较高,效益降低。

(2)舍饲自繁自养繁殖利润空间小,集约化专业化育肥效益可观

由于舍饲成本高,饲养一只母羊的周期长,投入高,而且产出少,平均每只母羊每年产3只羔羊,而一只母羊饲养一年的成本几乎就需要两只羔羊的产出,因此饲养母羊进行自繁自养成本高,效益差,特别是规模饲养,加上人工成本、水电、基础设施投入等。相反羔羊育肥由于周期短、周转快,投入小,见效快,近年来出现了很多专业户育肥和异地育肥现象,专业育肥大多也属异地育肥,自己不养母羊,专门购买当地或异地断奶羔羊,进行短期强度育肥,批量化生

产,效益比较可观。

4.2.1.2　半舍饲小规模自繁自养

半舍饲小规模自繁自养是我国农区广泛存在的一种饲养方式,主要特点是规模小,一般在几十只到百余只,通常白天由一到两人放牧,地点主要在山坡、水沟、滩涂、洼地、荒地、果园、林下等,采食一些杂草、树叶,秋后农作物收获之后,主要采食杂草、农作物副产品等。一般农户自繁自养,繁育的羔羊除选留种羊,其余育肥出售或屠宰加工。这种模式主要有以下特点:

(1)基础设施要求低、日粮多样化、饲料投入少

农户小规模半舍饲可以搭建简易棚舍,不需要昂贵设施投入,可依墙而建,依地势而建,顶棚可以使用石棉瓦、木质结构等,相对于规模化全舍饲养殖来讲,小规模半舍饲投入小。母羊繁殖羔羊,育肥出栏。此外,由于白天放牧,在青草季节可采食多种多样的青绿多汁饲草,营养含量丰富,且多样化,好于全舍饲日粮,减少饲料饲喂成本。

(2)羊只健康水平提高、疾病发生率降低

由于饲草多样化,羊体所需营养物质大部分来自青绿鲜草,特别是夏秋季节,鲜草结籽,营养丰富,羊的膘情较好,健康水平较高,公羊性欲旺盛,配种能力强,配种妊娠率高,繁殖力提高。由于放牧空气流通,相对全舍饲养殖,呼吸道疾病减少。

(3)利润空间大,效益稳定

虽然舍饲养殖已推行多年,但在实际生产中,大规模全舍饲这种方式利润空间很小,很多规模化的种羊场和自繁自养场经营状况不佳,甚至亏损。而半舍饲自繁自养小规模饲养可以很好生存,正是由于有其自身优势。在广大农区,农户小规模饲养是我国养羊生产的一个主要特点,由于草食动物需要运动场所,因此不能像猪鸡那样集约化饲养,而在广大农区,特别是役用动物减少,机械化耕种,大量秸秆残留在田间地头,因此给放牧提供了条件,减少了收割、铡短、储运等环节,进而减少人工费用。此外,最大特点就是减少饲喂成本,提高羊只健康水平,提高养殖效益。

在肯定半舍饲小规模养殖方式的同时,并不否定养殖小区和规模化舍饲方式,而且还需要有龙头企业,特别是产加销一体化的农牧企业作为引领,带动农户饲养,形成育种、繁殖、育肥、加工产业化生产,因此,在有基础的农区规划养羊生产时,可考虑在农户饲养区建设龙头舍饲种羊场、屠宰加工厂,为周围农户饲养提供种羊,收购育肥羊屠宰加工,形成以龙头企业为中心,农户饲养为辐射的养羊产业带,进而实现种植、养殖、加工、贸易良性循环,减少秸秆浪费,解决闲散劳动力就业,提高羊业增效和农民收入。

4.2.2　冬季提高舍饲养羊效益的综合措施

养羊成败的关键因素是投入和产出,舍饲后养殖成本加大,因此提高舍饲养羊经济效益主

要还是从投入和产出上加以考虑，从管理上要效益。进入冬季后，舍饲养羊面临一些新的问题和困难，受到青绿饲料减少、饲草枯竭、气候寒冷等因素的影响，需要从饲草储备、日粮营养、越冬饲养、疫病防治以及配种、产羔、育肥、周转等管理环节进行加强，减少因季节原因带来的不利影响。本文主要针对北方冬季由于气候变化带来的影响，从饲草储备、日粮营养、越冬饲养、疫病防治和管理环节论述了提高冬季舍饲养羊效益的综合措施，以期为规模种羊场、育肥场、舍饲农户、育肥专业户等提供一些参考和借鉴。

4.2.2.1 饲草储备—备足过冬饲草及青绿多汁饲料

北方一般在11月份进入气候学上所指的冬季，其实在10月中下旬地里的草和植被已经枯黄，因此在饲草储备方面，要早做好越冬准备，特别对于规模羊场和育肥场来说，更要做好饲草储备计划。

（1）粗饲料储备

应在秋季从附近收购一些像花生秧、红薯蔓、玉米秸等农作物秸秆，购买苜蓿、花生秧等或混合草粉，每只羊每天按1 kg粗饲料计算进行储备。在做饲草储备计划时，需要事前对羊周转做出大致估计，预计冬季成年羊和育肥羊的饲养量，因为这两类羊粗饲料需要量所占比重较大。另外，粗饲料储备场所要考虑远离火源，可以搭建简易草棚，能够遮风挡雨即可，不需要昂贵设施投入，以减少投入。

（2）青绿多汁饲料储备

青绿多汁饲料主要是指青贮饲料，在秋季要做好青贮饲料，青贮饲料对于规模化种羊场十分重要，特别在冬季，青贮饲料在日粮中占有很大比重，一般要占到60%～70%，青贮饲料的主要作用是填充作用，使羊有饱感，另外，起到多汁饲料的作用。青贮饲料是冬季羊能够吃到的比较好的多汁饲料，仅靠干草很难满足需要，因此，规模羊场一定要做好青贮，如果有充足的青贮窖和青玉米秸，可以做够一周年的饲喂量，这样就可以免去冬季缺乏青绿多汁饲料的困扰，以及雨季无法收割鲜草的麻烦。在做青贮饲料时要趁天气晴朗加快进度，避免遭雨淋。

（3）精饲料的储备

精饲料的供应并不像粗饲料那样具有季节性，但对于规模化羊场还是要储备一些，由于冬季缺乏青绿饲料，羊从粗饲料中获取的营养减少，需要由精饲料补充，精饲料的需要量要稍大一些，无论是自配精料还是购买浓缩料，都要储备一些玉米，玉米是用量最大的饲料原料，特别是在冬季，遇上风雪天气，或者接近春节时，随时购买有时可能做不到，因此，规模羊场更要做好准备。

4.2.2.2 日粮营养—保证御寒营养需要，提高日粮营养水平

（1）遵循饲料多样化原则，广开饲料资源

冬季绝大部分植被都进入枯草期，只有开辟非常规饲料资源才能减少成本，提高饲料利用

率,为羊提供多样化的饲料原料,实现均衡营养的目的。在优质牧草缺乏的情况下,可以利用一些农副产品以及下脚料作为羊的饲料,如树叶、糟渣类、蘑菇根以及非蛋白氮等能够提供营养、无毒性的非常规饲料资源。在进入初冬时节,收集一些乔木树叶、灌木树枝、果树叶等。如附近有一些农副产品下脚料可以与常规牧草搭配饲喂,这样既可以节约成本又可以使粗饲料营养之间互补,平衡营养。此外,在参加配种的公羊和繁殖的母羊,如有条件可以饲喂一些胡萝卜,增加繁殖母羊和公羊的营养。

(2)提高日粮营养水平,增强体质减少伤亡

冬季气候寒冷,羊的营养需要加大,在温暖季节的基础上需要有一部分营养用来御寒,特别是毛用羊,如果营养跟不上,产毛、绒量减少。如遇寒冷冬季,更要加大营养水平,提高日粮能量浓度,保证御寒需要,如营养跟不上,羊的体质下降,容易患疾病,甚至被冻死冻伤,如2009 年冬季,气温较往年偏低,有些地方个别体质弱的羊就有被冻伤冻死现象发生。舍饲羊的饲草饲料喂量可在秋季喂量的基础上增加 10%~15%。另外,对各种羊都要注意补添微量元素及钙质,育肥羊要额外添加占日粮 1%的食盐。

4.2.2.3　越冬饲养——加强饲养管理,精心护理羔羊和妊娠母羊

(1)防寒保暖,做好接羔和羔羊培育

除常年发情的羊之外,大多数绵羊和山羊繁殖都有一定季节性,多数地方品种羊都在春节和秋季发情配种,因此在冬季产羔多集中在 1 月份以后,而 1 月份也正是北方寒冬时节,因此,在这个时期如果产羔接产和羔羊护理不当会造成新出生羔羊死亡,以及断奶羔羊成活率降低。由于农户饲养的母羊一般在几十只多则近百只,因此从管理上容易些。规模羊场要特别注意冬季产羔管理,从人员安排上做到责任落实到人,特别是夜间产羔,安排值班人员,要由专人守夜。如果产羔圈舍温度偏低,要在产羔圈舍内生火取暖,要保持温度在 5℃以上。

羔羊出生后立即捋清口鼻的黏液,将羔羊放在母羊头附近,使其能够舔到羔羊,这样一方面可使羔羊毛皮很快被母羊舔舐干,另一方面增加母子关系。出生后要保证 30 min 内吃到初乳,尽快使羔羊体内产生免疫抗体。如果母羊没奶要找刚刚产羔的母羊代乳,或者喂奶粉、牛奶。总之,新出生羔羊一要尽快吃到初乳,二要做好保暖工作,避免因寒冷降低羔羊体抗力。

(2)注意饮水,精心护理,加强妊娠母羊饲养管理

冬季气温很低,饮水是个需要注意的问题,除在日粮搭配上多增加一些多汁饲料外,在饮水上要特别注意,不要给羊饮冰渣水,如有条件尽量给温水,给羊饮温水一方面可以促进消化,另一方面可以减少体内能量消耗。对于农户饲养的母羊,由于规模较小,可以在饲喂时用开水把精料冲开,搅拌均匀,使之变成糊状,然后对上一定数量的凉水,搅拌均匀饮羊即可。虽然冬季散热速度降低,羊体需水量减少,但每天至少应给羊饮两次水,如果缺水,羊会出现厌食,长期饮水不足羊会处于亚健康状态,特别是育肥羊,一般日粮精料比例较大,更需要增加饮水次数。一般大规模育肥羊,要单独设立水槽,待羊饮水完毕后,如白天气温在 0℃以上,可以保持水槽有水,夜间将水槽内水清除。如果白天气温在 0℃以下,要将剩余的水排掉,否则水槽

内水会结冰。生产中应在喂草喂料 1 h 后饮羊,这样使水与草料在羊瘤胃内充分混合,有助于消化。在饲喂青贮饲料时,要去掉腐烂和带有冰块的青贮,避免母羊食入后造成疾病,影响胎儿发育。当邻近预产期,要提前将妊娠母羊放入产房或者暖棚,进行待产饲养,使母羊提前适应环境。

4.2.2.4 疫病防治—要坚持常规防疫和个别治疗相结合

(1)冬防为春防,坚持常规防疫

冬季天气寒冷,病原微生物活动减少,像拉稀、传染病等疾病发生率减少,有人可能认为冬季不需要防疫,放松警惕,其实在冬季仍然有爆发传染病的可能,病原微生物在冬季潜伏,如果冬季做不好防疫,羊体内没有免疫力或免疫水平较低,当春季到来时,病原很容易侵入羊体内,爆发传染病,因此,冬季防疫是为春季防疫做储备,要重视冬季防疫,常规做的像三联四防、口蹄疫、羊痘、传染性胸膜膜肺炎还是要坚持接种免疫。

(2)精心饲养,留心观察,及时治疗

在冬季,气候寒冷,羊容易患感冒、代谢等普通疾病,因此,要留心观察,发现后要及时治疗,在治疗呼吸道病时,要坚持至少治疗 5 d,最好要治疗 7 d。由于呼吸道疾病不易发觉,当发觉时大多出现呼吸喘气、体温升高、厌食、精神萎靡等症状,在治疗的过程中,有些羊是上呼吸道感染常伴有咳嗽容易发觉,而有些羊已经感染到肺部,肉眼观察不易察觉,因此要进行听诊。有些羊治疗后很快见效,但停药后又复发,当呼吸道病复发后就会增加治愈难度,因此在治疗时,要坚持疗程。像一些代谢病和感冒,都比较容易治愈,也不会造成太大影响,总之,饲养过程中要多留心观察,及时治疗,减少由于粗心大意和管理粗放造成的损失。

4.2.2.5 管理环节—做好冬季配种、产羔、育肥、周转计划等工作

影响经济效益的因素除了饲草成本、人工费用及其他成本外,还有就是繁殖、育肥和生产周转环节,因此,在冬季就要从繁殖环节,要提高配种妊娠率和产活羔率;从育肥环节要提高增重速度和出栏率;从生产周转环节,做好周转计划,提高可繁母羊以及育肥羊在羊群中的比例,保持羊群最大产出结构,减少老、弱、病、残羊以及不孕羊的比例。

(1)减少人工输精,提高配种妊娠率;做好保暖工作,提高产活羔率

冬季气温低,母羊发情症状不明显,因此要做好发情鉴定,用羯羊或公羊戴试情布进行试情。配种尽量采用人工辅助交配,尽量不用人工输精,从规模羊场冬季人工输精的经验来看,冬季人工输精妊娠率比其他季节低 10%~20%,如发情母羊较多,公羊少,采用人工输精时要在室内采精和输精,选择接近中午或者午后进行人工输精。

产羔方面主要是做好保暖工作,一般规模羊场都有产房或者暖棚,农户可选择向阳的位置搭建塑料暖棚,如夜间产羔还要生火取暖,力争做到不因为寒冷而造成产活羔率下降。

(2)增加育肥羊比例,加快羊群周转,提高经济效益

育肥是舍饲养羊产出的一个重要环节和方式,对于规模种羊场来说,一般从秋季开始,将

除后备羊之外的羔羊和育成羊组成转入育肥舍进行育肥,力争赶在元旦和春节出栏。育肥羊场和专业户需要购买或者异地购入育肥羊,组成育肥羊群,进行短期强度育肥。育肥的经济效益点就是通过短期优饲获得最大的增重速度,提高出栏体重,增加出肉率和胴体重,获得好的市场回报。因此,无论对于规模羊场还是农户来说,冬季短期育肥是增加经济效益的重要途径。从近几年的情况看,一般从秋季开始,活羊价格和羊肉价格开始逐渐上涨,一直涨到春节,像 2010 年春节前,活羊涨到了历史最高水平,大概是每千克 32～34 元,因此,规模羊场要抓住春节前市场价格上涨这个特殊阶段,冬季适度增加育肥羊在羊群中的比例,经过 2～3 个月育肥出栏,不仅加快了羊群周转,优化了羊群结构,同时增加了经济效益。育肥专业户和农户要适时购入一些杂交羔羊,进行短期强度育肥,提高经济效益。另外,冬季也是来年调整羊群结构、制定生产计划的重要时期,在这个时期要从配种、产羔、育肥等环节制定来年的生产计划和调整羊群结构。

冬季管理对于短期获得经济效益、调整优化羊群结构、制定来年生产计划具有重要意义,因此要利用好这个时期做好管理工作。

4.2.3　提高肉羊舍饲效益的综合措施

随着经济社会发展和生态环境变化养羊业发生了两个转变,一是人们从羊上获取的产品由毛为主转变为以肉为主;二是在非牧区饲养方式由放牧饲养转变为舍饲圈养,因此肉羊舍饲也就应运而生。舍饲养羊最大的特点就是成本增加,随着舍饲圈养,饲养密度增大,空气流动小,发病和传染的机会增加,此外,在舍饲条件下容易造成日粮搭配不合理,营养不全面、不平衡,导致羊体质差,容易产生代谢病,甚至营养缺乏症。因此,提高舍饲养羊经济效益,关键就是把羊养好。从产出角度讲,羊的主要产品是羊肉,因此就是想方设法让母羊多产羔,使羊多产肉,也就是长得要快;从投入角度讲,应尽量减少投入,节约成本。

4.2.3.1　科学定位生产方向,选择利用合适品种

从产肉角度讲,绵羊好于山羊,绵羊增重比山羊快,进行舍饲肉羊生产不仅要考虑增重快还要考虑繁殖效率高,也就是要选择那些产羔率高,常年发情的品种。在品种上,按功能分为毛用、肉用、皮用、奶用等,尽管不同类型的羊都长肉,但由于其生产方向不同,产肉效率相差很大,例如,早熟肉用品种羊的屠宰率高达 65%～70%,一般品种为 45%～50%,毛用细毛羊仅为 35%～45%。因此在从事肉羊生产前先要考虑品种问题,同时还要进行生产方向定位,如果定位生产种羊,那就选择优秀的肉用种羊,但多数肉用羊繁殖率较低。如果定位自繁自养肉用商品羊生产,建议采用杂交方式生产。山羊品种利用方面:在我省太行山区一带可以利用波尔山羊与太行山羊、武安山羊杂交,东南平原农区利用波尔山羊与冀中奶山羊杂交,燕山山脉可以利用波尔山羊与绒山羊、承德无角山羊、冀东奶山羊杂交。绵羊品种方面:我省所有地区均可以利用引进肉用绵羊如杜泊、德克赛尔、萨福克、无角陶赛特、德国美利奴等与小尾寒羊杂交,北部燕山一带可以用德国美利奴与河北细毛羊杂交,充分利用杂交优势,开展经济杂交进行商品羊生产。如果定位专业育肥,建议采用羔羊育肥,集约化、工厂化全年均衡生产。

4.2.3.2 优化羊群结构，做好配种工作，提高繁殖效率

繁殖是繁育场的核心工作，也是关键环节，做好繁殖工作提高繁殖效率是保证经济效益的前提和关键，不论是种羊场还是自繁自养场（户），繁殖率直接决定羔羊的产出数量，因此需要从多方面如选留种、羊群结构、配种、周转计划、经营管理等方面想方设法提高繁殖率。

（1）树立精品意识，做好后备羊的留种工作

后备羊的留种对于更新羊群至关重要，留种是个不断选择的过程，从出生、断奶、青年羊培育等几个阶段都要不断选择，主要从品种体型外貌、系谱血统和同胞生产记录等考虑。母羊体型要匀称，生殖器官正常，后驱宽大；公羊体格强健，高大，性欲旺盛；系谱血统符合品种特点；母羊要看其母亲繁殖记录，选留那些多胎的母羊，并考虑其发情规律、配种率、产羔数、产活羔数，有无繁殖疾病史等，另外还要看其同胞繁殖性能；公羊要注意与已用公羊血统要分开，不要选留与已经参加配种的公羊近亲的公羊，保持公羊血统越远越好。

（2）不断调整羊群结构，保持可繁母羊较高比例

一个好的羊群结构是保持较高生产性能的重要因素，在繁育羊群中一般公母比例为1：30，可繁母羊所占比例为80％左右，后备母羊占15％左右，能够配种的成年公羊占3％，后备公羊占2％。实际生产中羊群规模越大，不孕不育羊的比例也越高，因此，规模羊场更要注意保持可繁母羊较高比例，做好繁殖记录，及时了解羊的发情配种情况，以便掌握羊群繁殖状况。

（3）及时处理不繁殖母羊，减少不孕不育羊比例

对于规模羊群，不可避免的存在一些繁殖规律不正常的羊，比如产后发情间隔长，繁殖季节不发情，屡配不孕，对于那些繁殖不正常的羊，要及时通过人为干预促使发情，提高配种率，如果人为措施不见效果，要及时淘汰，降低此类羊比例，减少饲养成本。

（4）做好发情鉴定，保证配种率

除了小尾寒羊、湖羊等四季发情的品种外，其他绵山羊多数为季节性发情。发情鉴定有外部观察法和试情方法，试情方法更为可靠，当母羊等待公羊爬跨时，即可判断母羊发情。此时要选择优秀公羊进行配种，每天两次，直到母羊不接受为止，这样可提高配种率，同时做好配种记录。如果是规模养殖母羊群体较大，在发情季节要经常试情，如果小群体，要根据配种时间定期试情，以检查是否有返情的母羊，对于大规模群体一定要做好发情配种记录，可随时掌握羊群的繁殖率情况。

（5）因地制宜，合理运用人工授精技术

人工授精技术是较为成熟的一项繁殖技术，特别是对于规模羊场来说，采用人工授精技术是减少公羊饲养数量的一个措施，但要考虑气候条件和季节等因素，在冬季，要尽量减少人工授精配种比例，多采用人工辅助配种，即使采用人工授精也要在温暖干净的室内进行采精、输精，适当增大输精量。

4.2.3.3　重点做好饲养管理

（1）春季重点注意问题

春季由于气温回升，天气变暖，微生物活动频繁，是呼吸道疾病多发季节，一般也是产羔比较多的季节，不论是山羊还是绵羊，春季产羔比较多，因此在春季主要是做好接产和预防呼吸道疾病工作。购买一些预防呼吸道疾病的药，可以每年春季在精料里面拌料预防，每次持续加药拌料三至五天，可有效预防。

（2）夏季重点注意环节

夏季气温高，天气热，特别是育肥羊要注意防暑降温，一般喂羊的时间也要根据气候变化做一定的调整，当进入伏天时，趁早晨凉快的时候喂，下午晚一些喂，增加采食量。如果是小尾寒羊规模养殖，配种安排均衡的话，一年四季都有产羔，因此要加强羔羊的饲养管理。专业化育肥群体比较大，要注意圈舍饲养密度，天气热的时候羊有扎堆的现象，就是天气越热越喜欢扎到一起，这里就涉及羊舍方面的问题，有的羊舍用石棉瓦或者彩钢板搭建，夏天的时候顶子就会晒透，羊舍里面闷热，专业育肥的话要采取降温措施，比如安装大的排风扇或者电扇，还有就是要保持水槽里面不能断水。

（3）秋季重点工作

除了小尾寒羊湖羊四季发情外，其他品种一般从 9 月开始进入发情季节，并会持续到冬季，在配种时要注意做好发情鉴定和公羊调教等。公羊的使用，一般连续 3 d，每天配三次，但中间要有休息，保障日粮高蛋白高能量，每天喂一到两个鸡蛋。每天让羊运动 1～2 h，这样可以维持较高性欲和精液质量。

（4）冬季管理

①防寒保暖，做好接羔和羔羊培育。除常年发情的羊之外，大多数绵羊和山羊繁殖都有一定季节性，多数地方品种羊都在秋季发情配种，因此在冬季产羔多集中在 1 月份以后，而 1 月份也正是北方寒冬时节，因此，在这个时期如果产羔接产和羔羊护理不当会造成新出生羔羊死亡，以及断奶羔羊成活率降低。由于农户饲养的母羊一般在几十只多则近百只，因此从管理上容易些。规模羊场要特别注意冬季产羔管理，从人员安排上要责任落实到人，特别是夜间产羔，安排值班人员，要由专人守夜。如果产羔圈舍温度偏低，要在产羔圈舍内生火取暖，要保持温度在 5℃ 以上。羔羊出生后立即将清口鼻的黏液，将羔羊放在母羊头附近，使其能够舔到羔羊，这样一方面可使羔羊毛皮很快被母羊舔舐干，另一方面增加母子关系。出生后要保证 30 min 内吃到初乳，尽快使羔羊体内获得免疫抗体。如果母羊没奶要找刚刚产羔的母羊代乳，或者喂奶粉、牛奶。总之，新出生羔羊一要尽快吃到初乳，二要做好保暖工作，避免因寒冷降低羔羊体抗力。

②注意饮水，精心护理，加强妊娠母羊饲养管理。除在日粮搭配上多增加一些多汁饲料外，在饮水上要特别注意，不要给羊饮冰渣水，如有条件尽量饮温水。小规模养殖场可以在饲喂时用开水把精料冲开，搅拌均匀，使之变成糊状，然后兑上一定数量的凉水，搅拌均匀饮羊即

可。虽然冬季散热速度降低,羊体需水量减少,但每天至少应给羊饮两次水,如果缺水,羊会出现厌食,长期饮水不足羊会处于亚健康状态,特别是育肥羊,一般日粮精料比例较大,更需要增加饮水次数。总之要保持水槽内不断水。生产中应在喂草喂料 1 h 后饮羊,这样使水与草料在羊瘤胃内充分混合,有助于消化。在饲喂青贮饲料时,要去掉腐烂和带有冰块的青贮,避免母羊食入后造成疾病,影响胎儿发育。当邻近预产期,要提前将妊娠母羊放入产房或者暖棚,进行待产饲养,使母羊提前适应环境。

4.2.3.4　做好羊群周转和经营计划

(1)种羊场母羊群体要精干,提高可繁母羊比例,始终维持最佳生产性能

种羊场的效益取决于种羊的销售情况,如果种羊没有销路几乎没有效益可言,在适销对路的情况下,要考虑羊群周转和经营计划,多数引进的肉羊繁殖季节性比较明显,因此产羔集中在春节前至春季末,哺乳期后几乎有半年的时间为母羊的空怀期,即使是小尾寒羊等常年发情的种羊场也一样,在整个生产中,要始终关注不发情或者发情不受孕的羊,对于这些羊要追踪记录,查找没有繁殖的原因,确认没有饲养价值尽早处理,或淘汰卖掉或育肥后卖掉,尽量减少不孕不育羊的比例,这样才能减少成本,保持羊群最佳生产性能,从而提高生产效率。

(2)自繁自养场提高育肥羊比例

育肥是增加经济效益的重要途径,对于自繁自养场来说,一般从秋季开始,将除后备羊之外的羔羊和育成羊组成转入育肥舍进行育肥,力争赶在元旦和春节出栏。一般从秋季开始,活羊价格和羊肉价格开始逐渐上涨,要抓住春节前市场价格上涨这个特殊阶段,冬季适度增加育肥羊在羊群中的比例,经过 2~3 个月育肥出栏,不仅加快了羊群周转,优化了羊群结构,同时增加了经济效益。

(3)专业化育肥做好全年周转计划,实现均衡生产

专业育肥要根据资金、季节和市场行情制定周转计划,每个育肥周期结束后,至少留出半个月的时间对场圈打扫、消毒以及为下一轮育肥做相关准备。夏季气候炎热,多雨,育肥效果差,要根据周转情况在伏天留出空闲时间。专业育肥主要做好整群防疫,更要贯彻防重于治的理念,坚持空圈后进行彻底消毒,在育肥羊进场后重点做小反刍兽疫、三联四防、口蹄疫、羊痘免疫,驱虫,健胃等,并根据市场行情和价格走势做好育肥羊出售或屠宰,以获得最大效益。

4.2.4　肉羊高效生产配套技术及产业模式

近年来由于生态环境不断恶化,我国养羊生产模式发生了很大变化,农区养殖方式由放牧转向舍饲。由于羔羊生长快,饲料报酬高,生产成本低,产肉率高,生产周期短,羊肉价格高等因素,羔羊肉生产可以取得较高的经济效益。从世界羊肉消费趋势来看,羔羊肉成为最受市场欢迎的羊肉。由于封山禁牧,广大农区饲养成本高,经济效益下降,羔羊肉成为肉羊生产的新的利润增长点,但目前羔羊肉生产主要靠地方品种生产,没有建立不同区域较为固定的杂交利用模式,工厂化快速育肥技术有待推广,自繁自养场缺乏配套技术生产效率低,羔羊肉异地生

产模式有待建立。

4.2.4.1　我国羊肉生产现状

羔羊肉是指屠宰年龄不满周岁的羊所生产的肉,羔羊肉较大羊肉具有肌纤维柔软、细嫩多汁、脂肪量适中、营养丰富、味道鲜美和易消化等优点,因此羔羊肉不但品质好,而且价格在国际市场上较大羊肉高出 30%～50%。另外,羔羊育肥较成年羊育肥的饲料转化效率高(0.5～1 倍),增重速度快(出生后到 2 月龄日增重可达 180～230 g,6 月龄日增重可达 250 g)。发达国家羔羊肉占羊肉总产量的比例很高,如美国 94%,新西兰 80%,法国 75%。而我国目前仍以生产大羊肉为主,羔羊肉仅占羊肉总产量的 20% 左右。形成如此大的差距的关键因素是我国缺乏高效的羔羊肉生产配套技术,具体问题表现在以下几个方面:

(1)缺乏优质肉羊品种,杂交优势尚未得到有效利用

我国羊肉生产主要采用地方品种,地方品种的产肉性能低,严重制约了肉羊产业的发展。近年虽然从国外引入了很多优良品种,但由于利用不当及推广体系不健全等因素,品种间杂交优势并没有得到有效利用。

(2)母羊繁殖效率低,育肥羔羊的供给数量严重不足

育肥羔羊的数量供给不足是导致我国羔羊肉生产效率低的重要原因。我国饲养的地方品种羊多数母羊具有季节性发情特征,导致母羊繁殖间隔较长,全年羔羊的供给数量严重不足,并且各季节供给也极不均衡,严重影响了羔羊肉的规模化和稳定性生产。可见,利用母羊发情控制新技术,如诱导发情、羔羊早期断乳技术等,缩短母羊繁殖间隔,产后尽早发情和配种,将是解决目前我国育肥羔羊的供给数量不足和季节供给不均衡的有效途径。

(3)育肥技术落后

传统的育肥方式一般饲养到 12 月龄甚至更长时间才屠宰,或进行补饲育肥,结果增重速度慢、羊肉胴体品质差和经济效益低。羔羊强度育肥是利用羔羊早期增长速度快、饲料转化率高的特点进行强度育肥,是目前育肥增重最快、羊肉生产效率最高的一项育肥技术,但在我国肉羊生产中未得到广泛应用。

4.2.4.2　肉羊高效生产配套技术

(1)肉羊杂交高效利用技术

从产肉角度讲,绵羊好于山羊,绵羊增重比山羊快,进行舍饲肉羊生产不仅要考虑增重快还要考虑繁殖效率高,也就是要选择那些产羔率高,常年发情的品种。在品种上,按功能分为毛用、肉用、皮用、奶用等,尽管不同类型的羊都长肉,但由于其生产方向不同,产肉效率相差很大,例如,早熟肉用品种羊的屠宰率高达 65%～70%,一般品种为 45%～50%,毛用细毛羊仅为 35%～45%。因此在从事肉羊生产前先要考虑品种问题。在现阶段,杂交优势利用技术是生产羊肉的比较有效的方式之一,利用引入肉用种羊与国内地方品种进行杂交,如肉用绵羊杜

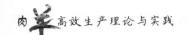

泊、德克赛尔、萨福克、无角陶赛特、夏洛莱等与小尾寒羊、湖羊杂交，德国美利奴与一些半细毛羊杂交，波尔山羊与本地山羊杂交，充分利用杂交优势，开展经济杂交进行商品羊生产。该技术适合自繁自养场或养殖户。

（2）繁殖调控技术

繁殖调控技术是指人为干预缩短母羊繁殖间隔，提高繁殖效率。针对农区自繁自养场、户整体效益低，母羊周转慢，育肥效果不明显等问题，可以采用发情调控技术、早期断奶技术来缩短繁殖间隔，提高繁殖效率。

①发情调控技术。大部分品种的羊是季节性发情，生殖激素诱导是利用外源生殖激素对母羊进行处理，使之发情和排卵，以达到缩短繁殖周期的目的。

常用于诱导发情的激素有促性腺激素释放激素（GnRH）、促卵泡素（FSH）、促黄体素（LH）、孕马血清（PMSG）、孕激素、雌激素和前列腺素（PG）。目前国内生产的 GnRH 类似物有促排 2 号和促排 3 号。FSH、LH 和 PMSG 属于促性腺激素，其主要作用于性腺，促进性腺的生长、卵泡成熟和黄体的形成，从而诱导处于乏情期的母羊发情。PMSG 的半衰期比 FSH 长，在生产中只需注射一次，操作方便，并且 PMSG 的价格比 FSH 低，尽管效果不如 FSH，但是在生产中常应用 PMSG。孕激素和雌激素属于性激素，二者在正常的家畜体内会作用于生殖活动，少量的孕激素和雌激素之间能够产生协同作用，促进发情的行为表现。还可以采用孕酮栓与孕马血清联合使用，即在母羊生殖道内放置孕酮栓 10～14 d，在撤出孕酮栓前一天注射 PMSG 200～250 IU，次日撤栓后便有母羊发情。

②早期断奶技术。母乳喂养的方式，一般为 3～4 月龄断奶，其缺点主要为以下几点：a. 哺乳的母羊由于要照顾羔羊，其体力难以得到恢复，因而延长了繁殖周期，降低了配种受胎率；b. 母羊泌乳 3 周后，乳量明显下降，60 日龄的乳量已经明显不能满足羔羊的生长需求，限制了羔羊的增重；c. 常规的断奶方法会导致羔羊的瘤胃和肠道发育迟缓，断奶后的过渡期长，会影响到断奶后的育肥。

羔羊的早期断奶是在常规 3～4 月龄断奶的基础上，将羔羊的哺乳时间缩短到 40～60 d，并利用羔羊在 4 月龄时生长速度最快这一特点，使羔羊在短期内迅速育肥，以便在达到预期的体重。从理论上来讲，羔羊断奶的月龄和体重以羔羊能够独自生活并且能够以饲料为主要营养来源为准。3 周龄以内的羔羊应以母乳为营养来源，3 周龄以后可以慢慢消化一部分的植物性饲料，8 周龄后瘤胃已经充分发育，能够消化大量的植物性饲料，此时可以进行断奶。

羔羊进行早期断奶的意义：a. 羔羊断奶后，母羊可以减少体力消耗，体力迅速恢复后可以为下一轮配种做好准备，从而缩短了母羊的繁殖周期；b. 羔羊早期断奶后进行强度育肥，有的达到 4～6 个月龄就可以进行屠宰，增加经济效益；c. 羔羊早期断奶后可以较早采食植物性饲料，促进了瘤胃的发育。断奶后用代乳粉饲喂羔羊，可以为羔羊提供全面的营养，从而促进了羔羊整体的生长发育，并且还能降低常见病的发病率，提高羔羊的成活率。

（3）工厂化快速育肥技术

羔羊快速育肥是指对断奶至 6 月龄的羔羊进行强度育肥，经过 2.5～4 个月的短期舍饲育肥使其达到 40 kg 左右体重的一项育肥技术。其主要特点是精料比例逐渐增大，强度高，育肥增重快,经济效益好,周期短,周转快,可规模化、集约化、工厂化生产,可全年均衡生产,适合在粗饲料条件好、气候适宜广大农区和半牧区采用。肉羊育肥的实质是利用其生长发育的阶段性,通过相应的饲养管理措施,达到增加肌肉和脂肪总量,改善羊肉品质的目的,从而获取较好的经济效益。研究表明,羔羊出生后的哺乳期内,对环境适应能力较差,消化机能不健全,生长发育迅速,提高其成活率和完成有依靠母乳到采食饲料的过程的过渡是主要任务;断奶后,其采食量不断增加,消化机能加强,骨骼和肌肉增长迅速,各个组织和器官也相应增加,是生产羔羊肉和肥羔肉的重要时期;当羔羊达到性成熟后,生殖器官发育完成,体型基本确定,但仍保持一定的生长速度;当进入成年期以后,机能活动最旺盛、生产性能最高,能量代谢稳定,虽然绝对体重达到高峰,但在饲料丰富和饲养管理条件好的情况下仍有迅速沉积脂肪的能力。根据以上规律,羔羊育肥效果最好。个体间强弱对进食量有明显影响,强者吃的多,弱者吃得少,同时对营养物质利用和需要量也有差别,导致育肥效果不同。羔羊快速育肥技术适合农区专业化、集约化、工厂化肉羊生产。

（4）肉羊异地生产模式

肉羊异地生产模式是指针对牧区、半牧区和农区三种区域,自繁自养和专业育肥两种生产方式,采用不同技术手段提高生产效率,增加经济效益。牧区利用草场,山区利用山地资源繁育羔羊,将断奶羔羊出售给广大农区,缓解草场压力,将羔羊生产转移到农区,平原农区利用丰富的粮食作物、饲草秸秆和人力等优势进行专业化、规模化、工厂化羔羊肉生产,建立阶段化生产转移、利润共享的北繁南育、牧繁农育的异地生产模式,将有利于提高羔羊生长速度和产肉率,增加市场羔羊肉供给,优化市场羊肉结构,解决自繁自养场母羊繁殖周期长、整体效益低下问题。实现牧区、半牧区和农区联动,缓解牧区草场压力,改善生态环境,充分利用农区农作物资源、人力、财力等优势。

①牧区繁殖。牧区利用草场自繁自养,严格管理,制定适宜的载畜量,实施以草定畜,放牧饲养,增加牧民收入,也可为广大农区提供育肥羔羊,从一定程度上弥补农区羊只不足,同时也可减少草场压力,实现草原肉羊生产可持续良性循环。

②农牧交错带繁育结合。在农牧交错带可以利用山区和草场放牧,也可利用农区的粗饲料资源进行舍饲,特别是农户小规模实施半放牧半舍饲,进行肉羊自繁自养容易盈利,一方面可以为农区生产育肥羊,另一方面可以利用自留羔羊繁育。

③农区专业育肥。农区利用丰富的粗饲料资源,进行全舍饲商品肉羊生产,在平原农区,由于规模自繁自养场成本高,盈利空间小,异地羔羊快速育肥新模式,从一定程度上可保障羊肉市场供应,带动农民养羊积极性,促进了商品羊生产,如在河北省唐县和卢龙等县,逐渐形成了以肉羊育肥、屠宰加工分工明确、产业化程度较高的商品肉羊生产势头。

通过实施分阶段和分区域生产,可实现利润合理分配、生产有序布局、产业分工明确,一定程度上避免草场过度放牧和农区羊只缺乏,实现农牧协作均衡生产。

肉羊异地生产模式可利用不同区域自然资源、区位优势、人力、财力等各种要素,最大限度的发挥资源优势应用于肉羊生产,实现合理利用自然资源,缓解牧区草场压力,保护环境提高生态效益,增加农民收入,促进就业,对提高肉羊产业化水平具有重要意义。

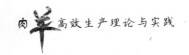
4.2.5　怎样经营规模羊场

4.2.5.1　树立精品意识,优化羊群结构,保持最佳生产性能

精品意识就是不断优化羊群结构,把好后备羊留种关,及时处理和淘汰不孕不育羊,提高可繁母羊比例,保持最佳生产性能。

(1)始终树立精品意识,做好后备羊的留种工作

后备羊的留种对于更新羊群至关重要,留种是个不断选择的过程,从出生、断奶、青年羊培育等几个阶段都要不断选择,主要从品种体型外貌、系谱血统和同胞生产记录等考虑,母羊体型要匀称,生殖器官正常,后驱宽大;公羊体格强健,高大,性欲旺盛;系谱血统符合品种特点,母羊要看其母亲繁殖记录,考虑其发情规律、配种率、产羔数、产活羔数,有无繁殖疾病史等,另外还要看其同胞繁殖性能;公羊要注意与已用公羊血统要分开,不要选留与已经参加配种的公羊近亲的公羊,保持公羊血统越远越好。

(2)不断调整羊群结构,保持可繁母羊较高比例

一个好的羊群结构是保持较高生产性能的重要因素,一般公母比例为1∶30,可繁母羊所占比例为80%左右,后备母羊占15%左右,成年可用公羊占3%,后备公羊占2%。实际生产中规模越大不孕不育羊的比例越高,因此,规模羊场就要注意保持可繁母羊较高比例,做好繁殖记录,及时了解羊的发情配种情况,以便掌握羊群繁殖状况。

(3)及时处理不孕母羊,减少不孕不育母羊比例

对于规模羊群,不可避免地存在一些繁殖规律不正常的羊,比如产后发情间隔长,繁殖季节不发情,屡配不孕,对于那些繁殖不正常的羊,要及时通过人为干预促使发情,提高配种率,如果人为措施不见效,要及时淘汰,减少此类羊比例,降低饲养成本。

4.2.5.2　因地制宜、合理运用人工授精技术

人工授精技术是较为成熟的一项繁殖技术,特别是对于规模羊场来说,采用人工授精技术是减少公羊饲养数量的一个措施,但如何运用这项技术需要注意以下几点:

(1)根据气候条件和季节采用人工授精技术

由于气候条件和季节不同,采用人工授精技术是要考虑这些因素的,在北方冬季,要尽量减少人工授精配种比例,多采用人工辅助配种,即使采用人工授精也要在温暖干净的室内进行采精、输精,适当增大输精量。

(2)配种任务繁重季节保持公羊旺盛性欲

公羊旺盛的性欲和精液质量是提高配种率的前提,特别是在配种季节或者是胚胎移植集

中连续配种时,一是要增加公羊日粮营养,每天喂 1～2 个鸡蛋;二是坚持运动,每天让羊运动 1～2 h,这样可以维持较高性欲和精液质量。如果公羊工作做不好势必会影响配种妊娠率,胚胎移植配种时,可用胚胎数会减少。

4.2.5.3　做好饲料储备和饲料搭配,坚持饲料多样化原则

北方一般在 11 月份进入气候学上所指的冬季,其实在 10 月中下旬地里的草和植被已经枯黄,因此在饲草储备方面,要早做好越冬准备,特别对于规模羊场来说,在秋季要做好饲草储备计划。

(1)秋季做好粗饲料和青贮饲料贮备

在秋季从附近收购一些像花生秧、红薯蔓、玉米秸等农作物秸秆,购买苜蓿、花生秧等或混合草粉,每只羊每天按 1 kg 粗饲料计算进行储备。在做饲草储备计划时,需要事前对羊周转做出大致估计,预计冬季成年羊和育肥羊的饲养量,因为这两类羊粗饲料需要量所占比重较大。另外,粗饲料储备场所要考虑远离火源,可以搭建简易草棚,能够遮风挡雨即可,不需要昂贵设施投入,以减少投入。

在秋季要做好青贮饲料,青贮饲料对于规模化种羊场十分重要,特别在冬季,青贮饲料在日粮中占有很大比重,一般要占到 40%～60%,青贮饲料的主要作用是填充作用,使羊有饱感,另外,起到多汁饲料的作用。青贮饲料是冬季羊能够吃到的比较好的多汁饲料,仅靠干草很难满足需要,因此,规模羊场一定要做好青贮,如果有充足的青贮窖和青玉米秸,可以做够一周年的饲喂量,这样就可以免去冬季缺乏青绿多汁饲料的困扰,以及雨季无法收割鲜草的麻烦。在做青贮饲料时要趁天气晴朗加快进度,避免遭雨淋。

(2)坚持饲料多样化原则,做好饲料搭配

在舍饲羊的日粮中,必须有粗饲料和精饲料,粗饲料中要有干草、一般还要喂玉米青贮,为了减少成本,尽量增加饲料种类。在冬季优质牧草缺乏的情况下,可以利用一些农副产品以及下脚料作为羊的饲料,如树叶、糟渣类、蘑菇根以及非蛋白氮等能够提供营养、不会产生毒性的非常规饲料资源。在进入初冬时节,收集一些乔木树叶、灌木树枝、果树叶等。如附近有一些农副产品下脚料可以与常规牧草搭配饲喂,这样既可以节约成本又可以使粗饲料营养之间互补,平衡营养。

参 考 文 献

1. Anguita B, et al. , Effect of oocyte diameter on meiotic competence, embryo development, p34 (cdc2)expression and MPF activity in prepubertal goat oocytes. Theriogenology, 2007,67: 526-536.

2. Anguita B, Paramio M-T, Jim'enez-Macedo A R. ,Roser Morat'o b, Teresa Mogasb, Dolors Izquierdo. Total RNA and protein content, Cyclin B1 expression and developmental competence of prepubertal goat oocytes Animal Reproduction Science (2007)

3. Arora R, Yadav H S, Mishra B P. Mitochondrial DNA diversity in Indian sheep [J]. Livestock Science, 2013, 153(1-3):50-55.

4. Biase, F. H. , F. V. Meirelles, R. Gunski, et al. Mitochondrial DNA single nucleotide polymorphism associated with weight estimated breeding values in Nelore cattle (Bos indicus). Genetics and Molecular Biology, 2007, 30(4): 1058-1063.

5. Bilgin O C, Emsen E, Davis M E. Comparison of non-linear modelsfor describing the growth of scrotal circumference in Awassi male lambs [J]. Small Ruminant Reseach, 2004, 52:155-160.

6. CAMPBELL B K, KENDALL N R, BAIRD D T. Effect of direct ovarian infusion of bone morphogenetic protein 6 (BMP6)on ovarian function in sheep[J]. Biol Reprod, 2009, 81(5): 1016-1023.

7. Chen J, Z Song, M Rong, et al. The association analysis between Cytb polymorphism and growth traits in three Chinese donkey breeds. Livestock Science, 2009, 126(1-3): 306-309.

8. Chen S Y, Duan Z Y, Sha T, et al. Origin, genetic diversity, and population structure of Chinese domestic sheep [J]. Gene, 2006, 376(2):216-223.

9. Chen X. Y. , Tian S. J. , Sang R. Z. , et al. Induction of lamb follicular development and embryo production in vitro. Chinese Journal of Agricultural Biotechnology,2008,5(3): 257-262.

10. Chen Y. , Zhou G. , Yu M. , et al. Cloning and functional analysis of human mterfl encoding a novel mitochondrial transcription termination factor-like protein. Biochem. Biophys. Res. Commun. , 2005,337: 1112-1118

11. Chu M X, Mu Y L, Fang L, et al. Prolactin receptor as a candidate gene for prolificacy of small tail han sheep[J]. Anim Biotechnol, 2007, 18(1): 65-73

12. Colagar A H, E Mosaieby, S M Seyedhassani, et al. T4,216 C mutation in NADH

dehydrogenase I gene is associated with recurrent pregnancy loss. Mitochondrial DNA，2013，24(5)：610-612.

13. Cotney J，McKay S E，and Shadel G S. Elucidation of separate，but collaborative functions of the rrna methyltransferase-related human mitochondrial transcription factors b1 and b2 in mitochondrial biogenesis reveals ew insight into maternally inherited deafness. Hum Mol Genet，2009,18：2670-2682.

14. Cotney J，Wang Z，and Shadel G S. Relative abundance of the human mitochondrial transcription system and distinct roles for h-mttfb1 and h-mttfb2 in mitochondrial biogenesis and gene expression. Nucleic Acids Res，2007,35：4042-4054.

15. Cotney J. and Shadel G. S. . Evidence for an early gene duplication event in the evolution of the mitochondrial transcription factor b family and maintenance of rrna methyltransferase activity in human mttfb1 and mttfb2. J. Mol. Evol. ，2006,63：707-717.

16. Crimi M and R. R. The mitochondrial genome, a growing interest inside an organelle. International Journal of Nanomedicine, 2008, 3(1)：51-57.

17. Cuomo A，Di Cristo C，PaolucciM，et al. Calcium currents correlate with oocyte maturation during the reproductive cycle in Octopus vulgaris. J Exp Zool A Comp Exp Biol Mar,2005, 303：193-202.

18. Cuomo A，Silvestre F，De Santis R，et al. Ca^{2+} and Na^+ current patterns during oocyte maturation，fertilization，and early developmental stages of Ciona intestinalis. Molecular Reproduction and Development,2006, 73：501-511.

19. Davis G H，Balakrishnan L，Ross I K,et al. Investigation of the Booroola (FecB)and Inverdale (FecX(I))mutations in 21 prolific breeds and strains of sheep sampled in 13 countries[J]. Anim Reprod Sci, 2006, 92(1-2)：87-96.

20. Dubey，P. K. ，Goyal，S. ，Aggarwal，J. ，et al. ，Development of tetra-primers ARMS-PCR assay for the detection of A1,551 G polymorphism in TLR8 gene of riverine buffalo. Journal of Applied Animal Research，2012,40(1)：17-19.

21. Eichner L J and Giguère V. Estrogen related receptors (errs)：A new dawn in transcriptional control of mitochondrial gene networks. Mitochondrion，2011,11：544-552.

22. Erhu Z，Qian Y，Nanyang Z，et al. Mitochondrial DNA diversity and the origin of Chinese indigenous sheep [J]. Tropical Animal Health & Production，2013，45(8)：1，715-22.

23. Freyer C. ，Park C. B. ，Ekstrand M. I. ，et al. Maintenance of respiratory chain function in mouse hearts with severely impaired mtdna transcription. Nucleic Acids Res，2010(38)：6577-6588.

24. Galmozzi，E. ，Del Menico，B. Rametta，R. ，et al. ，A tetra-primer amplification refractory mutation system polymerase chain reaction for the evaluation of rs12,979,860 IL28 B genotype. Journal of Viral Hepatitis，2011,18(9)：628-630.

25. Gangelhoff T. A. ，Mungalachetty P. S. ，Nix J. C. ，et al. Structural analysis and DNA binding of the hmg domains of the human mitochondrial transcription factor a. Nucleic

Acids Res，2009(37)：3153-3164

26. Gohil V. M. ，Nilsson R. ，Belcher-Timme C. A. ，et al. Mitochondrial and nuclear genomic responses to loss of lrpprc expression. J. Biol. Chem. ，2010,285：13742-13747.

27. Gou K M，Guan H，Bai J H，et al. Field evaluation of juvenile in vitro embryo transfer (JIVET)in sheep[J]，Animal Reprodution Science,2009,112:316-324.

28. Guiguen Y，Fostier A，Piferrer F，et al. Ovarian aromatase and estrogens：A pivotal role for gonadal sex differentiation and sex change in fish[J]. Gen Comp Endocrinol，2010，165(3):352-366.

29. Gyllenhammar I，Eriksson H，Soderqvist A，et al. Clotrimazole exposure modulates aromatase activity ingonads brain during gonadal differentiation in Xenopus tropicalis frogs. Aquatic Toxicol，2009，91(2)：102-109.

30. Hanrahan J P，Gregan S M，Mulsant P，etal. Mutations in the genes for oocyte derived growthfactors GDF9 and BMP15 are associated with bothincreased ovulationrate and sterility in Cambridgeand Belclare sheep (Ovis aries). Biol. Reprod,2004，70：900-909.

31. Hashemi，M. ，Moazeni-roodi，A. ，Bahari，A. ，et al. ，a tetra-primer amplification refractory mutation system-polymerase chain reaction for the detection of rs8,099,917 il28 b genotype. Nucleosides Nucleotides & Nucleic Acids，2012,31(1-3)：55-60.

32. Hebert P D. Cywinska A，Ball SL，et al. Biological identifications through DNA barcodes[J]. Proc R Soc Lond B Biol Sci，2003，270(1512)：313-321.

33. Hou，Y. ，Luo，Q. Chen，C. ，et al. ，Application of tetra primer ARMS-PCR approach for detection of Fusarium graminearum genotypes with resistance to carbendazim. Australasian Plant Pathology，2013,42(1)：73-78.

34. Hyvarinen A. K. ，Pohjoismaki J. L. ，Reyes A. ，et al. The mitochondrial transcription termination factor mterf modulates replication pausing in human mitochondrial DNA. Nucleic Acids Res. ，2007,35：6458-6474.

35. Jiang Z，Kunej T，Wibowo T A. Polymorphisms in mitochondrial transcription factor A ("TFAM")gene and their association with measure of marbling and subcutaneous fat depth in beef cattle. Google Patents，2010.

36. Jimenez-MacedoA R，et al. ，Effect of roscovitine on nuclear maturation，MPF and MAP kinase activity and embryo development of prepubertal goat oocytes. Theriogenology，2006,65：1769-1782.

37. Kang D. ，and Hamasaki N. ，2005，Mitochondrial transcription factor A in the m aintenance of mitochondrial DNA overview of its multiple roles，Annals of the New York Academy of Sciences，1042：101-108.

38. Karimzadeh，P. ，Ghaffari，S. H. ，Ferdowsi，S. ，et al. ，Comparisions of ARMS-PCR and AS-PCR for the evaluation of JAK2 V617 F mutation in patients with non-CML myeloproliferative neoplasms. International Journal of Hematology-Oncology and Stem Cell Research，2010,4(2)：10-13.

39. KAWA T，AKIRA S. The role of pattern-recognition receptors in innate immunity：

update on Toll-like receptors[J]. Nat Immunol,2010, 11 (5):373-384.

40. Kaya, I. , Akbas, Y. , Uzmay, C. Estimation of breeding value estimation of dairy cattle using test day yields [J]. Turkish Journal of Veterinary and Animal Science, 2003,27: 459-464.

41. Kelly J M, Kleemann D O, Walker S K. Enhanced efficiency in the production of off-spring from 4-to 8-week-old lambs. Theriogenology,2005ᵃ,63:1876-1890.

42. Kelly J. M, Kleemann D O, and Walker S K. The effect of nutrition during pregnancy on the in vitro production of embryos from resulting lambs. Theriogenology,2005ᵇ, 63: 2020-2031.

43. Kim J. E. , Hyun J. W. , Hayakawa H. , et al. , 2006, Exogenous 8-oxo-dG is not utilized for nucleotide synthesis but enhances the accumulation of 8-oxo-Gua in DNA through error-prone DNA synthesis, Mutation Research, 596: 128-136.

44. Koeman J K, et al. , Developmental competence of prepubertal and adult goat oocytes cultured in semi-defined media. Theriogenology, 2000,53: 297.

45. Konokhova Y. , Spendiff S. , Jagoe R. T. et al. , 2016, Failed upregulation of TFAM protein and mitochondrial DNA in oxidatively deficient fibers of chronic obstructive pulmonary disease locomotor muscle, Skeletal Muscle, 6(1): 1-16.

46. Kress W J, Wurdack K J, Zimmer E A, et al. Use of DNA barcodes to identify flowering plants. [J]. Proceedings of the National Academy of Sciences of the United States of America, 2005, 102(23):8369-8374.

47. Kuo F T, Bentsi-Barnes I K, Barlow G M, et al. Mutant Forkhead L2 (FOXL2)proteins associated with premature ovarian failure (POF)dimerize with wild-type FOXL2, leading to altered regulation of genes associated with granulosa cell differentiation[J]. Endocrinology,2011,152: 3917-3929.

48. Kuo F T, Fan K, Bentsi-Barnes I, et al. Mouse forkhead L2 maintains repression of FSH-dependent genes in the granulosa cell[J]. Reproduction, 2012,144:485-494.

49. L. S. A. Camargo a, J. H. M. Viana a, W. F. Sáa, et al. Developmental competence of oocytes from prepubertal Bos indicus crossbred cattle. Animal Reproduction Science 85 (2005):53-59.

50. Leoni G G, Succu S, Berlinguer F. et al. Delay on the in vitro kinetic development of prepubertal ovine embryos. Animal Reproduction Science, 2006, 92:373-383.

51. Librado P, Rozas J. DnaS P v5: a software for comprehensive analysis of DNA polymorphism data [J]. Bioinformatics, 2009, volume 25(11):1451-1452(2).

52. Linder T. , Park C. B. , Asin-Cayuela J. , et al. A family of putative transcription termination factors shared amongst metazoans and plants. Curr. Genet. , 2005,48: 265-269.

53. Litonin D M, Y Sologub, M Shi, et al. Human mitochondrial transcription revisited: only TFAM and TFB2 Mare required for transcription of the mitochondrial genes in vitro. J. Biol. Chem, 2010(285): 18129-18133.

54. Luo T P, Yang R Q, Yang N. Estimation of genetic parameters for cumulative egg

numbers in a Broiler Dam Line by Using a Random Regression Model [J]. Poultry Science, 2007, 86:30-36.

55. Malarkey C. S., Bestwick M., Kuhlwilm J. E., et al. Transcriptional activation by mitochondrial transcription factor a involves preferential distortion of promoter DNA. Nucleic Acids Res, 2011: 1-11.

56. Malcuit C, Knott J G., He C et al. Fertilization and Inositol 1,4,5-Trisphosphate (IP3)-Induced Calcium Release in Type-1 Inositol 1,4,5-Trisphosphate Receptor Down-Regulated Bovine Eggs. Biology of Reproduction. 2005, 73: 2-13.

57. Martin M., Cho J., Cesare A. J., et al. Termination factor-mediated DNA loop between termination and initiation sites drives mitochondrial rrna synthesis. Cell, 2005(123): 1227-1240.

58. Martinez B, Rodrigues T B, Gine E, et al. Hypothyroidism decreases the biogenesis in free mitochondria and neuronal oxygen consumption in the cerebral cortex of developing rats. Endocrinology, 2009,150(8): 3953-3959.

59. MAURISSE R,DE S D, EMAMEKHOO H, et al. Comparative transfection of DNA into primary and transformed mammalian cells from different lineages[J]. BMC Biotechnol, 2010(10):9.

60. McCulloch V, B L Seidel-Rogol, G S Shadel. A human mitochondrial transcription factor is related to RNA adenine methyltransferases and binds S-adenosylmethionine. Mol Cell Biol, 2002, 22: 1116-1125.

61. McCulloch V. Shadel G. S.. Human mitochondrial transcription factor b1 interacts with the c-terminal activation region of h-mttfa and stimulates transcription independently of its rna methyltransferase activity. Mol. Cell. Biol. , 2003,23: 5816-5824.

62. Metodiev M. D., Lesko N., Park C. B., et al. Methylation of 12 s rrna is necessary for in vivo stability of the small subunit of the mammalian mitochondrial ribosome. Cell Metab. , 2009,9: 386-397.

63. Molina A, Menendez-Buxadera A, Valera M, et al. Random regression model of growth during the first three months of age in Spanish Merino sheep [J]. Journal of Animal Science, 2007,85:2830-2839.

64. Monga R, Ghai S, Datta TK, et al. Tissue-specific promoter methylation and histone modification regulate CYP19 gene expression during folliculogenesis and luteinization in buffalo ovary [J]. General and comparative endocrinology,2011, 173(1):205-215.

65. Morrish F, Buroker N E, Ge M, et al. Thyroid hormone receptor isoforms localize to cardiac mitochondrial matrix with potential for binding to receptor elements on mtdna. Mitochondrion, 2006,6: 143-148.

66. Morton K M, Catt S L, Maxwell W M, and Evans G. Effects of lamb age, hormone stimulation and response to hormone stimulation on the yield and in vitro developmental competence of prepubertal lamb oocytes. Reprod Fertil Dev, 2005, 17: 593-601.

67. Morton K M. , Catt S L,Maxwell W M, and Evans G. In vitro and in vivo develop-

mental capabilities and kinetics of in vitro development of in vitro matured oocytes from a-dult, unstimulated and hormone-stimulated prepubertal ewes. Theriogenology, 2005, 64: 1320-1332.

68. Neigel J, Domingo A, Stake J. DNA barcoding as a tool for coral reef conservation [J]. Coral Reefs, 2007, 26(3):487-499.

69. Ngo H. B. , Kaiser J. T. , and Chan D. C. The mitochondrial transcription and packa-ging factor tfam imposes a u-turn on mitochondrial DNA. Nat. Struct. Mol. Biol. , 2011(18): 1290-1296.

70. Oh S H, See M T, Long T E, et al. Genetic parameters for various random regres-sion models to describe total sperm cells per ejaculate over the reproductive lifetime of boars [J]. Journal of Animal Science, 2006, 84:538-545.

71. Othman O E, Pariset L, Balabel E A, et al. Genetic characterization of Egyptian and Italian sheep breeds using mitochondrial DNA [J]. Journal of Genetic Engineering & Bio-technology, 2015, 81(1):79-86.

72. Pannetier M, Fabre S, Batista F, et al. FOXL2 activates P450 aromatase gene tran-scription: towards a better characterization of the early steps of mammalian ovarian develop-ment [J]. Mol Endocrinol, 2006,36:399-413.

73. Park C. B. , Asin-Cayuela J. , Camara Y. , et al. Mterf3 is a negative regulator of mammalian mtdna transcription. Cell, 2007,130: 273-285.

74. Peralta S. , Wang X. , and Moraes C. T. Mitochondrial transcription: Lessons from mouse models. Biochimica et Biophysica Acta, 2011.

75. Scarpulla R. C. Transcriptional paradigms in mammalian mitochondrial biogenesis and function. Physiol. Rev, 2008: 611-638

76. Pohjoismaki J L, Wanrooij S, Hyvarinen A K, et al. Alterations to the expression level of mitochondrial transcription factor a, tfam, modify the mode of mitochondrial DNA replication in cultured human cells. Nucleic Acids Res, 2006,34: 5815-5828.

77. Pritchard, T. , C. Cahalan, and I. Ap Dewi. Exploration of cytoplasmic inheritance as a contributor to maternal effects in Welsh Mountain sheep. Genet Sel Evol, 2008, 40(3): 309-19.

78. QIN Y H, CHEN S Y, LAI S J. Polymorphism of mitochondrial ATPase 8/6 genes and association with milk production traits in Holstein cows[J]. Anim Biotechnol, 2012, 23 (3): 204-212.

79. Rebelo A. P. , Williams S. L. , and Moraes C. T. In vivo methylation of mtdna re-veals the dynamics of protein-mtdna interactions. Nucleic Acids Res. , 2009,37: 6701-6715.

80. Reicher S, Seroussi E, Weller J I, et al. Ovine mitochondrial DNA sequence varia-tion and its association with production and reproduction traits within an Afec-Assaf flock. Journal of Animal Science, 2012, 90: 2084-2091.

81. Roberti M, Bruni F, Loguercio Polosa P, et al. Mterf3, the most conserved member of the mterf-family, is a modular factor involved in mitochondrial protein synthesis. Biochim

Biophys Acta，2006,1757：1199-1206.

82. Roberti M.，P. L. Polosa，F. Bruni，et al. The mterf family proteins：Mitochondrial transcription regulators and beyond. Biochim. Biophys. Acta，2009(1,787)：303-311

83. Rodeheffer MS，Boone BE，Bryan AC，et al. Nam1 p，a protein involved in rna processing and translation，is coupled to transcription through an interaction with yeast mitochondrial rna polymerase. J Biol Chem，2001,276：8616-8622.

84. Ruiz-Sanz，J. I.，Aurrekoetxea，I. del Agua，A. R.，et al.，Detection of catechol-O-methyltransferase Val158 Met polymorphism by a simple one-step tetra-primer amplification refractory mutation system-PCR. Molecular and Cellular Probes，2007,21(3)：202-207.

85. Ruzzenente B，Metodiev M D，Wredenberg A，et al. Lrpprc is necessary for polyadenylation and coordination of translation of mitochondrial mrnas. The EMBO Journal，2011：1-14

86. Sanchez P J，Misztal I，Aguilar I，et al.. Genetic evaluation of growth in a multibreed beef cattle population using random regression-linear spline models [J]. Journal of Animal Science，2008,86：267-277.

87. Sanchez P J，Misztal I，and Bertrand J K. Evaluation of methods for computing approximate accuracies of predicted breeding values in maternal random regression models for grewth traits in beef cattle [J]. Journal of Animal Science，2008，86：1057-1066.

88. Sarkar M，Prakash BS. Synchronization of ovulation in yaks (Poephagus grunniens L.)using PGF(2 alpha)and GnRH[J]. Theriogenology，2005，63(9)：2494-2503.

89. Sasarman F.，Brunel-Guitton C.，Antonicka H.，et al. Lrpprc and lirp interact in a ribonucleoprotein complex that regulates posttranscriptional gene expression in mitochondria. Mol. Biol. Cell，2010,21：1315-1323.

90. Scarpulla R C. Transcriptional paradigms in mammalian mitochondrial biogenesis and function. Physiol. Rev，2008：611-638.

91. Schmitz-Linneweber C. and Small I.. Pentatricopeptide repeat proteins：A socket set for organelle gene expression. Trends Plant Sci.，2008,13：663-670.

92. Shirazi A，Shams-Esfandabadi N and Hosseini S M. A comparison of two recovery methods of ovine oocytes for in vitro maturation(J). Small Ruminant Research，2005,58：283-286.

93. Short K R，Nygren J，and Nair K S. Effect of t(3)-induced hyperthyroidism on mitochondrial and cytoplasmic protein synthesis rates in oxidative and glycolytic tissues in rats. Am J Physiol Endocrinol Metab，2007,292：E642-647.

94. Shutt T. E.，Bestwick M.，and ShadelG. S. The core human mitochondrial transcription initiation complex：It only takes two to tango. Transcription，2011(2)：55-59.

95. Shutt T. E.，Lodeiro M. F.，J. Cotney，et al. Core human mitochondrial transcription apparatus is a regulated two-component system in vitro. Proc. Natl. Acad. Sci. U. S. A.，2010(107)：12133-12138.

96. Smeitink J. A.，Zeviani M.，Turnbull D. M.，et al. Mitochondrial medicine：A met-

abolic perspective on the pathology of oxidative phosphorylation disorders. Cell Metab, 2006 (3): 9-13.

97. Sondheimer N. , J. K. Fang, E. Polyak, et al. Leucine-rich pentatricopeptide-repeat containing protein regulates mitochondrial transcription. Biochemistry, 2010 (49): 7467-7473.

98. Spiegelman B M. Transcriptional control of mitochondrial energy metabolism through the PGC1 coactivators. Novartis Found. Symp. , 2007, 287: 60-63.

99. Stocco, C. In vivo and in vitro inhibition of cyp19 gene expression by prostagland in F2 a in murine luteal cells: implication of GATA-4[J]. Endocrinology,2004,145:4957-4966.

100. Stocco,C. Aromatase expression in the ovary: hormonal and molecular regulation [J]. Steroids,2008,73: 473-487.

101. Sun X, Liu J, Zhang W, et al. Improving the Local Sheep in Gansu via Crossing with Introduced Sheep Breeds Dorset and Borderdale[J]. Animal Husbandry & Feed Science, 2014(5).

102. Takma C and Akbas Y. Comparison of fitting performance of random regression models to test day milk yields in Holstein Friesians [J]. Kafkas Univ. Vet. Fak. Derg, 2009, 15(2): 261-266.

103. Takma C and Akbas Y. Estimates of genetic parameters for test day milk yields of a Holstein Friesian Herd in Turkey with random regression models [J]. Archiv Fur Tierzucht-Archives of Animal Breeding, 2007, 50(6): 327-336.

104. Tamassia M, F Nuttinck, P May-Panloup, et al. In vitro embryo production efficiency in cattle and its association with oocyte adenosine triphosphate content, quantity of mitochondrial DNA, and mitochondrial DNA haplogroup. Biology of Reproduction, 2004, 71 (2): 697-704.

105. Tamura K, Stecher G, Peterson D, et al. MEGA6: Molecular Evolutionary Genetics Analysis Version 6. 0 [J]. Molecular Biology & Evolution, 2013, 30(4):2725-2729.

106. Tamura K, Stecher G, Peterson D, et al. MEGA6: Molecular Evolutionary Genetics Analysis Version 6. 0 [J]. Molecular Biology & Evolution, 2013, 30(4):2725-2729.

107. Virgilio C.D. , Pousis C. , Bruno S. , and Gadaleta G. , 2011, New isoforms of human mitochondrial transcription factor A detected in normal and tumoral cells, Mitochondrion, 11(2): 287-295.

108. Wallace, D. C. Mitochondrial DNA mutations in disease and aging. Environ Mol Mutagen, 2010, 51(5): 440-50.

109. Wang K H, Jin H, Jiang L, et al. Phylogeny Evolution of Tibetan Sheep and Xinjiang Fine-wool Sheep,Aletai Sheep based on the Analysis of mtDNA D-loop Gene Sequences [J]. China Animal Husbandry & Veterinary Medicine, 2014, 41(1):160-166.

110. Wang K. Z. Q. , Zhu J. , Dagda R. K. , Uechi G. , Cherra S. J. , GusdonA M. , Balasubramani M. , and Chu C. T. , 2014, ERK-mediated phosphorylation of TFAM down-regulates mitochondrial transcription: Implications for Parkinson's disease, Mitochondrion,

17：132-140.

111. Wang L,White K L, ReedW A, et al. Dynamic changes to the inositol 1,4,5-triphosphate and ryanodine receptors during maturation of bovine oocytes. Clon Stem Cells. 2005，7：306-320.

112. Wang X Y, Y He, J Y Li, et al. Association of a missense nucleotide polymorphism in the MT-ND2 gene with mitochondrial reactive oxygen species production in the Tibet chicken embryo incubated in normoxia or simulated hypoxia. Anim Genet，2013，44(4)：472-475.

113. Wanrooij S, Fuste J M, Farge G, et al. Human mitochondrial rna polymerase primes laggingstrand DNA synthesis in vitro. Proc Natl Acad Sci USA，2008，105：11122-11127.

114. Wenz T., Luca C., Torraco A., et al. Mterf2 regulates oxidative phosphorylation by modulating mtdna transcription. Cell Metab.，2009,9：499-511.

115. Yakubovskaya E., Mejia E., Byrnes J., et al. Helix unwinding and base flipping enable human mterf1 to terminate mitochondrial transcription. Cell，2010,141：982-993.

116. Yen, N. T., C. S. Lin, C. C. Ju, et al. Mitochondrial DNA polymorphism and determination of effects on reproductive trait in pigs. Reproduction in Domestic Animals，2007，42(4)：387-392.

117. Yin S. An Analysis of Factors Affecting Popµlation Genetic Structure of Oligonychus ununguis Based on the Mitochondrial COI Gene Sequences [J]. Scientia Silvae Sinicae，2012，48(2)：162-168.

118. Yu X, L Wester-Rosenloef, U Gimsa, et al. The mtDNA nt7,778 G/T polymorphism affects autoimmune diseases and reproductive performance in the mouse. Human Molecular Genetics，2009，18(24)：4689-4698.

119. Yue Y J, Yang B H, Liang X, et al. Simultaneous identification of FecB and FecX (G)mutations in Chinese sheep using high resolution melting analysis[J]. Journal of Applied Animal Research，2011,39(2)：164-168.

120. Yue Y J, Yang B H, Liang X, et al. Simultaneous identification of FecB and FecX (G)mutations in Chinese sheep using high resolution melting analysis[J]. Journal of Applied Animal Research，2011,39(2)：164-168.

121. Zhang B, H Chen, L Hua, et al. Novel SNPs of the mtDNA ND5 gene and their associations with several growth traits in the Nanyang cattle breed. Biochemical Genetics，2008，46(5-6)：362-368.

122. Zhao, J., Zhao, J. Huang, J., et al., A novel method for detection of mutation in epidermal growth factor receptor. Lung Cancer，2011,74(2)：226-232.

123. Zhong X, Wang N, Hu D, et al. Sequence analysis of cytb gene in Echinococcus granulosus from Western China [J]. Korean Journal of Parasitology，2014，52(2)：205-209.

124. 敦伟涛,陈晓勇.怎样提高肉羊舍饲效益 [M].北京:金盾出版社,2016.

125. 敦伟涛.肉羊 60 天育肥出栏技术.北京:金盾出版社,2014.

126.李英，郭泰，张英杰，等.肉羊快速育肥实用技术[M].北京：中国农业出版社，1997.

127.刘肇清.河北省家畜家禽品种志.北京：中国农业出版社，2009.

128.桑润滋.动物繁殖生物技术[M].北京：中国农业出版社，2002.

129.张英杰.养羊手册[M](2).北京：中国农业大学出版社，2004.

130.张英杰.羔羊快速育肥[M],北京,中国农业科学技术出版社.2006.

131.赵兴波.分子诊断与动物分子育种.北京：科学出版社.2011.

132.朱士恩.中国动物繁殖学科 60 年发展与展望[M].北京：中国农业大学出版社，2010.

后　记

　　河北省畜牧兽医研究所羊遗传繁育及高效养殖研究团队,多年来一直致力于肉羊高效生产关键技术研究、集成与推广,《肉羊高效生产理论与实践》是团队"十一五"和"十二五"期间开展的科研和推广工作的系统总结。

　　自"十一五"以来,团队承担了河北省科技支撑计划项目"河北肉用绵羊品种培育"、河北省农业科技成果转化项目"肉用绵羊培育关键技术示范与应用"、河北省农业重点研发计划项目"河北小尾寒羊种质资源保护与特异性状选育开发利用"、河北省省属公益科研院所项目"肉羊繁育关键技术研究与产业化示范"以及"绵羊多胎基因标记及在肉羊育种中的应用""羔羊肉生产配套技术研究""BMPR-IB基因型和营养水平互作对绵羊繁殖性能的影响""舍饲养羊羔羊早期断乳及代乳料研究"等多项河北省畜牧兽医局科研推广项目。

　　自2016年开始,团队主要成员对发表的学术论文、科普文章、行业综述等进行系统整理和总结归纳,将有代表性的论文编辑成册。历时两年的时间,2018年初终于编纂完成,定名为《肉羊高效生产理论与实践》,并商定由中国农业大学出版社出版。

　　在十余年的科研和推广工作中,先后与河北农业大学田树军教授、孙少华教授、张英杰教授,中国农业大学赵兴波教授,河北工程大学杨凌教授进行合作,对他们的付出和大力合作表示衷心感谢。对联合培养的硕士研究生梁瑞圆、要笑蕾、臧胜芹、米浩、王朋达、张鑫等表示感谢,他们完成了大量试验研究工作。此外,感谢河北省科学技术厅和河北省畜牧兽医局在科研项目方面给予的大力支持。感谢河北连生农业开发有限公司多年来在试验研究、技术推广等方面给予的大力帮助。

　　在书稿出版过程中,由于内容篇幅较多,发表时间跨度较长,存在很多图表和文字方面的问题,经过了反复修改、校对,对中国农业大学出版社张玉责任编辑表示感谢。

著　者

2018 年 9 月